国家制造业信息化
三维 CAD 认证规划教材

UG NX 8.0 数控加工技术与案例应用

张安鹏　李海连　罗春阳　编著

北京航空航天大学出版社

内容简介

本书采用理论与实践相结合的形式，深入浅出地讲解了 UG NX 8.0 加工模块的实际应用技巧。本书共 8 章，分别介绍了数控加工的基础、平面铣、型腔铣、固定轴曲面轮廓铣、孔加工与实践、多轴加工、UG 后处理和 UG CAM 应用案例。

本书内容经典实用、简明易懂，专为实现模具数控加工一体化的解决方案而编写。本书特别适合作为企业解决问题程序师及大专院校及技工学校的教材，也适合作为自学者自学、从事数控加工的初中级用户或版本升级的读者的参考书。

本书附有光盘，其中包括书中所有实例的源文件和视频文件，供读者学习使用。

图书在版编目(CIP)数据

UG NX 8.0 数控加工技术与案例应用 / 张安鹏、李海连、罗春阳、编著. -- 北京 : 北京航空航天大学出版社，2014.1

ISBN 978-7-5124-1211-8

Ⅰ. ①U… Ⅱ. ①张… ②李… ③罗… Ⅲ. ①数控机床—加工—计算机辅助设计—应用软件 Ⅳ. ①TG659-39

中国版本图书馆 CIP 数据核字(2013)第 168004 号

UG NX 8.0 数控加工技术与案例应用

张安鹏　李海连　罗春阳　编著

责任编辑　赵　京　胡　敏

*

北京航空航天大学出版社出版发行

北京市海淀区学院路 37 号(邮编 100191)　http://www.buaapress.com.cn

发行部电话：(010)82317024　传真：(010)82328026

读者信箱：bhpress@263.net　邮购电话：(010)82316936

涿州市新华印刷有限公司印装　各地书店经销

*

开本：710×1 000　1/16　印张：20.75　字数：442 千字

2014 年 1 月第 1 版　2014 年 1 月第 1 次印刷　印数：4 000 册

ISBN 978-7-5124-1211-8　定价：45.00 元(含 1 张 DVD 光盘)

前 言

◇ 编写目的

Unigraphics(简称UG)是西门子公司推出的CAD/CAM/CAE一体化三维参数化软件。UG软件自20世纪70年代开发以来,经历了基于图样(1974年)、基于特征(1988年)、基于过程(1995年)和基于知识(2000年)的发展历程,其功能不断扩展,在CAX(CAD/CAM/CAE的总称)领域的应用不断扩大。

UG CAM被广泛地应用在航空航天、汽车制造、家用电器等各个领域。本书对UG CAM的基本功能进行了比较详细的阐述,并结合大量的实例,图文并茂、思路清晰地介绍了平面铣、型腔铣、固定轴曲面铣、后处理技术等方面的知识,相信读者能够通过对本书的学习,掌握UG CAM的强大功能,并应用于实际工作中。

本书作者长期从事模具制造与CAD/CAM教学工作,在实践中积累了大量的经验和技巧,在本书的编写过程中结合实践经验并吸取其他教材中的精华,在内容安排上采用深入浅出、循序渐进的方式,详细介绍了UG NX 8.0软件在数控加工方面的应用,结合工程实践中的典型应用实例,详细讲解了CAM加工的思路、操作流程及综合加工的运用。

◇ 主要内容

全书首先讲解了UG软件的基础命令的使用和各种常用命令的功能,其次通过每章节的实例使读者体会功能的应用,最后通过综合实例使读者在掌握基本功能的前提下得到综合运用方面的锻炼。全书共分8章,主要内容安排如下:

第1章为软件概述,主要包括UG CAM简介、常用工具条介绍以及基本父节点组的创建。

第2章为平面铣,主要包括平面铣的特点、平面铣的创建过程、平面铣中的参数设置、平面铣操作实例等。本章内容在 CAM 实际应用中用处不多，但却是 CAM 的基础内容，也是讲解一些通用参数设置的重点章节。

第 3 章为型腔铣，主要包括型腔铣的特点、型腔铣的创建过程、型腔铣特有的参数设置、型腔铣操作实例等。型腔铣可以进行粗加工、半精加工，是 CAM 中用途最广泛的操作。

第 4 章为固定轮廓铣，主要包括固定轮廓铣的特点、固定轮廓铣的创建过程、固定轮廓铣特有的参数设置、固定轮廓铣操作实例等。通过实例，使读者能够更深入地理解固定轮廓铣的半精加工和精加工的操作过程。

第 5 章为孔加工，主要包括孔加工的特点、孔加工的创建过程、孔加工特有的参数设置，并通过实例使读者更好地掌握孔加工的操作步骤和技巧。

第 6 章为多轴加工，主要讲解了可变轴曲面轮廓铣和顺序铣削的基本功能、操作步骤、参数设置，并通过实例使读者更好地掌握多轴加工的一般过程和操作技巧。

第 7 章为后处理，主要讲解了后处理器的创建过程，以 SIEMENS 802D 为例，说明了后处理器的创建和修改、指令的定制等操作过程。

第 8 章为综合实例，以汽车内饰件冲压模具的凹模加工为例，综合运用型腔铣削、固定轮廓铣削、清根铣削等操作，使读者能够综合运用各种加工方法来解决实际问题，从而提高综合运用的能力。

◇ 本书特点

本书主要特点如下：

① 语言简洁易懂，层次清晰明了，步骤详细实用，图文并茂，适用于初学者和进阶者。

② 案例经典丰富，技术含量高，具有很高的实用性，对工程实践有一定的指导作用。

③ 技巧提示适用方便，是作者多年实践的总结，可使读者更快地掌握软件的应用。

◇ 专家团队

本书由张安鹏、李海连、罗春阳编著。北华大学现代制造技术实验室的全体科研助理为本书的初稿进行了认真细致的校核与修改，在此表示衷心的感谢。

由于水平有限，对于书中存在的错漏之处，恳请读者提出宝贵意见和建议，以便我们不断改进。作者 E-mail：luochunyang2004@126.com。

编者

2013 年 10 月

目　录

第1章 CAM基础篇

本章导读

本章主要介绍UG NX 8.0数控模块的系统特点、典型编程流程、基本操作以及加工应用的一般操作过程等方面内容。对于初学者而言，最好能够熟练掌握本章内容。对于熟悉UG NX 8.0以前某版本的读者，可以通过本章快速了解其与UG NX 8.0版本之间的差别，以便快速熟悉UG NX 8.0的基本操作。

1.1 UG NX 8.0数控模块简介

UG NX软件是一款非常优秀的CAD/CAM/CAE集成软件，综合性很强、在我国流行较广。随着我国模具行业的迅猛发展，自动编程技术的应用程度直接决定了一个企业中模具制造的效率和质量。

1.1.1 UG CAM介绍

UG CAM系统可以提供全面的、易于使用的功能，用于解决数控刀轨的生成、加工仿真和代码生成等问题。UG CAM系统所提供的单一制造方案可以高效率地加工从普通的孔到复杂曲面等所有零件。

汽车制造——UG CAM强大的铣削功能对于加工注塑模具、铸造模具和冲压模具都极为适合。

航空航天——在航空航天工业中，制造飞机机身和涡轮发动机的零部件都需要多轴加工的能力，UG CAM系统可以很好地满足这些要求。

通用机械——UG CAM系统为通用机械工业提供了多种专业的解决方案，比如高效率的平面铣削、铸造件及焊接件的精加工。对于通用产品的加工可以实现高效的自动化。另外，UG CAM系统可以提供兼容多种CAD系统的功能，接受很多不同CADitong产生的几何数据，它支持所有主要的CAD系统，包括Unigraphics、I-deas、SolidEdge、Pro/ENGINEER、CATIA和AutoCAD等。UG CAM可满足那些要求具备专业CAM方案的制造企业的应用需求。

1.1.2 UG CAM 系统的特点

UG CAM 系统具有非常强大、全面的功能，但系统操作仍然极为简单易用，可以为用户提供面向过程的解决方案，从而优化生产的速度。UG CAM 系统提供的高速铣、多轴铣自定义加工模板可以帮助企业充分挖掘公司加工设备的潜力。UG CAM 具有极为广泛的功能，可满足所有关键制造工业的不同需求，并且其独特的、面向过程的解决方案可以满足制造业的特殊需求，其主要功能包括：平面铣、三轴轮廓铣、多轴铣、车铣加工、线切割和钣金制造等。

1.1.3 刀具及工艺资源管理

UG CAM 系统提供多级化的资源管理，包括可以由用户自己创建、扩展的集成数据库以及集成的外部数据库，可实现对刀具、机床工具以及切削参数的全面管理。

1.2 UG CAM 的典型编程流程

UG CAM 典型编程流程，如图 1－1 所示。

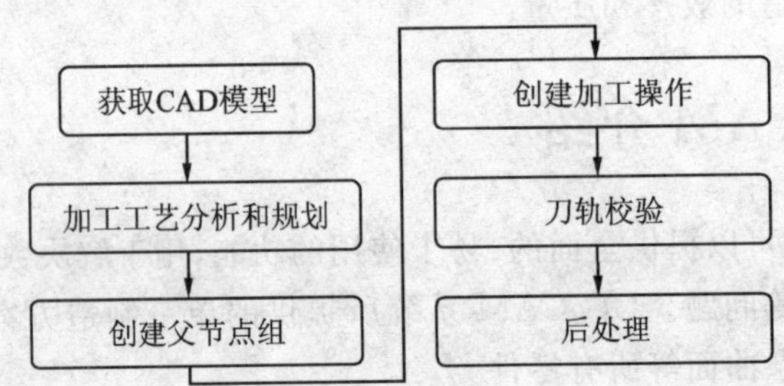

图 1－1 UG CAM 典型编程流程

1. 获取 CAD 模型

可以直接利用 UG 建模功能建立 CAD 模型，还可以利用其他三维软件（如 Pro/ENGINEER、CATIA、SolidEdge 等）并通过数据接口转换获取。

2. 加工工艺分析和规划

数控编程由编程员或工艺员完成，在加工零件之前必须先拟定零件的全部工艺过程、工艺参数和位移数据等，其与常规工艺路线的拟定过程相似。数控加工的工艺路线设计过程如下：最初需要找出零件所有的加工表面并逐一确定各表面的加工方法，其每一步相当于一个工步；然后将所有工步内容按一定原则排列成先后顺序；再确定哪些相邻工步可以划分为一个工序，即进行供需的划分；最后将所需的其他工序，如常规工序、辅助工序、热处理工序等插入，衔接于数控加工工序中，就得到了要求的工艺路线。

3. 创建父节点组

为了提高编程效率，常把 CAM 中需要设置的共同选项定义为父节点组，如刀具数据、坐标系、几何体等。凡是在父节点组中指定的信息都可以被操作所继承。

父节点组不是必须设置的，也可以在创建加工操作时单独设置，用户可以根据个人习惯选择使用。

4. 创建加工操作

选择合适的加工方法，如平面铣、型腔铣、固定轴曲面铣、多轴加工等，用以完成某一工序的加工，并设置合理的加工参数，最终生成刀具轨迹。

5. 刀轨校验

通过刀具路径仿真对加工过程进行切削仿真并通过过切检查功能检验是否存在过切现象。

刀具路径仿真包括重播、3D 动态和 2D 动态 3 种方法，其中重播只显示二维路径，不能看到实际切削，3D 动态可以进行三维切削仿真，并可以进行放大、缩小和旋转等操作，2D 动态只可以进行进行三维切削仿真，不能进行放大、缩小和旋转等操作。

6. 后处理

使用输出 CLSF 格式，用户可以将内部刀轨导出到刀位源文件 CLSF 中，供 GPM 或其他后处理器使用，也可以借助后处理构造器功能，自定义后处理文件(POST)，将刀轨及后处理命令转换为数控代码。

1.3　UG 的基本操作

UG NX 8.0 界面简单、操作容易。下面将介绍如何启动 UG 加工环境以及加工工具条功能等。

1.3.1　进入 CAM 加工模块

选择“开始”→“加工”选项即可进入加工模块，如图 1-2 所示。也可以使用组合键 Ctrl＋Alt＋M 进入。

提示:在加工模块中可以进行简单的建模,如构建直线、圆弧等。

当一个零件首次进入加工模块时,系统会弹出"加工环境"对话框,如图 1-3 所示,要求先指定一加工配置和模板文件。

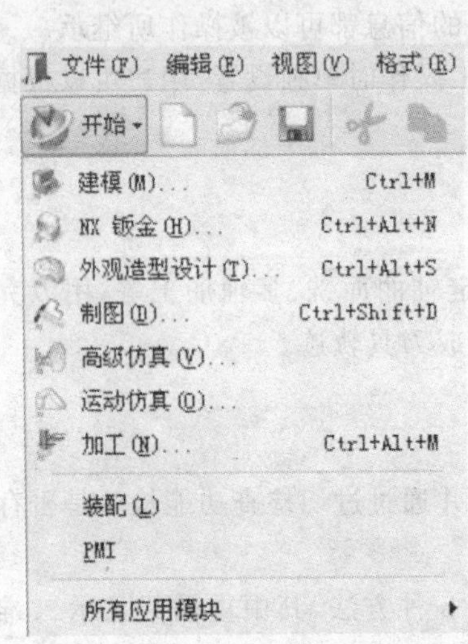

图 1-2 "开始"→"加工"选项

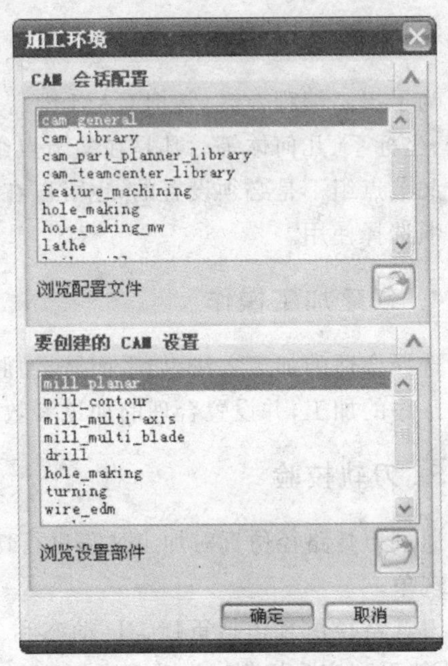

图 1-3 "加工环境"对话框

1.3.2 工具条介绍

进入加工模块以后,除了显示常用的工具条外,还将显示在加工模块中专用的 4 个工具条:"刀片"工具条、"操作"工具条、"导航器"工具条和"对象操作"工具条。

1. "刀片"工具条

"刀片"工具条为创建工具条,如图 1-4 所示,它提供新建数据的模板,可以新建操作、程序组、刀具、几何体和方法。"刀片"工具条的功能也可以在"插入"主菜单中选择,如图 1-5 所示。

图 1-4 "刀片"工具条

2. "操作"工具条

如图 1-6 所示,"操作"工具条提供与刀位轨迹有关的功能,方便用户针对已选取的操作生成刀位轨迹;或者针对已生成的刀位轨迹的操作,进行编辑、删除、重新显示或者切削模拟。

3. “导航器”工具条

如图 1－7 所示，“导航器”工具条提供已创建资料的重新显示，被选择的选项将会显示于导航窗口中。

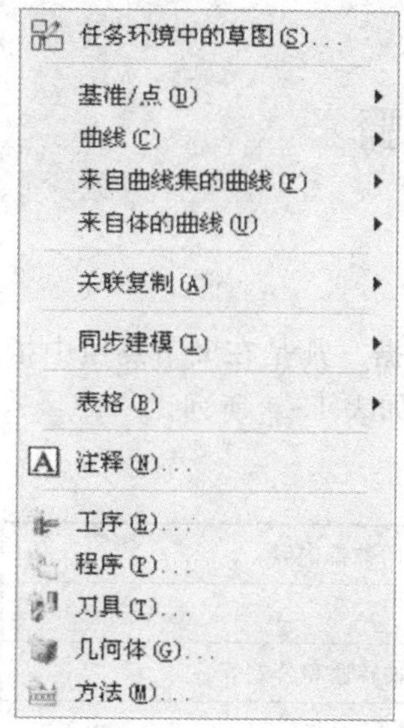

图 1－5　“插入”下拉菜单

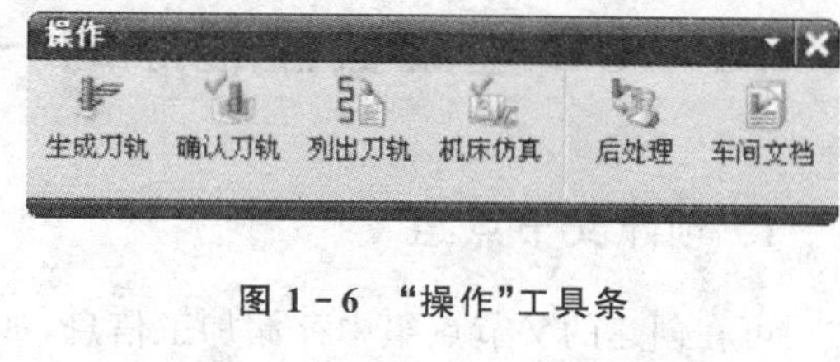

图 1－6　“操作”工具条

图 1－7　“导航器”工具条

① 程序顺序视图：是分别列出每个程序组下面的各个操作，此视图是系统默认视图，并且输出到后处理器或 CLFS 的文件也是按此顺序排列的。

② 机床视图：是指按刀具进行排序显示，即按所使用的刀具组织视图排列。

③ 几何视图：按几何体和加工坐标排列。

④ 加工方法视图：是对用相同的加工参数值的操作进行排序显示，即按粗加工、精加工和半精加工的方法分组列出。

4. “对象操作”工具条

如图 1－8 所示，“对象操作”工具条提供操作导航窗口中所选对象的编辑、剪切、显示、更名及刀位轨迹的转换与复制功能。

图 1－8　“对象操作”工具条

1.4 加工应用基础

对于初学者而言,软件的一般操作步骤是学习的关键。下面将对 UG CAM 的一般操作步骤进行介绍。

1.4.1 UG 生成数控程序的一般步骤

1. 创建父节点组

可在创建的父节点组中存储加工信息,如刀具数据。凡是在父节点组中指定的信息都可以被操作所继承。父节点组包括 4 种类型,如表 1-1 所列。

表 1-1 父节点组类型

序 号	父节点组	包含的数据内容
1	刀具(Tool)	刀具尺寸参数
2	方法(Method)	加工方法,如进给速度、主轴转速和公差等
3	几何体(Geometry)	加工对象几何体数据,如零件、毛坯、坐标系、安全平面等
4	程序(Program)	决定输出操作的顺序

提示:父节点组的设定不是 CAM 编程所必需的工作,也就是说父节点组可以为空,可在建立操作时直接在创建操作对话框的组设置中进行设置。但是对于需要建立多个程序来完成加工的工件来说,使用父节点组可以减少重复性的工作。

2. 创建工序

在创建工序前先指定这个工序的类型、程序、使用几何体、使用刀具和使用方法,并指定工序的名称,如图 1-9 所示。

3. 指定工序参数

创建工序时,在操作对话框中指定参数,这些参数将对刀轨产生影响,操作对话框如图 1-10 所示。在对话框中需要设定加工的几何对象、切削参数、控制选项等参数,并且很多选项需要通过二级对话框进行参数的设置。不同的操作其需要设定的操作参数也有所不同,同时也存在很多共同选项。操作参数的设定是 UG 编程中最主要的工作内容,包括如下 3 个方面。

① 加工对象的定义:选择加工几何体、检查几何体、毛坯几何体、边界几何体、区域几何体、底面几何体等。

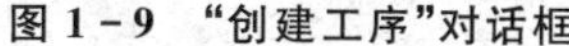
图 1－9　“创建工序”对话框

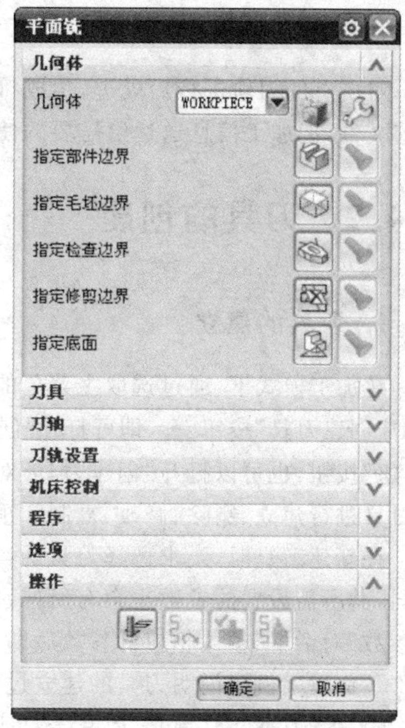

图 1－10　“平面铣”对话框

② 加工参数的设置：包括走刀方式的设定、切削行距、切削深度、加工余量、进刀退刀方式的设置等。

③ 工艺参数的设置：包括角控制、避让控制、机床控制、进给率设定等。

提示：使用 UG 进行编程操作时，对操作对话框的设置应按照从上到下的顺序依次进行设置和确认，以防止遗漏。对于某些可能影响刀具路径的参数即使可以直接使用默认值也应进行确认，以防止因某参数变化造成该参数的默认值发生了变化，在刀具路径生成后也要做仔细的检查，确认无误后再做后处理输出。

4. 生成刀轨

当设置了所有必须的操作参数后，单击“确定”按钮，就可以进行刀轨生成了。在“操作”工具条中，如图 1－6 所示，可通过“生成刀轨”按钮生成刀轨。

5. 刀轨校验

如果对创建的操作和刀轨满意后，通过对屏幕视角的旋转、平移、缩放等操作来调整对刀轨的不同观察角度，单击“重播刀轨”按钮进行回放，以确认刀轨的正确性。对于某些刀轨还可以用 UG 的“确认刀轨”按钮进一步检查刀轨。

6. 后处理和建立车间工艺文件

对所有的刀轨进行后处理，生成符合机床标准格式的数控程序。最后建立车间工艺文件，把加工信息送达给需要的使用者。

1.4.2 刀具的创建

1. 刀具的建立

在加工模式下，通过选取主菜单的"插入"→"刀具"选项，或者在"刀片"工具条上单击"创建刀具"按钮 ，即可打开"创建刀具"对话框。在创建操作时，选择"刀具"→"新建"按钮，也可以打开"创建刀具"对话框。另外，通过操作导航器的机床视图可以对刀具进行建立、删除、修改、复制和重命名等操作。

在新建刀具时，要求选择刀具的类型、子类型，不同的刀具类型使用的场合有所不同，其所需设置的参数也会有所区别。在选择类型并指定刀具名称后，将进入"刀具参数"对话框，输入相应的参数后即可完成刀具的创建。

下面以实例来说明刀具的建立过程。

① 在"刀片"工具条上单击"创建刀具"按钮 。

② 打开"创建刀具"对话框，在"类型"下拉列表中选择"mill_planar"，选择刀具子类型中的"MILL"按钮 ，并在刀具"名称"文本框中输入"D63R6"，最后单击"确定"按钮，如图 1-11 所示。

技巧：刀具名称建议选取直观明了而又简洁的名称，如 D32R6，表示直径为 32 的牛鼻刀，使用 R6 的刀片；B12 表示直径为 12 的球头刀。

③ 在弹出的"铣刀-5 参数"对话框中，在刀具"直径"文本框中输入"63"、"下半径"R1 输入"6"，其余参数按默认设置，单击"确定"按钮，完成刀具的创建，如图 1-12 所示。

图 1-11 "创建刀具"对话框

④ 在工序导航器的机床视图中将出现新建的刀具 D63R6，如图 1-13 所示。

2. 夹持器建立

夹持器即为刀柄，建立刀柄参数有利于危险零部件(如深腔零件)加工时的干涉检查。在如图 1-14 所示的"铣刀-5 参数"对话框中单击"夹持器"标签即可显示夹持器参数设置界面。

根据实际选用刀柄的尺寸参数，输入刀柄夹持刀具的直径、长度、锥角、拐角半径参数，单击“确定”按钮即可完成夹持器的建立。效果如图 1－15 所示。

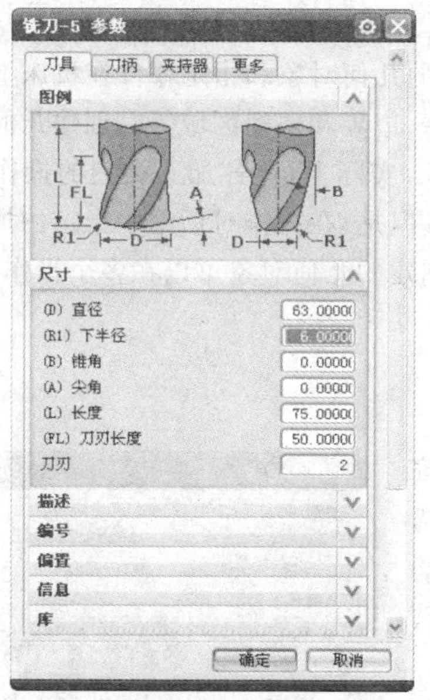

图 1－12　“铣刀－5 参数”对话框

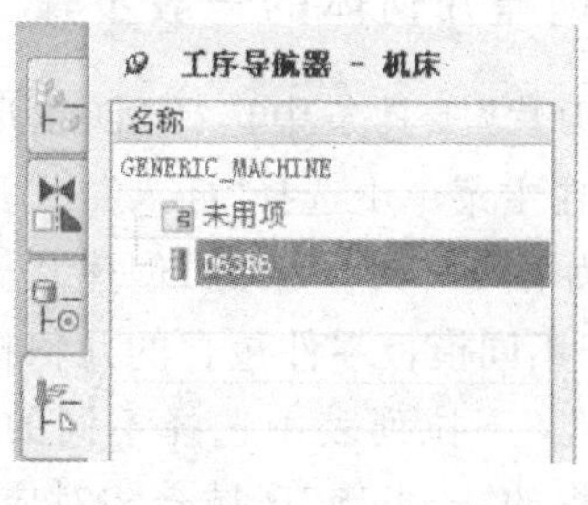

图 1－13　机床视图导航器

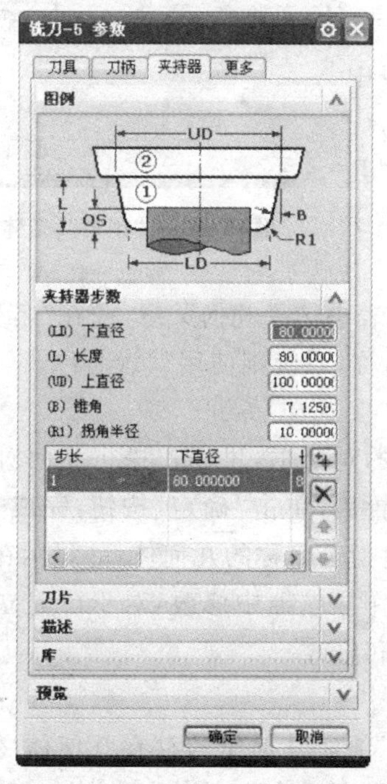

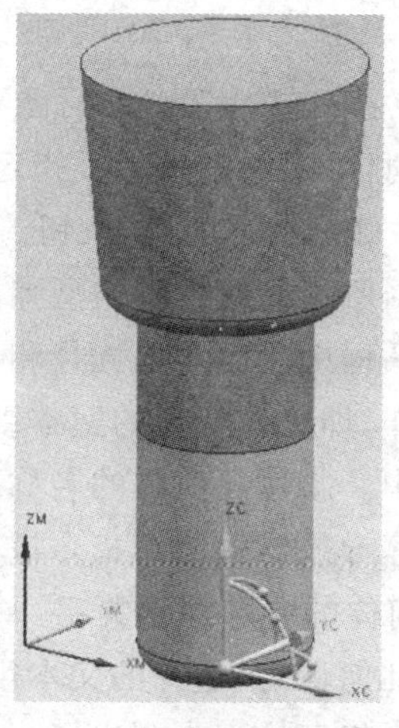

图 1－14　刀具夹持器参数设置界面

图 1－15　刀具夹持器效果

1.4.3 创建几何体

创建几何体主要是在零件上定义要加工的几何对象和指定零件在机床上的加工方位。创建几何体包括定义加工坐标系、工件、边界和切削区域等。创建几何体所建立的几何对象，可指定为相关操作的加工对象，实际上，在各加工类型的操作对话框中，也可以用几何按钮指定操作的加工对象。但是，在操作对话框中指定的加工对象只能在本操作中使用，而用创建几何体方式创建的几何对象可以在多个操作中使用，而无须在各操作中分别指定。

1. 创建几何体的一般步骤

在“刀片”工具条中选择“创建几何体”按钮，或在主菜单中选择“插入”→“几何体”选项，弹出如图1-16所示的“创建几何体”对话框。由于不同模板零件包含的几何模板不同，当在“类型”下拉列表中选择不同的模板零件时，对话框的“子类型”区域会相对应地显示所选模板零件包含的几何模板按钮。

图1-16 “创建几何体”对话框

(1) 创建几何体步骤

① 根据加工类型，在“类型”下拉列表中选择合适的模板零件。

② 根据要创建的加工对象的类型，在“几何体子类型”选项组中选择要创建的几何体子类型。

③ 在“位置”选项组的“几何体”下拉列表中选择几何父组，并在“名称”文本框中指定新建几何体的名称，如果不指定新的名称，系统则使用默认名称。

④ 单击“确定”或“应用”按钮。

系统根据所选几何模板类型弹出相应的对话框，供用户进行几何对象的具体定义。在各对话框中完成对象选择和参数设置后，单击“确定”按钮，完成几何体创建。通过上述操作，即可在选择的父本组下创建指定名称的几何体，并显示在工序导航器的几何视图中。新建几何体的名称可在操作导航器中修改，对于已建立的几何体也可以通过工序导航器的相应指令进行编辑和修改。

(2) 几何体的参数继承关系

在创建几何体时，选择的父本组确定了新建几何组与存在几何体之间的参数继承关系。父本组下拉列表列出了当前加工类型适合继承其参数的几何体名称，当选择某个几何体作为父本组后，新建的几何体将包含在所选父本组内，同时继承父本组中的所有参数。例如,在如图1-17所示的对话框中,用户先前创建了一个工件几何体WORKPIECE_1,并在其中指定了零件几何体和毛坯几何体,如创建几何体时选择WORKPIECE_1作为父本组,则新建立的边界几何体(MILL_BND)将继承WORKPIECE_1工件几何体中的零件属性和毛坯属性。

在操作导航器的几何视图中,各几何体组的相对位置决定了他们之间的参数继承关系,即下一级几何体继承上一级几何体的参数。当几何体的位置发生变化时,其继承的参数随着位置变化而变化。因此,可以在操作导航器中用剪切和粘贴方式或者直接拖动改变其位置,修改几何体的参数继承关系。

随着加工类型的不同,在“创建几何体”对话框中可以创建不同类型的几何组。在铣削操作中可创建的几何体有:加工坐标系(MCS)、工件(WORKPIECE)、铣削区域(MILL_AREA)、铣削边界(MILL_BND)、铣削字体(MILL_TEXT)、孔加工几何体(HOLE_ BOSS_DEOM)和铣削几何体(MILL GEOM),如图1-18所示。对于铣削几何体及边界和区域将在创建操作的介绍中作详细说明,这里仅介绍铣削操作中可以创建的加工坐标系及几何体的创建方法。

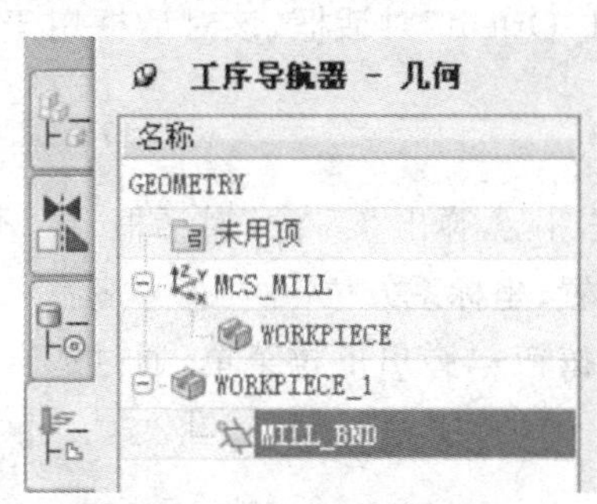

图1-17 几何视图导航器

图1-18 “创建几何体”对话框

2. 创建加工坐标系

(1) 加工坐标系和参考坐标

在UG加工应用中,除了使用工作坐标系WCS以外,还使用两个加工独有的坐标系,即加工坐标系MCS和参考坐标系RCS。

1) 加工坐标系

加工坐标系是所有后续刀具路径各坐标点的基准位置。在刀具路径中,所有坐标点的坐标值均与加工坐标系关联,如果移动加工坐标系,则重新确立了后续刀具路径输出坐标点的基准位置。

加工坐标系的坐标轴用 XM、YM、ZM 表示。其中 ZM 特别重要，如果不另外指定刀轴矢量方向，则 ZM 轴为默认的刀轴矢量方向。

提示：系统在进行加工初始化时，加工坐标系 MCS 定位在绝对坐标系上。如果一个零件有多个表面需要从不同方位进行加工，则在每个方位上建立加工坐标系和与之关联的安全平面，构成一个加工方位组。

在生成的刀具位置源文件中，有的数据是参照加工坐标系，有的数据是参照工作坐标系。在"操作"对话框中指定的起刀点、安全平面的 Z 值和刀轴矢量以及其他矢量数据，都是参照工作坐标系；而确定刀具位置的各点坐标是参照加工坐标系。如在刀具位置源文件中，常有直线运动命令"GOTO X，Y，Z，I，J，K"，其中 X、Y、Z 是刀尖相对于加工坐标系的坐标值，而 I、J、K 则是由工作坐标系指定的刀轴矢量方向。

2）参考坐标系

当加工区域从零件的一部分转移到另一部分时，参考坐标系用于定位非模型几何参数（如起刀点、返回点、刀轴的矢量方向和安全平面等），这样可以减少参数的重新指定工作。参考坐标系的坐标轴用 XR、TR、ZR 表示。

提示：系统在进行加工初始化时，参考坐标系 RCS 定位在绝对坐标系上。

（2）创建加工坐标系的方法

建立加工坐标系时，可以在"几何视图导航器"中双击 MCS_MILL，或者在"创建几何体"对话框中选择"MCS"按钮，弹出"MILL Orient"对话框，该对话框用于定义加工坐标系和参考坐标系。

1）机床坐标系（加工坐标系）MCS

坐标系平移与旋转：单击"CSYS 对话框"按钮，弹出"CSYS"对话框，在"类型"选项中通过下拉列表可以编辑坐标系的原点位置、坐标系方位。

坐标系建立：单击"类型"选项中的下三角按钮，弹出下拉菜单，通过适合的选项可以直接建立所需的坐标系。

2）参考坐标系 RCS

建立方法与机床坐标系相同。当在对话框中勾选"链接 MCS 与 RCS"选项时，则链接参考坐标系 RCS 到加工坐标系 MCS，使参考坐标系与加工坐标系的位置和方向相同。

3）安全平面

安全平面为防止刀具与工件、夹具发生碰撞而设置的平面。因此，安全平面应高于零件的最高点。

安全平面的创建方法很多，下面介绍一种比较常用的创建方法。读者可在练习中自行体会其他方法。

在"MILL Orient"对话框的"安全设置"选项组中，单击"安全设置选项"下拉列表中的"面"选项，如图 1－19 所示，则对话框的"安全设置"选项组中增加了"指定平面”选项，单击其对应的“平面对话框”按钮，弹出如图1-20所示的“平面”对话框。在绘图区选择模型中的平面，这时会出现一个与被选择平面重合的基准平面，在“偏置”选项组的“距离”文本框中输入一个偏置距离，输入时注意图中蓝色箭头提示的偏执方向，配合“反向”按钮，将安全平面创建在高于零件最高点的某个位置。

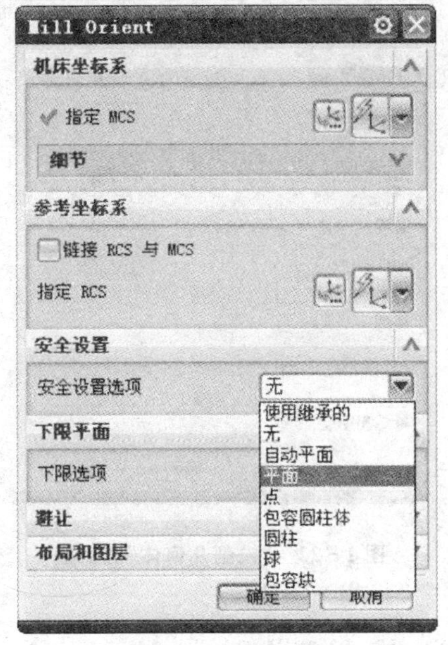

图1-19 Mill Orient 对话框

图1-20 “平面”对话框

提示：在创建任何加工操作之前，应显示加工坐标系和安全平面，检查他们的位置和方向是否正确。

3. 创建铣削几何体

在平面铣和型腔铣中，铣削几何体可用于定义加工时的零件几何体、毛坯几何体和检查几何体；在固定轴铣和多轴铣中，铣削几何体还可用于定义要加工的轮廓表面。

在图1-21所示的“创建几何体”对话框中，“MILL_GEOM”（铣削几何体）按钮和“WORKPIECE”（工件）按钮的功能相同，两者都通过在模型上选择体、面曲线和切削区域来定义零件几何体、毛坯几何体和检查几何体，还可以定义零件的偏置厚度、材料和存储当前视图布局与层。本节以铣削几何为例，说明其创建方法。

在图1-21中选择“MILL_GEOM”按钮，单击“应用”按钮，系统弹出如图1-22所示的“铣削几何体”对话框。

(1) 指定部件

该选项用于指定或编辑零件几何体。单击“选择或编辑部件几何体”按钮，弹出"部件几何体"对话框,用鼠标选中模型中的零件几何体,单击"确定"按钮,即完成了部件指定。如单击"显示"按钮,已定义的几何对象将以高亮度显示。如果还没有定义相应的几何对象,该按钮则以灰色显示。

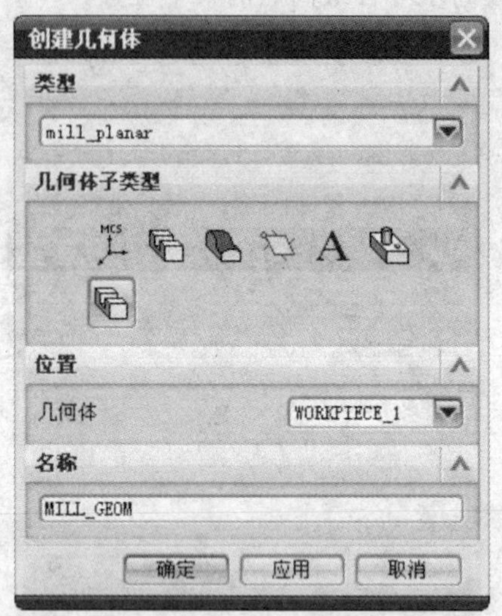

图 1-21 "创建几何体"对话框

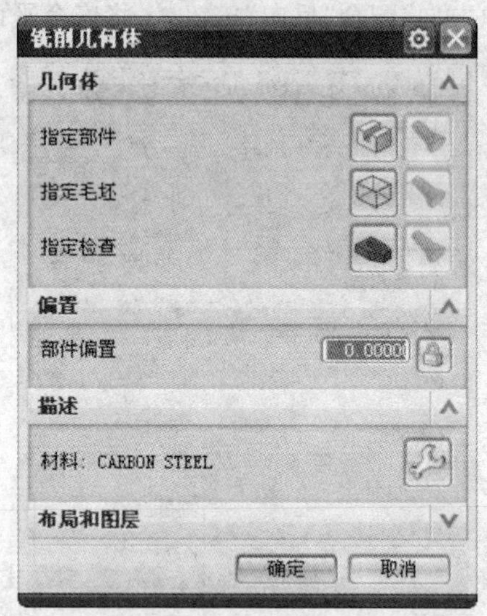

图 1-22 "铣削几何体"对话框

(2) 指定毛坯

该选项用于指定或编辑毛坯几何体。单击"选择或编辑毛坯几何体"按钮,弹出"毛坯几何体"对话框,用鼠标选中模型中的毛坯几何体,单击"确定"按钮,即完成了毛坯指定。如单击"显示"按钮,已定义的几何对象将以高亮度显示。如果还没有定义相应的几何对象,该按钮则以灰色显示。

(3) 指定检查

该选项用于指定或编辑检查几何体(检查几何体一般指夹具几何体,或者是部件上可能与刀具发生干涉的部位)。单击"选择或编辑检查几何体"按钮,弹出"检查几何体"对话框,用鼠标选中模型中的检查几何体,单击"确定"按钮,即完成了检查几何体指定。单击"显示"按钮,已定义的几何对象将以高亮度显示。如果还没有定义相应的几何对象,该按钮则以灰色显示。

(4) 部件偏置

该选项是在零件实体模型上增加或减去由偏置量指定的厚度。

(5) 材　料

该选项为零件指定材料属性。材料属性是确定切削速度和进给量大小的一个重要参数。当零件材料和刀具材料确定以后,切削参数也就基本确定了。选择"进给量和切削速度"对话框中的"从表格中重置"选项,用这些参数推荐合适的切削速度和进给量数值。

选择“材料”按钮，弹出的材料列表框列出了材料数据库中的所有材料类型，材料数据库由配置文件指定。选择合适的材料后，单击“确定”按钮，则为当前创建的铣削几何指定了材料属性。

(6) 保存图层设置

选择该选项，可以保存层的设置。

(7) 布局名

该文本框用于输入视图布局的名称，如果不更改，则沿用默认名称。

(8) 保存布局/图层

该选项用于保存当前的视图布局和层。

1.4.4 创建加工方法

完成一个零件的加工通常需要经过粗加工、半精加工、精加工几个步骤，而粗加工、半精加工、精加工的主要差异在于加工后残留在工件表面的余料的多少及表面粗糙度。加工方法可以通过对加工余量、几何体的内外公差、切削步距和进给速度等选项的设置，控制表面残余量，另外加工方法还可以设置刀具路径的显示颜色与显示方式。

提示：在部件文件中若不同的刀具路径使用相同的加工参数时，可使用创建加工方法的办法，先创建加工方法样式，以后在创建操作时直接选用该方法即可，创建的操作将可以获得默认的相关参数。在创建操作时如果不选择加工方法，也可以通过“操作”对话框中的切削、进给等选项设置切削方法。而对于通过选择加工方法所继承的参数，也可以在操作中进行修改，但修改仅对当前操作起作用。

系统默认的铣削加工方式有 3 种，图 1－23 显示了工序导航器的加工方法视图，可以看到各加工方法：

- 粗加工(MILL_ROUGH)
- 半精加工(MILL_SEMI_FINISH)
- 精加工(MILL_FINISH)

在“刀片”工具条上单击“创建方法”按钮，或者在主菜单上选择“插入”→“方法”菜单项，系统将弹出如图 1－24 所示的“创建方法”对话框。

图 1－23　“创建方法”对话框

在“创建方法”对话框中，首先要选择类型及方法子类型，然后选择位置(父本组)，当前加工方法将作为父组本的从属组，并继承父组本的参数,再在“名称”文本框中输入程序组的名称(可以使用默认名称),单击“确定”按钮,系统将弹出如图 1-25 所示的“铣削方法”对话框。

图 1-24 “创建方法”对话框

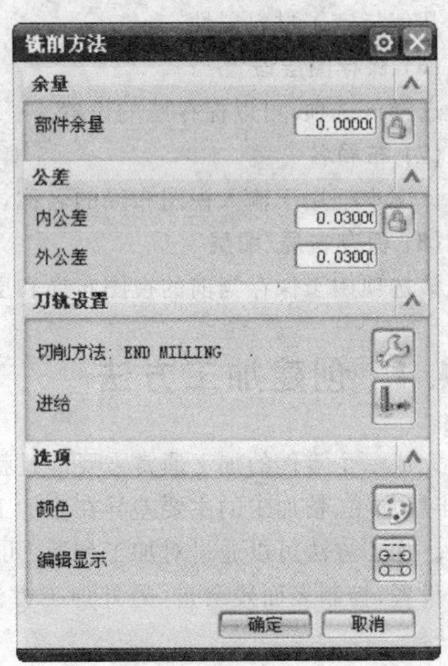

图 1-25 “铣削方法”对话框

1. 基本设置

① 部件余量:为加工方法指定加工余量。使用该方法的操作将具有同样的加工余量。

② 内公差/外公差:公差限制了刀具在加工过程中离零件表面的最大距离,指定的值越小,加工精度越高。内公差限制了刀具在加工过程中越过零件表面的最大过切量;外公差是刀具在切削工程中没有切至零件表面的最大间隙量。

③ 切削方法:指定切削方式,可从弹出的列表中选择一种切削方式。

2. 进给率的设置

进给率是影响加工精度和加工后零件的表面质量以及加工效率的重要因素之一。在一个刀具路径中,存在着非切削运动和切削运动,每种切削运动中还包括不同的移动方式和切削条件,需要相应地设置不同的进给速度。单击图 1-25 中的“进给”按钮,可以弹出“进给”对话框,单击“更多”选项,该对话框如图 1-26 所示。图中各参数含义如下。

① 切削:设置正常切削零件过程中的进给速度,即程序当中 G0、G1、G2、G3 等工进切削的速度。

② 快速：用于设置快速运动时的进给速度，可选择“G0 快速模式”或者“G1 进给模式”。

③ 逼近：用于设置接近速度，即刀具从起刀点到进刀点的进给速度。在平面铣或型腔铣中，接近速度控制刀具从一个切削层到下一个切削层的移动速度。而在平面轮廓铣中，接近速度可以控制刀具做进刀运动前的进给速度。

④ 进刀：用于设置进刀速度，即刀具切入零件时的进给速度，也就是从刀具进刀点到初始切削位置的移动速度。

⑤ 第一刀切削：设置每一刀切削时的进给速度。

⑥ 步进：设置刀具进入下一行切削时的进给速度。

⑦ 移刀：设置刀具从一个切削区域跨越到另一个切削区域时做水平非切削运动的移动速度。

⑧ 退刀：设置退刀速度，即刀具切出零件时的进给速度，也就是刀具完成切削退刀到退刀点的运动速度。

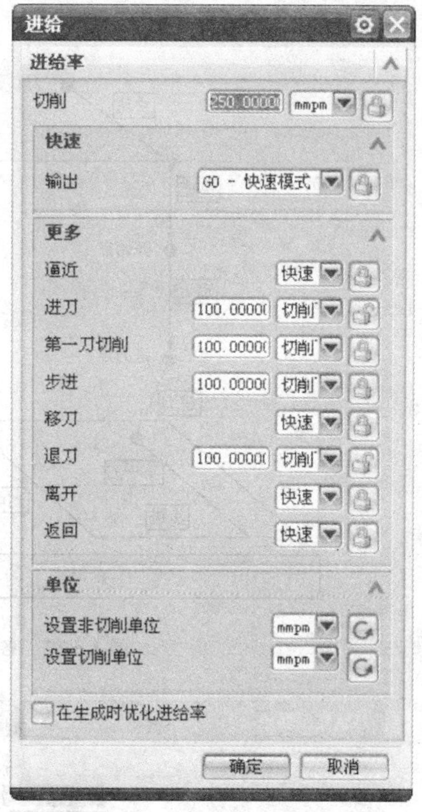

图1-26 “进给速度”对话框

⑨ 离开：设置离开速度，即刀具从退刀点离开工件的移动速度。

⑩ 返回：设置刀具返回速度。

图1-27为各种切削进给速度示意图。

3. 设置刀轨显示颜色

单击图1-25中的“颜色”按钮，可以弹出“刀轨显示颜色”对话框，如图1-28所示。在显示刀轨时使用不同的颜色表示不同的刀具运动类型，观察刀具路径时可以区分不同类型的刀具路径。选择每个运动类型对应的颜色按钮，会弹出“颜色”对话框，从中选择一种颜色作为指定运动类型的显示颜色。

4. 设置刀轨显示选项

单击图1-25中的“编辑显示”按钮，可以弹出“显示选项”对话框，如图1-29所示。在刀具路径显示时可以指定刀具的显示形状、刀具的显示频率、刀柄显示、路径的显示方式、路径的显示速度、路径的箭头显示等选项。

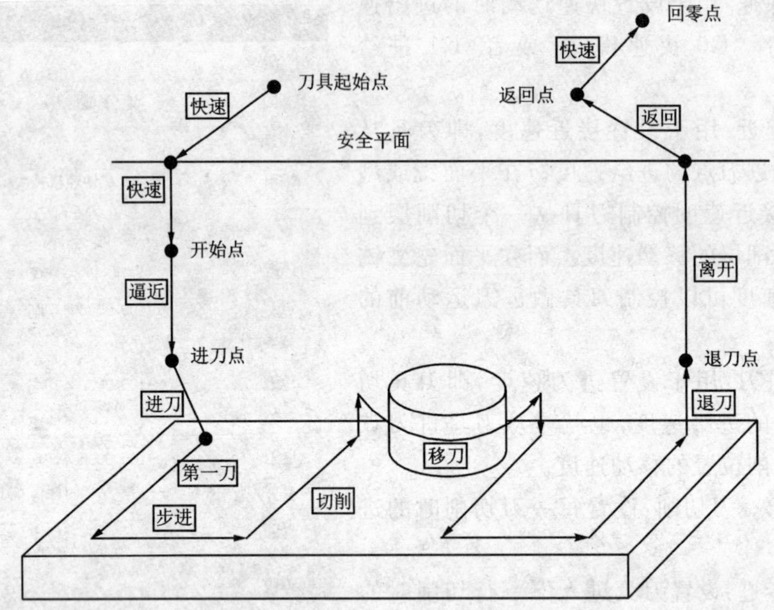

图 1-27　各种切削进给速度示意图

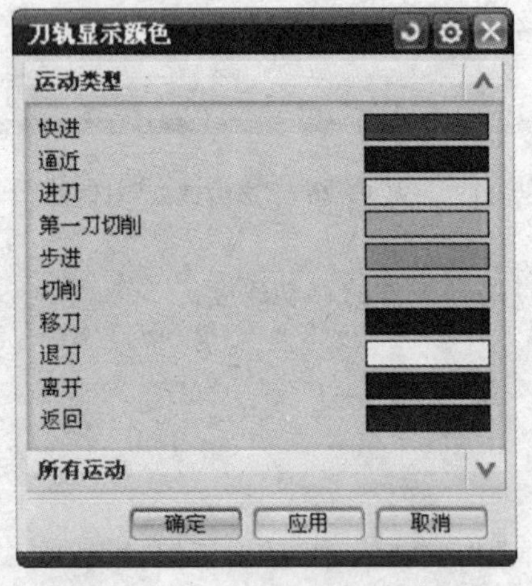

图 1-28　"刀轨显示颜色"对话框

图 1-29　"显示选项"对话框

下面对刀具显示及刀具路径显示作说明。

(1) 刀具显示

在"刀具显示"下拉列表中有 4 个选项,分别如下所述。

① 无:在回放刀具路径时不显示刀具。

② 2D:在回放刀具路径时以二维方式显示刀具。

③ 3D:在回放刀具路径时以三维方式显示刀具。

④ 轴：在回放刀具路径时以矢量箭头表示刀具的轴线。

(2) 刀轨显示

刀具路径的显示方式有以下 5 个选项。

① 实线：系统在刀具路径的中心线处绘制实线。

② 虚线：系统在刀具路径的中心线处绘制虚线。

③ 轮廓线：系统根据刀具路径，用实线绘制刀具的走刀轮廓。当要查看刀具的横向步进、查看刀具的铣削宽度和铣削的重叠部分时，需要使用轮廓线方式显示。

④ 填充：系统将刀具移动轨迹经过的区域用颜色填充。

⑤ 轮廓线填充：系统在使用轮廓线显示导轨的同时，又采用了填充的方式。

1.4.5　创建程序组

程序组用于排列各加工操作在程序中的次序。例如，一个复杂零件如果需要在不同机床上完成表面加工，则应将在同一机床上加工的操作组合成程序组，以方便刀具路径的输出。合理的安排程序组，可以在一次后置处理中按程序组的顺序输出多个操作。

提示：通常情况下，用户可以不创建程序组，而直接使用模板所提供的默认程序组创建所有的操作。

1.4.6　刀具路径验证

1. 重播刀轨

重播刀轨是在图形窗口中显示已经生成的刀具路径。通过回放刀具路径，验证刀具路径的切削区域、切削方式、切削行距等参数。当生成一个刀具路径后，需要通过不同的角度进行观察，或者对不同部位进行观察。在设定窗口显示范围后进行回放，可以从不同角度进行刀具路径的查看。从不同的角度、不同的部位、不同大小对同一刀具路径进行观察。在很多情况下，UG 所生成的刀具路径是不显示在绘图区的，当需要进行刀具路径的确认、检验时，可以通过重播刀轨进行刀具路径回放。

提示：UG 发展到 8.0 版本，"重播刀轨"按钮已经失去了实际意义，当需要重播刀轨时，只需在导航器中用鼠标单击需要查看的操作，则该操作的刀具轨迹将自动显示出来。

注意：如果所选择的操作是处于经过参数修改而没有重新生成的情况，当进行回放时，显示的将是原先已经生成的刀具路径，当然如果没有已生成的刀具路径，则不作显示。

2. 刀具路径的模拟

对于已经生成的刀具路径，可在图形窗口中以线框形式或实体形式模拟刀具路径。让用户在图形方式下更直观地观察刀具的运动过程，以验证各操作参数定义的合理性。实体模拟切削可以对工件进行比较逼真的模拟切削，通过切削模拟可以提高程序的安全性和合理性。切削模拟以实际加工耗时1%的时长并且在不造成任何损失的情况下，检查零件过切或者未铣削到位的现象，通过实体切削模拟可以发现实际加工中存在的问题，以便编程人员及时修正，避免工件报废。

通过单击“操作”工具条或“操作”对话框中的“确认刀轨”按钮，可以启动刀轨可视化功能。启动刀具路径验证后，将弹出如图1-30所示的“刀轨可视化”对话框。刀路验证的方式有三种：重播、3D动态和2D动态。

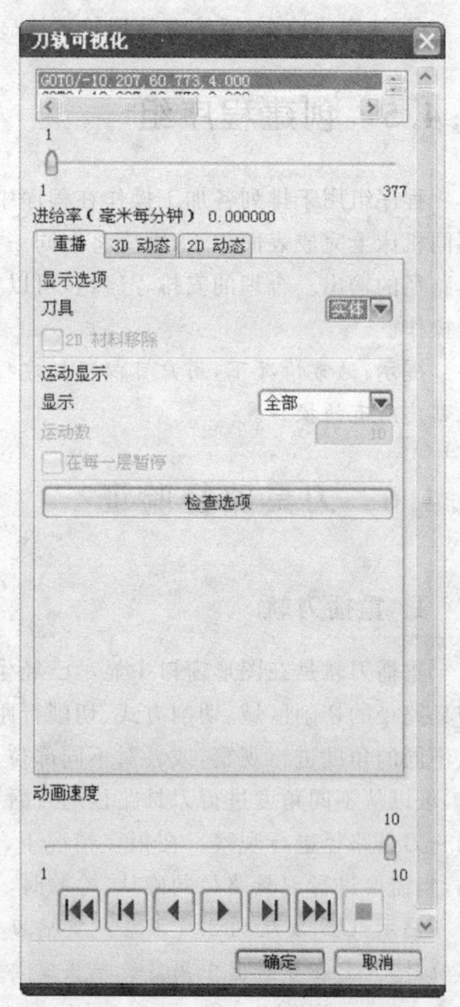

图1-30 “刀轨可视化”对话框

(1) 重 播

重播方式验证是沿着一条或几条刀具路径显示刀具的运动过程。与上一节讲的重播刀轨有所不同，验证中的重播可以对刀具运动进行控制，并在重播过程中显示刀具的运动。另外，可以在刀具路径单节（刀位点）列表中直接指定开始重播的刀位点。

通过对话框可以指定其刀位点和切削验证的位置，可以设置在切削模拟过程中刀具的显示方式，可以有开、点、轴、实体、装配等形式，可以通过调节仿真速度调节杆来调节模拟的速度。通过“播放控制”按钮进行切削模拟的控制，包括：返回起始点、反向单步播放、反向播放、正常播放、正向单步播放、选择下一个操作。

(2) 3D动态显示

3D动态显示刀具切削过程主要是以显示加工余料为主，需要计算每个操作执行完以后的加工剩余材料，因此仿真速度较慢，较少被采用。

(3) 2D 动态显示

2D 动态显示刀具切削过程主要是显示刀具沿刀具路径切除工件材料的过程，它以三维实体方式仿真刀具的切削过程，非常直观。

“显示”用于在绘图区显示零件加工后的形状，并以不同的颜色显示加工区域和没有切削的工件部位，而且使用不同刀具时将显示不同的颜色。如果刀具与工件发生过切现象，将在过切部位用红色显示，以提示用户刀具路径存在错误。

“比较”对加工后的形状与要求的形状作对比，在图形区中显示工件加工后的形状，并以不同的颜色表示加工部位材料的切除情况。其中绿色表示该面已经达到加工要求，而蓝灰色表示该面还有部分材料没有切除，红色表示加工该表面时发生过切。

以动态方式显示刀具切削过程时，需要指定用于加工成零件的毛坯。如果在创建操作时没有指定毛坯几何体，那么在选择播放时系统会弹出一个警告窗口，提示当前没有毛坯可用于验证。单击“确定”按钮，系统会弹出一个临时毛坯对话框，可以在对话框中指定毛坯类型为“自动块”，自动创建一个立方体作为毛坯。可以通过拖动零件上的方向箭头控制毛坯尺寸，也可以在对话框中分别输入 X、Y、Z 方向的偏置值。

还可以在对话框中指定毛坯类型为“来自组件的偏置”，通过输入偏置值，可以把零件放大到输入的偏置尺寸，从而定义为毛坯。

提示：在开始进行切削模拟前，要先通过视角的旋转选择一个最佳的观察角度，并调整大小，在开始进行切削模拟以及模拟完成后都只能保持这一角度，而不能进行其他视角的观察，也不能进行缩放。如有必要，可分别进行多个角度的切削模拟。由于加工公差以及加工余量设置不同，可能在仿真切削之后会显示白色斑点或者红色斑点，这种情况不影响加工。

1.5　数控机床的组成与基本工作过程

为了使读者对数控机床的组成部分与其工作过程先有一个大致的了解，这里结合图 1-31 的框图作简单介绍。对数控机床各个具体组成部分的工作原理、作用、要求、特性和类别等，将在第 2 章分别讲解。

1.5.1　数控机床的组成

数控机床一般由数控系统、伺服系统、主传动系统、强电控制柜、机床本体和各类辅助装置组成。如图 1-31 中实线部分所示是一种较典型的现代数控机床构成框图，加上虚线部分即可表示数控加工的基本工作过程。对具体各类不同功能的数控机床，其组成部分略有不同。

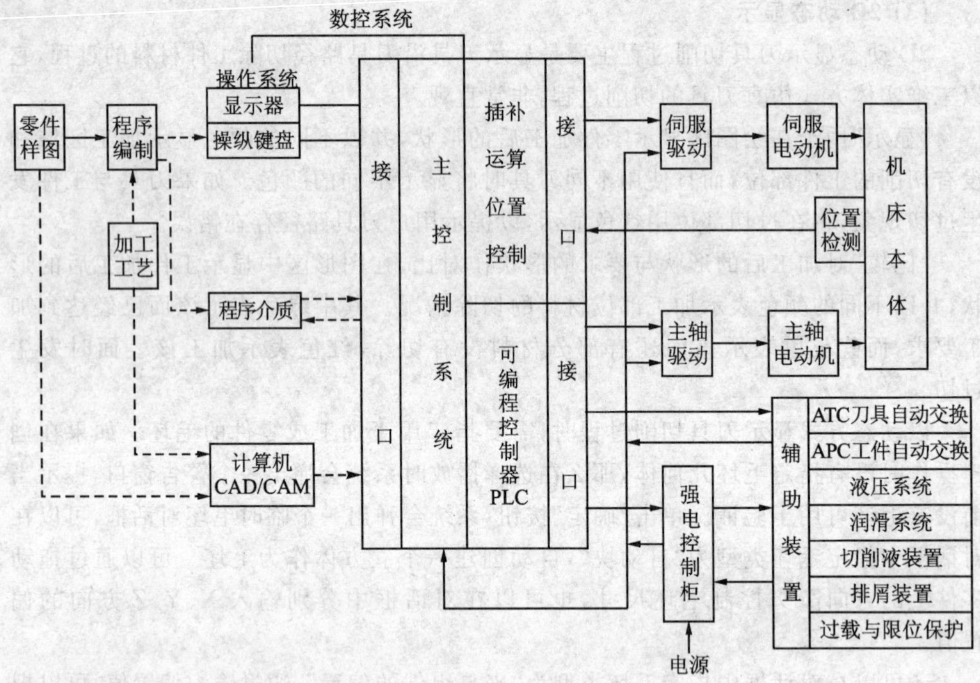

图 1-31 现代数控机床构成框图

(1) 数控系统

数控系统是机床实现自动加工的核心。主要由操作系统、主控制系统、可编程控制器、各类输入输出接口等组成。其中操作系统由显示器和操纵键盘组成，显示器有数码管、CRT、液晶等多种形式。主控制系统类似于计算机主板，主要由 CPU、存储器、控制器等部分组成。数控系统所控制的一般对象是位置、角度、速度等机械量，以及温度、压力、流量等物理量，其控制方式又可分为数据运算处理控制和时序逻辑控制两大类，其中主控制器内的插补运算模块就是根据所读入的零件程序，通过译码、编译等信息处理后，进行相应的刀具轨迹插补运算，并通过与各坐标伺服系统的位置、速度反馈信号比较，从而控制机床各个坐标轴的位移。而时序逻辑控制通常主要由可编程控制器 PLC 来完成，它根据机床加工过程中的各个动作要求进行协调，按各检测信号进行逻辑判断，从而控制机床各个部件有条不紊地按序工作。

(2) 伺服系统

伺服系统是数控系统与机床本体之间的电传动联系环节，主要由伺服电动机、驱动控制系统及位置检测反馈装置等组成。伺服电动机是系统的执行元件，驱动控制系统则是伺服电动机的动力源。数控系统发出指令信号与位置检测反馈信号比较后作为位移指令，再经驱动控制系统功率放大后驱动电动机运转，从而通过机械传动装置拖动工作台或刀架运动。

(3) 主传动系统

主传动系统是机床切削加工时传递扭矩的主要部件之一，一般分为齿轮有级变速和电气无级调速两种类型。较高档的数控机床都要求实现无级调速，以满足各种加工工艺的要求，它主要由主轴驱动控制系统、主轴电动机和主轴机械传动机构等组成。

(4) 强电控制柜

强电控制柜主要用来安装机床强电控制的各种电气元器件，除了提供数控、伺服等一类弱电控制系统的输入电源，以及各种短路、过载、欠压等电气保护外，主要在可编程控制器 PLC 的输出接口与机床各类辅助装置的电气执行元器件之间起桥梁连接作用，即控制机床辅助装置的各种交流电动机、液压系统电磁阀或电磁离合器等，主要起到扩展接点数和扩大触点容量等作用。另外，它也与机床操作面板的有关手控按钮连接。强电控制柜由各种中间继电器、接触器、变压器、电源开关、接线端子和各类电气保护元器件等构成。它与一般的普通机床电气类似，但为了提高对弱电控制系统的抗干扰性，要求各类频繁启动或切换的电动机、接触器等电磁感应器件中均必须并接 RC 阻容吸收器，对各种检测信号的输入均要求用屏蔽电缆连接。

(5) 辅助装置

辅助装置主要包括 ATC 刀具自动交换机构、APC 工件自动交换机构、工件夹紧放松机构、回转工作台、液压控制系统、润滑装置、切削液装置、排屑装置、过载与限位保护功能等部分。机床加工功能与类型不同，所包含的部分也不同。

(6) 机床本体

机床本体指的是数控机床机械结构实体。它与传统的普通机床相比较，同样由主传动机构、进给传动机构、工作台、床身以及立柱等部分组成，但数控机床的整体布局、外观造型、传动机构、刀具系统及操作机构等方面都发生了很大的变化。这种变化的目的是为了满足数控技术的要求和充分发挥数控机床的特点，归纳起来有以下几点。

① 采用高性能主传动及主轴部件，具有传递功率大、刚度高、抗振性好及热变形小等优点。

② 进给传动采用高效传动件，具有传动链短、结构简单、传动精度高等特点，一般采用滚珠丝杠副、直线滚动导轨副等。

③ 有较完善的刀具自动交换和管理系统。工件在加工中心类机床上一次安装后，能自动地完成或者接近完成工件各面的加工工序。

④ 有工件自动交换、工件夹紧与放松机构。如在加工中心类机床上采用工作台自动交换机构。

⑤ 床身机架具有很高的动刚度、静刚度。

⑥ 采用全封闭罩壳。由于数控机床是自动完成加工，为了操作安全，一般采用移门结构的全封闭罩壳，对机床的加工部位进行全封闭。

1.5.2 数控机床的基本工作过程

首先根据零件图样，结合加工工艺进行程序编制，然后通过键盘或其他输入设备输入，送入数控系统后再经过调试、修改，最后把它存储起来。加工时就按所编程序进行有关数字信息处理，一方面通过插补运算器进行加工轨迹运算处理，从而控制伺服系统驱动机床各坐标轴，使刀具与工件的相对位置按照被加工零件的形状轨迹进行运动，并通过位置检测反馈以确保其位移精度。另一方面按照加工要求，通过PLC控制主轴及其他辅助装置协调工作，如主轴变速、主轴齿轮换档、适时进行ATC刀具自动交换、APC工件自动交换、工件夹紧与放松、润滑系统的开停、切削液的开关，必要时过载或限位保护起作用，控制机床运动迅速停止。

数控机床通过程序调试、试切削后，进入正常批量加工时，操作者一般只要进行工件上下料装卸，再按下程序自动循环按钮，机床就能自动完成整个加工过程。

对于零件程序编制分为手动编程和自动编程。手动编程是指编程员根据加工图样和工艺，采用数控编程指令(目前一般都采用ISO数控标准代码)和指定格式进行程序编写，然后通过操作键盘送入数控系统内，再进行调试、修改等。对于自动编程，目前已较多地采用了计算机CAD/CAM图形交互式自动编程，通过计算机有关处理后，自动生成数控程序，可以通过接口直接输入数控系统内。

1.6 程序编制的方法与步骤

1.6.1 概　述

在程序编制前，程序员应了解所用数控机床的规格、性能和CNC系统所具备的功能及编程指令格式等。程序编制时需要对图样规定的技术特性、零件的几何形状、尺寸及工艺要求进行分析，确定加工方法和加工路线，再进行数值计算，获得刀位数据。然后，按数控机床规定采用的代码和程序格式，将工件的尺寸、刀具运动轨迹、位移量、切削参数(主轴转速、刀具进给量、背吃刀量等)以及辅助功能(换刀、主轴正/反转、切削液开/关等)编制成加工程序。也就是说，零件加工程序是用规定代码来详细描述整个零件加工的工艺过程和机床的每个动作步骤。

一般来说，数控机床程序编制过程主要包括：分析零件图样、工艺处理、数学处理、编写程序单、输入程序及程序检验。所谓“数控机床的程序编制”就是指由分析零件图样到程序检验的全部过程。

1.6.2　数控编程的一般步骤

如图 1－32 所示是数控程序编制到加工运行的过程图。

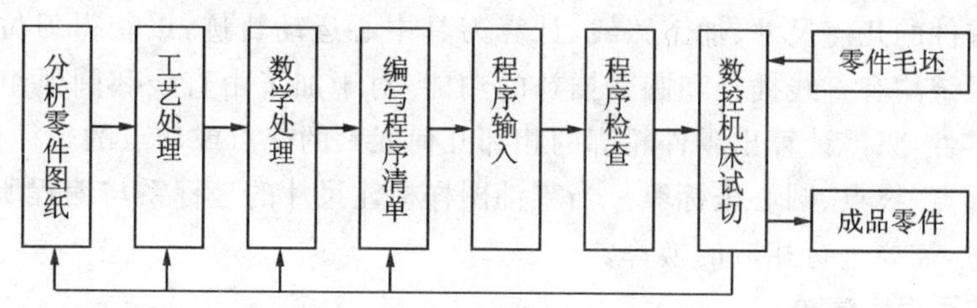

图 1－32　数控编程一般步骤

(1) 分析零件图和工艺处理

这一步骤的主要内容包括:对零件图样进行分析以明确加工的内容和要求,确定加工方案,选择适合的数控机床,设计夹具,选择刀具,确定合理的走刀路线及切削用量等,正确选择对刀点、切入方式。与数控加工方式相比,普通机床的工艺编制只要考虑大致方案,具体操作细节均由机床操作者根据经验在现场自行决定,并可随时根据实际加工情况进行改进。而对于数控加工,则必须由编程员预先对零件加工的每一工步均在程序中安排好。整个工艺中的每一细节都应事先确定,并合理安排。它要求编程人员要熟练掌握编程指令功能、书写格式、键盘输入等基本编程技能,还要全面掌握有关加工工艺,熟悉数控机床的加工特性。工艺处理涉及问题很多,编程人员需要注意以下几点。

① 确定加工方案。此时应考虑数控机床使用的合理性及经济性,充分发挥数控机床的功能。

② 工夹具的设计和选择。应特别注意要迅速完成工件的定位和夹紧过程,减少辅助时间。建议使用组合夹具,它具有生产准备周期短、夹具零件可以反复使用、经济效果好的特点。

③ 正确选择工件坐标系原点。也就是建立工件坐标系,确定工件坐标系与机床坐标系的相对尺寸。这主要是针对绝对编程而讲,一般根据图样所标尺寸,便于刀具轨迹和有关几何尺寸计算,并且也应考虑零件的形位公差要求,避免产生积累误差。

④ 确定机床换刀点。要考虑换刀时,既要避免刀具与工件及有关部件相干涉、碰撞,又要尽量减少换刀时的空行程。

⑤ 选择合理的走刀路线。走刀路线的选择应从下面几个方面考虑:

· 尽量缩短走刀路线,减少空行程,提高生产率。

· 保证加工零件的精度和表面粗糙度的要求。

· 有利于简化数值计算,减少程序段数量和编制程序工作量。

⑥ 合理选择刀具。应根据工件材料的性能,机床的加工能力,加工工序的类型,

切削用量及其他与加工有关的因素来正确选择刀具。

⑦ 确定合理的切削用量。在工艺处理中必须正确确定切削用量，即背吃刀量、主轴转速及进给速度。

(2) 数学处理

根据零件的几何尺寸、加工路线，计算刀具中心运动轨迹，以获得刀位数据。一般的数控系统均有直线插补和圆弧插补的功能，对于加工由直线和圆弧组成的较简单的平面零件，只需计算出零件轮廓的相邻几何元素的交点或切点的坐标值，得出几何元素的起点、终点、圆心坐标等。当零件图样标注尺寸的坐标系与编程所用的坐标系不一致时，需要进行相应的换算。

(3) 编写程序清单

在加工顺序、工艺参数以及刀位数据确定以后，就可以按数控系统规定的指令代码和程序段格式，逐段地编写零件加工程序清单。

(4) 程序输入

按所编写程序清单内容，通过数控系统操作面板上的数字、字母、符号键逐段地输入程序，并利用 CRT 显示内容进行逐段检查，及时改正输入错误。

(5) 程序校验与首件试切

程序输入数控系统后，还需经过校验与试切削之后，才能进行正式加工。试运行功能用于校验程序语法是否有错误，加工轨迹是否正确；试切削用于考核其加工工艺及有关切削参数制定得合理与否，加工精度能否满足零件图样要求，以及加工效率如何，以便进一步改进。

对于具有刀具轨迹动态模拟显示功能的数控系统来说，程序校验便于开展，只要在刀具轨迹动态模拟显示状态下运行所编程序，如果程序存在语法或计算错误，运行中就会自动显示出错报警。根据报警号内容，编程员可对相应出错程序段进行检查、修改。

对于经济型数控系统，通常不带有刀具轨迹动态模拟显示功能，可采用关闭伺服驱动功放开关，进行空运行程序来检查所编程序是否有语法错误。

对于试切削一般采用单段运行的工作方式来检查机床每执行一段程序的动作。对于较复杂的零件，可以采用石蜡、塑料或铝等易切削材料进行试切。

(6) 加工生产

零件程序调试合格后，就可以正常投入批量加工生产。此时操作者一般只需要进行工件上下料装夹，再按一下循环启动按钮，就可自动循环加工。

1.6.3 数控机床编程的方法

1. 在线编程与离线编程

由于电子技术的发展，目前数控系统内的软件存储容量已得到很大的提高，因此，一些编程软件可以直接存入 CNC 系统内，实现所谓的在线编程。操作者可以在机床操作面板上通过键盘进行编程，并利用 CRT 显示实现人机对话，还可以实现刀具轨迹的动态模拟显示，便于检查和修改程序，给调试和加工带来极大的方便。

相比之下，以前硬线联结的数控系统（指前三代：电子管、晶体管、集成电路的 NC）的零件编程需要利用另一台电子计算机，采用专用的数控语言（如 APT）进行编程，得到源程序后再通过计算机内的主信息处理软件和后置处理软件处理后输出，并制作成控制介质——程序纸带，由程序纸带来实时控制数控机床加工。所以这种离线编程给程序修改、加工调试带来许多麻烦和不便。

现代的计算机辅助编程也属于离线编程，但它与以前硬线联结的数控系统是有本质区别的。现代的计算机辅助编程可采用一台专用的数控编程系统为多台数控机床编制程序，编程时不会占用各台数控机床的工作时间，并且专用编程系统的功能往往多而强，同时还可作为数控编程培训的实验教学设备。

2. 手工编程与自动编程

(1) 手工编程

由人工完成零件图纸分析、工艺处理、数值计算、编写程序清单，直到程序输入、校验的全过程，称为“手工编程”。目前，大部分采用 ISO 标准代码书写。手工编程适用于点位或几何形状不太复杂的零件，即二维或不太复杂的三维加工、程序段不多、坐标计算简单、程序编制易于实现的场合。这时，手工编程显得经济而且及时。

对于几何形状复杂，尤其是需用三轴以上联动加工的空间曲面组成的零件，编程时数值计算烦琐、所需时间长、易出错、程序校验困难，用手工编程难以完成。据有关统计表明，对于这样的零件，编程时间与加工时间之比平均约为 30:1。所以，为了缩短生产周期，提高数控机床的利用率，有效地解决各种模具及复杂零件的加工问题，必须想办法提高编程的效率，即采用计算机辅助编程。

(2) 计算机辅助编程

所谓计算机辅助编程，就是使用计算机或编程机，完成零件编程的过程，也可称为自动编程，计算机辅助编程的分类如图 1-33 所示。

- 计算机辅助编程
  - 数控语言编程
    - 词汇语言编程
    - 符号语言编程
  - 图形交互式编程
    - CAD/CAM 自动编程
    - CAD/CAPP/CAM 全自动编程

图 1-33　计算机辅助编程分类

1）数控语言编程

它是由编程员根据零件图样和有关加工工艺要求，用一种专用的数控编程语言来描述整个零件加工过程，即零件加工源程序。然后将源程序输入计算机中，由计算机进行编译（也称前置处理），计算刀具轨迹，最后再由与所用数控机床相对应的后置处理程序进行后置处理，自动生成相应的数控加工程序。

最典型的数控语言 APT，它最早由美国麻省理工学院电子系研究开发，于 1953 年首先推出 APT－Ⅰ语言系统。1958 年，美国航空空间协会（AIA）组织了 10 多家航空工厂，在麻省理工学院协助下进一步开发产生了 APT－Ⅱ，于 1962 年又完成了可解决三维编程的 APT－Ⅲ自动编程系统。在此之后又经过进一步完善、充实，于 1970 年推出了 APT－Ⅳ系统，后来又发展为 APT－Ⅴ系统。

APT 语言系统是世界上发展最早、功能齐全，也是现今使用较为广泛的数控语言编程系统。但由于该系统庞大，使用时需要大型计算机，费用昂贵，使其推广使用受到一定的限制，所以各厂家和研究单位根据用户的不同需要，借助 APT 语言的思想体系，先后开发出许多具有各自特点的数控编程系统。如美国的 ADAPT、AVTOSPOT、UNIAPT，德国的 EXAPT，英国的 2CL，日本的 FAPT，中国的 SKC、2CX 等计算机辅助编程系统。

数控语言编程为当时解决多坐标数控机床加工曲面提供了有效的方法。由于当时计算机的图形处理功能不强，因而必须在 APT 源程序中用语言的形式来描述本来十分直观的几何图形信息及加工过程，再由计算机处理生成加工程序。这种编程方法直观性差，编程过程比较复杂、不易掌握，并且不便于进行阶段性检查。随着计算机技术的发展，计算机图形处理功能已有了极大的增强，因此产生了“图形交互式自动编程”。

2）图形交互式自动编程

图形交互式自动编程是利用计算机辅助设计（CAD）软件的图形编辑功能，将零件的几何图形绘制到计算机上，然后再调用计算机内相应的数控编程模块，进行刀具轨迹处理，由计算机自动对零件加工轨迹的每一结点进行数学处理，从而生成刀位文件，再经过相应的后置处理，自动生成数控加工程序，并同时在计算机上动态地显示其刀具的加工轨迹图形。

图形交互式自动编程系统极大地提高了数控编程的效率，它使从设计到编程实现了 CAD/CAM 集成，为实现计算机辅助设计（CAD）和计算机辅助制造（CAM）一体化起到了必要的桥梁作用。因此，图形交互式自动编程是目前国内外在实施 CAD/CAM 中普遍采用的数控编程方法。也正是因此，图形交互式自动编程习惯地被称为 CAD/CAM 自动编程。

随着 CAPP 计算机辅助工艺过程设计技术的发展，在先进制造技术领域中，对数控编程又提出了 CAD/CAPP/CAM 集成的全自动编程。它与 CAD/CAM 自动编程的最大区别是其编程所需的加工工艺参数，不必由编程人员通过键盘手工输入，而是直接从系统内部的 CAPP 数据库获得有关工艺信息。这样不仅使计算机编程过程中减少了许多人工干预，并且使所编程序更加合理、工艺性更好、可靠性更高。

1.7　程序编制的基础知识

在前面数控加工程序编制的步骤中讲到，根据零件图样，通过加工工艺方案确定和有关数学计算处理后，就可以具体编写零件加工程序清单，它是用规定的指令代码和固定格式来描述零件加工的整个过程。数控系统逐段地执行程序，控制机床的移动部件动作，从而完成零件的加工。因此，零件程序的正确与否，直接关系到数控机床能否正常工作和加工出合格的产品，程序所用的指令代码和编写格式一定要符合数控系统所规定的要求。

1.7.1　程序结构与格式

1. 加工程序的结构

加工程序主要由程序名、程序段和程序结束等组成。

在加工程序的开头要有程序名，以便进行程序检索。程序名就是给零件加工程序起一个名称，以区别于其他加工程序。如 FANUC O－MD 系统规定其程序名由字母 O 加 4 位数字组成，如 O2213、O9901 等。又如西门子 802D 系统规定其程序名开始两位必须为字母，后面由不超过 16 位的字母、数字或下划线组成，如 XLX10、LCY199、MPATUL 等都是合法的程序名。

程序段由程序段号、若干功能代码字和程序段结束符号组成，它是构成程序的主体。它表示数控机床为完成某一特定动作或一组操作而需要的全部指令。

程序结束表示零件加工程序的结束，可用辅助功能代码 M02、M30 或 M99(子程序结束)来结束零件加工。

例如：

```
O2001
N001    G91 G00 X100.00 Y80.00 M03 S650;
N002    Z-33.00;
N003    G01 Z-26.00 F100;
N004    G00 Z26.00;
N005    X50.00 Y30.00;
N006    G01 Z-17.00;
N007    G04 F2;
N008    G00 Z50.00;
N009    X-150.00 Y-110.00;
N010    M02;
```

2. 程序段格式

程序段格式是指在同一个程序段中关于字母、数字和符号等各个信息代码的排列顺序和含义的规定表示方法。数控机床有以下三种程序段格式。

(1) 固定顺序程序段格式

在这种格式中,各字无地址码,字的顺序即为地址的顺序,各字的顺序及字符个数是固定的,任何一个数字即使是“0”也不能省略,所以各程序段长度都一样。这种格式的控制系统简单,但编程不直观,所以较少使用。

(2) 表格顺序程序段格式

在这种格式中,各字间用分隔符隔开,以表示地址的顺序。由于有分隔符号,不需要的字或与上一程序段相同的字可以省略,但必须保留相应的分隔符,因此各程序段的分隔符数目相同。这种格式较上一种格式而言,具有格式清晰、易于检查和核对的特点,常用于功能不多的数控系统,如线切割机床和某些数控铣床等。

(3) 文字地址程序段格式

该格式简称为字地址格式。在这种格式中,每个坐标轴和各种功能都是用表示地址的字母(地址符定义表如1-2所列)和数字组成的特定功能字来表示,而在一个程序段内,坐标字和各种功能字按一定顺序排列(也可以不按顺序排列),根据实际需要一个程序段可长可短。这种格式编程直观灵活,便于检查,被广泛应用于车削、铣削等数控机床。

表1-2 地址符定义表

功能	地址	意义
程序号	%、O、P	程序编号,子程序的指定
顺序号	N	程序段号
准备功能	G	指令动作方式
坐标字	X、Y、Z	坐标轴的移动指令
	I、J、K	圆弧中心坐标
	U、V、W	附加轴的移动
	A、B、C	旋转指令
进给速度	F	进给速度指令
主轴功能	S	主轴旋转速度指令
刀具功能	T	刀具编号指令
辅助功能	M、B	机床开/关指令,指定工作台分度等
补偿号	H、D	刀具长度、半径补偿号指令
暂停	P、X	暂停时间指令
重复次数	L	子程序及固定循环的重复次数
圆弧半径	R	圆弧半径指令

在上述三种程序段格式中，目前应用最广泛的是文字地址程序段格式。现对其具体格式进行说明如下。

加工程序的主体由若干程序段组成。而每个程序段由程序段号、程序内容(若干功能代码字)、程序段结束符构成。例如：

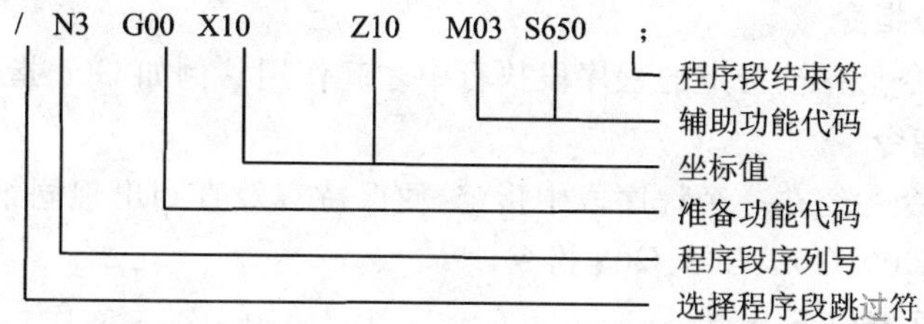

① 选择程序跳过符。在程序段中表示该程序段将被选择性地跳过，只要通过控制面板或软键开关激活“跳过有效”功能，则程序中被标识了“选择程序段跳过符”的程序段将被跳过不执行。

② 程序段序列号。也称程序段号，用于识别和区分程序段的标号，不是所有程序段都要有标号，但有标号便于查找。对于跳转程序来说，必须有程序段号。程序段号与执行顺序无关。

③ 程序内容。一个完整加工过程，包括各种控制信息和数据，由一个以上功能字组成。功能字包括：准备功能字(G)，坐标字(X、Y、Z)，辅助功能字(M)，进给功能字(F)，主轴功能字(S)，刀具功能字(T)等。

④ 程序结束符。用“;”表示本程序段结束，有些系统用“ * ”或“LF”，任何程序段都必须有结束符，否则不与执行。

1.7.2　功能字

零件程序所用的代码，主要有准备功能 G 指令、进给功能 F 指令、主轴速度 S 指令、刀具功能 T 指令、辅助功能 M 指令。一般数控系统中常用的 G 功能和 M 功能都与国际 ISO 标准中的功能一致。对某些特殊功能，ISO 标准中未指定，按其数控机床的控制功能要求，数控生产厂家按需要进行自定义，并在数控编程手册中予以具体说明。

1. 准备功能 G 指令

该指令用来规定刀具和工件的相对运动轨迹(即插补功能指令)、机床坐标系、插补坐标平面、刀具补偿、坐标偏置等多种加工操作。G 指令由字母 G 及其后面的二位数字组成，从 G00～G99 共 100 种代码。如表 1-3 所列，将日本 FANUC、德国 SIEMENS 和美国 A-B 公司的数控系统的 G 指令功能含义与中国 JB 3208—1983 进行对比。从表中可以看出，目前国际上实际使用的 G 功能字，其标准化程度较低，只有 G01～G04、G17～G19、G40～G42 的含义在各系统中基本相同；G90～G92、G94～G97 的含义在多数系统内相同。这说明，在编程时必须遵照机床数控系统说明书编制程序。

G 指令有两种，即非模态指令和模态指令(续效代码)。

(1) 非模态指令

这种 G 指令只在被指定的程序段执行中才起作用。例如 G04 指令。

(2) 模态指令

这种 G 指令一经在一个程序段中指定，便保持有效直到出现同组的另一代码时才失效。例如 G00、G01、G02、G03 指令。

使用时应注意以下几点：

① 在某一程序段中一经使用某一模态 G 代码，如果其后续的程序段中还有相同功能的操作，且没有出现过同组的其他代码时，则在后续的程序段中可以不再指定和书写这一功能代码。

② 不同组的 G 指令，在同一程序段中可以指定多个。

③ 如果在同一程序段中指定了两个或两个以上的同一组 G 指令，则最后指定的 G 指令有效。

一般在 G 指令后还需用 X、Y、Z 等字母和具体数字来表示相应的尺寸、规格等设定值，所跟字母的含义见表 1-2 地址符定义表。

表 1-3　准备功能 G 代码

G 功能字	中国部颁标准 JB 3208—1983 规定	日本 FANUC 3MC 系统	德国 SIEMENS 810 系统	美国 A-B 公司 8400MP 系统
G00	快速点定位	快速点定位	快速点定位	快速点定位
G01	直线插补	直线插补	直线插补	直线插补
G02	顺时针圆弧插补	顺时针圆弧插补	顺时针圆弧插补	顺时针圆弧插补
G03	逆时针圆弧插补	逆时针圆弧插补	逆时针圆弧插补	逆时针圆弧插补
G04	暂停	暂停	暂停	暂停
G05	不指定	—	—	圆弧相切
G06	抛物线插补	主轴插补	—	—
G07	不指定	—	—	—
G08	加速	—	—	—
G09	减速	准停，减速停	—	—
G10	不指定	设定偏置值	同步	刀具寿命内
G11～G16	不指定	—	—	刀具寿命外
G17	XY 平面选择	XY 平面选择	—	XY 平面选择

续表1-3

G功能字	中国部颁标准 JB 3208—1983规定	日本FANUC 3MC系统	德国SIEMENS 810系统	美国A-B公司 8400MP系统
G18	ZX平面选择	ZX平面选择	—	ZX平面选择
G19	YZ平面选择	YZ平面选择	—	YZ平面选择
G20	不指定	英制输入	—	直径指定
G21	不指定	米制输入	—	半径指定
G22～G26	不指定	—	—	螺旋线插补
G27	不指定	参考点返回校验	—	外腔铣削
G28	不指定	自动返回参考点	—	—
G29	不指定	从参考点移出	—	执行最后自动循环
G30～G31	不指定	—	—	镜像设置/注销
G32	不指定	—	—	—
G33	等螺距螺纹切削	—	等螺距螺纹切削	单遍螺纹切削
G34	增螺距螺纹切削	—	增螺距螺纹切削	增螺距螺纹切削
G35	减螺距螺纹切削	—	减螺距螺纹切削	减螺距螺纹切削
G36～G39	永不指定	—	—	自动螺纹加工等
G40	刀具补偿偏置注消	刀具半径补偿注销	刀具半径补偿注销	刀具补偿注销
G41	刀具补偿-左	刀具半径补偿-左	刀具半径补偿-左	刀具左补偿
G42	刀具补偿-右	刀具半径补偿-右	刀具半径补偿-右	刀具右补偿
G43	刀具偏置-正	正向长度补偿	—	—
G44	刀具偏置-负	反向长度补偿	—	—
G45	刀具偏置+/+	—	—	夹具偏移
G46	刀具偏置+/-	—	—	双正轴暂停
G47	刀具偏置-/-	—	—	动态Z轴DRO方式
G48	刀具偏置-/+	—	—	—
G49	刀具偏置0/+	取消长度补偿	—	—
G50	刀具偏置0/-	—	—	M码定义输入
G51	刀具偏置+/0	—	—	—
G52	刀具偏置-/0	—	—	—
G53	直线偏移注销	—	附加零点偏移	—

续表 1-3

G 功能字	中国部颁标准 JB 3208—1983 规定	日本 FANUC 3MC 系统	德国 SIEMENS 810 系统	美国 A-B 公司 8400MP 系统
G54	直线偏移 X	—	零点偏置 1	—
G55	直线偏移 Y	—	零点偏置 2	探测限制
G56	直线偏移 Z	—	零点偏置 3	零件探测
G57	直线偏移 XY	—	零点偏置 4	圆孔探测
G58	直线偏移 XZ	—	—	刀具探测
G59	直线偏移 YZ	—	—	PAL 变量赋值
G60	准确定位 1(精)	—	准停	软件限位有效
G61	准确定位 2(中)	—	—	软件限位无效
G62	快速定位(粗)	—	—	进给速率修调禁止
G63	攻螺纹	—	—	—
G64	不指定	—	—	—
G65	不指定	用户宏指令命令	—	—
G66～G67	不指定	—	—	—
G68	刀具偏置,内角	—	—	—
G69	刀具偏置,外角	—	—	—
G70	不指定	—	英制	英制
G71	不指定	—	米制	米制
G72	不指定	—	—	零件程序放大/缩小
G73	不指定	分级进给钻削循环	—	点到点插补
G74	不指定	反攻螺纹循环	—	工件旋转
G75～G79	不指定	—	—	型腔循环等
G80	固定循环注销	固定循环注销	固定循环注销	自动循环中止
G81～G89	固定循环	钻\攻螺纹\镗固定循环	钻\攻螺纹\镗固定循环	自动循环
G90	绝对尺寸	绝对值编程	绝对尺寸	绝对值编程
G91	增量尺寸	增量值编程	增量尺寸	增量值编程
G92	预置寄存	工件坐标系设定	主轴转速极限	设置编程零点
G93	时间倒数,进给率	—	—	—

续表 1-3

G 功能字	中国部颁标准 JB 3208—1983 规定	日本 FANUC 3MC 系统	德国 SIEMENS 810 系统	美国 A-B 公司 8400MP 系统
G94	每分钟进给	每分钟进给	每分钟进给	设置旋转轴速率
G95	主轴每转进给	—	每转进给	IPR/MMPN 进给
G96	恒线速度	—	恒线速度	CCS
G97	主轴每分钟转数	—	注销 G96	RPM 编程
G98	不指定	固定循环中退到起始点	—	ACC/DEC 禁止
G99	不指定	固定循环中退到 R 点	—	取消预置寄存

注:表中的"不指定"代码,用作将来修订标准时供指定新的功能之用。"永不指定"代码,说明即使将来修订标准时,也不指定新的功能。但是这两类代码均可由数控系统设计者根据需要自行定义表中所列功能以外新的功能,但必须在机床编程说明书中予以说明,以便用户使用。

2. 进给功能 F 指令

该指令用来指定各运动坐标轴及其任意组合的进给量或螺纹导程。该指令是续效代码,它们一般有两种表示方法。

(1) 代码法

即 F 后跟二位数字,这些数字不直接表示进给速度的大小,而是机床进给速度数列的序号,进给速度数列可以是算术级数,也可以是几何级数。

(2) 直接指定法

即 F 后跟的数字就是进给速度大小,例如 F100 表示进给速度是 100 mm/min。这种指定方法较为直观,因此现在大多数机床均采用这一指定方法。按数控机床的进给功能,它也有两种速度表示法。

① 切削进给速度(每分钟进给量)。以每分钟进给距离的形式指定刀具切削进给速度,用 F 字母和它后继的数值表示。对于直线轴如 F1500 表示每分钟进给速度是 1 500 mm,对于回转轴如 F12 表示每分钟进给速度为 12°。

② 同步进给速度(每转进给量)。同步进给速度即是主轴每转进给量规定的进给速度,如 0.01 mm/r。只有主轴上装有位置编码器的机床,才能实现同步进给速度。

3. 主轴速度 S 指令

该指令也是续效代码,用来指定主轴的转速,用字母 S 和它后续的 2～4 位数字表示。主轴转速有恒转速(单位 r/min)和表面恒线速(单位 m/min)两种运转方式。主轴的转向要用辅助指令 M03(正向)、M04(反向)指定,停止用 M05 指令。对于有恒线速度控制功能的机床，还要用 G96 或 G97 指令配合 S 代码来指定主轴的速度。G96 为恒线速控制指令，如 G96 S200 表示切削速度 200 m/min；G97 S2000 表示注销 G96，主轴转速为 2 000 r/min。

4. 刀具功能 T 指令

在自动换刀的数控机床中，该指令用来选择所需的刀具，同时也用来表示选择刀具偏置和补偿。T 功能字由地址字符 T 和后续的 2～4 位数字组成。如 T18 表示换刀时选择 18 号刀具。如用刀具补偿时，T18 号刀具事先所设定的数据进行补偿。若用四位数码指令时，例如 T0102，则前两位表示刀号，后两位数字表示刀补号。由于不同数控系统有不同的指定方法和含义，具体应用时应参照所用数控机床说明书中的有关规定进行。

5. 辅助功能 M 指令

辅助功能指令也有 M00～M99 共计 100 种，如表 1-4 所列。M 指令也有续效指令与非续效指令之分。现将常用的 M 指令功能解释如下。

M00：程序停止指令。在执行完含有 M00 和程序段后，机床的主轴、进给及切削液都自动停止。该指令用于加工过程中测量工件的尺寸、工件调头、手动变速等固定操作。当程序运行停止时，全部现存的模态信息保持不变，操作完成后，重按“启动”键，便可继续执行后续的程序。

M01：计划（任选）停止指令。该指令与 M00 基本相似，所不同的是：只有在“任选”按键被按下时，M01 才有效，否则机床仍不停地继续执行后续的程序段。该指令常用于工件关键尺寸的停机抽样检查等情况，当检查完成后，按启动键继续执行后续的程序。

M02：程序结束指令。当全部程序结束后，用此指令使主轴、进给、冷却全部停止，并使机床复位。该指令必须出现在程序的最后一个程序段中。

M03：主轴正转指令。所谓主轴正转是指，从主轴往正 Z 方向看去，主轴顺时针方向旋转。

M04：主轴反转指令。所谓主轴反转是指，从主轴往正 Z 方向看去，主轴逆时针方向旋转。

M05：主轴停止指令。主轴停转是在该程序段其他指令执行完成后才能停止，一般在主轴停止的同时，进行制动和关闭切削液。

M06：换刀指令。常用于加工中心机床刀库换刀前的准备动作。

M07：1 号切削液（液状）开（冷却泵启动）。

M08：2 号切削液（雾状）开（冷却泵启动）。

M09：切削液关（冷却泵停止）

M10、M11：工件的夹紧与松开。

M19:主轴定向停止。指令主轴准停在预定的角度位置上,用于加工中心换刀前的准备。

M30:纸带结束。在完成程序段的所有指令后,使主轴进给、冷却液停止,机床复位。虽与 M02 相似,但 M30 可使纸带返回到起始位置

M98:调用子程序指令。

M99:子程序返回指令。

表 1-4　辅助功能 M 指令

代码(1)	功能开始时间		功能保持到被注销或被适当的指令代替(4)	功能仅在所出现的程序段内有作用(5)	功能(6)
	与程序段指令运动同时开始(2)	在程序段指令运动完成后开始(3)			
M00		#		#	程序停止
M01		#		#	计划停止
M02		#		#	程序结束
M03	#		#		主轴顺时针方向
M04	#		#		主轴逆时针方向
M05		#	#		主轴停止
M06	#	#		#	换刀
M07	#		#		1 号切削液开
M08	#		#		2 号切削液开
M09		#	#		切削液关
M10	#	#	#		夹紧
M11	#	#	#		松开
M12	#	#	#	#	不指定
M13	#		#		主轴顺时针方向,切削液开
M14	#		#		主轴逆时针方向,切削液开
M15	#			#	正运动
M16	#			#	负运动
M17～M18	#	#	#	#	不指定
M19		#	#		主轴定向停止
M20～M29	#	#	#	#	永不指定
M30		#		#	纸带结束

续表 1-4

代码 (1)	功能开始时间 与程序段指令运动同时开始(2)	功能开始时间 在程序段指令运动完成后开始(3)	功能保持到被注销或被适当的指令代替(4)	功能仅在所出现的程序段内有作用(5)	功能 (6)
M31	#	#		#	互锁旁路
M32～M35	#	#	#	#	不指定
M36	#		#		进给范围 1
M37	#		#		进给范围 2
M38	#		#		主轴速度范围 1
M39	#		#		主轴速度范围 2
M40～M45	#	#	#	#	如有需要作为齿轮换档,此外不指定。
M46～M47	#	#	#	#	不指定
M48		#	#		注销 M49
M49	#		#		进给率修正旁路
M50	#		#		3 号切削液开
M51	#		#		4 号切削液开
M52～M54	#	#	#	#	不指定
M55	#		#		刀具直线位移,位置 1
M56	#		#		刀具直线位移,位置 2
M57～M59	#	#	#	#	不指定
M60		#		#	更换工件
M61	#		#		工件直线位移,位置 1
M62	#		#		工件直线位移,位置 2
M63～M70	#	#	#	#	不指定
M71	#		#		工件角度位移,位置 1
M72	#		#		工件角度位移,位置 2
M73～M89	#	#	#	#	不指定
M90～M99	#	#	#	#	永不指定

注：① #号表示:如选作特殊用途,必须在程序格式说明中说明。

② M90～M99 可指定为特殊用途。

1.8 坐标系

1.8.1 坐标轴的运动方向及其命名

数控机床的坐标轴的运动方向,应作统一规定,并共同遵守,这样将给数控系统和机床的设计、程序编制和使用维修带来极大的便利。

1. 坐标轴和运动方向命名的规则

(1) 刀具相对于静止的工件而运动的原则

即永远假定刀具相对于静止的工件作运动。这一原则使编程人员能够在不知道是刀具运动还是工件运动的情况下确定加工工艺,并且只要依据零件图样即可进行数控加工程序编制。这一假定使编程工作有了统一的标准,无需考虑数控机床各部件的具体运动方向。

(2) 标准(机床)坐标系的规定

为了确定机床上的成形运动和辅助运动,必须先确定机床上运动的方向和运动的距离,这就需要一个坐标系,这个坐标系就称为机床坐标系。

① 机床坐标系的规定。标准的机床坐标系是一个右手笛卡儿坐标系,如图 1-34 所示,规定了 X、Y、Z 三个直角坐标轴的方向,这个坐标系的各个坐标轴与机床的主要导轨平行。根据右手螺旋法则,可以确定出 A、B、C 三个旋转坐标的方向。

② 运动方向的确定。数控机床某一部件运动的正方向规定为增大刀具与工件之间距离的方向。但此规定在应用时是以刀具相对于静止的工件而运动为前提条件的。也就是说这一规定可以理解为:刀具离开工件的方向便是机床某一运动的正方向。

2. 直线进给和圆周进给运动坐标系

(1) 直线进给运动坐标系

一个直线进给运动或一个圆周进给运动定义一个坐标轴。在 ISO 和 EIA 标准中都规定直线进给运动的直角坐标系用 X、Y、Z 表示,常称基本坐标系。X、Y、Z 坐标轴的相互关系用右手螺旋法则决定。如图 1-34 所示,图中大拇指的指向为 X 轴的正方向,食指指向为 Y 轴的正方向,中指指向为 Z 轴的正方向。

(2) 圆周进给运动坐标系

围绕 X、Y、Z 轴旋转的圆周进给坐标轴分别用 A、B、C 表示,根据右手螺旋定则,如图 1-34 所示,以大拇指指向+X、+Y、+Z 方向,则食指、中指等的指向是圆周进给运动的+A、+B、+C 方向。

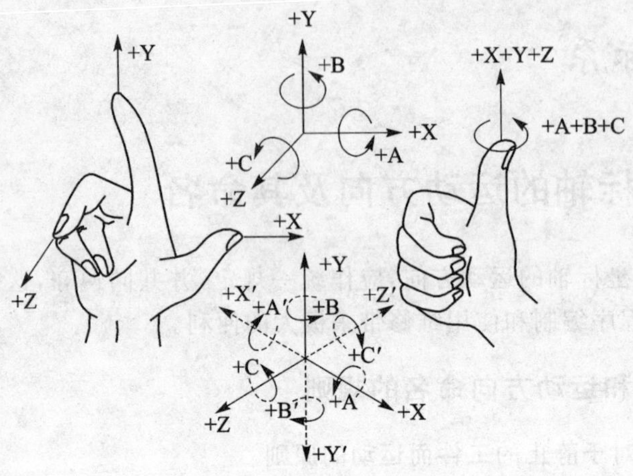

图 1-34　笛卡儿坐标系

数控机床的进给运动，有的由刀具运动来实现，有的由工作台带着工件运动来实现。上述坐标轴正方向，是假定工件不动，刀具相对于工件作进给运动的方向。如果是工件移动则用加"′"的字母表示，按相对运动的关系，工件运动的正方向恰好与刀具运动的正方向相反，即有

$$+X=-X', +Y=-Y', +Z=-Z'$$
$$+A=-A', +B=-B', +C=-C'$$

同样两者运动的负方向也彼此相反。

如果除基本的直角坐标 X、Y、Z 之外，另有轴线平行于它们的坐标系，则附加的直角坐标系指定为 U、V、W 和 P、Q、R。这些附加坐标系的运动方向，可按决定基本坐标系运动方向的办法来决定。

3. Z 坐标的确定

规定平行于主轴轴线的坐标为 Z 坐标，对于没有主轴的机床（如数控龙门刨床），则规定垂直于工件装夹表面的坐标轴为 Z 坐标。

如果机床上有几根主轴，可选垂直于工件装夹面的一根作为主要主轴，Z 坐标则平行于主要主轴的轴线。

如主轴能摆动，在摆动范围内只与标准坐标系中的一个坐标平行时，则这个坐标就是 Z 坐标；如摆动范围内能与基本坐标中的多个坐标相平行时，则取垂直于工件装夹面的方向作为 Z 坐标轴的方向。

Z 轴的正方向是使刀具远离工件的方向。对于钻、镗加工，钻入或镗入工件的方向是 Z 轴的负方向。

4. X 坐标的确定

在刀具旋转的机床上，如铣床、钻床、镗床等，若 Z 轴是水平的，则从刀具（主轴）

向工件看时,X 轴的正方向指向右边。如果 Z 轴是垂直的,则从主轴向立柱看时,对于单立柱机床,X 轴的正方向指向右边;对于双立柱机床,当从主轴向左侧立柱看时,X 轴向的正方向指向右边。上述正方向都是刀具相对工件运动而言的。

在工件旋转的机床,如车床、磨床等,X 轴的运动方向是在工件的径向并平行于横向拖板,刀具离开工件旋转中心的方向是 X 轴的正方向。

5. Y 坐标的确定

在确定了 X、Z 轴的正方向后,可按图 1－34 所示的直角坐标系,用右手笛卡儿坐标系来确定 Y 坐标的正方向。

1.8.2　机床坐标系与工件坐标系

1. 机床参考点

机床参考点(reference point),用“R”表示,它是机床制造商在机床上用行程开关设置的一个物理位置,与机床原点的相对位置是固定的,机床出厂前由机床制造商精密测量确定。

设置机床参考点的目的是机床通过回参考点的操作建立机床坐标系的绝对零点(机床原点),所以要求有较高的重复定位精度。为此机床回参考点时需要通过三级降速定位的方式来实现。其工作原理和过程是在进行手动回参考点时,进给坐标轴首先快速趋近到机床的某一固定位置,使撞块碰上行程开关,根据开关信号进行降速,实现机械粗定位,即系统接收到行程开关常开触点的接通信号时开始降速,等到走完机械撞块这段行程,行程开关的常开触点又脱开时,系统再进一步降速,当走到伺服系统位置检测装置中的绝对零点时才控制电动机停止,即实现电气检测精定位。

2. 机床原点与机床坐标系

机床原点:现代数控机床一般都有一个基准位置,称为机床原点(machine origin)或机床绝对原点(machine absolute origin)。机床原点是机床制造商设置在机床上的一个物理位置,其作用是使机床与控制系统同步,建立测量机床运动坐标的起始点,一般用“M”表示。

机床原点对应的坐标系称为机床坐标系,它是固定不变的,是最基本的坐标系,是在机床返回参考点后建立起来的,一旦建立,除了受断电影响外,不受程序控制和新设定坐标系影响。通过给机床参考点赋值可以给出机床坐标系的原点位置,也有少数机床把机床参考点和机床坐标系原点重合。

3. 工件原点和工件坐标系

工件原点(program origin):编程员在数控编程过程中定义在工件上的几何基准点,有时也称工件原点(part origin),用"W"表示。

工件坐标系是编程人员在编程时使用的,由编程人员在工件图样上的工件原点所建立的坐标系,编程尺寸都按工件坐标系中的尺寸确定。在加工时工件随夹具在机床上安装后,测量工件原点与机床原点之间的距离(通过测量某些基准面、线之间的距离来确定),这个距离称为工件原点偏置,如图 1-35 所示。该偏置值需预存到数控系统中,在加工时工件原点偏置值便能自动加到工件坐标系上,使数控系统可按机床坐标系确定加工时的坐标值。因此,编程人员可以不必考虑工件在机床上的安装位置和安装精度,而利用数控系统的原点偏置功能,通过工件原点偏置值来补偿工件在工作台上的装夹位置误差,这种方法使用起来十分方便,现在大多数数控机床均有这种功能。

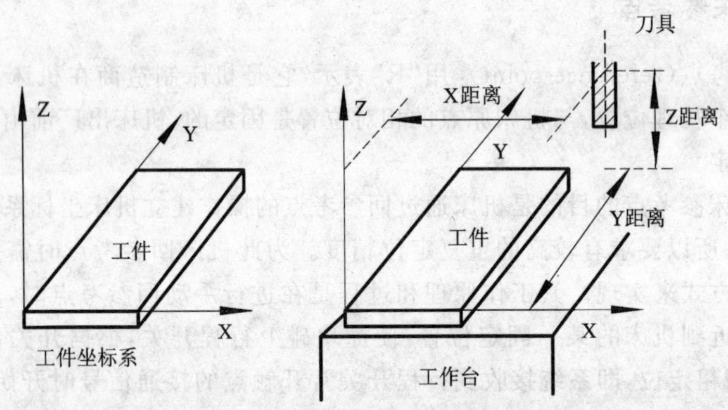

图 1-35 坐标系原点偏移

1.9 数控机床编程要点

1. 切削条件选择

切削条件选择是编程人员必须考虑的重要问题之一。影响切削条件的因素有:工艺系统的刚性、工件的尺寸精度、形位精度及表面质量、刀具耐用度及工件生产纲领、切削液、切削用量。铣刀的切削速度如表 1-5 所列,进给量如表 1-6 所列,高速钻头的切削用量如表 1-7 所列。

2. 工艺分析与刀具切削路径

编程是一种艺术,尽管方式不同,但目的一样。工艺分析是决定工艺路线的重要根据。良好的工艺分析会简化工艺路线,节省切削时间。工艺分析首先要了解所有

表1-5　铣刀的切削速度(m/min)

工件材料	铣刀材料					
	碳素钢	高速钢	超高速钢	Stellite	YT	YG
铝	75～150	150～300		240～460		300～600
黄铜(软)	12～25	20～50		45～75		100～180
青铜(硬)	10～20	20～40		30～50		60～130
青铜(最硬)		10～15	15～20			40～60
铸铁(软)	10～12	15～25	18～35	28～40		75～100
铸铁(硬)		10～15	10～20	18～28		45～60
铸铁(冷硬)			10～15	12～18		30～60
可锻铸铁	10～15	20～30	25～40	35～45		75～110
铜(软)	10～14	18～28	20～30		45～75	
铜(中)	10～15	15～25	18～28		40～60	
铜(硬)		10～15	12～20		30～45	

表1-6　铣刀进给量(毫米/齿)

工件材料	圆柱铣刀	面铣刀	立铣刀	杆铣刀	成形铣刀	高速钢嵌齿铣刀	硬质合金嵌齿铣刀
铸铁	0.2	0.2	0.07	0.05	0.04	0.3	0.1
软(中硬)钢	0.2	0.2	0.07	0.05	0.04	0.3	0.09
硬钢	0.15	0.15	0.06	0.04	0.03	0.2	0.08
镍铬钢	0.1	0.1	0.05	0.02	0.02	0.15	0.06
高镍铬钢	0.1	0.1	0.04	0.02	0.02	0.1	0.05
可锻铸铁	0.2	0.15	0.07	0.05	0.04	0.3	0.09
铸铁	0.15	0.1	0.07	0.05	0.04	0.2	0.08
青铜	0.15	0.15	0.07	0.05	0.04	0.3	0.1
黄铜	0.2	0.2	0.07	0.05	0.04	0.3	0.21
铝	0.1	0.1	0.07	0.05	0.04	0.2	0.1
Al-Si合金	0.1	0.1	0.07	0.05	0.04	0.18	0.08
Mg-Al-Zn合金	0.1	0.1	0.07	0.04	0.03	0.15	0.08
Al-Cu-Mg合金(Al-Cu-Si)	0.15	0.1	0.07	0.05	0.04	0.2	0.1

表 1-7 高速钢钻头的切削用量(v:m/min, f:mm/r)

工件材料	钻头直径(mm)									
	2～5		6～11		12～18		19～25		26～50	
	v	f	v	f	v	f	v	f	v	f
钢	20～25	0.1	20～25	0.2	30～35	0.2	30～35	0.3	25～30	0.4
	20～25	0.1	20～25	0.2	20～25	0.2	25～30	0.2	25	0.2
	15～18	0.05	15～18	0.1	15～18	0.2	18～22	0.3	15～20	0.35
	10～14	0.05	10～14	0.1	12～18	0.15	16～20	0.2	14～16	0.3
铸铁	25～30	0.1	30～40	0.2	25～30	0.35	20	0.6	20	1.0
	15～18	0.1	14～18	0.15	16～20	0.2	16～	0.3	16～18	0.4
黄铜	～50	0.05	～50	0.15	～50	0.3	～50	0.45	～50	—
青铜	～35	0.05	～35	0.1	～35	0.2	～35	0.35	～35	—

的切削加工方法，如钻削、车削、铣削等，然后结合实际加工经验，并能正确使用刀具、夹具、量具等。工艺分析的原则如下：

① 分析零件图。

② 将同一刀具的加工部位分类。

③ 按零件结构特点选择程序零点。

④ 列出使用的刀具表、程序分析表。

⑤ 模拟或试车并修正。

3. 进刀、退刀方式的选择

在数控铣床编程过程中，确定刀具运动轨迹时，要考虑进刀和退刀方式的选择。尤其是在铣削平面零件外轮廓时，一般是采用立铣刀侧刃切削，为了避免在切入工件处产生刀具的刻痕，保证零件曲线平滑过渡，通常使刀具沿外轮廓曲线延长线的切向切入，如图 1-36 所示，或采用圆弧方式切入，如图 1-37 所示。同理，在刀具切出工件时，也应避免在工件的轮廓上产生刀痕，故而采取沿零件沿零件的轮廓延长线的切向逐渐切离工件，如图 1-36 所示，或如图 1-37 所示采用圆弧方式切出。

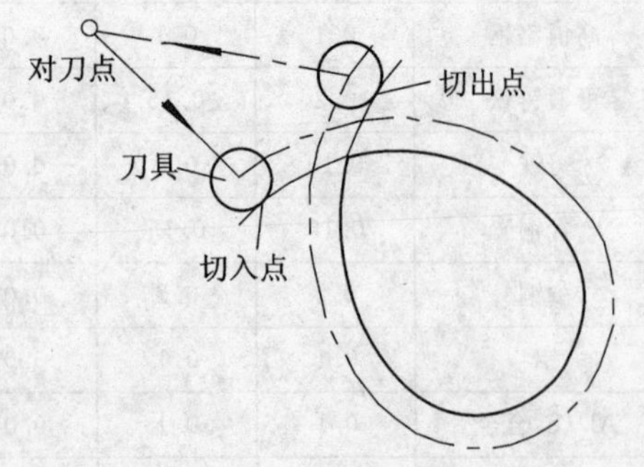

图 1-36 外轮廓刀具的切入切出和过渡

铣削封闭的内轮廓表面时，进退刀方式亦有两种：一是刀具沿轮廓曲线的法向切入和切出，此时刀具的切入点和切出点应尽量选在内轮廓曲线两几何元素的交点处，如图 1－38 所示；二是采用圆弧进刀、退刀方式，如图 1－39 所示。

为了保证零件的加工精度和表面粗糙度要求，特别是在精加工时，必须正确选择刀具的切入和切出方式。而在粗加工中，为了节省时间，常采用沿零件外轮廓的法向直接进刀和退刀，如图 1－40 所示。

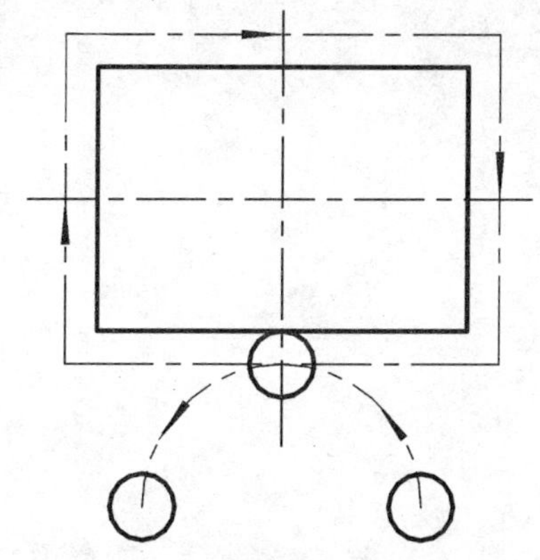

图 1－37　外轮廓刀具的圆弧切入和切出

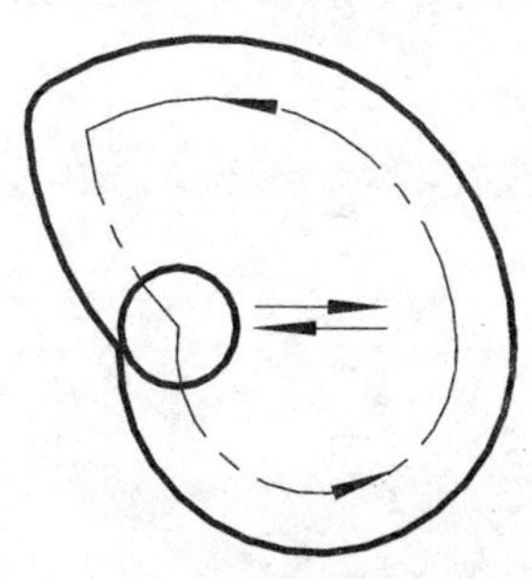

图 1－38　内轮廓刀具的切入和切出过渡

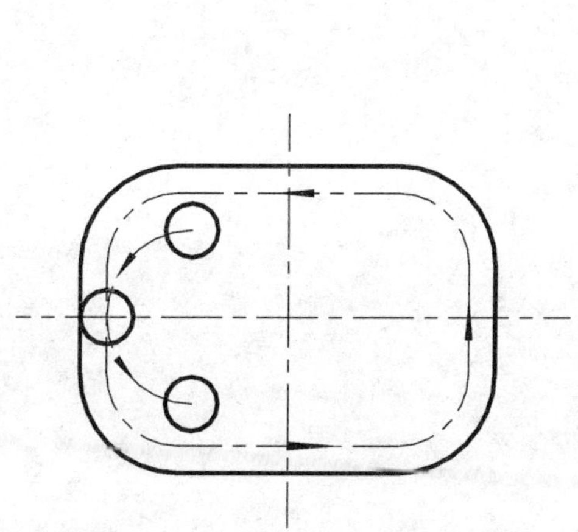

图 1－39　内轮廓刀具的切入和切出

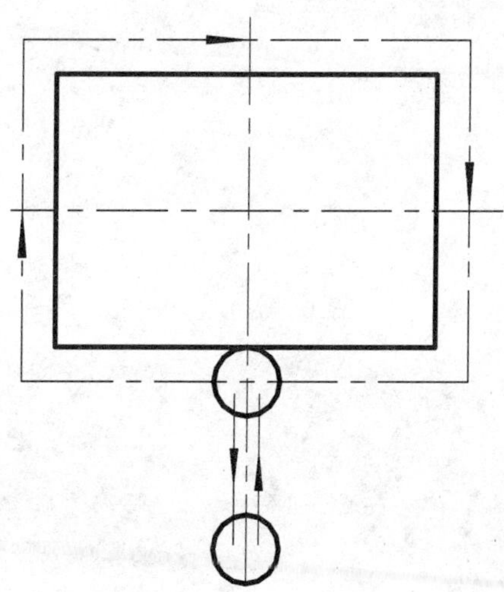

图 1－40　外轮廓的法向直接进刀和退刀

本章小结

本章首先介绍了 UG CAM 的功能特点及一般操作流程，并详细介绍了 UG NX 8.0 的加工环境设置、加工模块的启动和工具条的使用。

通过本章的学习使读者基本掌握 UG 创建父节点组的操作过程，并初步了解了常用工具的位置和作用，为进一步的学习打下基础。

接着介绍了数控机床的基础知识，包括数控机床的组成、工作原理、编程基础、坐标系以及编程方法等。通过本章的学习，能使初学者初步解数控机床的基础知识，将本部分内容结合到自动编程中，能更有效地提高编程技巧及编程的实用性。

第 2 章　平面铣

本章导读

鉴于平面铣削在 CAM 中的辅助作用，本章仅重点介绍平面铣削的几个主要加工操作，以及操作中具有共性的一些参数设置。对于初学者而言，可以抓住重点，由浅入深，快速熟悉 UG CAM 的基本操作。

平面铣只能加工与刀轴垂直的几何体，所以平面铣加工出的是直壁垂直于底面的零件。平面铣建立的平面边界定义了零件几何体的切削区域，并且一直切削到指定的底平面为止。每一个刀路除了深度不同之外，形状与上一个或下一个切削层严格相同，平面铣只能加工出直壁平底的工件。

2.1　平面铣操作简介

平面铣用于直壁的、岛屿顶面和槽腔底面为平面的零件加工。平面铣有着它独特的优点，它可以无需作出完整的造型而只依据 2D 图形直接进行刀具路径的生成；它可以通过边界和不同的材料侧方向，定义任意区域的任一切削深度；它调整方便，能很好地控制刀具在边界上的位置。

一般情况下，对于直壁的、底面为平面的零件，常选用平面铣操作进行粗加工和精加工，如加工产品的基准面、内腔的底面、敞开的外形轮廓等，在薄壁结构件的加工中，平面铣应用得较为广泛。

2.2　平面铣操作的介绍

2.2.1　加工环境的设置

打开要进行加工的零件后，进入加工模块。当一个零件是首次进入加工模块时，首先要进行加工环境的初始化设置。选择一种适当的加工配置，如图 2-1 所示，指定模板零件为“mill_planar”，再单击“确定”按钮进入加工环境，使用该环境就可以创建平面铣操作了。

提示：该操作步骤可以直接单击“确定”按钮予以略过，在创建操作时可通过指定类型为“mill_planar”调用平面铣操作模板。

2.2.2 创建平面铣操作

在“刀片”工具条上单击“创建工序”按钮，系统将弹出“创建工序”对话框，选择类型为“mill_planar”，即选择了平面铣加工操作模板，如图 2-2 所示。

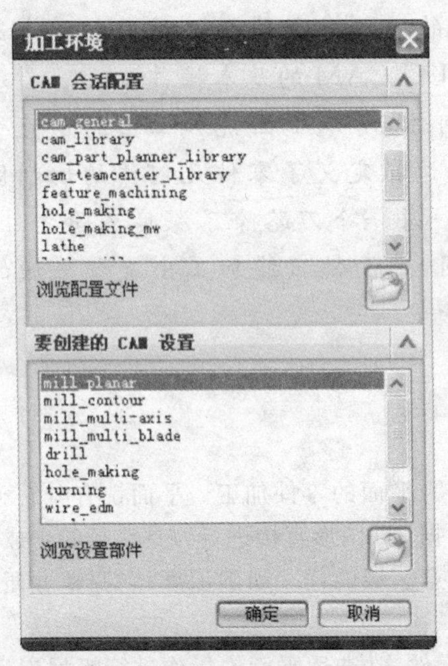

图 2-1 “加工环境”对话框

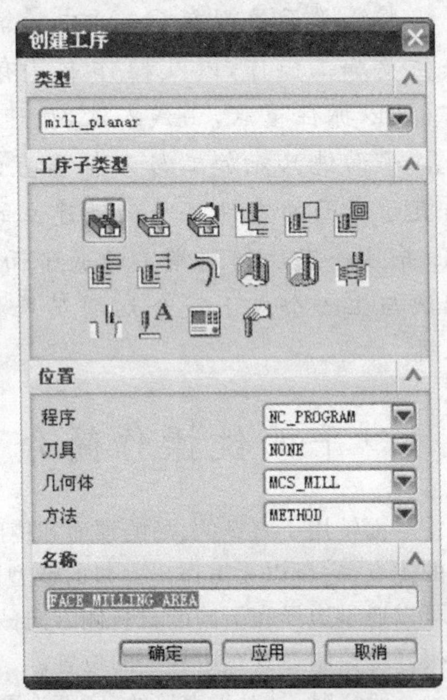

图 2-2 “创建工序”对话框

在“mill_planar”这一加工类型中，包括了所有的 2.5 轴加工方式。其主要特征是零件几何图形与加工的底面必须是平面才可适用。因此此功能的零件几何图形，是选取平面的外形边界，而不是选取一个实体或者曲面。创建平面铣的对话框如图 2-2 所示，平面铣的子类型共有 12 种，各子类型的说明如表 2-1 所列。

表 2-1 平面铣操作子类型功能对照表

图 标	英 文	中 文	说 明
	FACE_MILLING_AREA	区域表面铣	用于指定区域的表面铣削
	FACE_MILLING	表面铣	用于加工表面几何

续表 2-1

图标	英文	中文	说明
	FACE_MILLING_MANUAL	表面手动铣	切削方法默认设置为手动的表面铣
	PLANAR_MILL	平面铣	用平面边界定义铣削区域,切削到底平面
	PLANAR_PROFILE	平面轮廓铣	默认切削方法为轮廓切削的平面铣
	ROUG H_FOLLOW	跟随轮廓粗铣	默认切削方法为跟随部件切削的平面铣
	ROUG H_ZIGZAG	往复式粗铣	默认切削方法为往复切削的平面铣
	ROUG H_ZIG	单向粗铣	默认切削方法为单向切削的平面铣
	CLEARNUP_CORNERS	清理拐角	与平面铣基本相同
	FINISH_WALLS	精铣侧壁	默认切削方法为轮廓铣削,默认深度为只有低面的平面铣
	FINISH_FLOOR	精铣底面	默认切削方法为跟随零件铣削,默认深度为只有低面的平面铣
	PLANAR_TEXT	平面文本	在平面上刻字

2.2.3　平面铣操作的一般过程

1. 创建平面铣操作的组

平面铣操作组的设置可以是在创建操作前设定,也可以在创建操作中选择确定。但是当加工工件相对较为复杂、创建操作较多时,在创建操作中设置组的操作就显得较为繁琐,因此本书将以在创建操作前设定组为例进行介绍。

(1) 设置铣削几何体

1) 设置加工坐标系

加工坐标系与本书中相关操作并无重要联系,其主要目的是为实际加工提供对刀参考点。在实际加工时,在数控机床上要在工件上建立一个加工坐标系,而这个坐标系一定要与软件中加工坐标系设置保持一致。在一般情况下,由编程人员在模型中先设定加工坐标系(也称编程坐标系)的位置,并根据该位置进行编程,再由操作人员在机床上建立起相同位置的加工坐标系即可。下面只针对软件当中加工坐标系的建立方法进行介绍。

单击屏幕左侧的"工序导航器"按钮,弹出工序导航器,单击导航器左上角的按钮，使其变成 状态，则工序导航器被固定。如图 2－3(a)所示，在工序导航器的空白位置右击，在弹出的右键快捷菜单中选择“几何视图”选项，则工序导航器显示为几何视图，如图 2－3(b)所示。鼠标左键双击加工坐标系按钮 MCS_MILL，弹出如图 2－4 所示的“Mill Orient”对话框，在对话框中单击指定 MCS 对应的“CYCS 对话框”按钮，则弹出“CYCS”对话框，并且坐标系变为动态坐标系形式，可对该坐标系进行动态的平移、旋转等操作，该动态坐标系与建模中的动态坐标系使用方法相同，在此不再详细介绍。利用动态坐标系，将加工坐标系原点指定在某一个合适的位置即可。

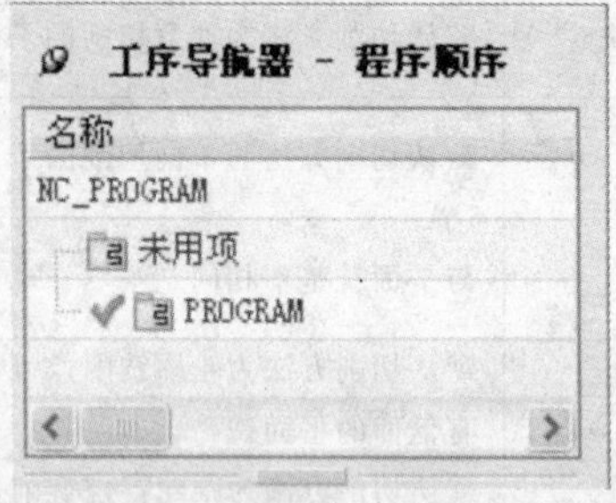

(a) 工序导航器-程序顺序

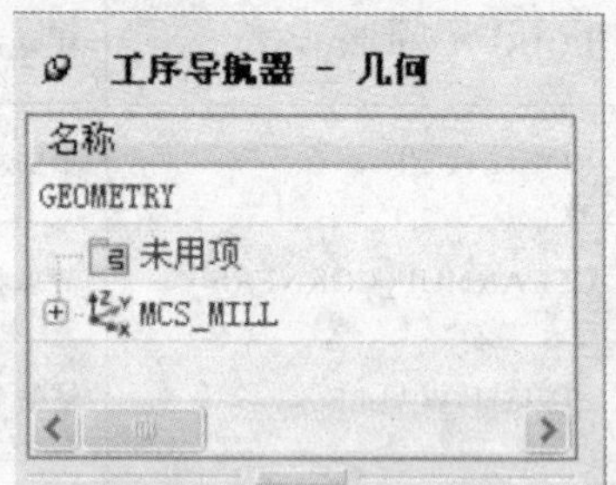

(b) 工序导航器-几何

图 2－3　加工操作导航器

也可以利用“CYCS”对话框的“类型”下拉列表中的功能创建加工坐标系。注意，不管利用任何方式，Z 坐标轴必须沿着刀具轴的方向，并且正向背离加工方向。

指定完加工坐标系，单击“确定”按钮，返回“Mill Orient”对话框。

2) 设置安全平面

安全平面即为加工中刀具快速移动的最低参考平面。安全平面一般设置在零件上表面以上一定距离的位置，以确保刀具快速移动不与工件发生干涉。设置方法如下：

① 设置完加工坐标系以后，返回如图 2－4 所示的“Mill Orient”对话框，单击“安全设置”选项对应的下拉列表，在“安全设置”选项组中选择“平面”选项，再单击指定平面对应的“平面对话框”按钮，弹出如图 2－5 所示的“平面”对话框。

② 在“平面”对话框的“类型”选项中选择一种合适的方式(通常利用“自动判断”方式即可)，用鼠标指定零件上表面的参考平面、曲线等，模型中将会出现一个基准平面。单击“偏置”选项组中的“偏置”选项，将“偏置”选项激活，在“距离”文本框中输入安全距离(注意利用正负号或者“反向”按钮配合参考方向，以保证安全平面建立在待加工表面的上方，一般取 3～5 mm 即可)。

③ 单击“确定”按钮，模型中将显示安全平面的位置，再次单击“确定”按钮，完成安全平面设置，退出对话框。

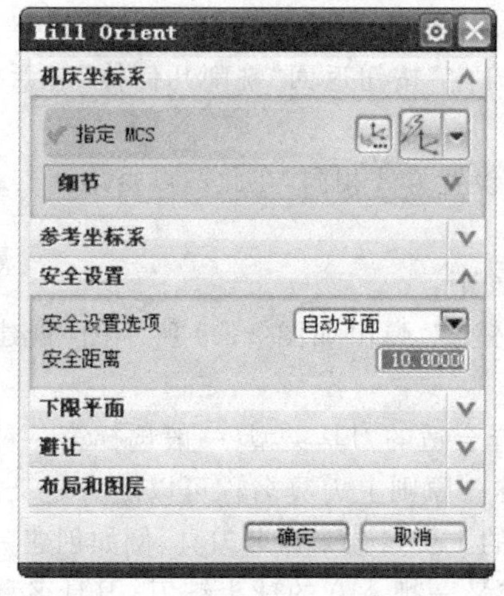

图 2-4　“Mill Orient”对话框

图 2-5　“平面”对话框

3）设置铣削几何体

铣削几何体主要是用来设置部件几何体、毛坯几何体与检查几何体的，对于平面铣来说不设置铣削几何体是能够正常进行编程操作的，但是如果需要进行仿真切削，就必须指定毛坯几何体。设置方法如下：

① 单击加工坐标系 MCS_MILL 前边的 + 按钮将其展开，双击 WORKPIECE 弹出如图 2-6 所示的“铣削几何体”对话框，在对话框中单击“选择或编辑部件几何体”按钮，将会弹出如图 2-7 所示的“部件几何体”对话框，用鼠标选择图形中的零件模型(只能是实体或者片体，对于平面铣，由于是边界或曲线进行驱动的，因此可以不必选择)，单击“确定”按钮，返回“铣削几何体”对话框。

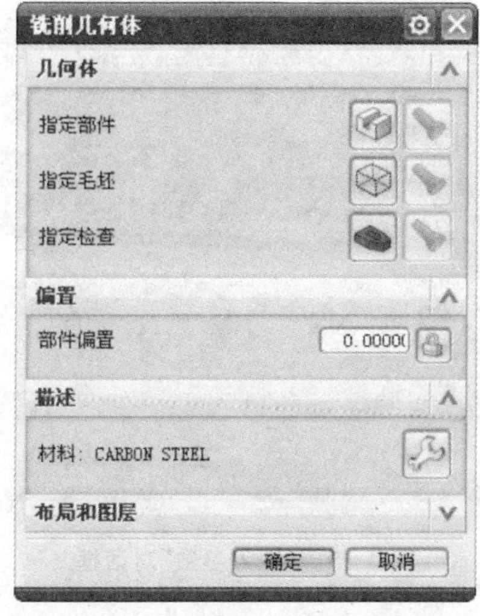

图 2-6　“铣削几何体”对话框

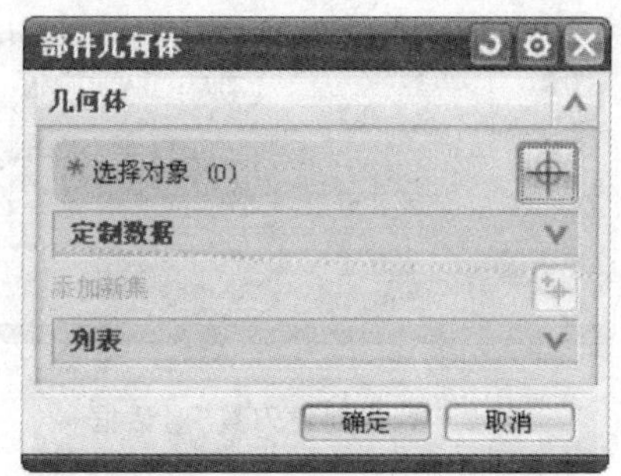

图 2-7　“部件几何体”对话框

② 在对话框中单击“选择或编辑毛坯几何体”按钮，将会弹出“毛坯几何体”对话框，用鼠标选择图形中的毛坯几何体，单击“确定”按钮返回“铣削几何体”对话框，再次单击“确定”按钮，完成铣削几何体设置。

③ 检查几何体的设置方式与部件、毛坯的设置方式相同，在此不再赘述。

(2) 创建刀具组

创建刀具是操作中必做的选项，设置方法如下：

① 在“刀片”工具条中单击“创建刀具”按钮，弹出如图 2-8 所示的“创建刀具”对话框。

② 在对话框的“刀具子类型”选项组中选择合适的刀具类型(一般选择第一种刀具类型)，然后在“名称”文本框中输入刀具名称。原则上刀具名称可以随意定义，但实际使用中为了方便区分刀具，通常都以刀具的主要参数来命名刀具，例如创建一把 ϕ10 的立铣刀，刀具名称可以定义为 T10；如定义一把 ϕ10 的球头铣刀，刀具名称可以定义为 B10；又或定义一把 ϕ25，圆角为 R5 的牛鼻铣刀，刀具名称可以定义为 T25R5。用户可以根据自己的习惯自行定义。输入完刀具名称，单击“确定”按钮，弹出如图 2-9 所示的“铣刀-5 参数”对话框。

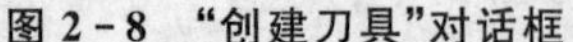

图 2-8 “创建刀具”对话框

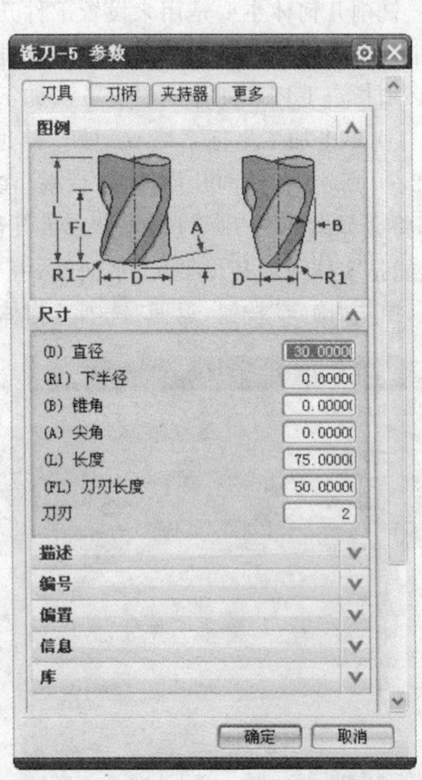

图 2-9 “铣刀参数”对话框

③ “铣刀-5 参数”对话框参数较多，但通常需要设置的参数并不多，一般而言，

只需要设置“直径”和“下半径”两个参数即可(如果加工深腔零件,由于刀具的长度有限,将有发生干涉的可能,故需要进一步输入刀具的长度参数)。

④ 完成刀具参数设置,单击“确定”按钮退出对话框。

2. 设置平面铣操作对话框

在“刀片”工具条中单击“创建工序”按钮 ,弹出如图 2-10 所示的“创建工序”对话框,如图 2-10 所示。在对话框中首先确认操作类型为 mill_planar,然后选择合适的操作子类型,最后在“位置”选项组中设置刀具和几何体选项(注意这两个选项一定要和前几步创建的刀具和几何体保持一致,其余两个选项可以默认),单击“确定”按钮,进入操作对话框(该对话框因选择的操作子类型不同而发生变化)。

3. 生成平面铣操作

在操作对话框中指定了所有的参数后,单击“确定”按钮,退出对话框。在“操作”工具条中单击“生成刀轨”按钮 ,则系统将计算并生成加工刀具轨迹。

图 2-10　“创建操作”对话框

4. 检验刀具路径

生成刀具路径后,要从不同角度进行回放,检视刀具路径是否正确合理。必要时应进行确认刀轨校验。

2.3　平面铣操作的几何体

在平面铣中,加工区域是由加工边界所限定的,刀具在边界限定的范围内进行切削。在每一个切削层中,刀具能切削零件而不产生过切的区域称为加工区域。刀具进入这些区域里以切除零件的余料,但不能过切零件,平面铣的切削区域是由边界限定的。

2.3.1　平面铣操作几何体的类型

平面铣的几何体边界用于计算刀位轨迹,定义刀具运动的范围,而以底平面控制刀具切削深度。几何体边界中包括部件边界、毛坯边界、检查边界、修剪边界和底面

5 种。图 2－11 所示为平面铣的操作对话框中的几何体部分。

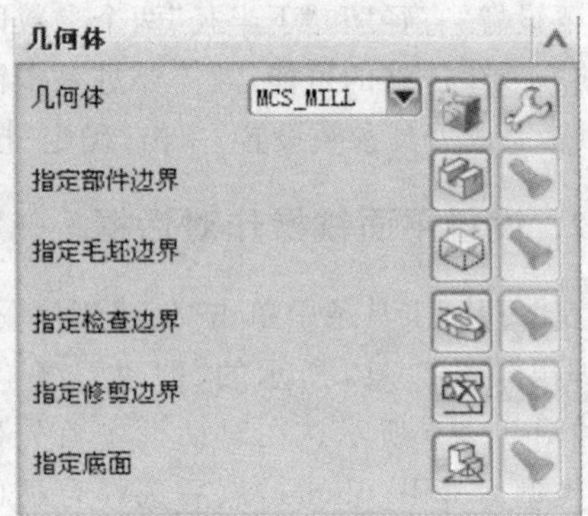

图 2－11 "几何体"对话框

1. 部件边界

部件边界用于控制刀具运动的范围，可以通过选择面、曲线和点来定义部件边界。面是作为一个封闭的边界来定义的，其材料侧为内部（保留内部材料）或者外部（保留外部材料）。边界有封闭和开放之分。当通过曲线和点来定义部件边界时：当是封闭的边界时，其材料侧为内部或者外部；当是开放边界时，其材料侧为左侧保留或者右侧保留。

内部件的材料侧定义了材料被保留的一侧，它的相对侧为刀具切削侧。对于内腔切削，刀具在腔里进行切削，所以材料侧应该定义为外部；对于岛屿加工，刀具围绕者岛屿进行切削，刀具在岛屿的外部切削，所以材料侧应该定义为内部。

2. 毛坯边界

毛坯边界用于描述将要被加工的材料范围。毛坯边界的定义和零件边界的定义方法是相似的，只是毛坯边界没有敞开的，只有封闭的边界。当零件边界和毛坯边界都定义时，系统根据毛坯边界和零件边界的公共部分定义刀具运动的范围。例如可以在需要补加工的地方定义若干个毛坯边界，与零件边界一起使用，实现对局部区域的补加工。

毛坯边界不是必须定义的。但部件边界和毛坯边界至少要定义一个，作为驱动刀具切削运动的区域。如果既没有部件边界也没有毛坯边界，则将不能产生平面铣操作。只有毛坯边界而没有部件边界将产生毛坯边界范围内的粗铣加工。

若同时定义了部件边界和毛坯边界，系统根据两者共同定义的区域生成刀具路径。效果如图 2－12 所示。

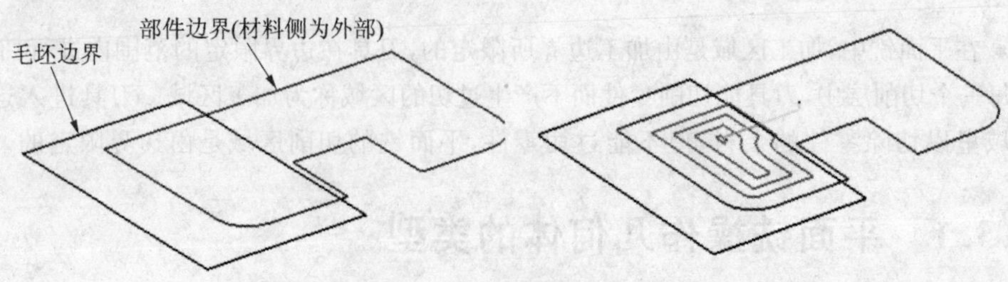

图 2－12 毛坯边界与部件边界共同限制加工区域

3. 检查边界

检查边界用于描述刀具不能碰撞的区域，如夹具的位置。检查边界的定义和毛坯边界定义的方法是一样的，没有敞开的边界，只有封闭的边界。可以指定检查边界的余量来定义刀具离开检查边界的距离。效果如图 2－13 所示。

提示：检查边界不是必须定义的。

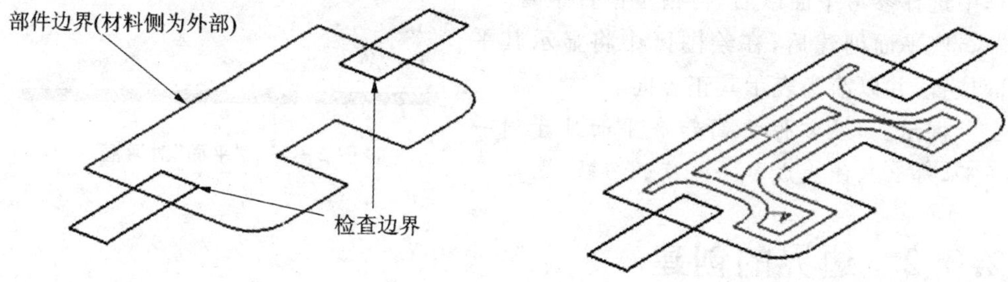

图 2－13　检查边界作用

4. 修剪边界

修剪边界用于进一步控制刀具的运动范围，修剪边界的定义方法和零件边界定义的方法是一样的，与零件边界一起使用时，对由零件边界生成的刀轨进行进一步的修剪。修剪的材料侧可以是内部的、外部的或者是左侧的、右侧的。效果如图 2－14 所示。

提示：修剪边界不是必须定义的。

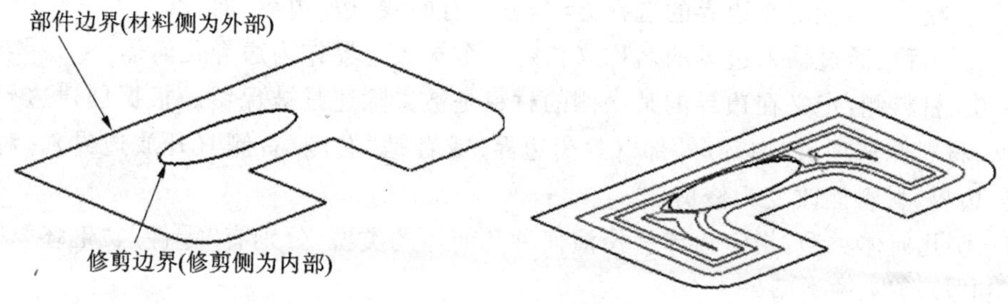

图 2－14　检查边界作用

5. 底平面

底平面用于指定平面铣加工的最低高度，每一个操作中仅能有一个底平面，第二个选取的面会自动替代第一个选取的面而成为底平面。底平面可以直接在工件上选取水平的表面作为底平面，也可以将选取的表面作一定距离的表面补偿后作为底平面；或者指定 3 个主要平面（XC－YC、YC－ZC、ZC－XC），且偏置一段距离后的平面作为底平面。单击“选择或编辑底平面几何体”按钮，将弹出如图 2－15 所示的“平面”对话框。此时可以直接在绘图区的图形上选择一个水平的表面作为底平面，也可以在对话框中选择参考平面以后，再指定偏置距离。

底平面创建后，在绘图区中将显示其平面位置，并以箭头表示其正方向。

提示：如果零件平面和底平面处于同一平面，那么只能生成单一深度的刀轨。

图 2－15 “平面”对话框

2.3.2 边界的创建

在平面铣操作对话框中，单击某一种“选择或编辑边界”按钮（、、、），将会弹出“边界几何体”对话框，如图 2－16 所示。对于平面铣中各种边界的定义，包括部件边界、毛坯边界、检查边界和修剪边界，其选择方法都是一样的。

可以通过“边界几何体”对话框进行临时边界的定义。下面是其中一些选项的含义。

提示：在平面铣创建操作对话框中选择子类型 PLANAR_MILL ，弹出“平面铣”对话框，单击相应的边界形式（、、、），就会出现如图 2－16 所示的“边界几何体”对话框）。

① 模式：设置定义边界的选择方法，分别有曲线/边、边界、面、点。

② 名称：通过输入边界的名称来指定一个永久边界作为边界几何体。

③ 材料侧：定义在边界的某一侧的材料是被去除还是被保留。根据创建边界的类型，材料侧选项有“内部/外部“（封闭边界）或者是“左侧/右侧”（开放边界）。对于修剪边界，材料侧改变为修剪侧。

④ 几何体类型：指定边界将扮演何种几何体的类型，分别有“零件”、“毛坯”、“检查”和“修剪”4 种类型。

提示：当指定了类型进行几何体的选择时，该选项不能激活。

⑤ 定制边界数据：允许对所选择的边界进行公差、侧边余量、毛坯距离和切削速度等参数的设置。

模式选项中有 4 种定义边界的选择方法，所选择的模式将决定显示“边界几何体”对话框还是显示“创建边界”对话框。

(1)“曲线/边”模式定义边界

“曲线/边”模式通过选择已经存在的曲线或实体边缘来创建边界。单击此选项，将弹出“创建边界”对话框，如图 2－17 所示。

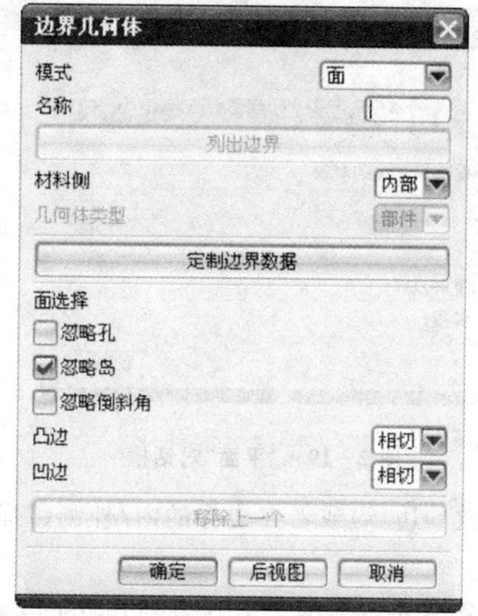

图 2－16　“边界几何体”对话框

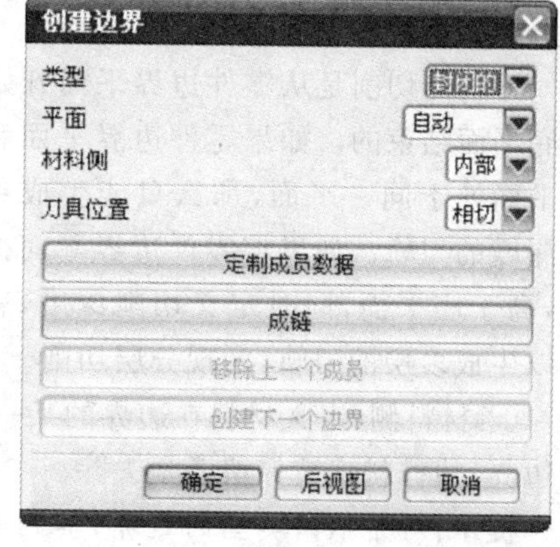

图 2－17　“曲线/边”模式“创建边界”对话框

下面是“创建边界”对话框中部分选项的含义。

① 类型：当以曲线和边缘创建边界时，指定边界是“开放的”还是“封闭的”。开放的边界只能配合轮廓加工或标准驱动加工方法，如使用其他加工方法，系统自动将此开放的边界在起点与终点处以直线封闭。如图 2－18(a)所示，为对一开放的轮廓以轮廓加工方式切削产生的刀具轨迹，而图 2－18(b)为对同一开放轮廓做往复式切削的刀具轨迹。

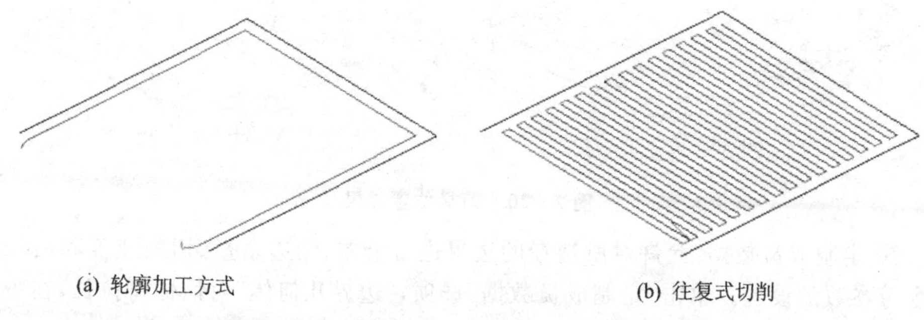

(a) 轮廓加工方式　　(b) 往复式切削

图 2－18　开放的边界产生刀具轨迹效果

② 平面：定义所选择的边界将投射的平面。它有两个选项，分别为“自动”和“用户自定义”。

“自动”是默认选项。它所决定的零件边界平面取决于选择的几何体。如果选择的边界的前两个元素是直线，那么两直线所确定的平面即为边界平面；如果前两个元素是非共面的，那么前两个元素的顺序3个端点所确定的平面即为边界平面。

当选择“用户自定义”选项时，将弹出如图2-19所示的“平面”对话框。可以通过系统提示的方式进行自定义边界平面，所选择的边界对象将投影到该平面上。

图2-19 “平面”对话框

刀轨的切削是从零件边界平面开始到底平面结束的。如果零件边界平面和底平面处于同一平面，那么只能生成单一深度的刀轨。如果把零件边界平面提升，高于底平面，同时定义切削深度，就可以生成多层的刀轨，实现分层切削。

③ 材料侧：定义材料在边界的某一侧（开放的边界）或者在边界的内/外侧（封闭的边界）的材料将被保留还是去除。

提示：对于不同类型的边界，其内外侧的定义是不同的。若作为部件边界使用时，其材料侧作为保留部分；若作为毛坯边界使用时，其材料侧为切除部分；其作为检查边界时，其材料侧作为保留部分；若作为剪切边界时，裁剪侧为保留材料部分。

④ 刀具位置：此选项决定刀具接近边界时的位置。它有“相切”和“对中”两种状态。当设置为“相切”时，刀具与边界相切；当设置为“对中”时，刀具中心处于边界上。图2-20(a)所示为刀具位置设置为“相切”时的轨迹，图2-20(b)所示为刀具位置设置为“对中”时的轨迹。

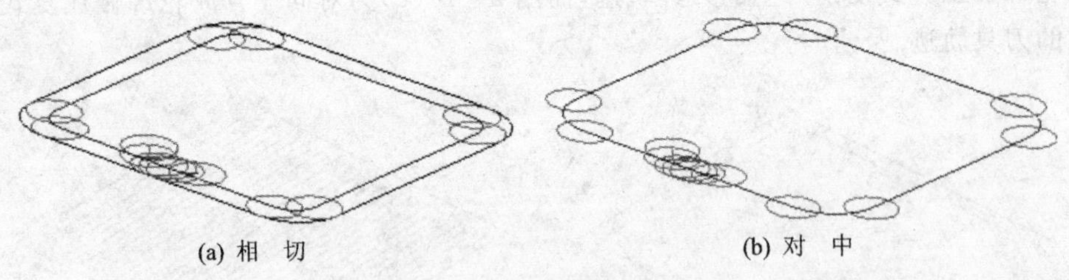

(a) 相　切　　　(b) 对　中

图2-20 刀具位置效果

⑤ 定制成员数据：允许对所选择的边界进行公差、侧边余量、切削速度和后处理命令等参数的设置。单击“定制成员数据”选项，“边界几何体”对话框将拉长，在中间增加定制边界数据的选项。

提示：用户边界数据定义的数据仅对当前选择的边界轮廓起作用，对于其他边界不产生作用。

⑥ 成链：使用“成链”选项可以选择一组相连接的串连外形曲线。

提示：使用“成链”可以串连选择，保证选择到相连接的曲线，既快又安全，可以防止漏选圆角曲线。

⑦ 删除上一个成员：如果选取轮廓边界时选错了，则可以使用此选项移除上一次的选取内容。

⑧ 创建下一个边界：如果边界的数量是一个以上，则在选取下一个外形边界之前，须选取这个选项，用来告知系统接下来选择的曲线或边缘是另一个轮廓边界。

(2)“边界”模式定义边界

选择永久边界作为平面加工的外形边界。选择永久边界作为边界时。定义方式比较简单，由于部分参数在创建永久边界时已经确定了，所以只需选择某一永久边界，并指定其材料侧即可完成边界的定义。

选择边界时可以在绘图区直接点选边界图素，也可以通过输入边界名称来选取边界。单击“列出边界”将显示当前文件中已创建的所有永久边界。

永久边界的创建方法：单击“工具”下拉菜单中的“边界”选项，弹出如图 2－21 所示的“边界管理器”对话框，单击“创建”按钮，在图中选择要作为永久边界的曲线，单击 2 次“确定”按钮，完成永久边界设置，单击“取消”按钮退出对话框。

(3)“面”模式定义边界

“面”模式选项通过所指定面的外形边缘作为平面铣的外形边界。在选取表面之前需要先设置好下面的选项，再选择表面。此模式是默认的模式选项，图 2－22 为“面”模式的“边界几何体”对话框。

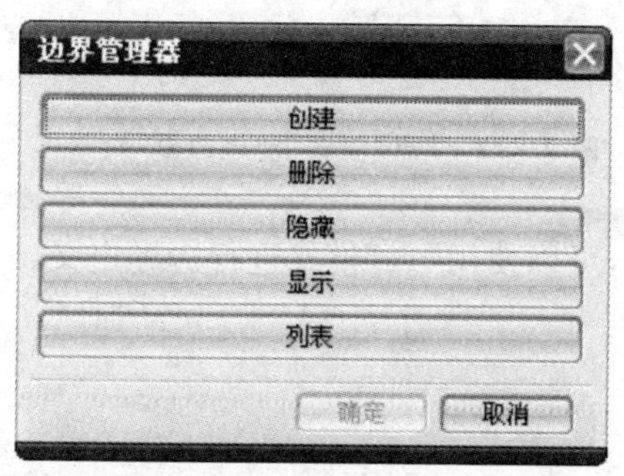

图 2－21　“边界管理器”对话框

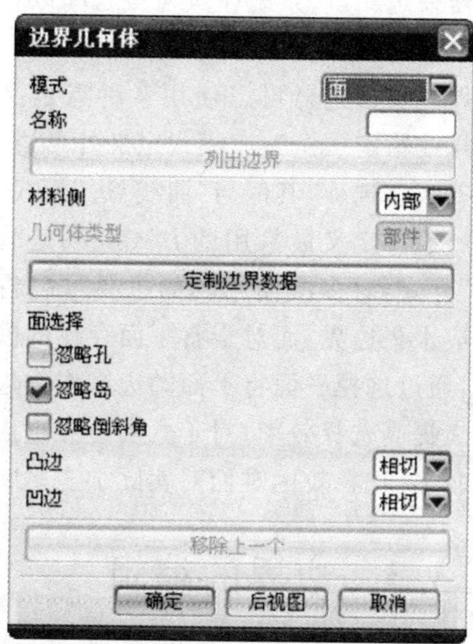

图 2－22　“面”模式的“边界几何体”对话框

用“面”模式选择边界时，所选择的边界肯定是封闭的边界。在“面选择”选项组中有以下几个选项。

① 忽略孔：选择此选项，系统定义边界时将忽略面中孔的边缘。

② 忽略岛：选择此选项，系统定义边界时将忽略面中岛屿的边缘。

提示：在不忽略岛屿或者孔的情况下，所创建的岛屿/孔边界与外形边界的方向是相反的，即其材料侧是相对的。可以先按内部或者外部的材料侧完成边界设置，然后通过“PLANAR_MILL”对话框中的“选择或编辑部件边界”功能逐个对岛屿、孔以及外形边界进行材料侧的设置。

③ 忽略倒斜角：当通过选择面来创建边界时，该选项能让用户指定与面邻接的倒斜角是否被认可。如果激活此选项，则建立的边界将包含这些倒斜角；如果不激活此选项，则边界只建立在所选择面的边缘。

④ 凸边：在所选择面的边缘中，控制刀具在凸边的位置。由于凸边通常为开放的区域，因此可以将刀具位置设为“上”，可以完全切除此处的材料。

⑤ 凹边：在所选择面的边缘中，控制刀具在凹边的位置。由于凹边通常会有直立的相邻面，刀具在内角凹边的位置，一般设为“相切”。

(4) “点”模式定义边界

“点”模式通过顺序定义的点创建边界。在模式选项中选择“点”模式时，同样显示了“创建边界”对话框，如图 2－23 所示。

与“曲线/边”模式不同的是所选择的几何体类型不一样。“点方式”选项通过点构造器来定义点，系统在点与点之间以直线相连接，从而形成一个开放的或者封闭的外形边界。点构造器可以使用各种点定义方法选择或指定点。“点”模式定义外形边界时，没有成链选项，其他与“曲线/边”模式一致。

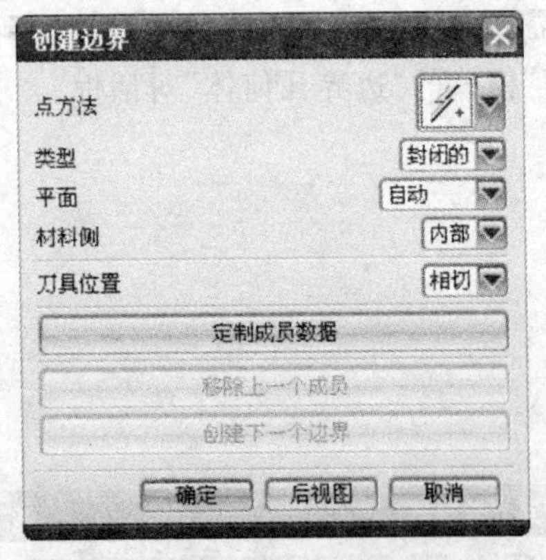

图 2－23 “点”模式“创建边界”对话框

边界定义最常用的方式应该是“曲线/边”方式，对多次使用到的边界可以将其定义成永久边界；而对于有平面存在的模型来说，通过选择平面将平面的边缘作为边界将大大提高选择效率；对于真实边界组成的曲线较多、选择较困难而对实际加工影响不大时，可以使用“点”模式进行边界定义。

2.3.3 边界的编辑

平面铣操作使用边界几何体计算刀轨，不同的边界几何体的组合使用，可以方便地产生所需要的刀轨。如果产生的刀轨不适合要求或是想改变刀轨，也可以编辑已经定义好的边界几何体来改变切削区域。在“操作”对话框中单击对应的选择或编辑边界按钮（、、、），即打开如图 2－24 所示的“编辑边界”对话框。

在“编辑边界”对话框中，可以对每一条边界的组成元素进行编辑。可以通过对话框中“◀”或“▶”按钮来依次选择边界，被选中的边界以暗红色显示，修改参数仅对所选中的当前边界有效。

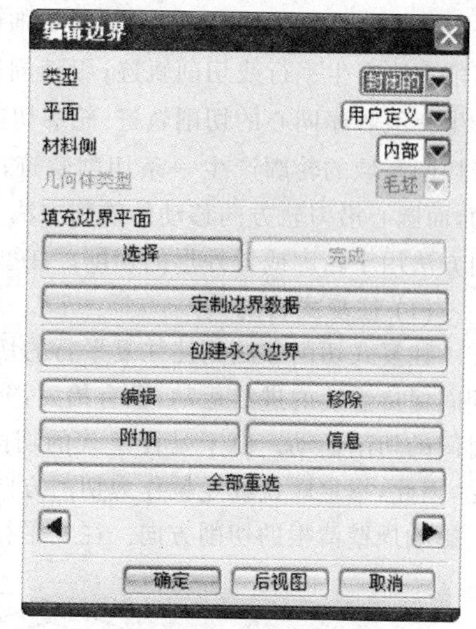

图 2-24 “编辑边界”对话框

(1) 编 辑

在“编辑边界”对话框中选择“编辑”选项后，通过弹出的“编辑成员”对话框可以进一步对边界元素进行编辑。

在编辑边界中，将可以对组成边界的每一条曲线或边缘进行刀具位置的设置，也可以对组成成员的公差、余量等参数作单独设置。“刀具位置”选项用于更改刀具在到达此元素时的位置状态（相切/对中）；“用户成员数据”选项用于设置元素进行公差、余量等参数；“起点”选项用于定义切削开始点，它有“百分比”和“距离”两个指定选项，一旦定义了起点，此边界元素在起点位置将被分为两个边界元素。

(2) 移 除

将所选择的边界从当前操作中删除。

(3) 附 加

在当前操作中新增加一个边界，进行新的边界的选择。

(4) 信 息

列表显示当前所选择的边界的信息，列表中将包括边界类型、边界的尺寸范围、相关联的图素、每一成员的起点、终点、刀具位置等信息。

(5) 创建永久边界

可以利用当前的临时边界创建永久边界，所创建的边界的组成曲线及参数均与临时边界相同。对于重复加工某一区域时可以快速方便地进行选择。

(6) 全重选

移除全部边界，重新选择边界。

2.4 平面铣操作的参数设置

2.4.1 常用切削模式的选择

在平面铣、型腔铣操作中，切削模式决定了用于加工切削区域的刀位轨迹模式。

共有 7 种可用的切削模式：往复式切削、单向切削、沿轮廓的单向切削 3 种切削方法产生平行线切削轨迹；跟随周边切削、跟随部件切削 2 种切削方法会产生一组顺序同心的切削轨迹；轮廓切削和标准驱动切削 2 种切削方法只会沿着切削区域的轮廓产生一条切削轨迹；摆线切削是一种刀具以圆形回环模式移动，而圆心沿刀轨方向移动的铣削方法。前五种切削方法用于区域的切削，后两种切削方法用于轮廓或者外形的切削。在型腔铣操作中没有标准驱动铣的切削方法。

(1) 往复式切削

往复式切削方法创建往复平行的切削刀轨。这种切削方法允许刀具在步距运动期间保持连续的进给运动，没有抬刀，能最大化地对材料进行切除，是最经济和节省时间的切削运动。由于是往复式的切削，切削方向交替变化，顺铣和逆铣也交替变化，因此，指定顺铣或逆铣作为切削方向，不会影响这种切削类型所产生的刀轨，但是会影响周壁清根的切削方向。往复平行切削的刀具轨迹如图 2-25 所示。

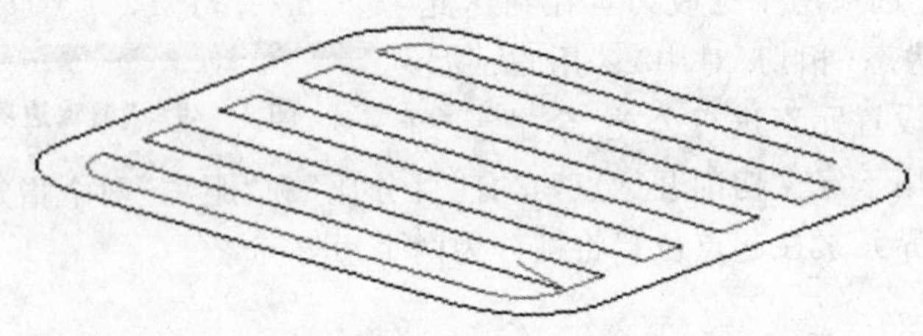

图 2-25　往复式切削刀轨

往复式切削方法因顺铣、逆铣交替产生，通常用于内腔的粗加工，它去除材料的效率较高。内腔的形状要求规则一些，以使产生的刀轨连续，且剩余的余量尽可能的均匀；它也可以用于岛屿顶面的精加工，但步距的移动要避免在岛屿面上进行，即往复的切削要切出表面区域。当往复式切削方法用于粗加工时，步距移动要加入圆角过渡（在拐角控制中设置），切削方向应与 X 轴之间有角度，这样可以减小机床的震动。首刀切入内腔时，如果没有预钻孔，则应该采用斜线下刀，斜线的坡度一般不大于 5°。

(2) 单向切削

单向切削方法创建平行且单向的刀位轨迹。此选项能始终维持一致的顺铣或者逆铣，并且在连续的刀轨之间没有沿轮廓的切削。刀具在切削轨迹的起点进刀，切削到切削轨迹的终点，然后刀具回退至转换平面高度，转移到下一行轨迹的起点，刀具开始以同样的方向进行下一行切削。图 2-26 所示为单向切削刀轨的示例。

单向切削方法在每一行之间都要抬刀到转换平面，并在转换平面进行水平的不产生切削的移动，因而会影响加工效率。单向切削方法能始终保持顺铣或者逆铣的状态，通常用于岛屿表面的精加工和不适合用往复式切削方法的场合。例如一些陡壁的筋板，工艺上只允许刀具自下而上的切削，在这种情况下只能使用单向切削。面铣中，默认的切削方法也是单向切削，它用于表面的精加工，如果是岛屿面，切削刀轨

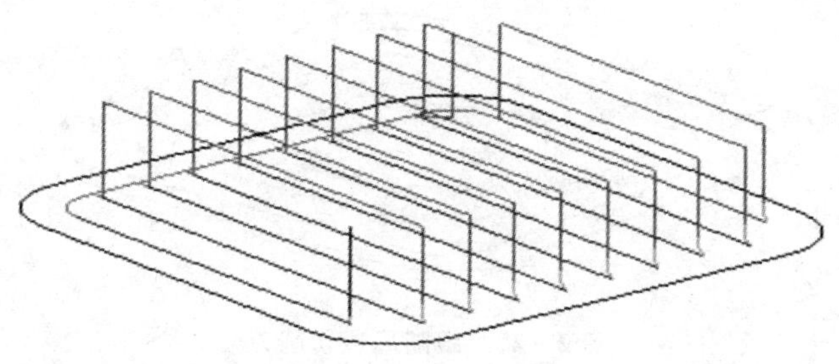

图 2-26 单向切削刀轨

将加工出岛屿面。

(3) 沿轮廓的单向切削

沿轮廓的单向切削用于创建平行的、单向的、沿着轮廓的刀位轨迹，始终维持着顺铣或者逆铣切削。它与单向切削类似，但是在下刀时将下刀在前一行的起始位置，然后沿着轮廓切削到当前行的起点进行当前行的切削，在切削到端点时沿着轮廓切削到前一行的端点，然后抬刀到转移平面，再返回到起始边当前行的起点下刀进行下一行的切削。图 2-27 所示为沿着轮廓的单向切削的刀轨示例。

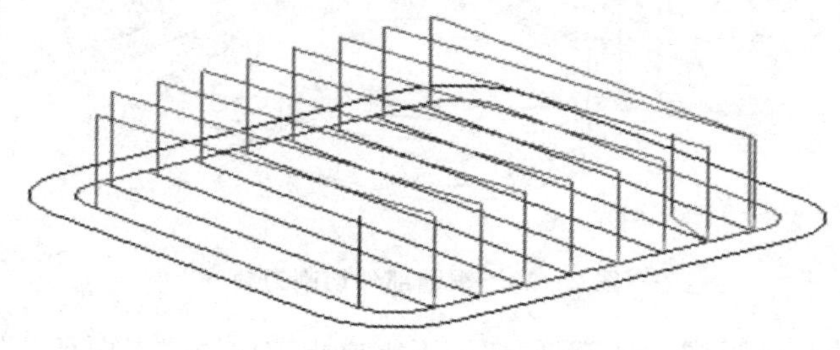

图 2-27 沿轮廓的单向切削刀轨

沿轮廓的单向切削通常用于粗加工后要求余量均匀的零件，如侧壁要求高的零件或者薄壁零件。使用此种方法，切削比较平稳，对刀具没有冲击。

(4) 跟随周边切削

跟随周边切削也称沿着外轮廓切削，用于创建一条沿着轮廓顺序的、同心的刀位轨迹。它是通过对外围轮廓区域的偏置得到的，当内部偏置的形状产生重叠时，它们将被合并为一条轨迹，然后重新进行偏置产生下一条轨迹。所有的轨迹在加工区域中都以封闭的形式呈现。

此切削模式与往复式切削一样，能维持刀具连续的切削，以产生最大化的材料切除量。除了可以通过顺铣和逆铣指定切削方向外，还可以指定向内或者向外的切削。图 2-28 所示为沿着外轮廓切削轨迹，所用的是顺铣由内向外的切削方向。

跟随周边切削和跟随工件切削通常用于带有岛屿和内腔零件的粗加工，如模型的型芯和型腔。这两种切削方法生成的刀轨都由系统根据零件形状的偏置产生，形

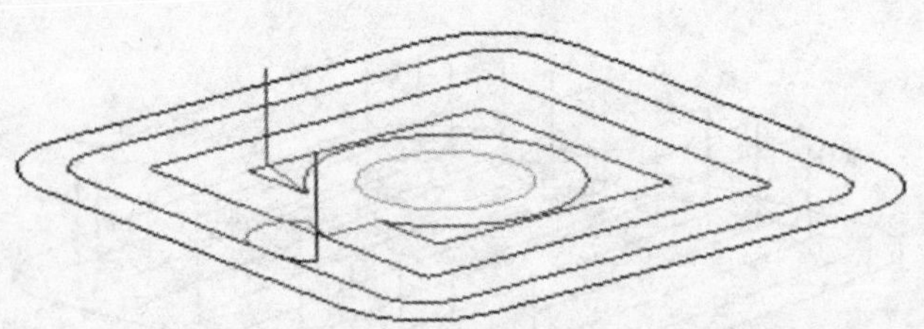

图 2-28　跟随周边切削刀轨

状交叉的地方刀轨不规则，而且切削不连续。一般可以通过调整步距、刀具或者毛坯的尺寸来得到较为理想的刀轨。

(5) 跟随部件切削

跟随部件切削也称沿零件切削，是通过对所指定的零件几何体进行偏置来产生刀轨。不同于沿外轮廓切削只从外围的环进行偏置，此种切削方式从零件几何体所定义的所有外围环(包括岛屿、内腔)进行偏置创建刀轨。图 2-29 所示为跟随部件切削生成的刀具路径示例。

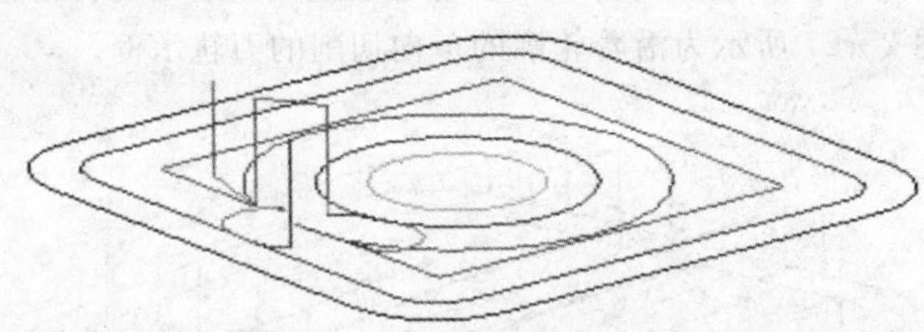

图 2-29　跟随部件切削刀轨

与跟随周边切削不同，跟随部件切削不需要指定向内或者向外的切削方向(步距运动方向)，系统总是按照切向零件几何体来决定切削方向。换句话说，对于每组偏置，越靠近零件几何体的越靠后切削。对于型腔来说，步距方向是向外的；而对于岛屿来说，步距方向是向内的。

跟随部件的切削方法可以保证刀具沿所有的零件几何体进行切削，而不必另外创建操作来清理岛屿。因此对于有岛屿的型腔加工区域来说，最好使用跟随部件的切削方式。当只有一条外形边界几何时，使用跟随周边切削方式与使用跟随部件切削方式生成的刀轨是一样的，建议优先使用跟随部件方式加工。

(6) 轮廓切削

轮廓切削用于创建一条或者指定数量的刀轨来完成零件侧壁或轮廓的切削。它能用于敞开区域和封闭区域的加工。图 2-30 所示为轮廓切削的示例。还可以使用“附加刀路”选项创建切向零件几何体的附加刀轨。所创建的刀轨沿着零件壁，且为同心连续的切削。

对于一个以上的敞开区域，可以在一次操作中完成。如果敞开的区域之间很近，以

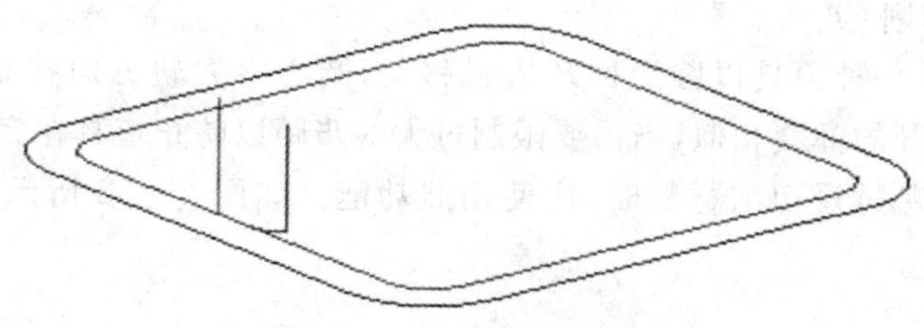

图 2－30　轮廓切削轨迹

至于使刀具产生交错，那么系统将调节刀轨，使其不产生过切。如果一个敞开的外形和一个岛屿之间很近，刀具将只从敞开的外形生成，并且被调整到不对岛屿产生过切。如果多个岛屿之间非常近，刀轨将从岛屿之外生成，并且在它们相交处减除后重新组合。

轮廓切削方法常用于零件的侧壁或者外形轮廓的精加工或者半精加工。外形可以是封闭的或者敞开的，可以是连续的或者非连续的。具体的应用有内壁和外形的加工、拐角的补加工、陡壁的分层加工等。

(7) 标准驱动切削

标准驱动切削是一种轮廓切削方法，它严格地沿着指定的边界驱动刀具运动，在轮廓切削使用中排除了自动边界修剪的功能。使用这种切削方式时，可以允许刀轨自相交。每一个外形生成的轨迹不依赖于任何其他的外形，而只由本身的区域决定，在两个外形之间不执行布尔操作。这种切削方法非常适用于雕花、刻字等轨迹重叠或者相交的加工操作。

标准驱动切削与轮廓切削相同，但是多了轨迹自交选项的设置。如果把轨迹自交选项设置为 ON，它可以用于一些外形要求较高的零件加工。例如，为了防止外形的尖角被切除，工艺上要求在两根棱相交的尖角处，刀具圆弧切出、再圆弧切入，此时刀轨要相交，即可选用标准驱动切削方式。图 2－31(a)和(b)所示为标准驱动切削刀轨与轮廓切削刀轨的区别。

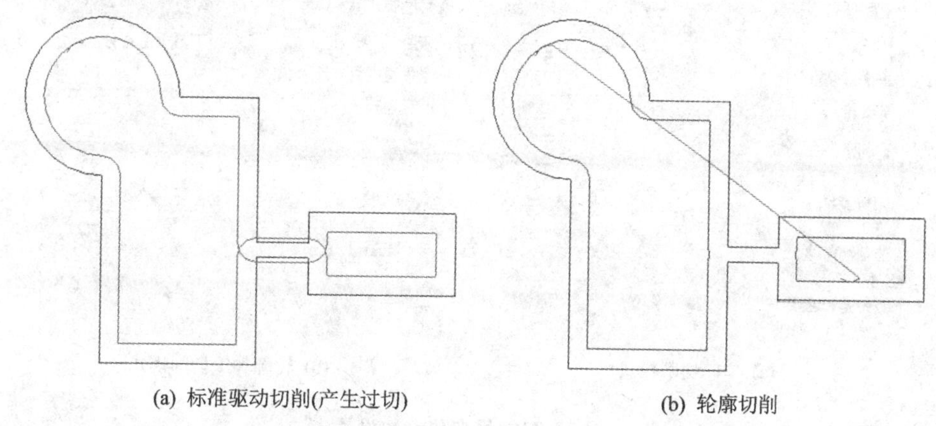

(a) 标准驱动切削(产生过切)　　(b) 轮廓切削

图 2－31　标准驱动切削刀轨与轮廓铣削刀轨的区别

(8) 摆线切削

摆线切削是一种刀具以圆形回环模式移动,圆心沿刀轨方向移动的铣削方法。表面上,这与拉开的弹簧相似,当需要限制过大的步距以防止道具在完全嵌入切口时折断、且需要避免过量切削材料时,应使用此功能。如图 2-32 所示为摆线切削的轨迹。

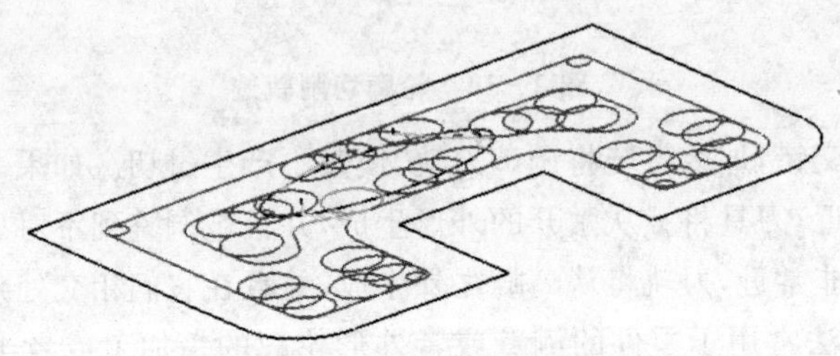

图 2-32 摆线切削轨迹

2.4.2 用户化参数设置

在确定了切削模式后,需要进行切削方式参数的设置,在默认的操作对话框中,用户化的参数主要包括切削步进、附加刀路及切削角度的设置(选择的切削模式不同,显示的参数设置将会随之变化)。如图 2-33(a)为采用单向切削模式对应的用户化参数设置界面,如图 2-33(b)为采用轮廓加工切削模式对应的用户化参数设置界面。

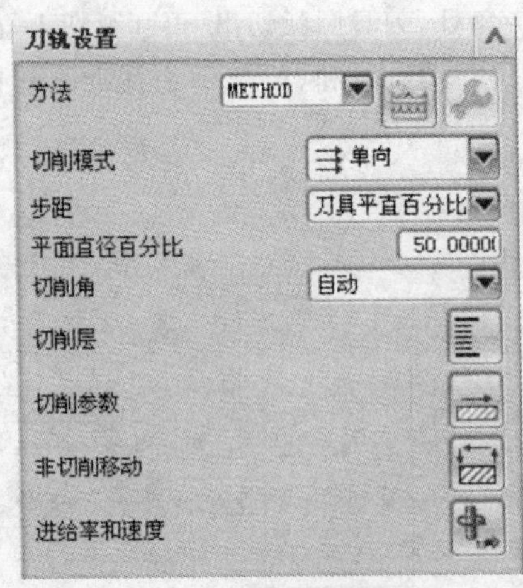

(a) 单向切削模式

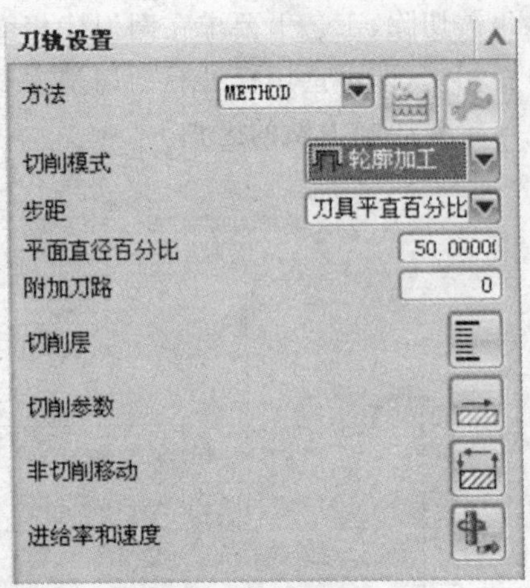

(b) 轮廓加工切削模式

图 2-33 用户化参数设置

(1) 步距的定义

步距通常也称为行间距，是两个切削路径之间的间隔距离。其间隔距离的计算方式是指在 XY 平面上，铣削的刀位轨迹间的间隔距离。步距的确定需要考虑刀具的承受能力、加工后的残余材料量、切削负荷等因素。在粗加工时，步距最大可以设置为有效直径的 90%。在平行切削的切削方式下，步距是指两行间的间距；而在环绕切削方式下，步距是指两环间的间距。UG 提供了 4 种设定步距的方式，如图 2-34 所示为步距设置方式的下拉菜单。

① 恒定：指定相邻的刀位轨迹间隔为固定的距离。当以恒定的常数值作为步距时，需要在下方的"最大距离"文本框中输入其相隔的距离数值，如图 2-35 所示，这种方式直观明了。

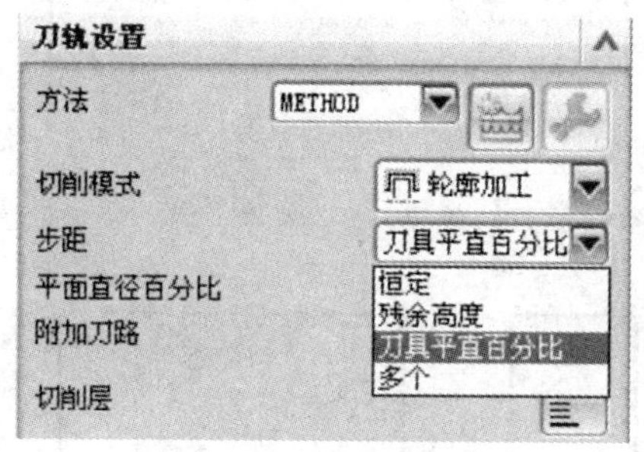

图 2-34　步距设置方式

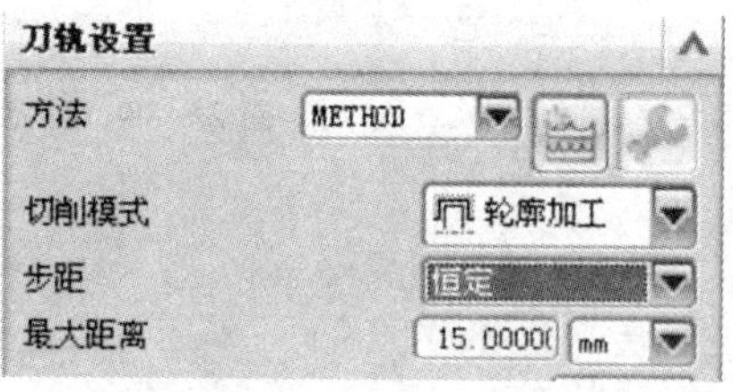

图 2-35　步距距离设置

② 残余高度：根据在指定的间隔刀位轨迹之间，刀具在工件上造成的残料高度来计算刀位轨迹的间隔距离。该方法需要输入允许的最大残余高度值，如图 2-36 所示。这种方法设置可以由系统自动计算为达到某一粗糙度而采用的步进，特别适用于使用球头刀具进行加工时步进的计算。

③ 刀具平直百分比：指定相邻的刀位轨迹间隔为刀具直径的百分比。该方法需要输入百分比，如图 2-37 所示。通常，进行粗加工时，步进可以设置为刀具有效直径的 80%左右，这种方法设置可以输入百分比来进行步进的设定，是较为常用的方法。

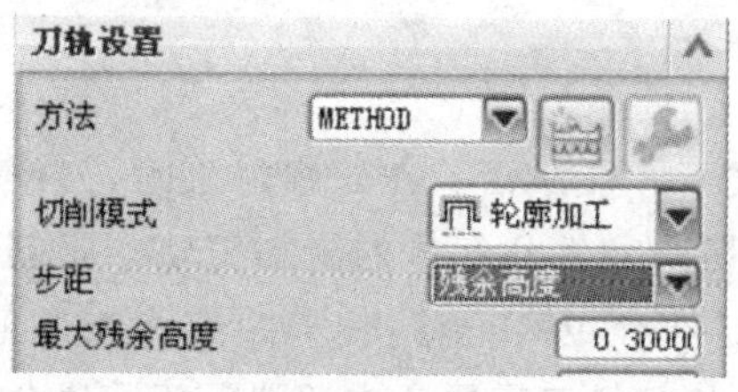

图 2-36　残余高度设置

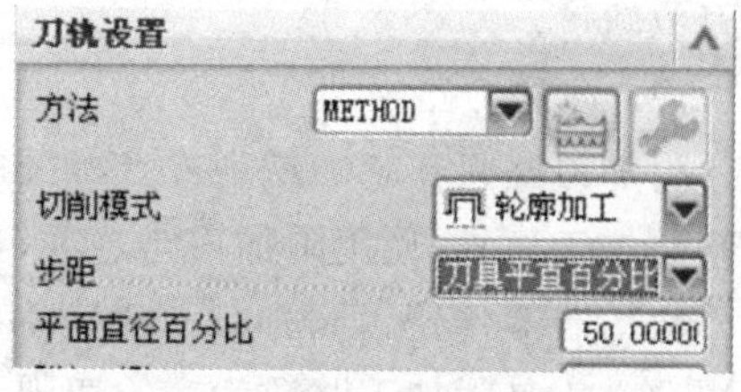

图 2-37　刀具平直百分比设置

④ 多个(变量平均值)：对于不同的切削模式，该参数将显示为"多个"或者"变量

平均值”,输入方法也不同。当使用平行切削模式时,如果采用恒定的步距,将有可能在部件的某些侧面留下较厚的余量,导致余量不均匀,如图 2-38 所示。如使用变量平均值使用可变步距进行平行切削时,系统会在设定的范围内计算出合适的行距与最少的走刀次数,且保证余量均匀。如图 2-39 所示为使用变量平均值设置步距,产生均匀分布而且在各个侧壁都不留残料的刀具轨迹。

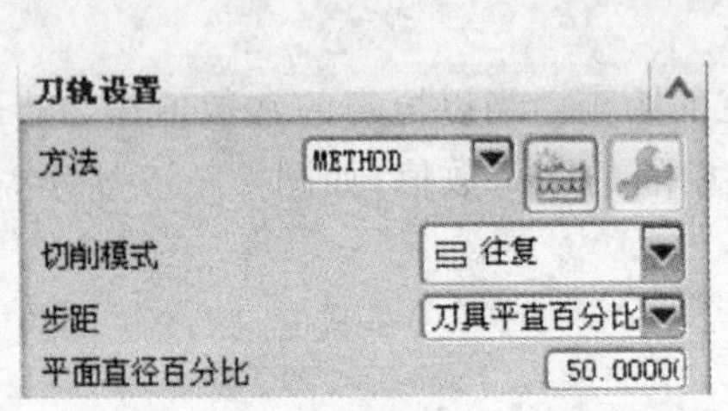

(a) 参数设置

(b) 刀轨效果

图 2-38 恒定步距设置参数及刀轨效果

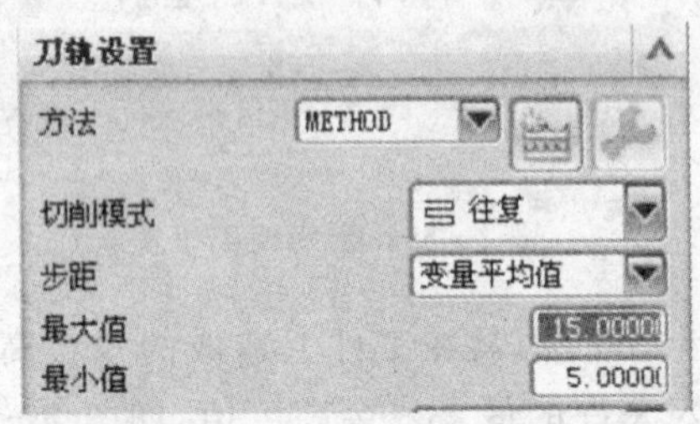

(a) 参数设置

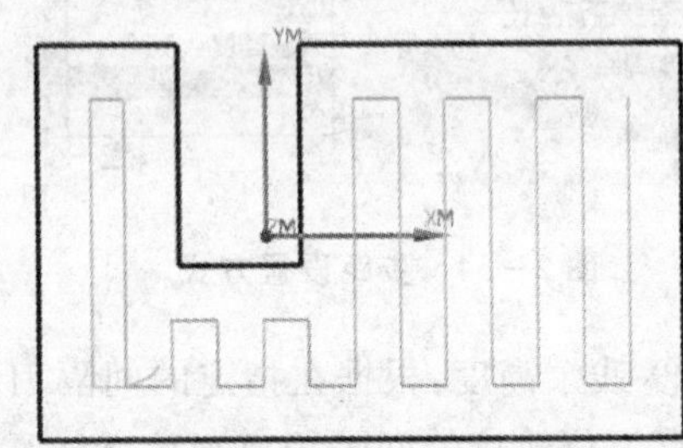

(b) 刀轨效果

图 2-39 可变步距加工设置参数及刀轨效果

在采用跟随部件切削、跟随周边切削、轮廓切削模式时,通常会因为切削阻力的关系,而产生切削不完全及精度未达到要求的公差范围的情况。因此,一般外形精加工的习惯是使用很小的加工余量,或者是做两次重复的切削加工。此时使用可变步距方式,搭配环状走刀,做重复切削的精加工。如图 2-40 所示为设置可变步距产生的刀位轨迹。

(2) 附加刀路

附加刀路只在轮廓铣削或者标准驱动方式下才能激活。在轮廓加工时,刀位轨迹紧贴加工边界,使用附加刀路选项可以创建切削零件几何体的附加刀轨。所创建的刀轨沿着零件壁,且为同心连续的切削,向零件等距离偏移,偏移距离为步进值。如图 2-41 是附加刀路数为 2 的切削示例。在作粗加工需要考虑切削负荷及残余料的情况下,以及在作精加工需要考虑以均匀的加工余量获得较高的加工精度的情况下,均可使用附加刀路。

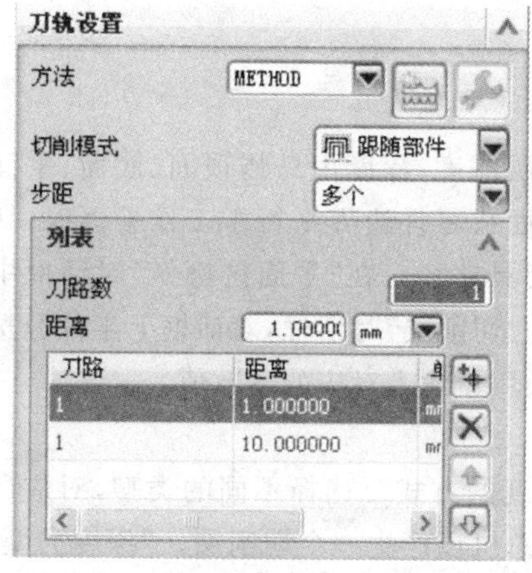

(a) 参数设置

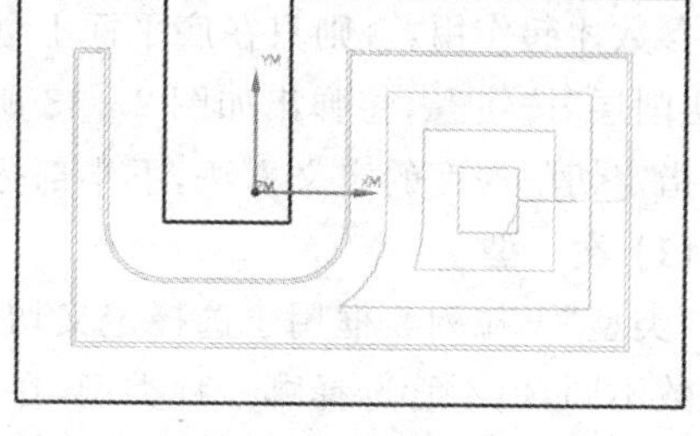

(b) 刀位轨迹

图 2-40　设置可变步距产生的刀位轨迹

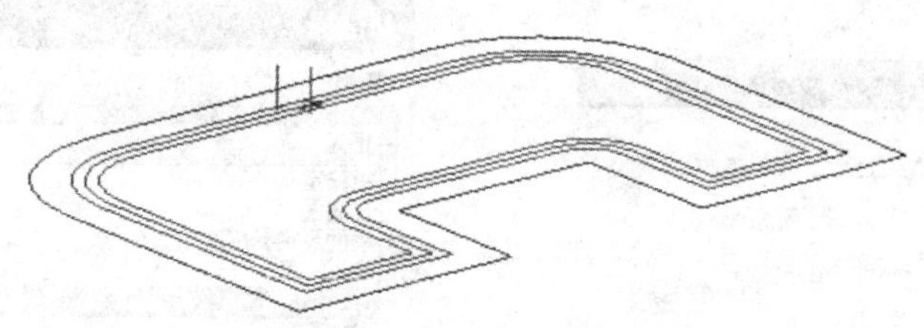

图 2-41　附加刀路产生的刀位轨迹

(3) 切削角

当选择切削方式为平行切削时，如往复切削、单向切削或沿轮廓单向切削时，“切削角”选项将被激活，有 4 种方法定义切削角，如图 2-42 所示。其含义如下。

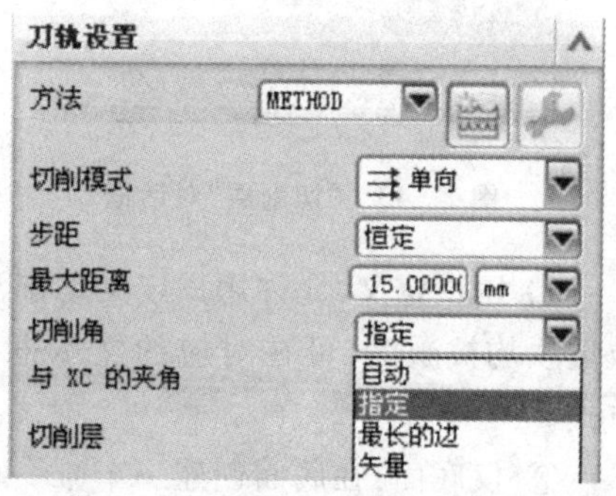

图 2-42　定义切削角对话框

① 自动：由系统评估每一个切削区域的形状，并且确定切削区域的最佳切削角度，以使进刀次数为最少。

② 最长的边：由系统评估每一个切削所能达到的切削行的最大长度，并且以该角度作为切削角。

③ 指定：切削角是从工作坐标系 WCS 的 XC-YC 平面中的 X 坐标轴测量的，该角被投射到底平面。当选择“用户定义”选项时，系统弹出“切削角”对话框，在文本框中输入角度值来指定切削角。

④ 矢量：通过矢量构造器指定一个矢量，切削角度沿着该矢量方向。

2.4.3 切削层设置

切削层参数确定多深度切削操作中切削层深度，深度由岛屿顶面、底面、平面或者输入的值来定义。只有当刀轴垂直于底平面或零件边界平行于工作平面时，切削深度参数才起作用，否则只在底平面上创建刀具路径。在“平面铣操作”对话框中单击“切削层”按钮，将弹出如图 2-43 所示的“切削层”对话框，对话框上半部分选项用于指定切削深度的定义方法，下半部分选项用于输入对应的参数值。

(1) 类　型

“类型”下拉列表框用于选择定义切削深度的方式。选择不同的类型，对应的输入参数不同，但不管选择哪一种类型，在底面总可以产生一个切削层。“深度类型”选项包括用户定义、仅底面、底面及临界深度、临界深度、恒定 5 个选项，如图 2-44 所示。

图 2-43　“切削层”对话框

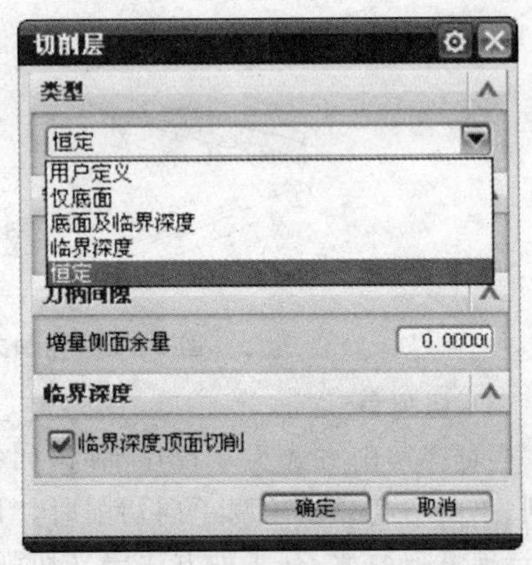

图 2-44　切削层类型

① 用户定义：允许用户定义切削深度，选择该选项时，对话框下半部分的所有参数选项均被激活，可在对应的文本框中输入数值。这是最为常用的一种深度定义方式。

② 仅底面：在底面创建一个唯一的切削层。选择该选项时，对话框下半部分的所有参数选项均不激活。

③ 底面及临界深度：在底面与岛屿顶面创建切削层。岛屿顶面的切削层不会超出定义的岛屿边界。选择该选项时，对话框下半部分的所有参数选项均不激活。

④ 临界深度：在岛屿的顶面创建一个平面的切削层，该选项与“底面和岛的顶面”选项的区别在于所生成的切削层的刀具路径将完全切除切削层平面上的所有毛坯材料。选择该选项时，对话框下半部分的“离顶面的距离”、“离底面的距离”、“增量

侧面余量”参数选项被激活。

⑤ 恒定:该选项指定一个固定的深度值来产生多个切削层。选择该选项时,对话框下半部分的“公共”、“增量侧面余量”、“临界深度顶面切削”参数选项被激活。

(2) 公共/最小值

对介于初始切削层与最终切削层之间的每一个切削层,由公共深度与最小深度指定切削层的深度范围,即指定一个切深或者称背吃刀量。对于“恒定”方式,公共深度用来指定各切削层的切削深度。

公共深度与最小深度确定了切削深度的范围,系统尽量用接近公共深度的数值来创建切削层。若岛屿顶面在指定的范围内,就在其顶面创建一个切削层,否则就不创建切削层,此时可通过选中“临界深度顶面切削”方式来切削岛屿顶部的余量。如图2-45所示为设定公共深度为2,最小切削深度为0.8时产生的刀具路径示意图。

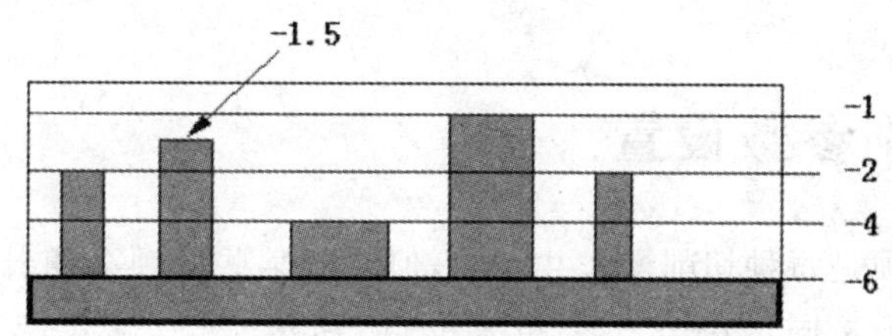

图2-45　公共/最小切削深度控制

提示:当指定公共深度为0时,系统就只在底面上创建一个切削层。

(3) 离顶面的距离

离顶面的距离为多深度平面铣操作定义的第一个切削层的深度,该深度从毛坯几何体顶面开始测量,如果没有定义毛坯几何体,将从零件边界平面处测量,而且与公共深度或最小深度的数值无关。

(4) 离底面的距离

离底面的距离为多深度平面铣操作定义的在底平面以上的最后一个切削层深度,该深度从底面开始测量。如果终止层大于0,系统至少创建两个切削层,一个层在底面之上的“最终”深度处,另一个在底面上。

(5) 增量侧面余量

增量侧面余量为多深度平面铣操作的每一个后续切削层增加一个侧面余量值。增加侧面余量值,可以保持刀具与侧面间的安全距离,减轻刀具深层切削时的应力。如图2-71所示,切削层1切削到边界周边,而切削层2增加了一个侧面余量,以后每一个切削层各增加一个增量侧面余量。

(6) 临界深度顶面切削

选择“临界深度顶面切削”选项,系统会在每一个岛屿的顶部创建一条独立的路径,当最小深度值大于岛屿顶面到前一切削层的距离时,下一切削层将会建立在岛屿

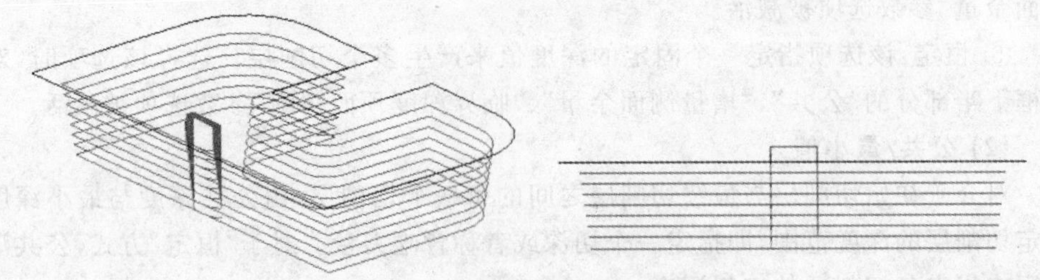

图 2-46 增量侧面余量控制效果

顶部的下方，而在岛屿顶面上留有残余量。通过选择“临界深度顶面切削”选项，系统产生一个仅仅加工岛屿顶部的切削路径。加工岛屿顶部时，系统将会寻找一个安全的进刀点以便刀具从岛屿顶部以外下刀，再水平进刀切削岛屿顶部，此时系统将忽略进刀方式的设置。

2.4.4 切削参数设置

切削参数选项是每种切削操作共有的，但其中某些选项会随着操作类型和切削方法的不同而有所不同，如图 2-47 和图 2-48 所示。

图 2-47 为平行切削方式的往复式切削、单向切削、沿轮廓单向切削的切削参数选项。图 2-48 为跟随部件切削方式的切削参数选项。图 2-49 为跟随周边切削方式的切削参数选项。图 2-50 为轮廓切削方式的切削参数选项。

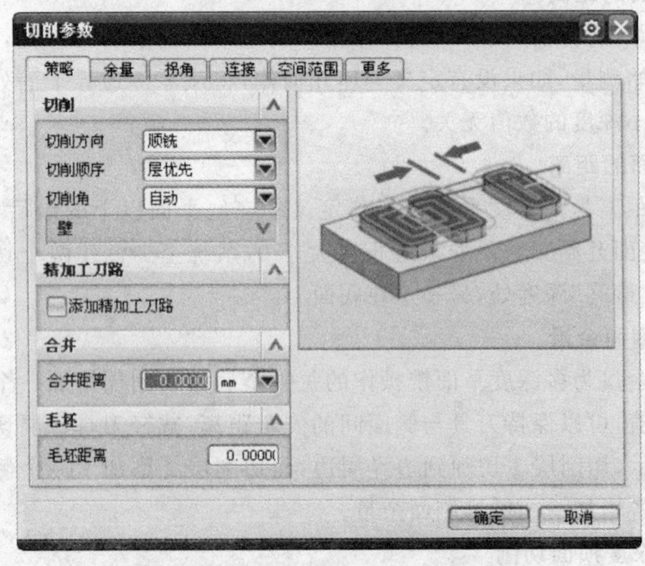

图 2-47 采用平行切削方式的切削参数

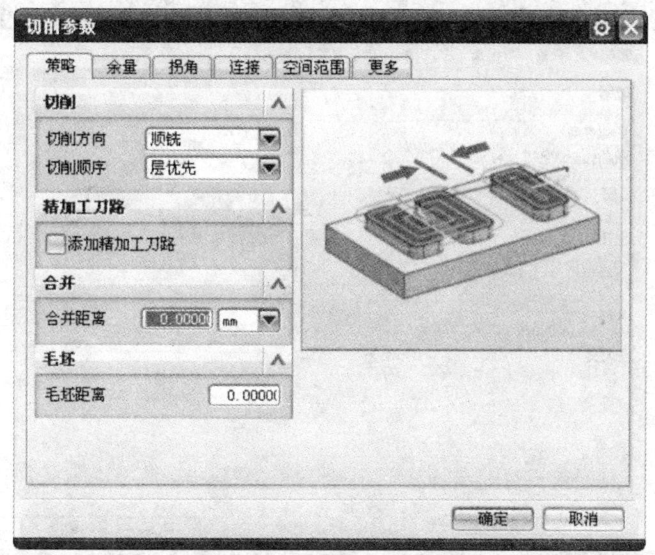

图 2-48　采用跟随部件切削方式的切削参数

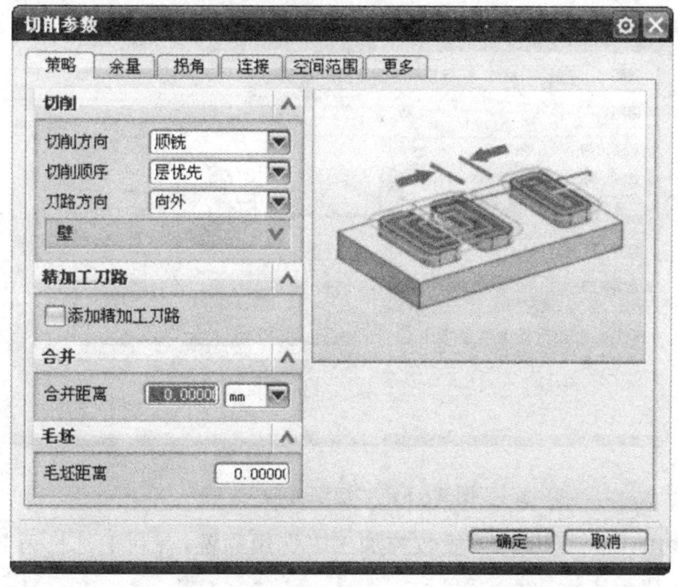

图 2-49　采用跟随周边切削方式的切削参数

1. 通用切削参数

(1) 切削方向

切削方向的设置在“切削参数”对话框的“策略”选项卡中，如图 2-51 所示，用于设定平面铣加工时在切削区域内的刀具进给方向，包括以下 4 种选项。

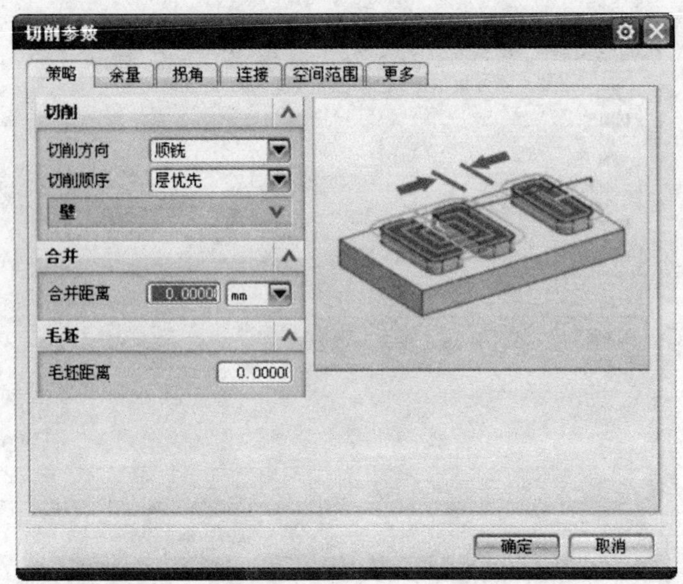

图 2-50　采用轮廓切削方式的切削参数

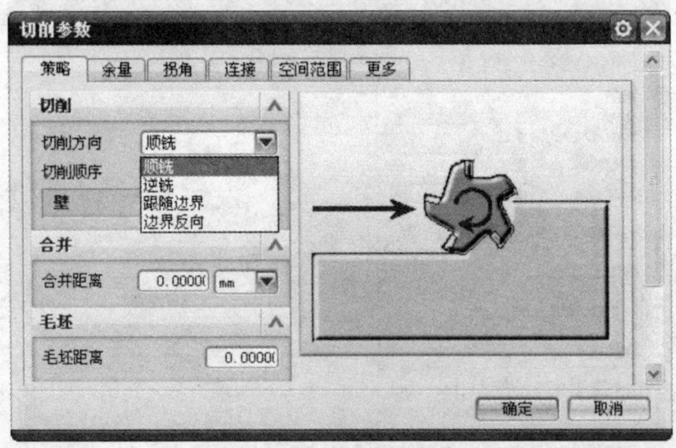

图 2-51　“切削方向”选项

① 顺铣切削/逆铣切削:一般数控加工多选用顺铣,有利于延长刀具的寿命并获得较好的表面加工质量。

② 跟随边界/边界反向:系统根据边界的方向和刀具旋转的方向决定切削方向。刀具切削的方向决定于边界的方向,跟随边界是与边界方向一致,边界反向则与边界方向相反。这两个选项仅用于平面铣。

(2) 切削顺序

切削顺序的设置在“切削参数”对话框的“策略”选项卡中,如图 2-52 所示,用于设置多切削区域的加工顺序,它有“深度优先”和“层优先”两个选项。

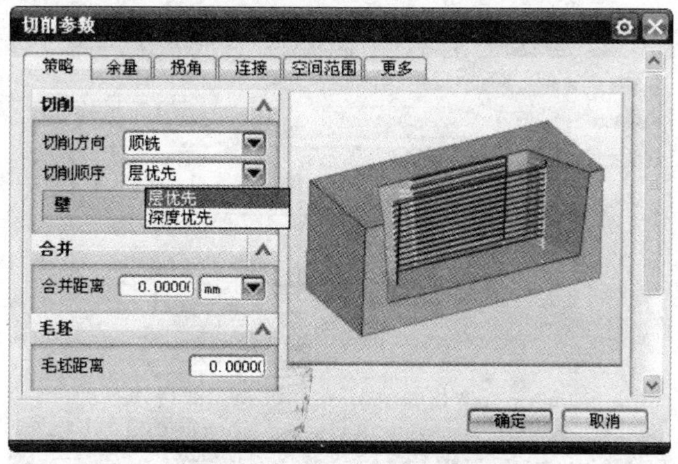

图2-52　“切削顺序”选项

① 深度优先:是指刀具先在一个外形边界铣削设定的深度后,再进行下一个外形边界的铣削,这种方式的抬刀次数和转换次数较少。如图2-53(a)所示切削顺序为深度优先的示意图。在切削过程中只有一次抬刀转换到另一个切削区域。

② 层优先:是指刀具先在一个深度上铣削所有的外形边界,再进行下一个深度的铣削,在切削过程中刀具在各个切削区域间不断转换,如图2-53(b)所示切削顺序为层优先的示意图。

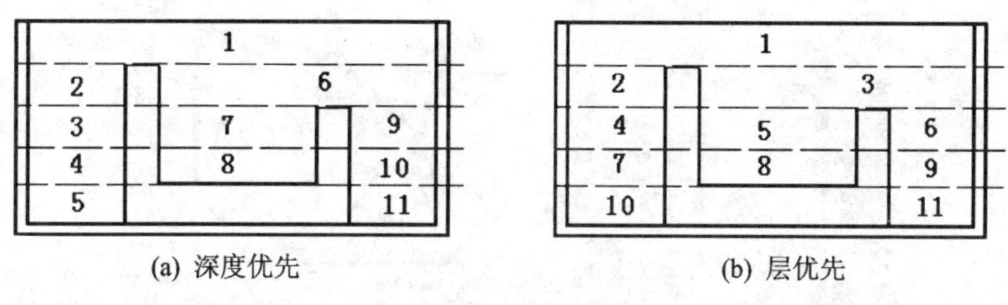

图2-53　切削顺序示意图

(3) 区域排序

区域排序的设置在“切削参数”对话框的“连接”选项卡中,如图2-54所示,区域排序方式提供各种自动或人工地指定切削区域加工顺序的排序方法,其选项有如下4种方式。

① 标准:系统根据所选择边界的次序决定各切削区域的加工顺序。

② 优化:系统根据最有效的加工时间自动决定各切削区域的加工顺序。

③ 跟随起点:各切削区域的加工顺序取决于在切削区域中指定的切削区域起点的选择顺序。

④ 跟随预钻点:各切削区域的加工顺序取决于在切削区域中指定的预钻孔下刀点的选择顺序。

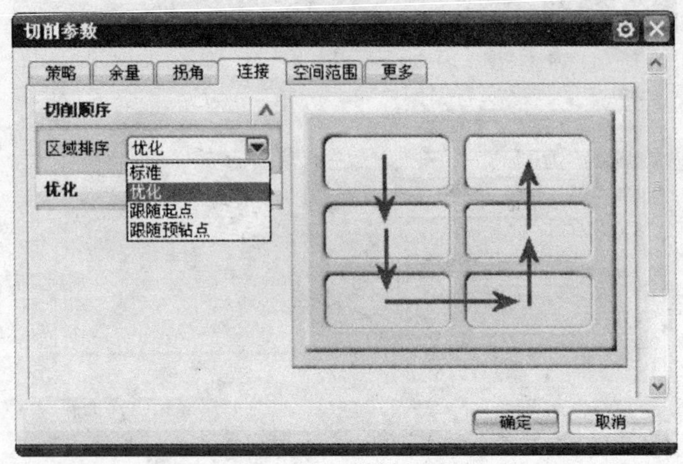

图 2－54 “区域排序”选项

(4) 公　差

公差的设置在“切削参数”对话框的“余量”选项卡中，如图 2－55 所示。公差定义了刀具偏离实际零件的允许范围，公差值越小，切削越准确，产生的轮廓越光顺。

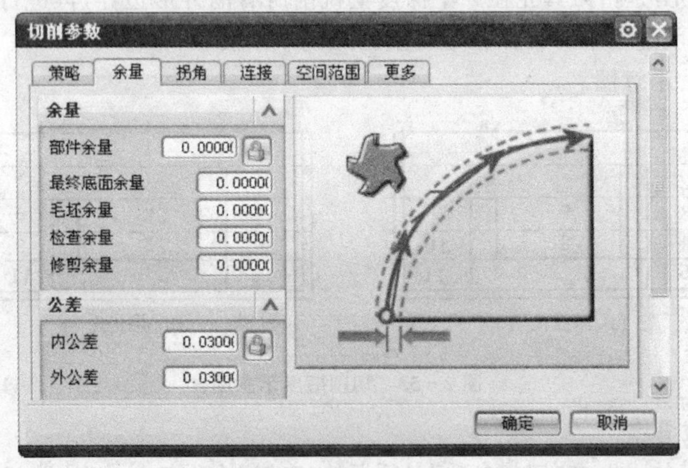

图 2－55 “公差”选项

切削“内公差”设置刀具切入零件时的最大偏距，称为切入公差(或内公差)。“外公差”设置刀具切削零件时离开零件的最大偏距，称为切出公差(或外公差)。公差示意图如图 2－56 所示。

实际加工时应根据工艺要求给定加工精度。例如，在进行粗加工时，加工误差可以设得大一点，以便系统加快运算速度，程序长度也可以缩短，从而缩短加工时间，一般可以设定到加工余量的 10%～30%。而进行精加工时，为了达到加工精度，则应减少加工误差，一般来说加工精度的误差控制在小于标注尺寸公差的 1/5～1/10。

提示:公差设置时可以设置外公差或内公差其中的一个为 0,但不能指定外公差与内公差同时为 0。

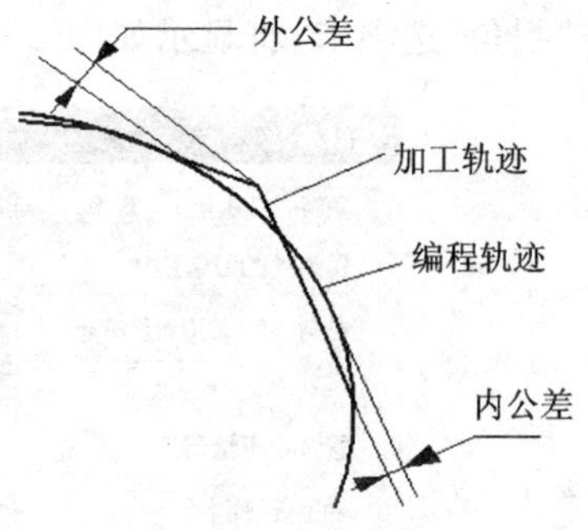

图 2-56　公差示意图

(5) 余　量

余量的设置在“切削参数”对话框的“余量”选项卡中,如图 2-57 所示。“余量”选项设置了当前操作后材料的保留量,或者是各种边界的偏移量。

① 部件余量:在当前平面铣削结束时,留在零件周壁上的余量。通常在做粗加工或者半精加工时会留一定的部件余量以做精加工用。

图 2-57　“余量”选项

② 最终底面余量:最终底面余量完成当前加工操作后保留在腔底和岛屿顶部的余量。

③ 毛坯余量:切削时刀具离开毛坯几何体的距离。它将应用于那些有着相切(Tanto)情形的毛坯边界。

④ 毛坯距离:应用于零件边界的偏置距离,用于产生毛坯几何体(该参数在“策略”选项卡中设置)。

⑤ 检查余量:是指刀具与已定义的检查边界之间的余量。

⑥ 修剪余量:是指刀具与已定义的修剪边界之间的余量。

(6) 拐角控制

“拐角”选项的设置有助于预防刀具在进入拐角处产生偏离或过切。可以通过这些选项在凹刀轨或凸刀轨处增加圆弧,并且能在切削轨迹和步距之间形成圆角过渡。拐角处增加圆弧切削通常用于加工较硬的材料或高速切削。在“切削参数”对话框中单击“拐角”选项卡，将显示如图 2-58 所示的拐角设置对话框。

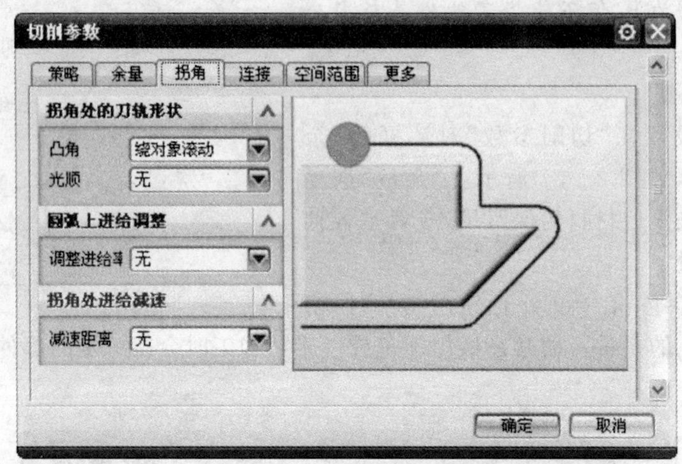

图 2-58 拐角设置对话框

拐角控制的内容包括：拐角处的刀轨形状、圆弧上进给调整和拐角处进给减速三个内容。

1）拐角处的刀轨形状

拐角处的刀轨形状分为凸角和光顺两个控制内容。

对于凸角，刀具可以绕着拐角滚动切削或者用延伸相邻边的方法进行切削，有以下三个选项可供选择。

① 绕对象滚动：在工件的凸角处增加圆弧，其半径等于刀具半径，圆心为拐角顶端，以便在拐角时使刀具与零件保持接触。如图 2-59 所示为绕以下对象滚动方式的拐角处刀轨形状。

② 延伸并修剪：沿切线方向延伸刀具路径，并将多余的边界修剪掉，如图 2-60 所示。

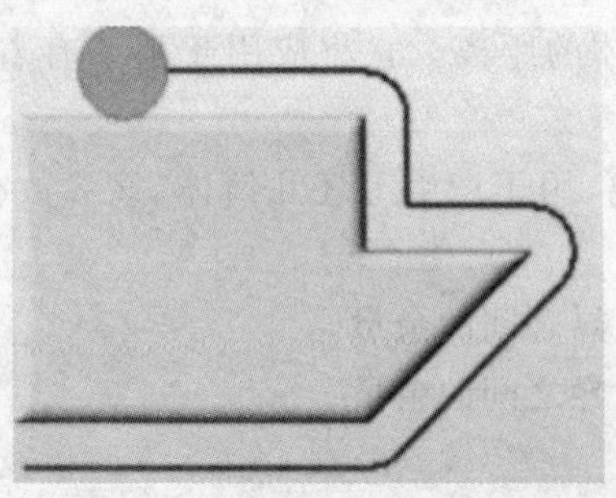

图 2-59 绕以下对象滚动方式示例

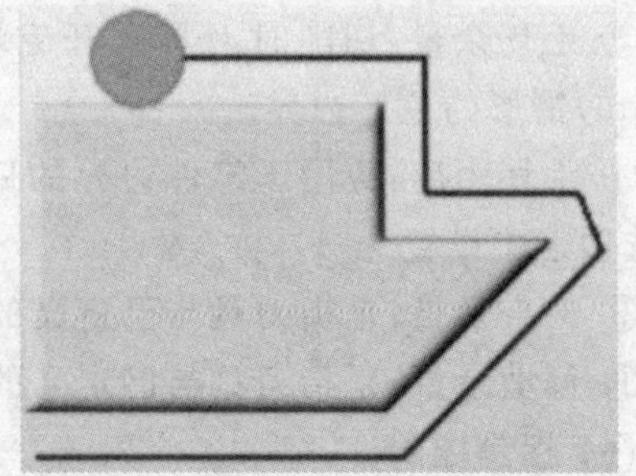

图 2-60 延伸并修剪方式示例

③ 延伸：延伸边界的方法是指沿切线方向延伸刀具路径，如图 2-61 所示。

“光顺”选项是控制是否在刀具路径的拐角处添加圆角过渡。该选项能有效地降低刀具在切削换向时产生的震动，非常适合应用于高速加工。在“光顺”下拉列表中有 2 个选项，如图 2－62 所示。

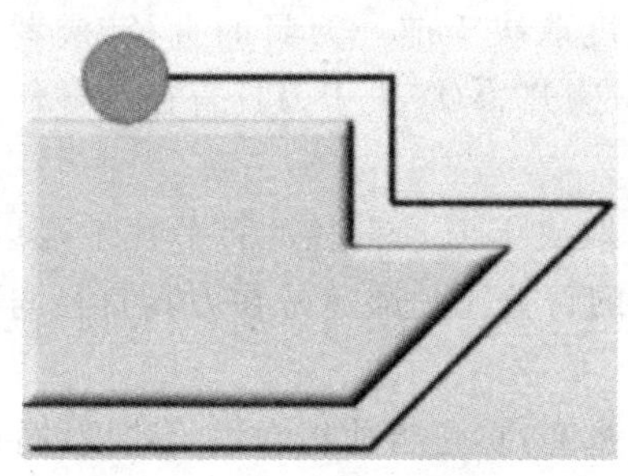
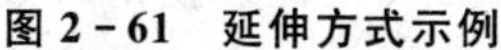

图 2－61　延伸方式示例

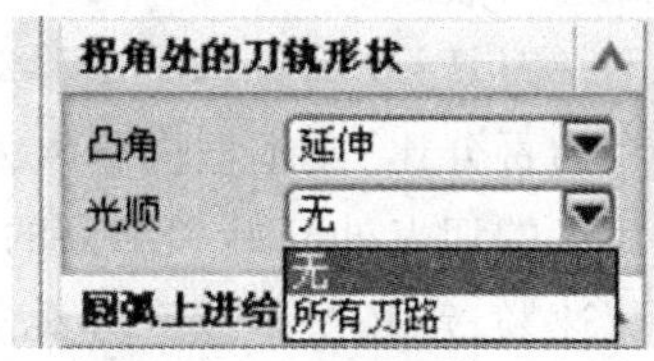

图 2－62　光顺选项

① 无：表示不添加圆角，效果如图 2－63（a）所示。

② 所有刀路：表示所有路径的拐角均添加圆弧过渡，如图 2－63（b）所示。

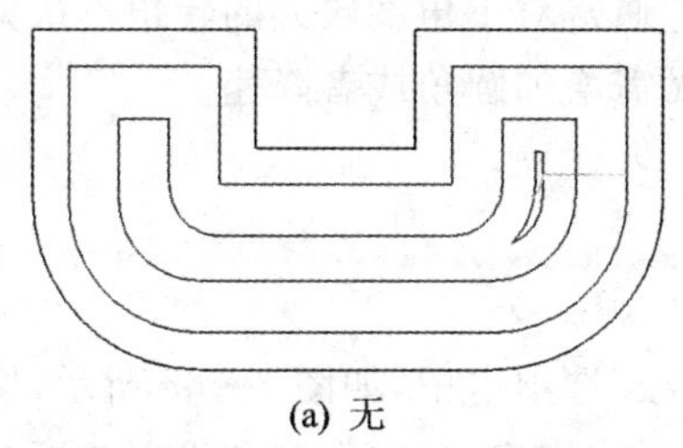

(a) 无

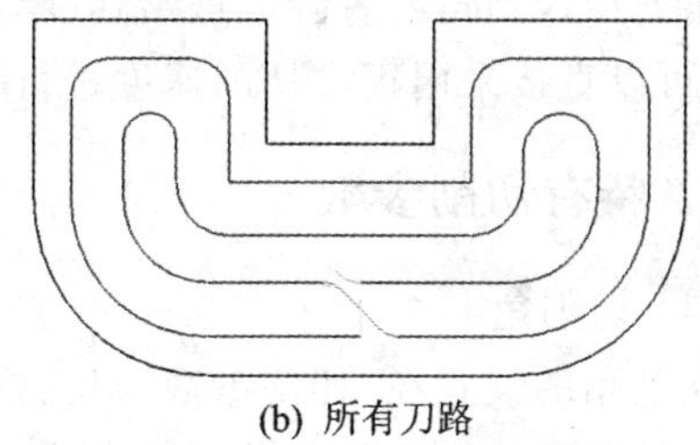

(b) 所有刀路

图 2－63　光顺对比效果

警告：在尖锐拐角处，有时可能会残留没有切除的材料，在所有拐角处添加圆角时，尤其是在圆角半径接近或超过步进的 50％时，刀具在横向进给与切削路径处有可能会产生残余材料。

2）圆弧上进给调整

圆弧上进给调整是指刀具在铣削拐角时，保证刀具与工件接触点切削速度不变。打开该选项，在拐角处采用圆弧进给率补偿，这样在铣削拐角时，可使铣削更加均匀，也减少刀具切入或偏离拐角材料的机会。此时，“补偿系数”选项被激活，可分别在“最大补偿因子”与“最小补偿因子”文本框中输入补偿系数。

3）拐角处进给减速

为了减少零件在拐角切削时的啃刀现象，可以通过指定拐角处进给减速选项，在零件的拐角处设置刀具进给减速。该减速控制只用于凹角切削。减速设置界面如图 2－64 所示。

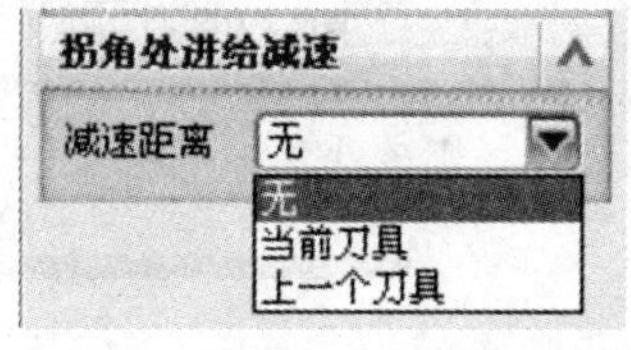

图 2－64　拐角处进给减速设置

① 减速距离：该选项可以通过指定下列三个

选项中的一项决定是否减速或者指定减速距离，如果减速进给速度将在刀具距凹角长度等于此距离时下降。

- 无：不进行减速。
- 当前的刀具：表示刀具减速移动的长度取决于前一刀具的直径，或者根据在刀具直径选项中输入的任何直径。减速开始/终止于刀具直径与零件的几何体的切点处。
- 上一刀具：表示刀具减速移动的长度取决于刀具直径的百分比。可以在"刀具的百分比"文本框内输入刀具直径的百分比。减速是在刀具直径与零件几何体的切点处开始和结束的。

② 减速%：定义拐角减速时最慢的进给速度，它是当前正常进给速度的百分比。

③ 步数：设置刀具进给速度变化的快慢程序。刀具在开始拐角时减速，步数设置越大，减速就越平缓。而在拐角加工结束时，开始加速，加速步数为减速步数的一半。

(7) 拐角角度

拐角角度用于设置拐角的范围，当拐角处于最小角度值与最大角度之间时则在该拐角处加入圆角或者降低进给速度等控制。通常对于角度较大的转角不认为其为拐角，可以直接采用正常切削速度进行切削，无需增加圆角或者降速。

2. 特有切削参数

(1) 切削角

切削角的设置在"切削参数"对话框的"策略"选项卡中，如图 2-65 所示，切削角选项应用于平行铣削的各种切削方式，包括往复式切削、单向切削和沿着轮廓单向切削，用于指定平行切削的刀具路径与 X 轴的夹角，逆时针方向为正，顺时针方向为负。当选择"指定"的切削角时，切削角可以为所有直线切削方法输入角度值。有关切削角的定义请参阅 2.4.2 节的内容。

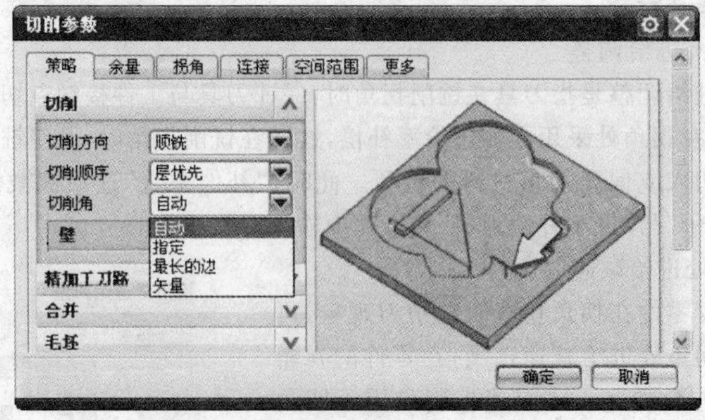

图 2-65 "切削角"选项

(2) 壁清理

壁清理的设置在“切削参数”对话框的“策略”选项卡中，如图 2-66 所示。当应用单向切削、往复切削以及跟随周边的切削方式时，用“壁清理”功能可以清理零件壁或者岛屿壁上的残留材料。它是在切削完每一个切削层后插入一个轮廓铣轨迹来实现的。当使用平行方式进行加工时，在零件的侧壁上会有较大的残留量，利用清壁功能可以切除这一部分残余量，该功能包括 3 个选项。

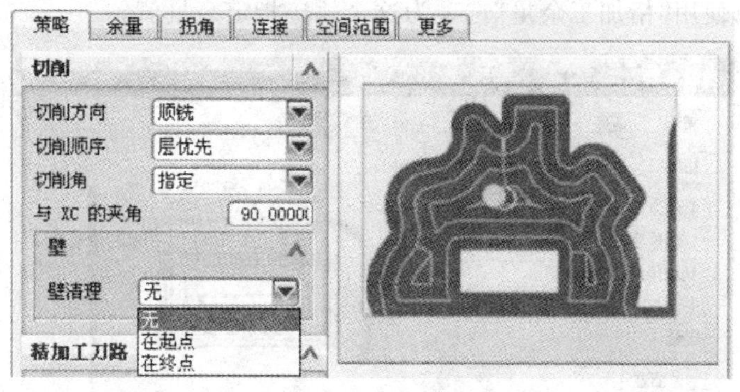

图 2-66 “壁清理”选项

① 无：不进行壁清理。

② 在起点：刀具在切削每一层时，先做沿周边的清壁加工，最后进行平行铣削。

③ 在终点：刀具在切削每一层时，先做平行铣削，最后进行沿周边的清壁加工。

在粗加工中使用平行走刀方式可以获得相对较短的加工刀具路径，再在切削参数中将清壁加工选项设定为在每一层加工完成后做沿边界线的加工，以使其在轮廓线周边保持均匀的残料，这种方式可以获得较好的加工质量和较高的加工效率。

(3) 跨空区域

跨空区域的设置在“切削参数”对话框的“连接”选项卡中，如图 2-67 所示。跨

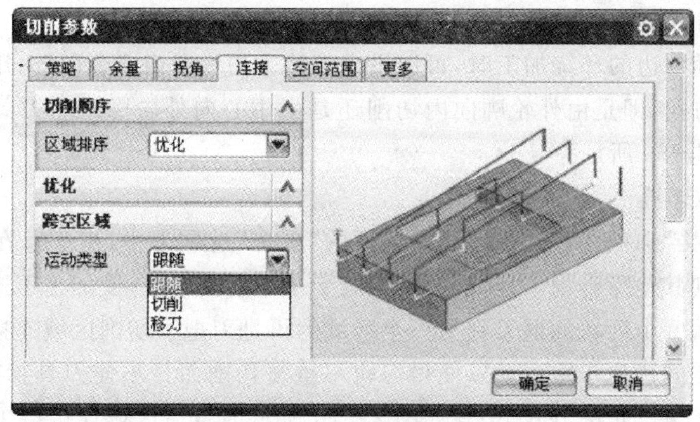

图 2-67 “跨空区域”选项

空区域指定刀具在切削时遇到空隙时的处理方法，包括跟随、切削、移刀 3 种方式。当选择移刀方式时，下面的最小移刀距离距离将被激活。

(4) 精加工刀路

精加工刀路的设置在“切削参数”对话框的“策略”选项卡中，如图 2-68 所示，精加工刀路是刀具在完成主切削刀轨以后，最后再增加的精加工刀轨。在这个轨迹中，刀具环绕着边界和所有的岛屿生成一个轮廓铣轨迹。这个轨迹只在底面的切削平面上生成。可以使用“精加工余量”选项为这个轨迹指定余量值。

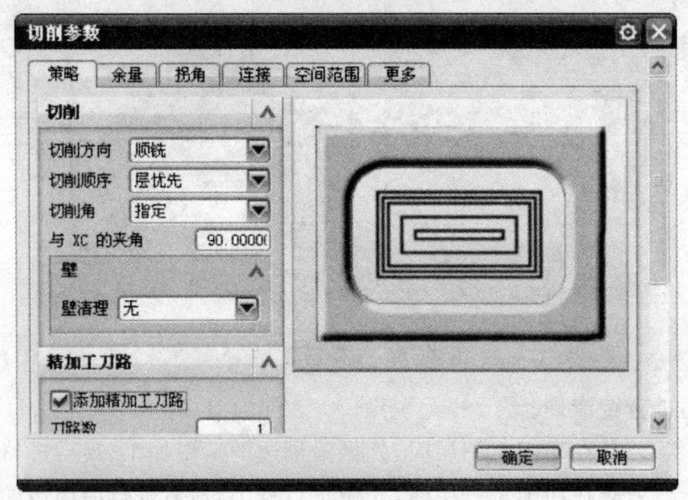

图 2-68 “精加工刀路”选项

精加工刀路与轮廓铣削中的附加刀轨不一样，它只产生在加工底面一层的加工，同时它适用于各种加工方式。

精加工余量是应用轮廓铣轨迹选项以后留下来的待切除材料的余量值。精加工轨迹的切削是在离开零件边界的精加工余量距离上的，可以切除部分或全部的零件余量。

(5) 刀路方向

进行跟随周边的环绕加工时，可以设定刀路方向为向内或者向外，用来指定刀具水平的进给方向，即是由外轮廓向内切削还是由中心向外轮廓产生刀具路径。设置对话框如图 2-69 所示。

(6) 区域连接

“区域连接”选项在“切削参数”对话框的“更多”选项卡中，由于存在岛屿或周边轮廓不规则和其他障碍物，刀轨被分割为若干个子切削区域，使加工不连续。区域连接选项通过从一个区域的退刀到另一个区域的再进刀把子切削区域连接起来。计算机将在轨迹之间优化步距运动以使得刀轨不重复切削而且不使刀具抬起（仅用于跟随周边、跟随工件、轮廓方式下）。如图 2-70 所示为激活区域连接产生的刀具路径示例，如图 2-71 所示为相同的例子，但区域连接不激活。

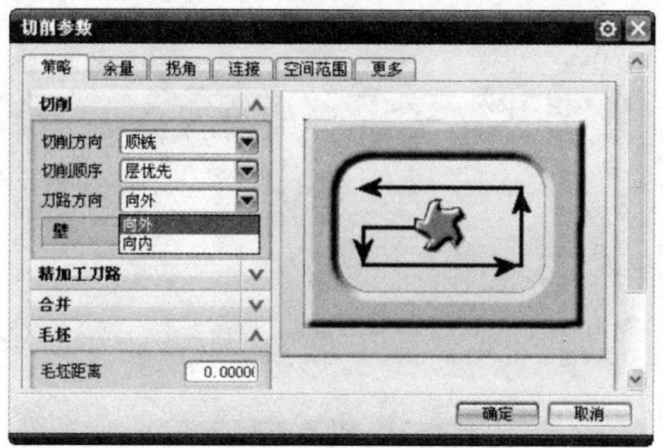

图 2-69　"刀路方向"选项

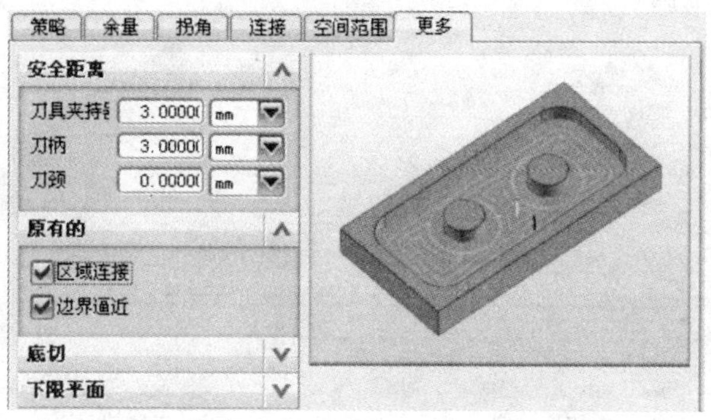

图 2-70　区域连接效果

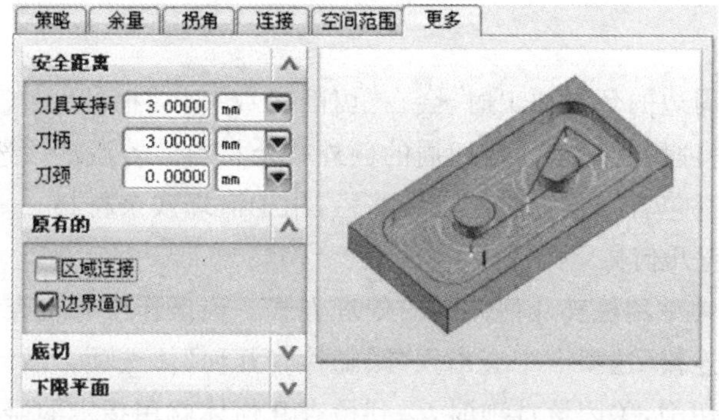

图 2-71　区域连接效果("区域连接"不激活)

(7) 边界逼近

当区域的边界或岛屿包含二次曲线或B样条曲线时,运用边界逼近的方法可以减少加工时间和缩短刀轨长度(仅用于跟随周边、跟随工件、轮廓方式下)。边界逼近选项在"切削参数"对话框的"更多"选项卡中,如图 2-72 所示。

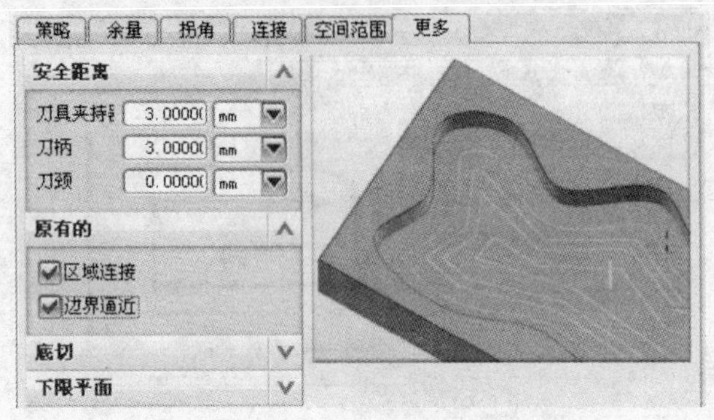

图 2-72 “边界逼近”选项

图 2-73(a)为激活边界逼近产生的刀具路径示例，图 2-73(b)为关闭边界逼近产生的刀具路径示例。

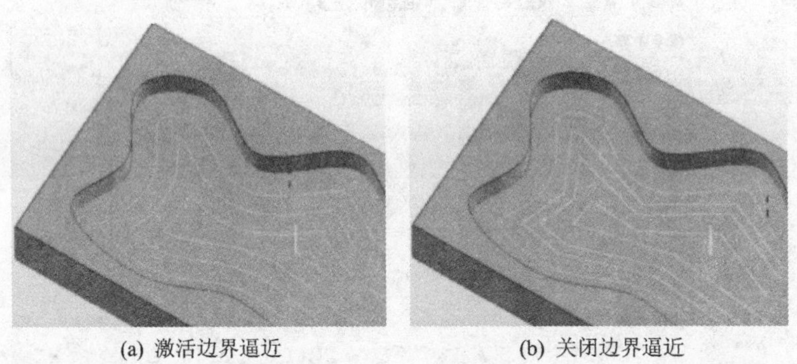

(a) 激活边界逼近　　(b) 关闭边界逼近

图 2-73 边界逼近效果

(8) 岛清理

当采用跟随周边的环绕加工时，会在“切削参数”对话框的“策略”选项卡中出现岛清理选项，岛清理用于清理岛屿四周的额外残余材料。若激活该选项，则在每一个岛屿边界的周边都包含一条完整的刀具路径，用于清理残余材料。

(9) 跟随检查几何体

确定检查刀具碰到检查几何体时的处理方式。当操作中有检查几何体时，“切削参数”对话框的“连接”选项卡中会出现“跟随检查几何”体选项。激活该选项时，刀具将绕检查几何体切削，关闭该选项时，碰到检查几何体就用指定的避让参数退刀。

(10) 开放刀路

使用跟随工件方式进行切削时，在某些区域可能会产生开放的刀具路径，“切削参数”对话框的“连接”选项卡中将会出现“开放刀路”选项。开放刀路有两个选项：分别是“保持切削方向”和“变换切削方向”。采用“保持切削方向”选项时将在切削到开放轮廓端点处抬刀，移动到切削起始边下刀进行下一行的切削，而“变换切削方向”则在端点处直接下刀，反向进行下一行的切削。

(11) 自相交

该选项用于指定在标准驱动方式下是否允许产生自相交的刀具路径。关闭该选项，将不允许产生自相交的刀具路径。

2.4.5　非切削运动

非切削移动包括进刀、退刀、开始/钻点、传递/快速、避让等控制选项，在操作对话框中单击“非切削移动”按钮，即可打开如图 2－74 所示的“非切削移动”对话框。这些功能能够有效地控制刀具在非切削状态下的移动方式。

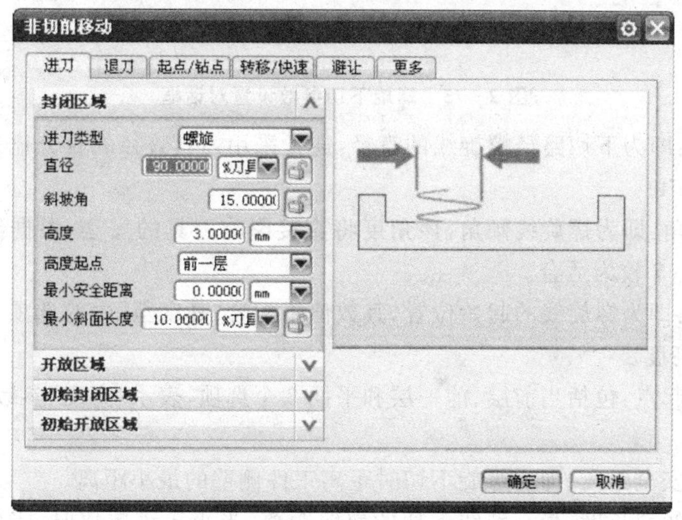

图 2－74　“非切削移动”对话框

1. 进　刀

“进刀”选项卡用于定义刀具在切入零件时的角度和距离。合理地设置该选项，能有效地提高道具使用寿命。

(1) 封闭区域

当加工封闭区域的型腔时，刀具的切入方式将直接影响到刀具的寿命。通常采用斜向下切和预钻孔下切两种方式，以避免刀具的损坏。

进刀类型：与开放区域相同、螺旋线、沿形状斜进刀、插削 4 种方式。其中螺旋线与沿形状斜进刀适合于大部分刀具的切削，而插削则是沿刀具轴线直接下切，其要求刀具的横刃必须相接，否则将造成刀具损坏。

一般情况下，对于封闭的型腔加工，通常采用螺旋下切的方式进刀，这样无需预钻孔，对刀具也无特殊要求。下面重点针对螺旋下切的参数设置进行介绍。螺旋下切的参数设置对话框如图 2－75 所示。

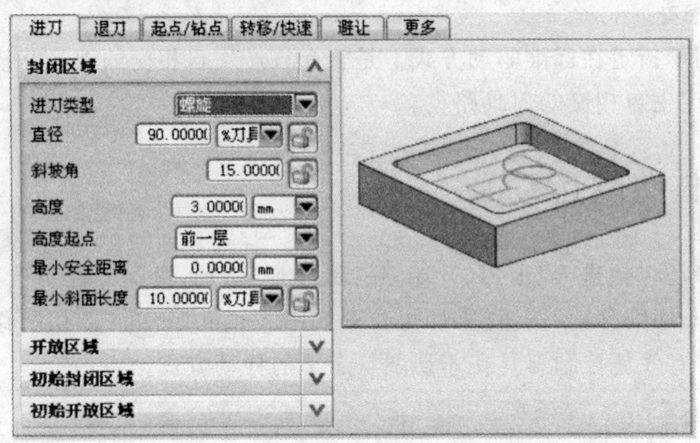

图 2－75　螺旋下切参数设置对话框

① 直径：即为下切路径螺旋线的直径，通常采用刀具直径的百分比来表示，一般使用默认值即可。

② 斜坡角：即为螺旋线倾角，该角度将直接影响刀具的安全，根据经验，该角度一般选为 3°～5°较为适合。

③ 高度：即为螺旋线的起始位置，其数值将配合"高度至"中的选项，共同确定螺旋线的起始高度。

④ 高度起点：包括当前层、前一层和平面 3 个选项，表示"高度"参数栏中的数值的起始位置。

⑤ 最小安全距离：即为螺旋下切时距离工件侧壁的最小距离。

⑥ 最小倾斜长度：最小斜线下切的斜线距离，当小于该数值时，将停止下切，以避免在狭小的深腔中因无法产生螺旋轨迹而造成刀具损坏。

(2) 开放区域

加工开放区域的型腔，刀具的切入方式相对较安全，主要考虑加工质量与效率的影响因素。

进刀类型：包括与封闭区域相同、线性、线性-相对于切削、圆弧、点、线性-沿矢量、角度角度平面、矢量平面、无这 9 种方式，如图 2－76 所示。如无特殊要求，可采用与封闭区域相同的方式，若想提高效率，一般可采用线性-相对于切削方式。

2. 退　刀

退刀方式如无特殊要求，一般默认采用与进刀相同的方式即可。

3. 起始/钻点

该选项卡包括重叠距离、区域起点、预钻孔点 3 个控制项，其中"重叠距离"选项

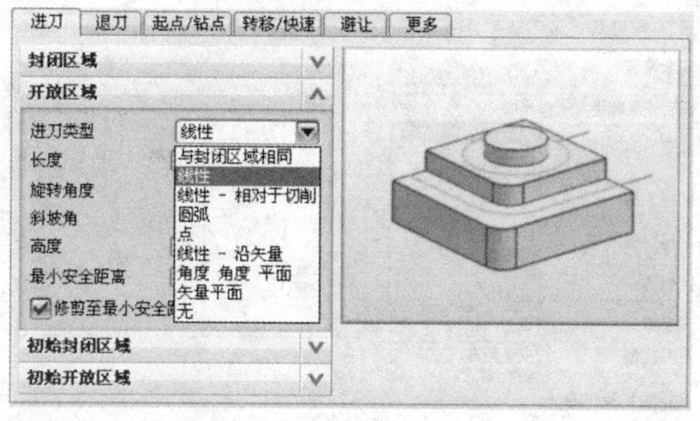

图 2-76　开放区域进刀类型

控制进刀与退刀在工件轮廓上的重合段长度，如图 2-77 所示。适当的重叠距离有利于提高接刀位置的表面质量；区域起点控制刀具切入工件时的位置，可以通过默认区域起点与指定点两种方式来指定；预钻孔点是指当工件需要从预钻孔位置竖直向下进刀时，采用该方法指定进刀的具体位置。这种方式必须保证预钻孔位置的准确性，否则将导致刀具或工件的损坏。

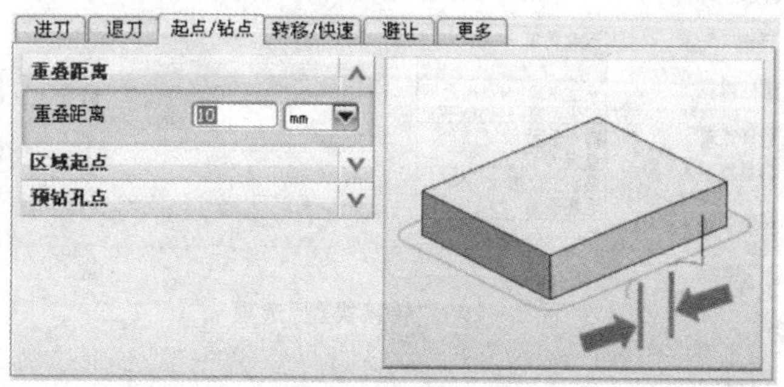

图 2-77　重叠距离示意图

4. 转移/快速

刀具传送方式是指定一个平面，当刀具从一个切削区域转移到另一个切削区域时，刀具将先退回到该平面，然后再水平移动到下一个切削区域的进刀点位置。

(1) 安全设置

安全设置即指定刀具传送平面的位置，包括 9 种设置方法，如图 2-78 所示。

(2) 转移类型

转移类型即指刀具更换切削层时的过渡方式，包括 7 种方式，如图 2-79 所示。

① 安全距离-刀轴：沿刀具轴向返回安全平面，刀具每切削完一层，将沿着刀具的轴线向上返回安全平面的位置，从安全平面再一次切入下一切削层，完成下一层切

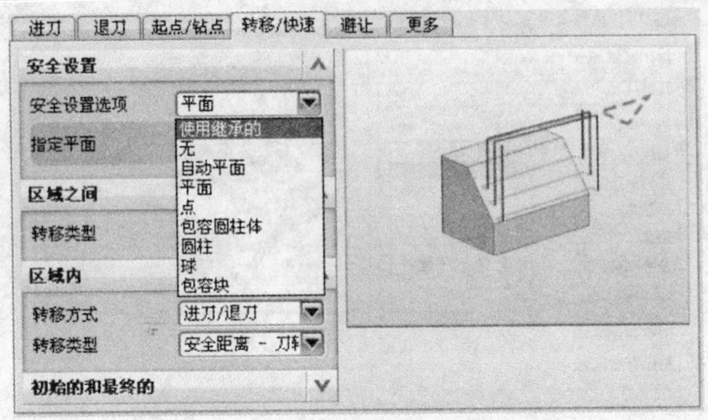

图 2-78 间隙设置方法

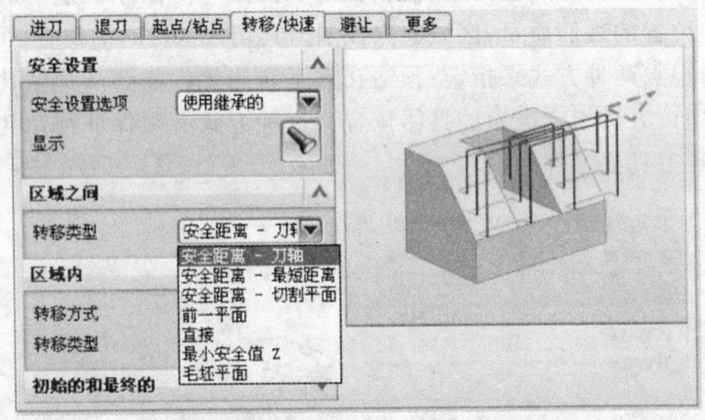

图 2-79 “转移类型”选项

削，如图 2-80 所示。

② 安全距离-最短距离：沿零件表面的法线方向抬刀一个安全距离，再沿着零件表面的法线切入下一切削层，完成下一层切削，如图 2-81 所示。

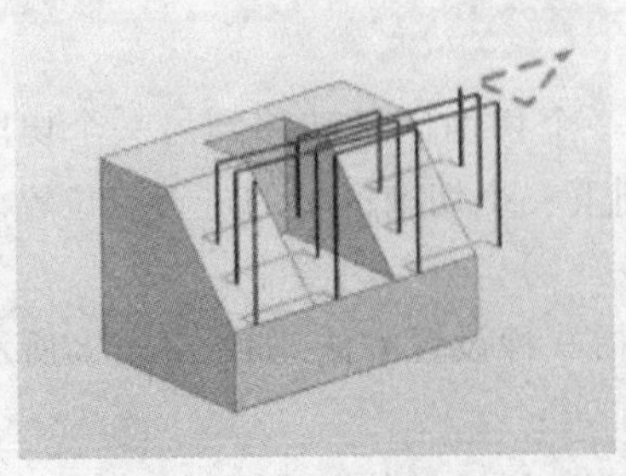

图 2-80 安全距离-刀轴方式

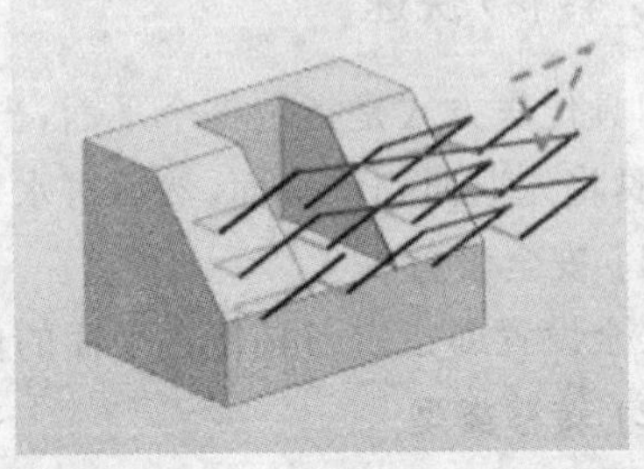

图 2-81 安全距离-最短距离方式

③ 安全距离-切割平面：沿切削平面水平退刀，不抬刀，直接过渡到下一切削层，

如图 2－82 所示。

④ 前一平面：完成一个切削层的切削以后，刀具抬高至上一切削平面高度，再下切至下一个新的切削区域，如图 2－83 所示。

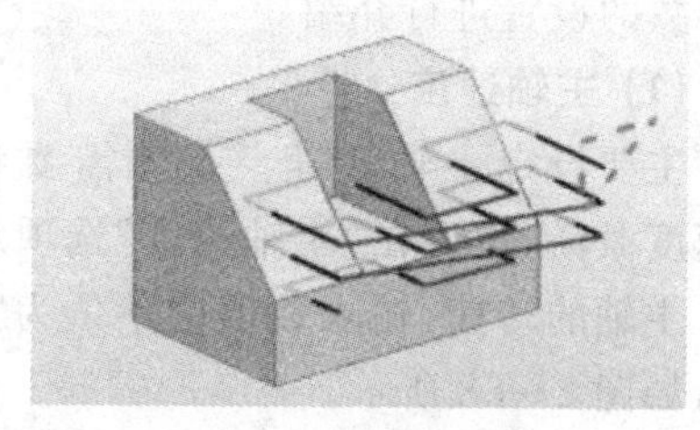

图 2－82　安全距离-切割平面方式

⑤ 直接：没有退刀动作，刀具沿着直线从它的当前位置移动到下一层进刀的起始位置，如图 2－84 所示。

⑥ 最小安全值 Z：完成一个切削层的切削以后，刀具抬高一个最小安全高度（该高度可以通过对话框中的安全距离设置），再下切至下一个新的切削区域，如图 2－85 所示。

⑦ 毛坯平面：完成一个切削层的切削以后，刀具抬高到毛坯上表面的位置，再由毛坯表面下切至下一个新的切削区域，如图 2－86 所示。

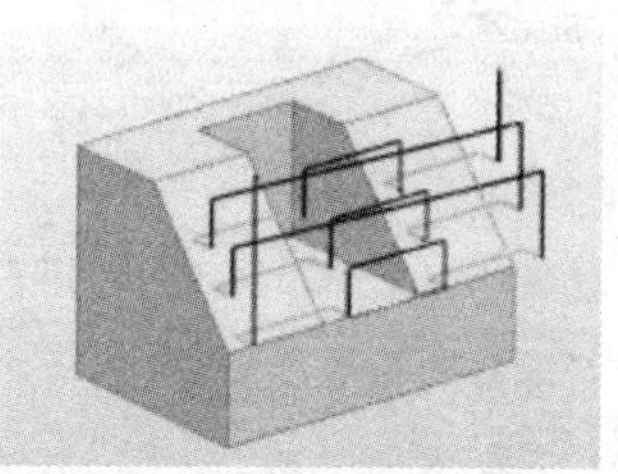

图 2－83　前一平面方式

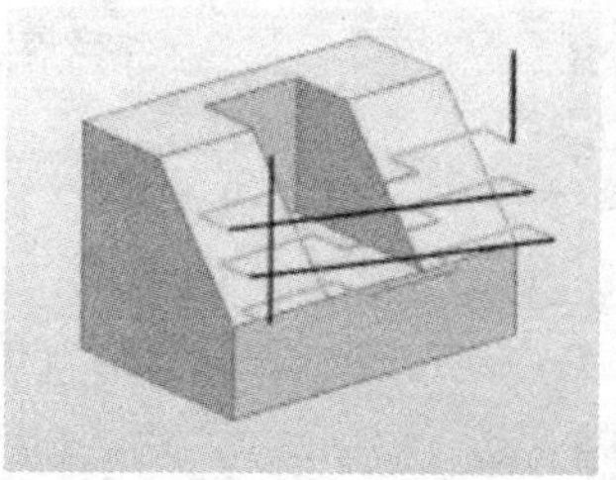

图 2－84　直接方式

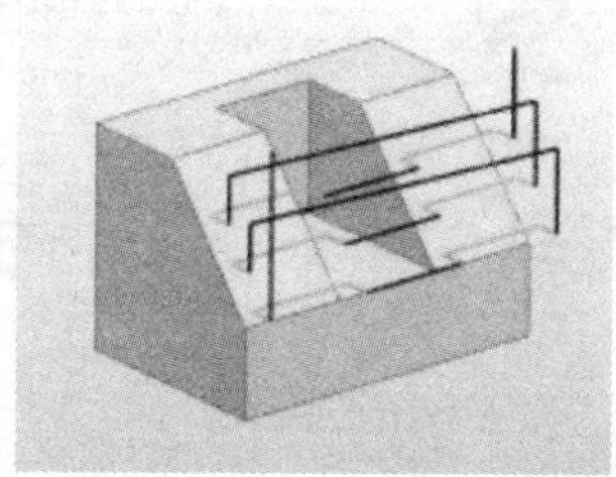

图 2－85　最小安全值 Z 方式

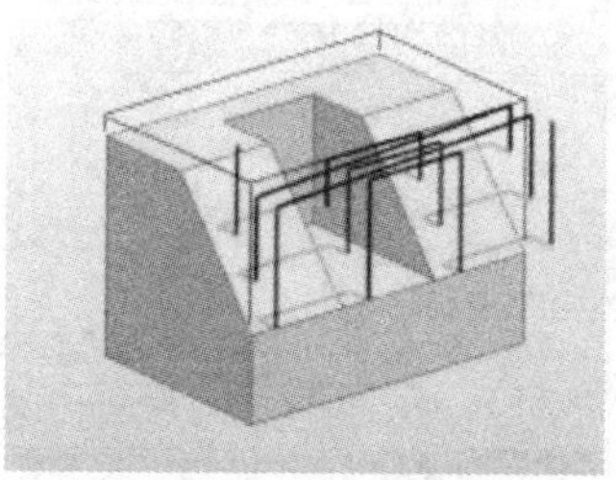

图 2－86　毛坯平面方式

2.4.6　进给率和速度

进给和速度用于设置各种刀具运动类型的移动速度。在“平面铣操作”对话框中单击“进给率和速度”按钮，将打开“进给率和速度”对话框，如图 2－87 所示。

在“进给率和速度”对话框中主要设置主轴转速和进给速度，下面重点针对这两个参数的设置进行介绍。

(1) 主轴速度

主要设定主轴转速。首先需要将主轴速度激活，然后在“主轴速度”选项组中输入主轴的转速，输入数值的单位为“转/分”，如图 2－88 所示。

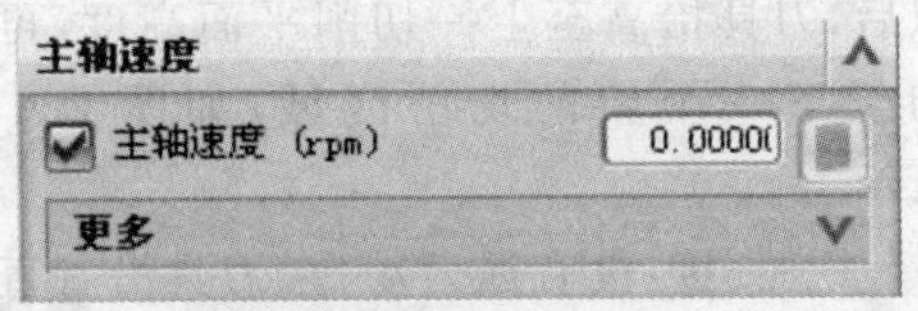

图 2－88 “主轴速度”选项组

(2) 进给率

进给速度直接关系到加工质量和加工效率。UG 提供了不同的刀具运动类型下设定不同进给的功能，“切削”是指机床工作台在作插补即切削时的进给速度，单位为 mm/min，在 G 代码的 NC 文件中以 F_来表示。“进给率”各选项如图 2－89 所示。

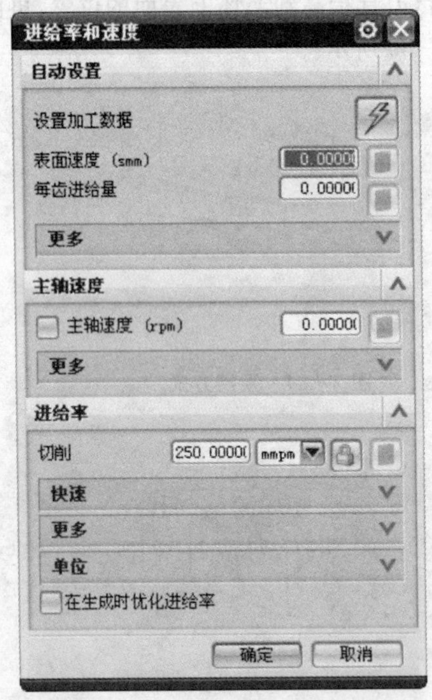

图 2－87 “进给率和速度”对话框

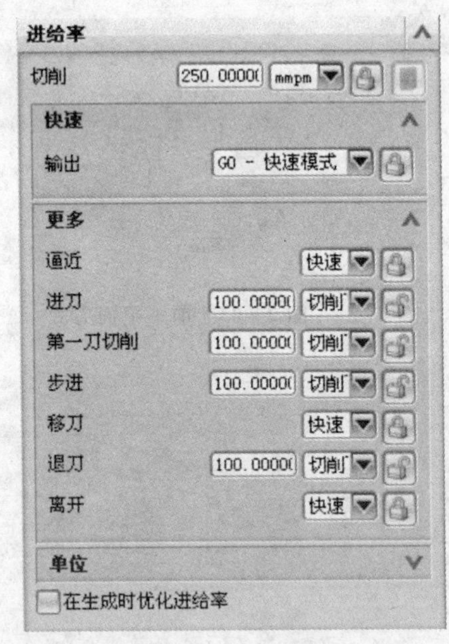

图 2－89 “进给率”选项组

一般来说，同一刀具在同样的转速下，进给速度越高，所得到的加工表面质量会越差。实际加工时，进给跟机床、刀具系统及加工环境等有很大关系，需要不断地积累经验。

在“进给”选项卡中各选项的后面都有单位，可以设置为毫米/分钟（“mmpm”选项）或者毫米/转（“mmpr”选项），也可以设置不输出单位（“否”选项）。

① 切削：用于设置切削加工时的刀具进给速度，即为程序中 G01、G02、G03 的

速度。

② 逼近：用于设置接近速度，即刀具从起刀点到进刀点的进给速度。在平面铣或型腔铣中，逼近速度控制刀具从一个切削层到下一个切削层的移动速度。而在平面轮廓铣中，接近速度可以控制刀具做进刀运动前的进给速度。

③ 进刀：用于设置进刀速度，即刀具切入零件时的进给速度。即是从刀具进刀点到初始切削位置的移动速度。

④ 第一刀切削：设置第一刀切削时的进给速度。

⑤ 步进：设置刀具进入下一行切削时的进给速度。

⑥ 移刀：设置刀具从一个切削区域跨越到另一个切削区域时做水平非切削运动的移动速度。

⑦ 退刀：设置退刀速度，即刀具切出零件时的进给速度，也就是刀具完成切削退刀到退刀点的运动速度。

⑧ 离开：设置离开速度，即刀具从退刀点到返回点的移动速度。

如图2-90所示，为各种切削进给速度的示意图。

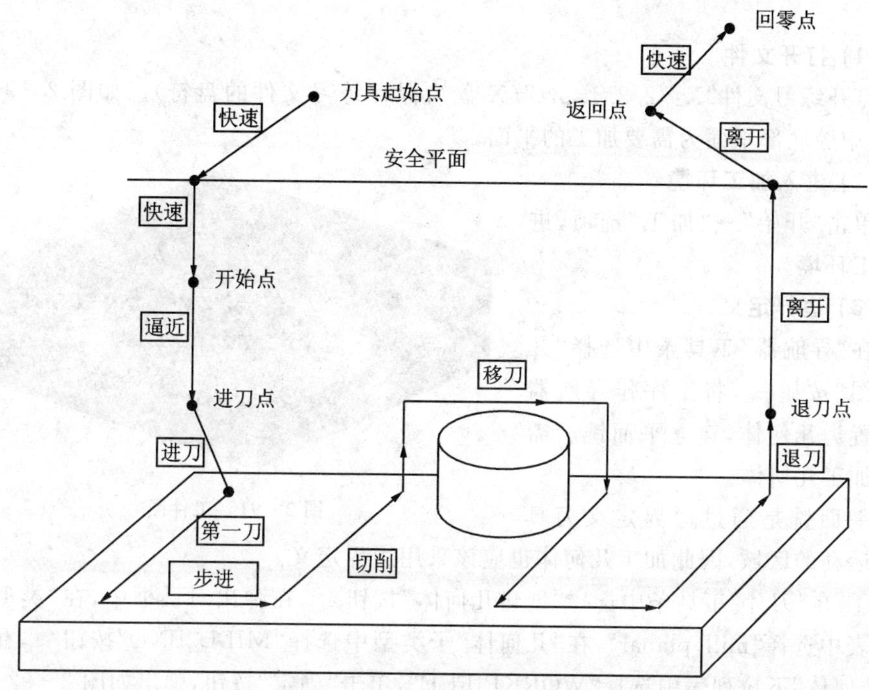

图2-90 各种切削进给速度示意图

各个选项的设置为默认方式，如非切削运动的快速、逼近、移刀、退刀、离开等选项将采用快进方式，即使用G00方式移动，而切削运动中的进刀、第一刀、步进选项将使用切削进给的进给率。

2.5 平面铣加工案例

平面铣的特点

- 刀具轴垂直于平面，即在切削过程中机床两轴联动。
- 采用边界定义刀具切削运动的区域。
- 刀位轨迹生成速度快。
- 调整方便，能很好地控制刀具在边界上的位置。
- 即可用于粗加工，也可以用于精加工。

基于以上特点，平面铣常用于直壁、底面为水平的零件，如型腔的底面、型心的顶面、水平分型面、基准面和外形轮廓等。

2.5.1 案例一 边界的应用

(1) 打开文件

打开练习文件“X:/2/2.1.prt”(X 盘为保存练习文件的盘符)。如图 2-91 所示，其中腔底部平面为需要加工的平面。

(2) 进入加工环境

单击“开始”→“加工”选项，进入加工环境。

(3) 边界定义

在“导航器”工具条中选择“几何视图”按钮，将工序作导航器栏设置为几何体，建立平面铣所需要的加工几何体。

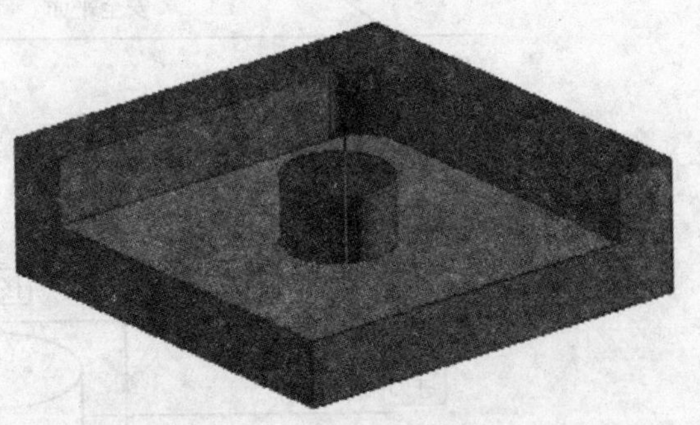

图 2-91 工件图

平面铣是通过边界定义刀具切削运动的区域，因此加工几何体也应该采用边界定义。

① 在“刀片”工具条中选择“创建几何体”按钮，在弹出对话框中，在“类型”下拉列表中选择“mill_planar”，在“几何体”子类型中选择“MILL_BND”按钮，在“位置-几何体”下拉列表中选择“WORKPIECE”，单击“确定”按钮，弹出如图 2-92 所示的“铣削边界”对话框。

② 在“铣削边界”对话框中单击“指定部件边界”按钮，弹出如图 2-93 所示“部件边界”对话框。

③ 在“过滤器类型”选项中选择“曲线边界”按钮，将“材料侧”选项改为“外部”，选择如图 2-94 所示平面的 4 条边及圆弧。

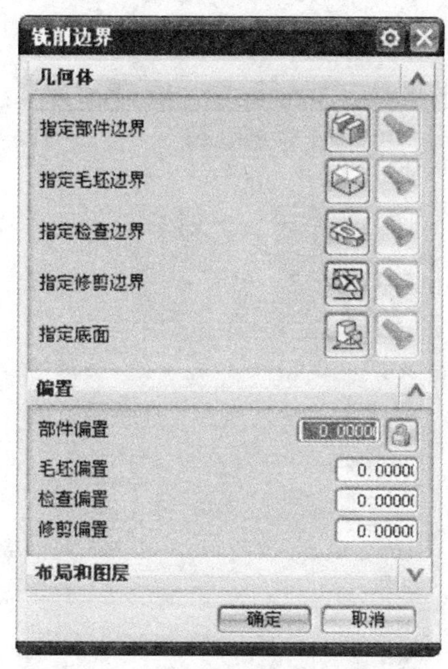

图 2－92　“铣削边界”对话框图

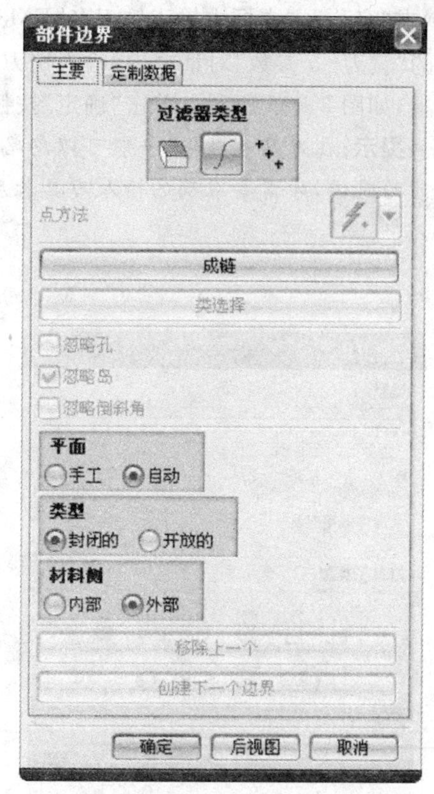

图 2－93　“部件边界”对话框

④ 单击“创建下一个边界”按钮，将“材料侧”选项改为“内部”，选择圆形凸台底部边缘。单击“确定”按钮，完成工件边界定义，回到“铣削边界”对话框。

提示：在平面铣中，材料侧始终是与刀具相反的一侧。如果需要刀具切削边界的内侧，则材料侧应选择为外部；如果需要刀具切削边界的外侧，则材料侧应选择为内部。

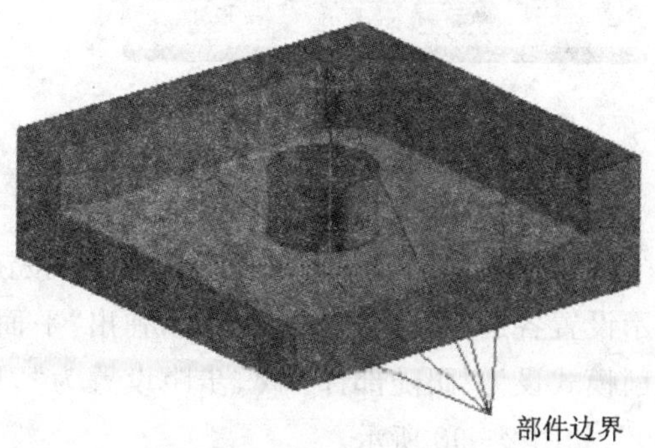

图 2－94　部件边界示意图

⑤ 指定底面，单击“选择或编辑底平面几何体”按钮，进入“平面”对话框，选择腔底部平面（注意箭头方向向上）。单击“确定”按钮，完成底面定义。

⑥ 单击“确定”按钮，完成铣削边界定义。

(4) 建立铣刀

在“刀片”工具条中单击“创建刀具”按钮，在“刀具子类型”选项组中选择按钮，在“名称”文本框中输入铣刀名“EM30”，如图 2-95 所示，单击“确定”按钮；在弹出的“铣刀-5 参数”对话框中，输入铣刀参数“(D)直径”为 30，其余参数按系统默认设置，如图 2-96 所示。单击“确定”按钮，完成铣刀创建。

提示：在刀具参数中，一般可以忽略刀具长度的参数，只有考虑到刀柄可能发生干涉的时候，才需要准确的输入刀具长度值。

图 2-95 “创建刀具”对话框

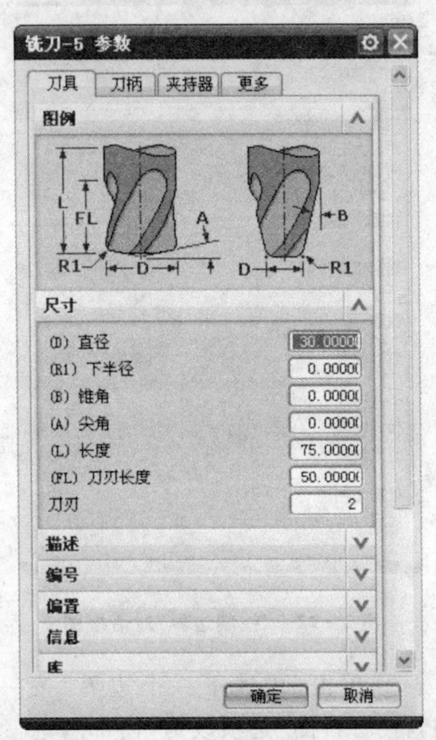

图 2-96 “铣刀参数”设置对话框

(5) 建加工操作

① 在“刀片”工具条中单击“创建工序”按钮，弹出“创建工序”对话框，如图 2-97 所示设置各选项，单击“确定”按钮，弹出“平面铣”对话框。在“平面铣”对话框中，将切削模式设为“跟随部件”、步距设置为“刀具平直百分比”、平面直径百分比设为“30”，如图 2-98 所示。

② 单击“平面铣”对话框中的“生成”按钮，生成刀位轨迹，如图 2-99 所示。

③ 在“操作”工具条中单击“确认刀轨”按钮，进入“刀轨可视化”对话框，选择“2D 动态”选项，单击“播放”按钮进行切削仿真，可以发现在台阶的两端及角部留有余料，如图 2-100 所示。

显然，采用这种方式加工必须还要做一个附加的刀位轨迹以去除拐角处的余料，因此这种刀位轨迹并不是最优的。

图 2-97　“创建操作”对话框

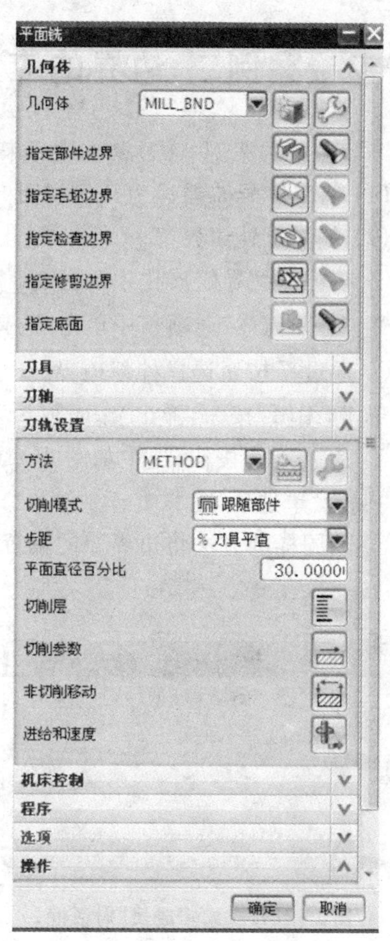

图 2-98　“平面铣”对话框

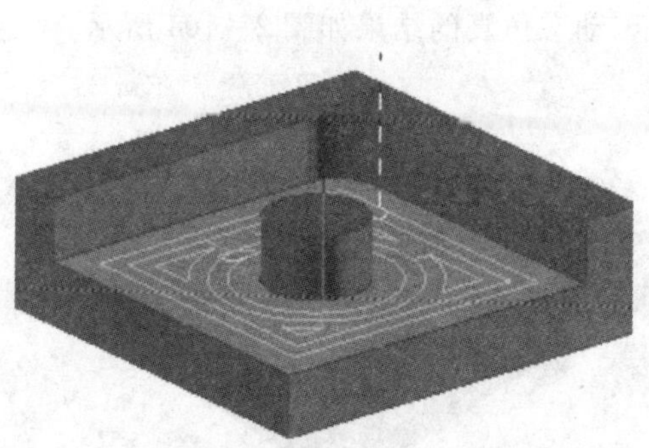

图 2-99　生成刀位轨迹

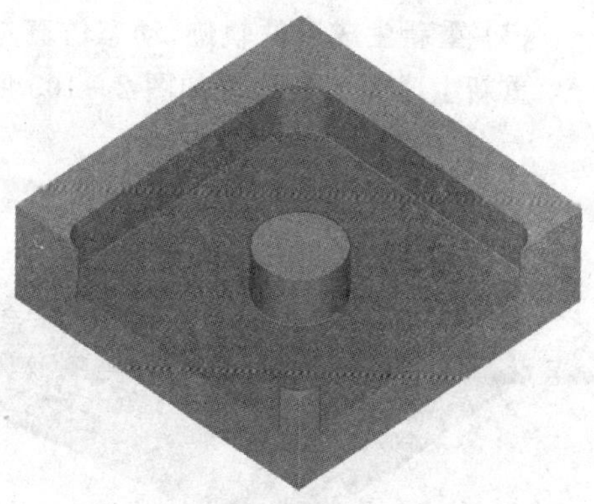

图 2-100　动态仿真效果

2.5.2 案例二 边界的应用

继续上面的案例，通过调整边界来优化刀位轨迹。

(1) 将工序导航器设为几何视图

(2) 编辑零件边界

① 在“工序”导航器栏中双击 MILL_BND 图标，弹出“铣削边界”对话框。

② 在“几何体”选项组中单击“选择或编辑部件边界”按钮，编辑零件边界。

③ 通过▼按钮选择外部边界(红色边界就表示被选中边界)，在“部件边界”对话框中单击“编辑”按钮，弹出“编辑成员”对话框，如图 2-101 所示。

④ 通过▼▲按钮，选中如图 2-102 中所示边界 1(边界颜色变红，表示被选中，勾选“偏置”单选项，在文本框中输入“-15”(因为刀具半径为 15 mm)。

⑤ 用同样的方法将边界 2 的偏置值也改为“-15”。

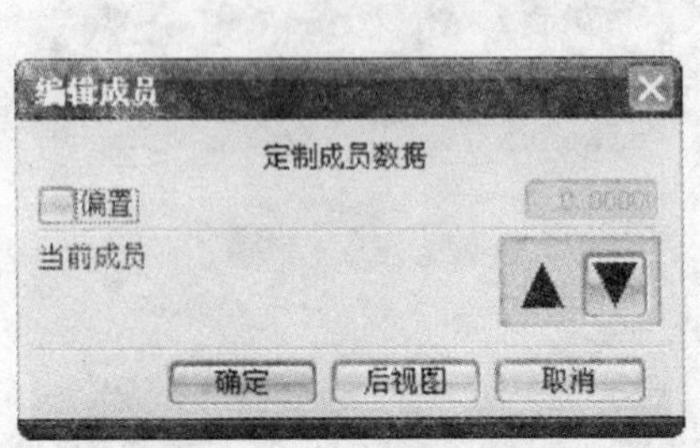

图 2-101 “编辑成员”对话框

边界1

边界2

图 2-102 选择边界示意图

⑥ 单击“确定”按钮返回“铣削边界”对话框。

⑦ 单击“确定”按钮完成零件边界编辑。

(3) 重新生成刀位轨迹，动态仿真

重新生成的刀具路径如图 2-103 所示，动态仿真的结果如图 2-104 所示。

图 2-103 修改边界后的刀轨

图 2-104 仿真效果

2.5.3　案例三 刀具位置的使用

刀具位置包括“相切”与“对中”两个选项，对于每一条边界都可以通过设置该参数控制刀具接近边界时的位置。具体使用方法见下面的案例。

(1) 状态设置

将刚刚修改的偏置值改回原来的状态，即返回到 2.5.1 案例一的状态。

(2) 编辑零件边界

① 在“导航器”工具条中选择“几何视图”按钮，将工序导航器栏设置为几何视图。

② 在“操作”导航器栏双击平面铣削图标 PLANAR_MILL，弹出“平面铣”对话框。

③ 在“几何体”选项组中单击“指定部件边界”按钮，弹出“部件边界”对话框。

④ 通过▼▲按钮，选中外边界，单击“编辑”按钮，弹出“编辑成员”对话框。

⑤ 通过▼▲按钮，选中如图 2－105 所示的边界 1，将刀具位置选项改为“对中”，如图 2－106 所示。

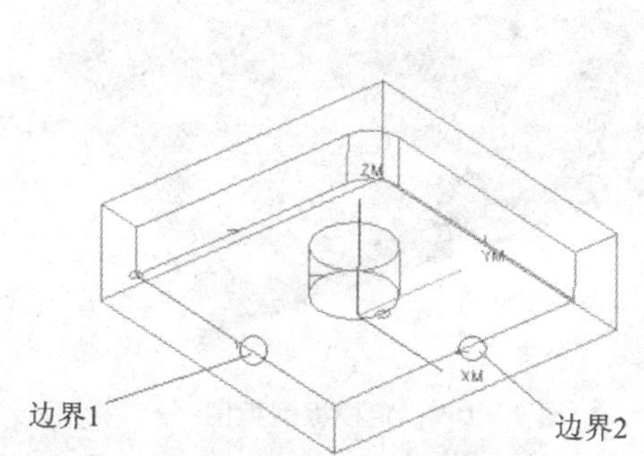

图 2－105　边界选择示意图

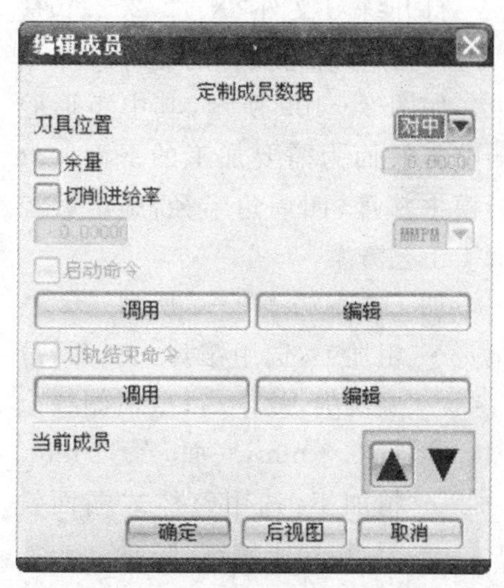

图 2－106　“编辑成员”对话框

⑥ 用同样的方法将图 2－105 中所示的边界 2 的刀具位置选项改为“对中”。

⑦ 单击“确定”按钮返回“部件边界”对话框。

⑧ 单击 2 次“确定”按钮完成零件边界编辑。

(3) 重新生成刀位轨迹，动态仿真

重新生成的刀具路径如图 2－107 所示，动态仿真的结果如图 2－108 所示。

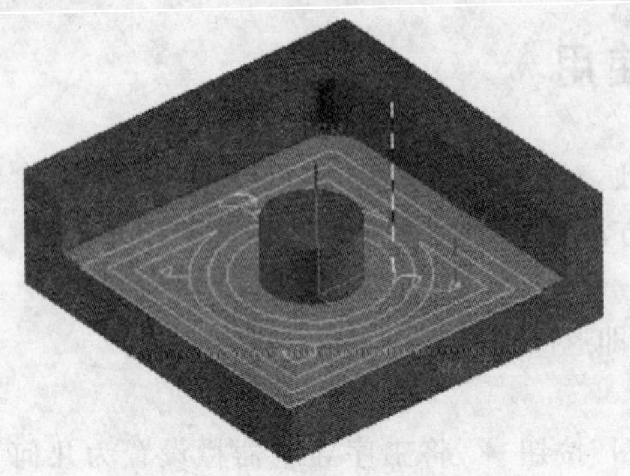

图 2-107 修改边界后的刀轨

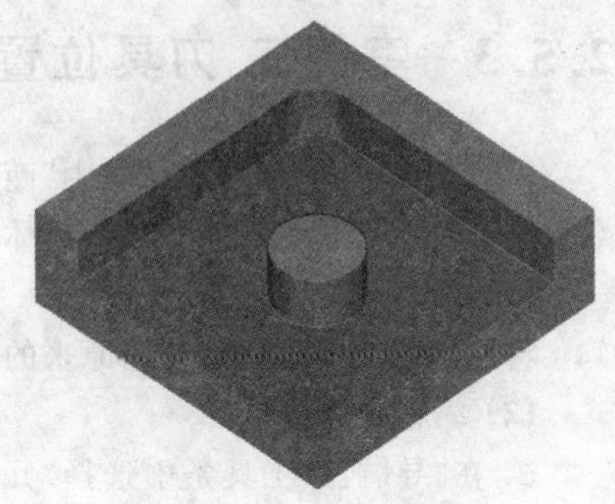

图 2-108 仿真效果

2.5.4 案例四 定模板型框加工

(1) 加工方案

打开练习文件“X:/2/2.2.prt”(X 盘为保存练习文件的盘符)。

如图 2-109 所示,其中矩形腔侧壁与底面为需要加工的平面。分析模框深度、四周角半径,确定数控加工工艺方案。

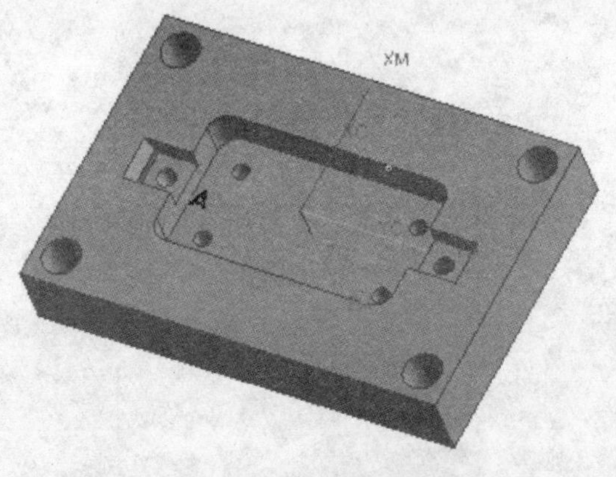

图 2-109 定模板型框图

加工方案如表 2-2 所列。

- 粗加工:选用镶片式铣刀,分层铣削,效率高;型框侧壁余量 0.3 mm,底面余量 1 mm。
- 精加工:选用整体式端面铣刀,精加工侧壁、底面。

表 2-2 加工方案表

序 号	方 法	程序名	刀具直径	R 角	刃 长	跨 距	切 深	余 量
1	粗加工	PLANAR_MILL	40	1.2	55	50%	3	0.3
2	精加工	PLANAR_PROFILE	40	0	55	50%		0

(2) 设置加工方法

① 进入加工环境。

② 在“导航器”工具条中选择“加工方法视图”按钮,将工序导航器栏设为加工方法。

③ 双击工序导航器中的 MILL_ROUGH图标，弹出“铣削方法”对话框，在“部件余量”选项中输入“0.3”，表示粗加工时侧壁余量 0.3 mm，单击“确定”按钮完成设置。

④ 双击“操作”导航器栏中的 MILL_FINISH图标，弹出“铣削方法”对话框，在部件余量栏中输入“0”，单击“确定”按钮完成设置。

提示：加工方法不是必须设置的，其中的余量及切削速度参数可以在创建操作对话框中的切削参数及进给率中修改。

(3) 设置加工坐标系、安全平面

① 在“导航器”工具条中选择“几何视图”按钮，将工序导航器栏设为几何体。

② 在“工序”导航器栏中双击 MCS_MILL 图标，出现“Mill_Orient”对话框，如图 2 - 110 所示。

③ 单击“CSYS 对话框”按钮，在弹出对话框的“类型”下拉列表中选择选择“偏置 CSYS”(如图 2 - 111 所示)，在“旋转”选项组的“角度 X”文本框中输入“180”。单击“确定”按钮，将 ZM 轴旋转 180°。

图 2 - 110　Mill_Orient 对话框

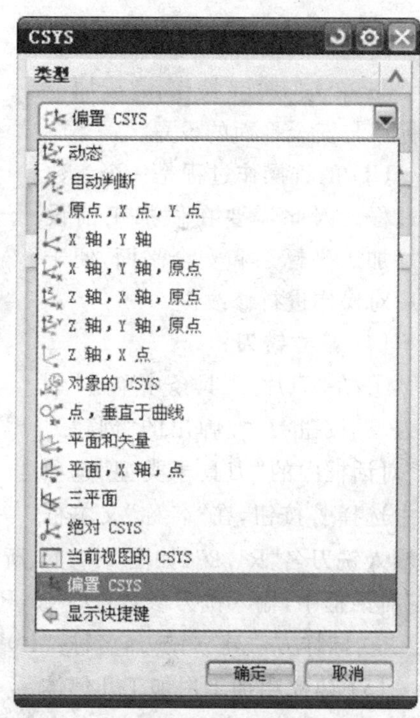

图 2 - 111　“旋转坐标系”对话框

④ 在“Mill_Orient”对话框中“安全设置选项”的下拉列表中选择“平面”，单击“平面对话框”按钮(如图 2 - 112 所示)，弹出如图 2 - 113 所示“平面”对话框。

如图 2 - 114 所示选定模型框上表面，在“偏置”选项组的“距离”文本框中输入“3”，单击“确定”按钮，完成安全平面设置。

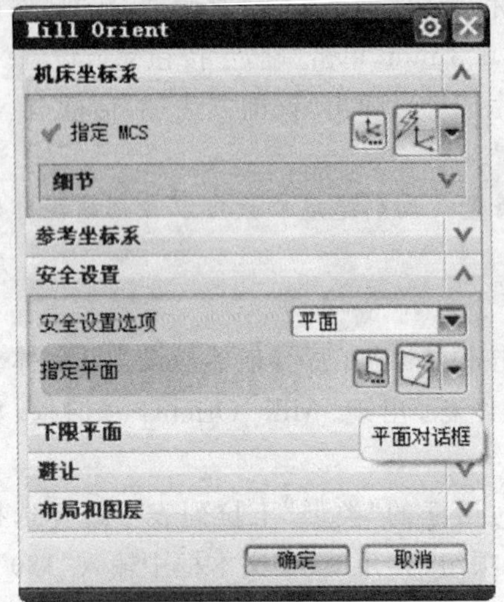

图 2-112　选择间隙

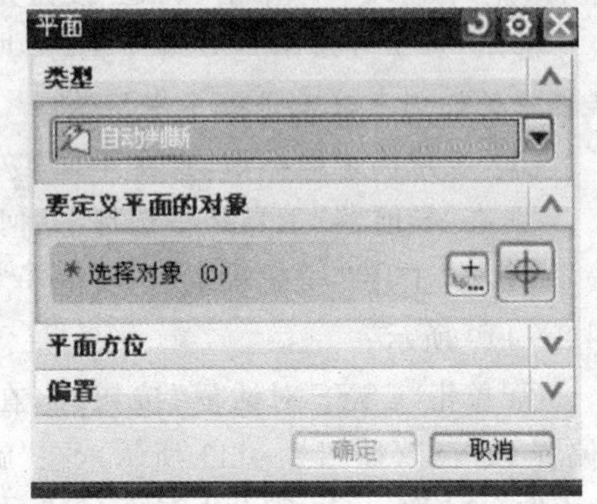

图 2-113　"平面"对话框

⑤ 单击"确定"按钮，完成加工坐标系与安全平面的设置。

UG 的铣操作过程是一个参数化过程。因此需要在做加工前设置好加工坐标系和安全平面，便于以后对操作进行修改。

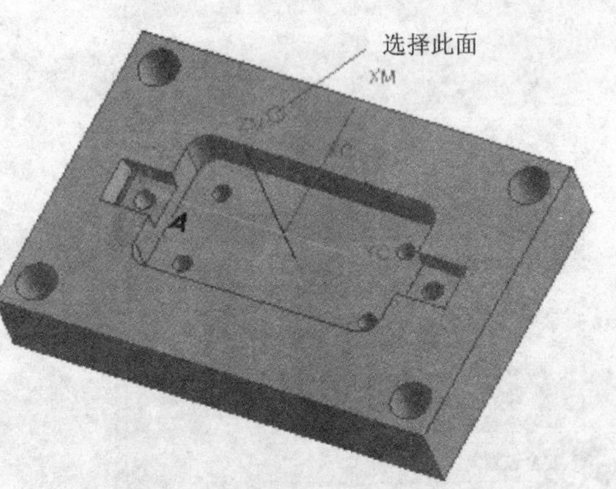

图 2-114　选择平面示意图

(4) 建立铣刀

① 在"刀片"工具条中单击"创建刀具"按钮，在弹出的"创建刀具"对话框中的"刀具子类型"选项组中选择按钮，在"名称"文本框中输入铣刀名"R1.2"(如图 2-115 所示)，单击"确定"按钮。在弹出的"铣刀-5 参数"对话框中，输入铣刀参数：D=40，R1=1.2，L=150，FL=55，如图 2-116 所示。

② 同样方法建立铣刀，名称："R0"；铣刀参数：D=40，R1=0，L=150，FL=55。

(5) 建立粗加工用加工几何体

① 在"刀片"工具条中单击"创建几何体"按钮，在"类型"下拉列表中选择"Mill_planar"，在"几何体子类型"选项组选择"MILL_BND"，在"几何体"选项组选择"MCS_MILL"选项，在"名称"文本框中输入"MILL_BND"，如图 2-117 所示。单击"确定"按钮，出现"铣削边界"对话框，如图 2-118 所示。

② 在"铣削边界"对话框中单击"选择或编辑部件边界"按钮，弹出"部件边界"对话框。

图 2-115　“创建刀具”对话框

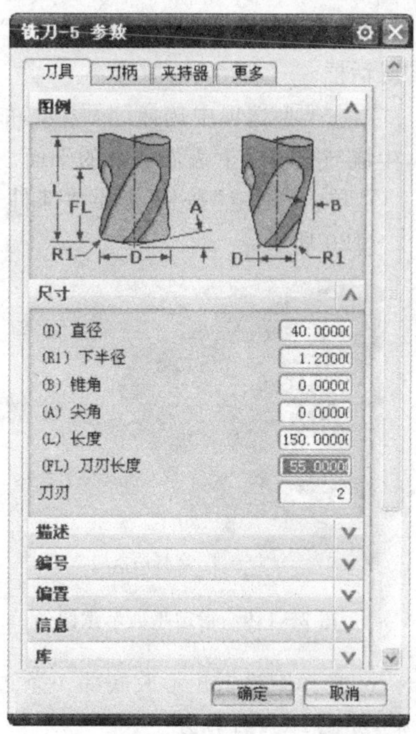

图 2-116　刀具参数对话框

图 2-117　MILL_BND 对话框

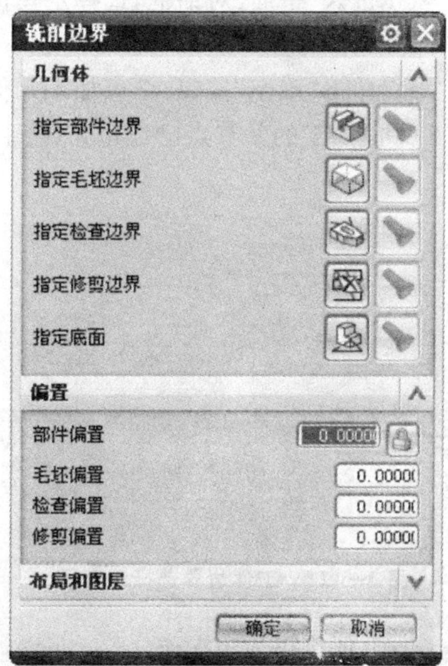

图 2-118　“铣削边界”对话框

③ 在过滤类型中选择“曲线边界”选项，在平面选项中选择“手工”，弹出“平面”对话框。

④ 在类型选项中选择 两直线，如图 2-119 所示，选择定模框上表面任意两条边，生成与定模框上表面重合的平面。

⑤ 单击“确定”按钮，返回“部件边界”对话框，将材料侧选项改为“外部”，如图 2-120 所示。

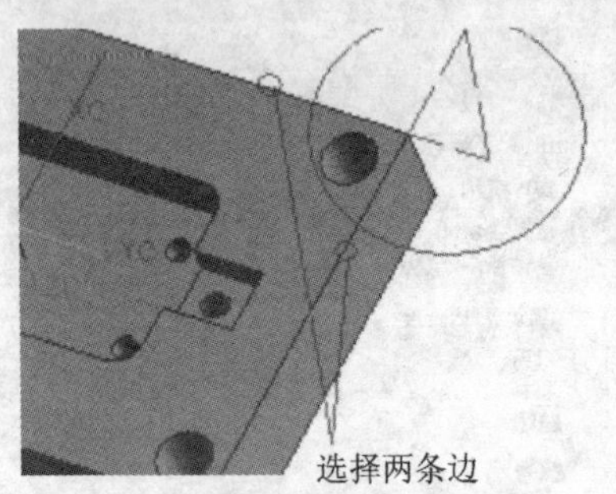

图 2-119 指定平面示意图

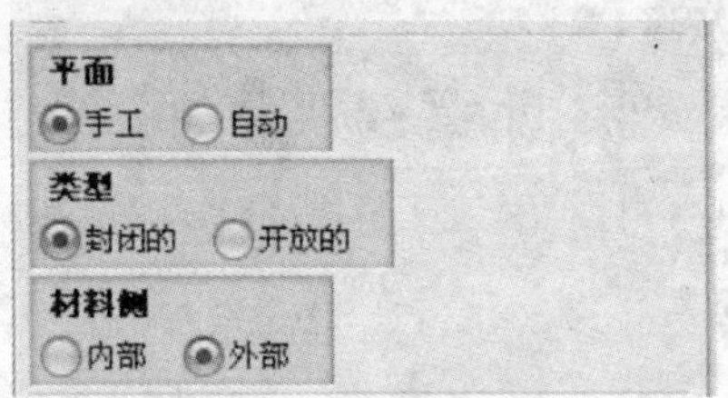

图 2-120 材料侧示意图

⑥ 选择定模框矩形腔底部 4 条边及圆角，单击“确定”按钮，回到“部件边界”对话框，如图 2-121 所示。

⑦ 单击“选择或编辑底平面几何体”按钮，定义底面。

⑧ 进入“平面”对话框，选择定模框矩形腔的底面，在“偏置-距离”中输入“0”，如图 2-122 所示。

⑨ 单击“确定”按钮，结束加工几何的建立。

平面加工的父节点已经建立，接下来将创建操作。

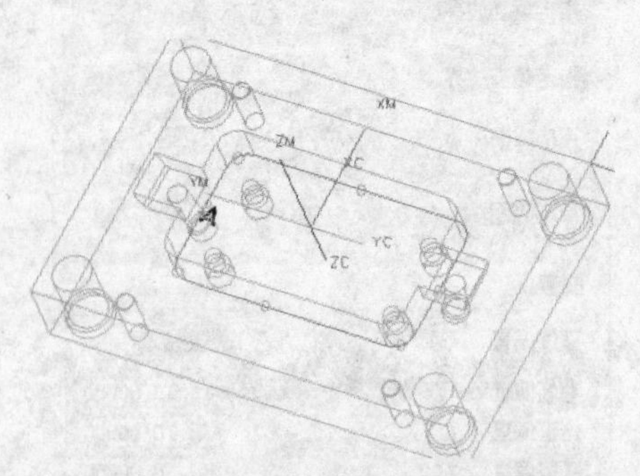

图 2-121 工件边界选择示意图

图 2-122 加工底面选择示意图

(6) 创建粗加工操作

① 在“刀片”工具条中单击“创建工序”按钮，弹出“创建工序”对话框，按图 2-123 设置各项，单击“确定”按钮，弹出“平面铣”对话框。

② 在对话框中单击“生成”按钮，生成刀位轨迹，如图 2-124 所示。

图 2-123　“创建工序”对话框

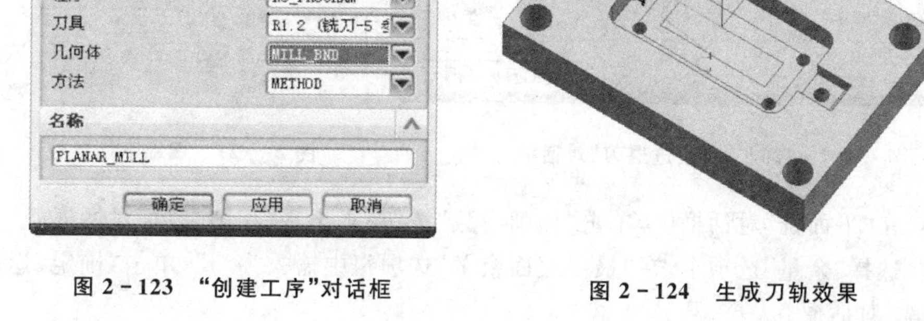

图 2-124　生成刀轨效果

③ 分析该刀位轨迹发现：整个型框一次性加工完成，显然该刀位轨迹不合适，需要调整。

④ 在工序导航器中双击 PLANAR_MILL 图标，弹出“平面铣”对话框，在“平面铣”对话框中单击“切削层”按钮，弹出“切削层”对话框。

⑤ 如图 2-125 所示，在“类型”选项组中选择“用户定义”选项，在“每刀深度”选项组的“公共”文本框中输入“3”，定义每层切削深度不大于 3 mm。单击“确定”按钮，返回平面铣对话框。

⑥ 在“平面铣”对话框中，单击“非切削移动”按钮，出现“非切削移动”对话框，如图 2-126 所示。

⑦ 选择进刀选项，将进刀类型改为“螺旋”，斜坡角度改为 3，如图 2-127 所示。单击“确定”按钮，再次返回“平面铣”对话框。

图 2-125　“切削层”对话框

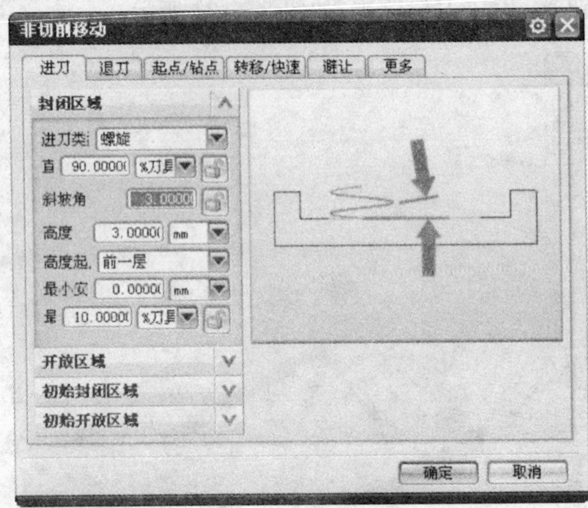

图 2-126 “自动进退刀”对话框

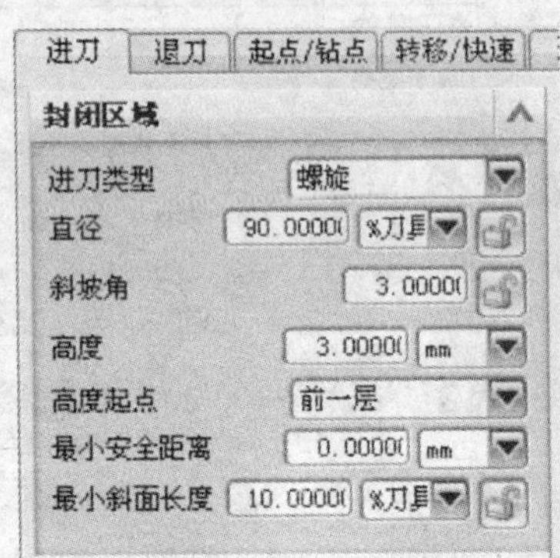

图 2-127 螺旋下切参数

⑧ 在“平面铣”对话框中，单击“切削参数”按钮，出现“切削参数”对话框。

⑨ 选择“余量”选项卡，在“最终底面余量”选项组中输入“0.5”，单击“确定”返回“平面铣”对话框。

⑩ 单击“生成”按钮，重新生成刀位轨迹。如图 2-128 所示，再分析刀位轨迹，已经变成分层切削，底部留有 0.5 mm 余量。

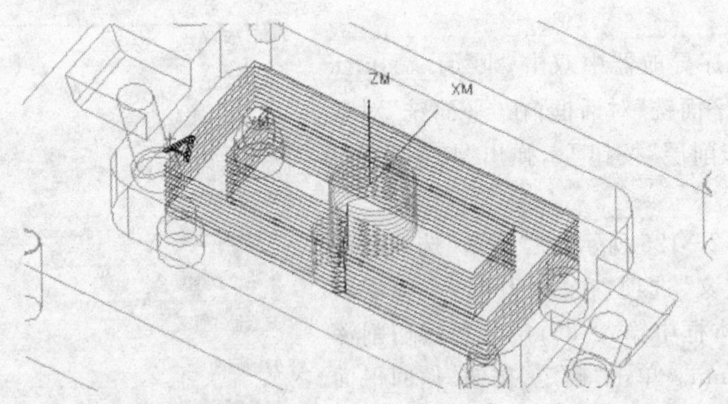

图 2-128 生成刀轨效果

⑪ 继续修改刀位轨迹。再次进入“切削参数”对话框，选择“拐角”选项卡，按图 2-129 所示设置各选项，在圆角“半径”文本框中输入“1”，单击“确定”按钮完成设置。

⑫ 再次单击“生成”按钮，重新生成刀位轨迹。观察拐角部分，已变成圆角过渡，如图 2-130 所示。单击“确定”按钮确认刀位轨迹，粗加工结束。

(7) 创建精加工操作

在上面的粗加工中，侧壁留有余量 0.3 mm，底面留有 0.5 mm 余量，下面将做精加工，把这些余量去掉。

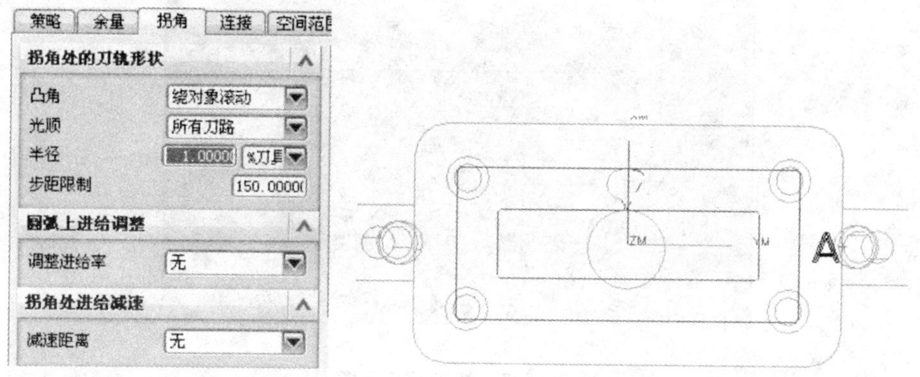

图 2－129　“拐角”选项卡　　　　图 2－130　增加圆角效果

① 在“刀片”工具条中单击“创建工序”按钮，弹出“创建工序”对话框，按图 2－131 设置各项，单击“确定”按钮，弹出“平面铣”对话框。

② 单击“生成”按钮，生成刀位轨迹。如图 2－132 所示。

图 2－131　“创建工序”对话框

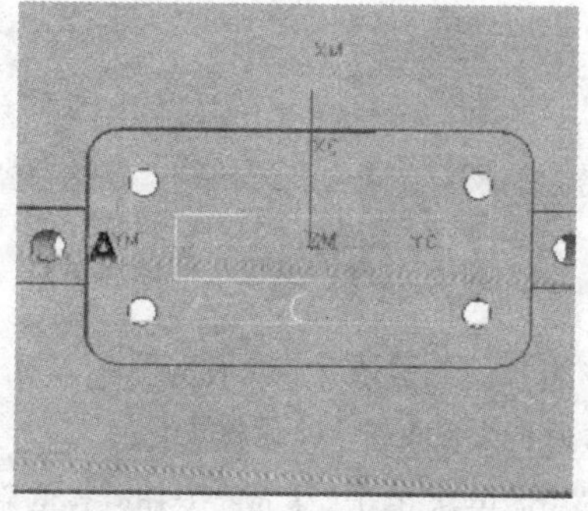

图 2－132　生成刀轨效果

注意：在 PLANAR_MILL 铣削方式中，系统默认的切削起点为最长边的中点。下面将切削起点改为如图 2－133 所示的 A 点。

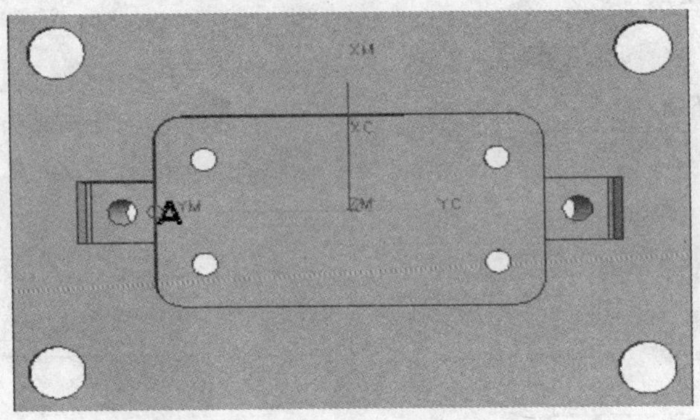

图 2-133　切削起点示意图

③ 在“平面铣”对话框中单击“非切削移动”按钮，弹出“非切削移动”对话框，选择“起点/钻点”选项卡，如图 2-134 所示。

④ 单击“区域起点”选项组中的按钮，弹出如图 2-135 所示的对话框。

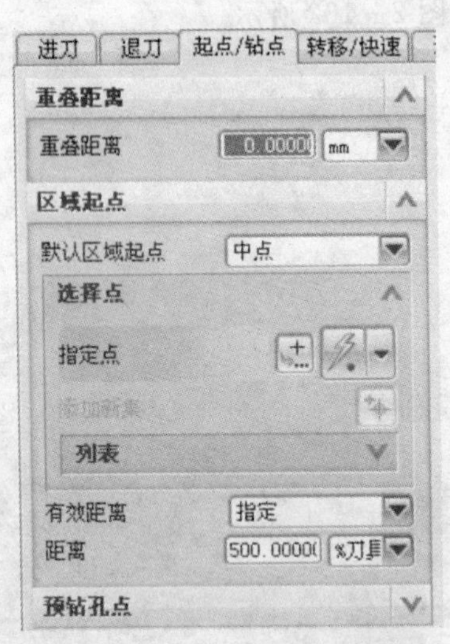

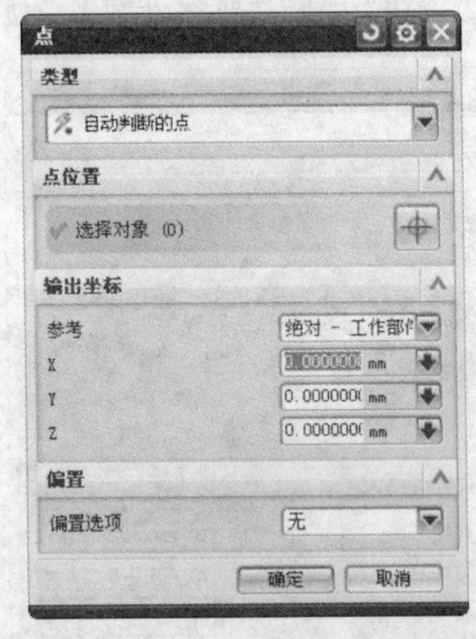

图 2-134　控制几何体对话框

图 2-135　切削区域起点对话框

⑤ 将类型改为“现有点”方式，选择图 2-133 所示的 A 点，依次单击“确定”按钮，返回“平面铣”对话框。

⑥ 再次单击“生成”按钮，重新生成刀位轨迹。注意切削起点已经改为 A 点，如图 2-136 所示。

⑦ 单击“确定”按钮确认所生成的刀位轨迹，完成定模型框精加工。

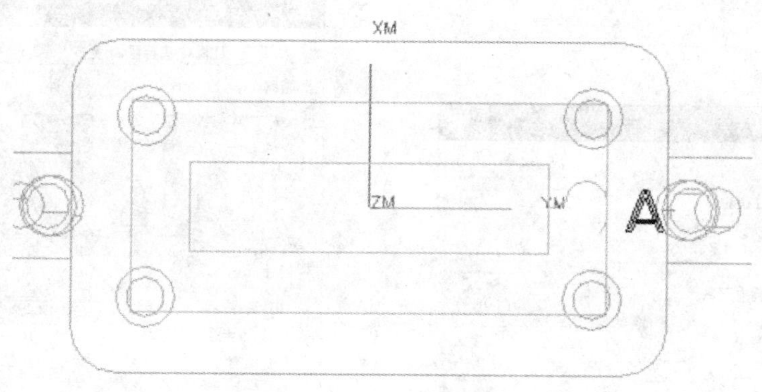

图 2－136　改变切削起点

2.5.5　案例五 面　铣

(1) 打开文件

打开练习文件“X:\2\2.1.prt”(X 盘为保存练习文件的盘符)。如图 2－137 所示,其中腔底部平面为需要加工的平面。

(2) 进入加工环境

(3) 建立铣刀

在“刀片”工具条中单击“创建刀具”按钮,在弹出的“创建刀具”对话框中的“刀具子类型”选项组中选择按钮,在“名称”文本框中输入铣刀名“EM30”,如图 2－138 所示,单击“确定”按钮。在弹出的“铣刀-5 参数”对话框中,输入铣刀参数:D＝30,其余参数默认,如图 2－139 所示,单击“确定”按钮。

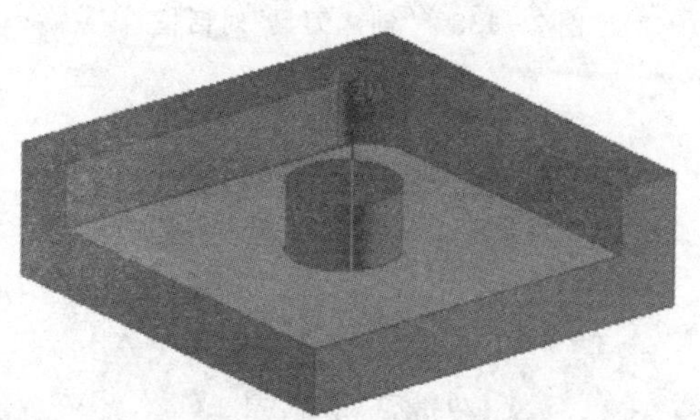

图 2－137　工件图

(4) 建立面操作

① 在“刀片”工具条中单击“创建工序”按钮,弹出“创建操作”对话框,如图 2－140 所示设置各选项,单击“确定”按钮,弹出“面铣”对话框。

② 在“面铣”对话框中,如图 2－141 所示,单击“选择或编辑面几何体”按钮,弹出“指定面几何体”对话框。

③ 在“指定面几何体”对话框的过滤器类型中选择选项,选择加工零件的型腔底面,单击“确定”按钮,退出“指定面几何体”对话框设置。

④ 在“面铣”对话框中,将切削模式设置为“跟随部件”,平面直径百分比设置为“30”。

图 2-138 “创建刀具”对话框

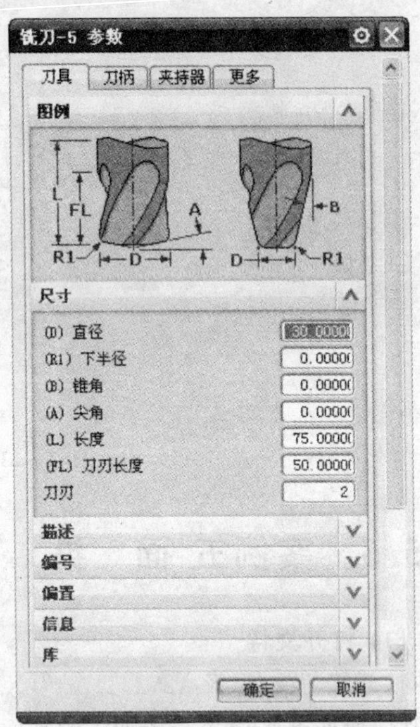

图 2-139 “刀具参数”对话框

图 2-140 “创建操作”对话框

图 2-141 “面铣”对话框

⑤ 单击"生成"按钮，生成刀具轨迹，如图2-142所示。

⑥ 在"操作"工具条中单击"确认刀轨"按钮，进入"刀轨可视化"对话框，选择"2D动态"，单击"播放"按钮进行切削仿真，可以发现整个黄色平面已经全部铣削完成，且侧壁面没有发生过切操作。

图2-142　面铣削刀具轨迹

2.5.6　案例六 刻　字

(1) 打开文件

打开练习文件"X:\2\2.3.prt"(X盘为保存练习文件的盘符)。如图2-143所示，需要在该零件实体上按照文本轮廓，刻出深度为0.2 mm的字体。该练习要充分利用材料侧控制加工的切削侧。

图2-143　工件图

(2) 进入加工环境

(3) 建立铣刀

① 在"刀片"工具条中单击"创建刀具"按钮，在弹出的"创建刀具"对话框中的"刀具子类型"选项组中选择按钮，在"名称"文本框中输入铣刀名"kezi"，其余参数默认，如图2-144所示，单击"确定"按钮，弹出"铣刀-5参数"对话框。

② 本次练习使用的刀具是一种特殊形状的雕刻刀具，在弹出的"铣刀-5参数"对话框中，应按如下数据输入铣刀参数：(D)直径＝0.2，(R1)下半径＝0.1，(B)锥角＝20，(L)长度＝10，(FL)刀刃长度＝5，其余参数默认，如图2-145所示。单击"确定"按钮，完成刀具参数的设置。

(4) 建立边界几何体

① 在"刀片"工具条中单击"创建几何体"按钮，在弹出的"创建几何体"对话框的"类型"下拉列表中选择"Mill_planar"，在"刀具子类型"选项组选择"MILL_BND"

,在“几何体子类型”选项组中选择“MCS_MILL”选项,在“名称”文本框中输入“MILL_BND”,如图 2-146 所示。

② 单击“确定”按钮,出现“铣削边界”对话框,如图 2-147 所示。

图 2-144 “创建刀具”对话框

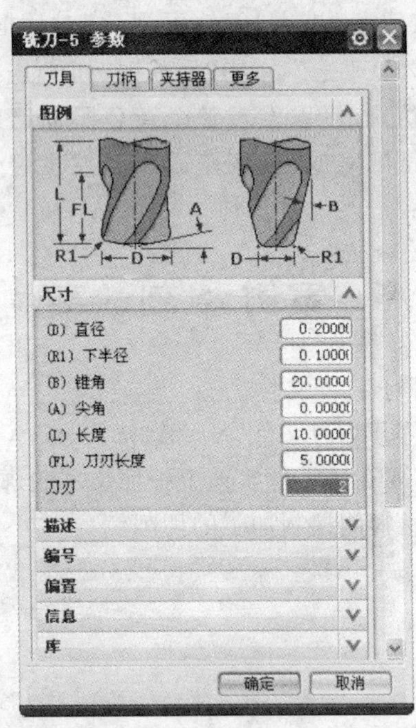

图 2-145 “铣刀-5 参数”对话框

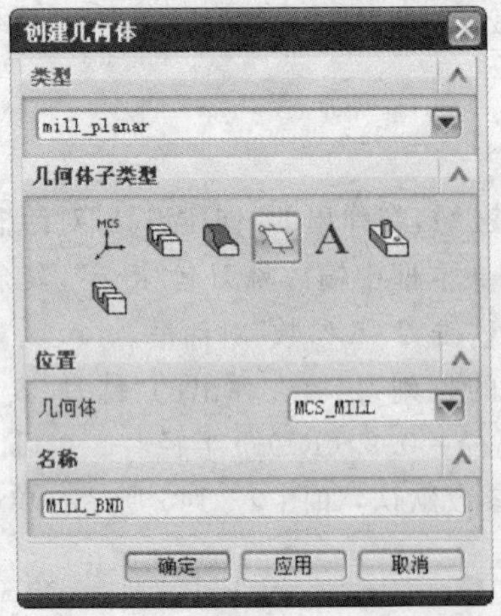

图 2-146 “创建几何体”对话框

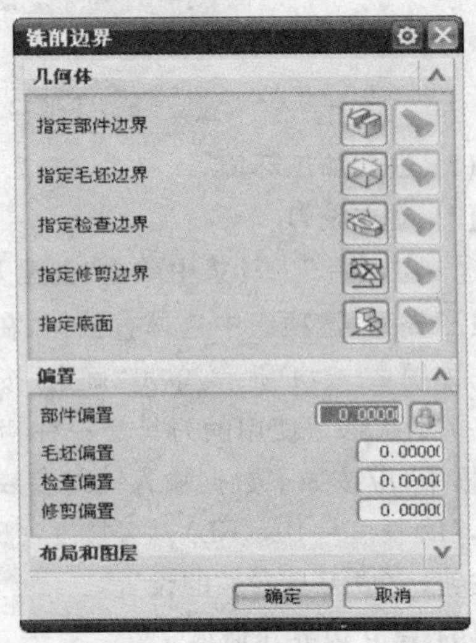

图 2-147 “铣削边界”对话框

③ 在“铣削边界”对话框中单击“选择或编辑部件边界”按钮，弹出“部件边界”对话框。

④ 在“过滤器类型”中选择“曲线边界”选项，将“材料侧”选项改为“外部”，如图2-148所示。

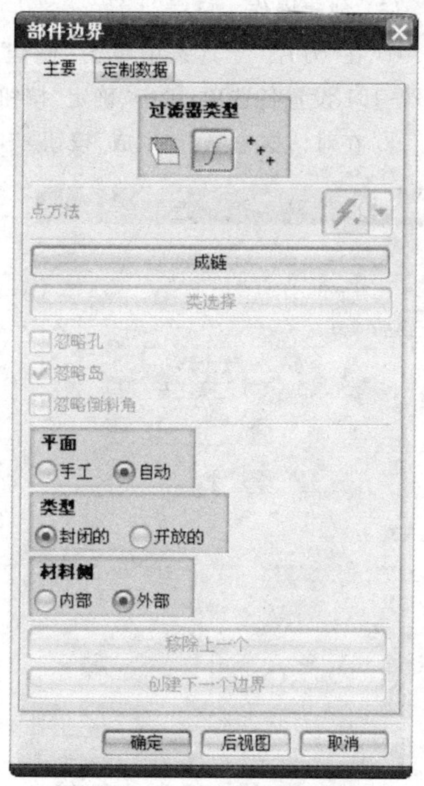

图2-148　“部件边界”对话框

⑤ 用鼠标选择模型上刻字文字中的外部轮廓曲线（外部轮廓曲线即指在某一个文字中，独立的外部曲线部分），此时需要注意，当选择完一个封闭的外部轮廓曲线以后，要在对话框中单击“创建下一个边界”按钮，然后再继续选择下一个独立的外部轮廓曲线。当所有的外轮廓曲线选择完毕以后，在对话框中将材料侧的“外部”选项激活，再用鼠标选择文字中的内部轮廓曲线，同样也是选择完一个封闭的内部轮廓曲线以后，要在对话框中单击“创建下一个边界”按钮，然后再继续选择下一个独立的内部轮廓曲线。选择完毕单击“确定”按钮，回到“部件边界”对话框。工件边界选择示意图如图2-149所示。

⑥ 单击“选择或编辑底平面几何体”按钮，定义底面。

⑦ 进入“平面”对话框，选择文字所在的平面，在“偏置-距离”中输入“-0.2”，如图2-150所示。

⑧ 单击“确定”按钮，结束加工几何的建立。

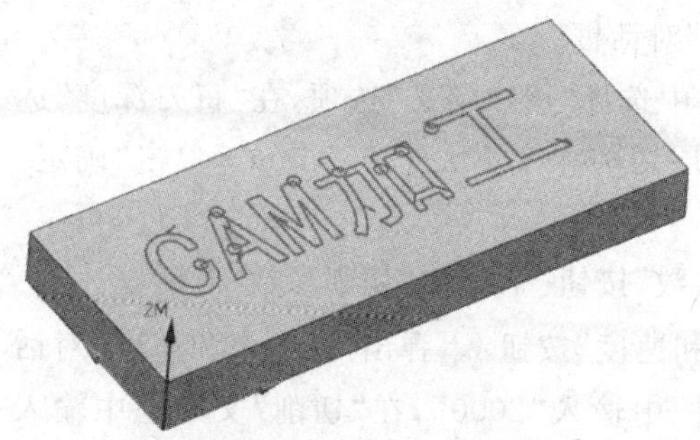

图2-149　工件边界选择示意图

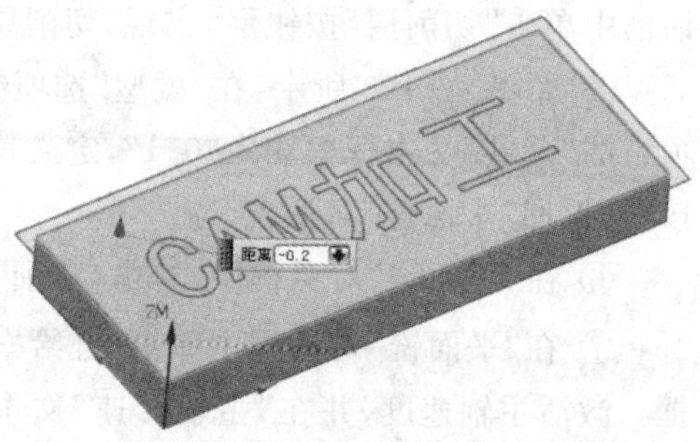

图2-150　加工底面选择示意图

(5) 创建操作

① 在"刀片"工具条中单击"创建工序"按钮，弹出"创建工序"对话框，按图 2-151 设置各选项，单击"确定"按钮，弹出"平面铣"对话框。

② 在对话框中单击"生成"按钮，生成刀位轨迹，如图 2-152 所示。

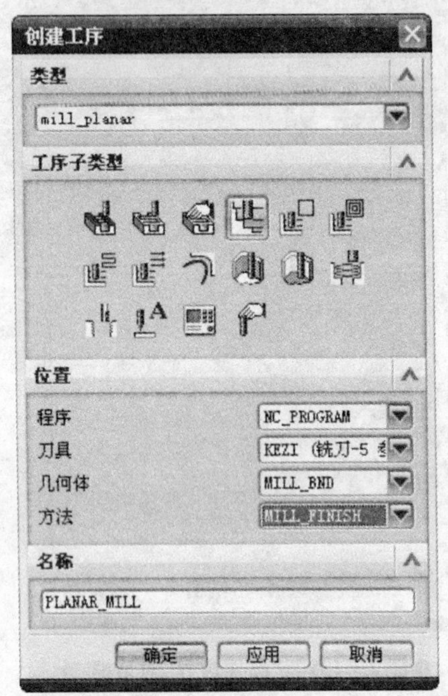

图 2-151 "创建工序"对话框

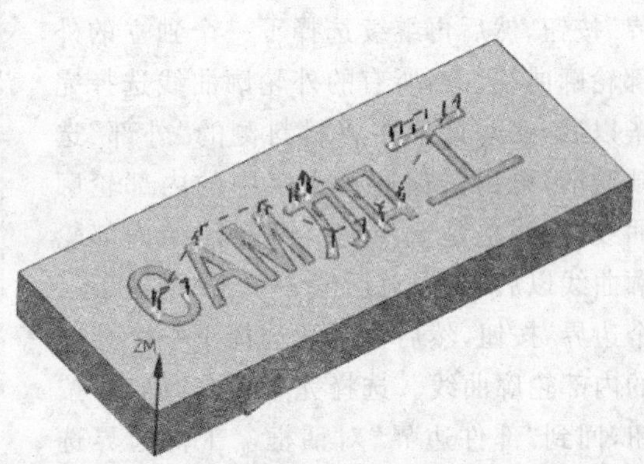

图 2-152 生成刀轨效果

③ 分析该刀位轨迹发现：整个字深(0.2 mm)一次加工完成，而选用的刻字刀具刀尖强度有限，如工件材料硬度较高，该刀位轨迹不合适，需要调整。

④ 在工序导航器中双击 PLANAR_MILL 图标，弹出"平面铣"对话框，在"平面铣"对话框中单击"切削层"按钮，出现"切削层"对话框。

⑤ 如图 2-153 所示，在"类型"选项组中选择"用户定义"选项，在"每刀深度"选项组的"公共"文本框中输入"0.1"，定义每层切削深度不大于 0.1 mm。单击"确定"按钮，返回"平面铣"对话框。

⑥ 在"平面铣"对话框中，单击"切削参数"按钮，弹出"切削参数"对话框。

⑦ 在"平面铣"对话框中单击"进给率和速度"按钮，弹出"进给率和速度"对话框。激活主轴速度，并在"主轴转速"文本框中输入"2000"，在"切削"文本框中输入"1200"，最后单击"确定"按钮完成进给和速度的设置。

⑧ 单击"生成"按钮，重新生成刀位轨迹。如图 2-154 所示，再分析刀位轨迹，已经变成分层切削。

图 2－153　“切削层”对话框

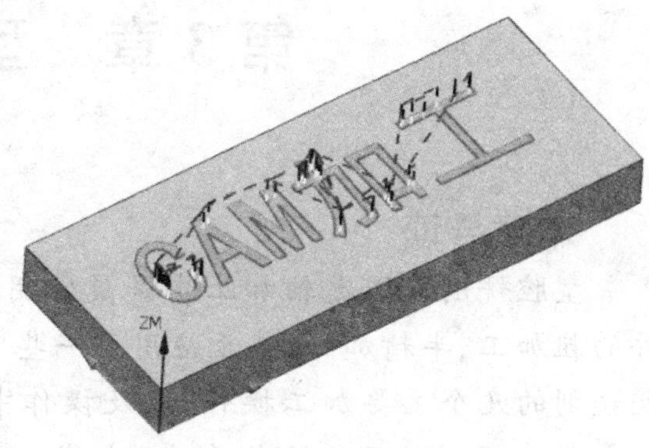

图 2－154　生成刀轨效果

本章小结

本章重点介绍了平面铣的基本操作。平面铣在实际加工中的应用并不是很广泛，但是它利用边界控制加工区域的能力值得读者仔细体会，而且它在刻字、铣削平面等方面使用很灵活方便。另外，平面铣当中的参数设置、父节点组的创建、加工模式的选择等操作，与后续的型腔铣、固定轮廓铣、多轴铣削等方法中的基本相同，因此读者应该重点掌握其应用。

通过本章的学习，使读者基本掌握了 UG 平面铣的操作步骤和创建过程。

第3章　型腔铣

本章导读

型腔铣削在固定轴加工中是最常用的加工方法，它广泛地应用于零件的粗加工、半精加工，甚至应用于一些零件的精加工。本章重点介绍型腔铣削的几个主要加工操作，以及操作中具有共性的一些参数设置。对于初学者而言，可以抓住重点，由浅入深、快速熟悉 UG CAM 的基本操作。

型腔铣加工中，读者应重点掌握切削层的控制以及半精加工的应用方法。

3.1　型腔铣操作的特点

3.1.1　型腔铣加工的切削原理

形腔铣的加工特征是在刀具路径的同一高度内完成一层切削，当遇到曲面时将绕过，再下降一个高度进行下一层的切削。系统按照零件在不同深度的截面形状计算各层的刀路轨迹，如图 3-1 所示。图 3-2 显示了 4 个不同层的刀路轨迹示意图。

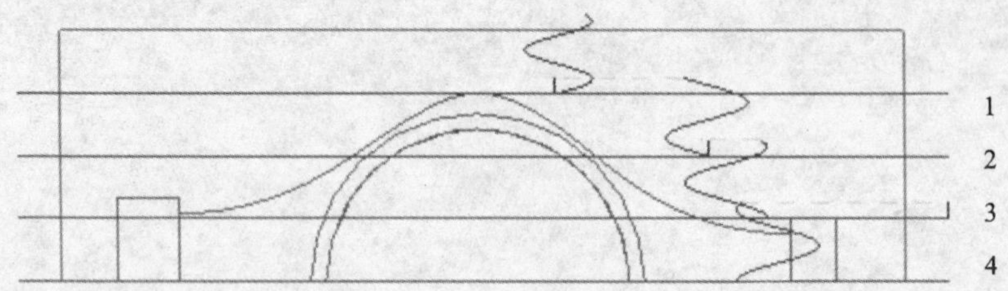

图 3-1　型腔铣切削层

3.1.2　型腔铣与平面铣的区别

平面铣和型腔铣操作都是在水平切削层上创建的刀位轨迹，用来去除工件上的

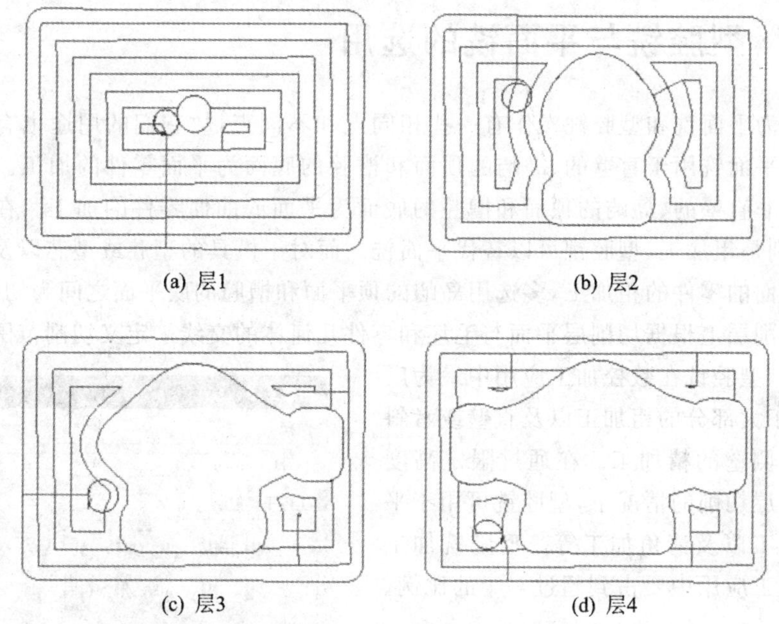

图 3－2　不同切削层刀轨示意图

材料余量。这两种操作的异同点如下所述。

(1) 相同点

- 刀具轴都垂直于切削层平面。
- 刀具路径的所有切削方法相同，都包含切削区域和轮廓的铣削（注：型腔铣中没有标准驱动铣）。
- 切削区域的“开始点控制”选项以及“进刀/退刀”选项相同。可以定义每层切削的切削区域开始点。提供多种方式的进刀/退刀功能。
- 其他参数选项，如“切削参数”选项、“拐角控制”选项、“避让几何体”选项等基本相同。

(2) 不同点

- 二者定义零件材料的方式不同。平面铣用边界定义零件材料；边界是一种几何实体，可用曲线/边界、面（平面的边界）、点定义临时边界以及选用永久边界。而型腔铣可用任何几何体以及曲面区域和小面模型来定义零件材料。
- 二者对切削层深度的定义不同。平面铣通过所指定的边界和底面的高度差来定义总的切削深度，并且有 5 种方式定义切削深度。而型腔铣通过毛坯几何体和零件几何体来定义切削深度，通过切削层选项可以定义最多 10 个不同切削深度的切削区间。

3.1.3 型腔铣与平面铣的选用

正因为平面铣和型腔铣操作有一些相同点和不同点，故它们的用途也有许多不同之处。平面铣用于直壁的、岛屿的顶面和槽腔的底面为平面零件的加工。而型腔铣适用于非直壁的、岛屿的顶面和槽腔的底面为平面或曲面零件的加工。在很多情形下，特别是粗加工，型腔铣可以替代平面铣。而对于模具的型腔或型芯以及其他带有复杂曲面的零件的粗加工，多选用岛屿的顶平面和槽腔的底平面之间为切削层，在每一个切削层上根据切削层平面与毛坯和零件几何体的交线来定义切削范围。

因此，型腔铣在数控加工应用中最为广泛，可用于大部分的粗加工以及直壁或者斜度不大的侧壁的精加工。在通过限定高度值只做一层切削的情况下，型腔铣可用于平面的精加工以及清角加工等。型腔铣加工在数控加工应用中要占到超过一半的比例。

3.2 创建型腔铣操作

3.2.1 创建型腔铣操作

进入加工模块后，在“刀片”工具条上单击“创建工序”按钮，弹出“创建工序”对话框（如图 3-3 所示），在对话框中的“类型”选项组的下拉列表中选择“mill_contour”，在“工序子类型”选项组中选择“型腔铣”选项，单击“确定”按钮，将进入“型腔铣”对话框。可使用的“型腔铣”子类型选项如表 3-1 所列。

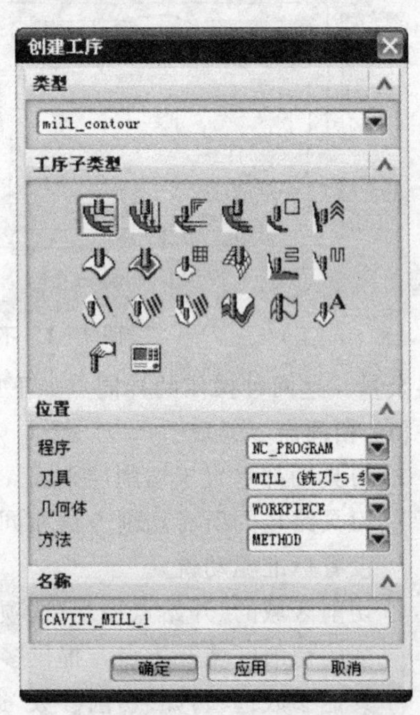

图 3-3 型腔铣“创建工序”对话框

表 3-1 “型腔铣”的子类型选项

图 标	英 文	中文含义	说 明
	CAVITY_MILL	型腔铣	型腔铣基本操作模板，适用于加工平面铣无法加工的包含曲面的任何形状零件
	PLUNGE_MILLING	插铣加工	采用插削方式加工
	CORNER_ROUG H	角落粗铣	切削前一刀具因刀具直径和拐角半径而无法触及的拐角中的剩余材料

续表 3-1

图　标	英　文	中文含义	说　明
	REST_MILLING	型腔铣	切削前一刀具因 IPW 无法触及的剩余材料
	ZLEVEL_PROFILE	深度加工	采用平面切削方式对部件或切削区域进行轮廓铣
	ZLEVEL_CORNER	深度加工	精加工前一刀具因刀具直径和拐角半径而无法触及的拐角区域

3.2.2　型腔铣操作对话框

如图 3-4 所示为"型腔铣"对话框，在该对话框中可以看到，型腔铣操作与平面铣操作在组编辑、机械参数、切削方式、刀具路径操作等项目上是基本相同的，另外在控制几何体中有切削层参数。而在一些参数中，其选项也有所区别。

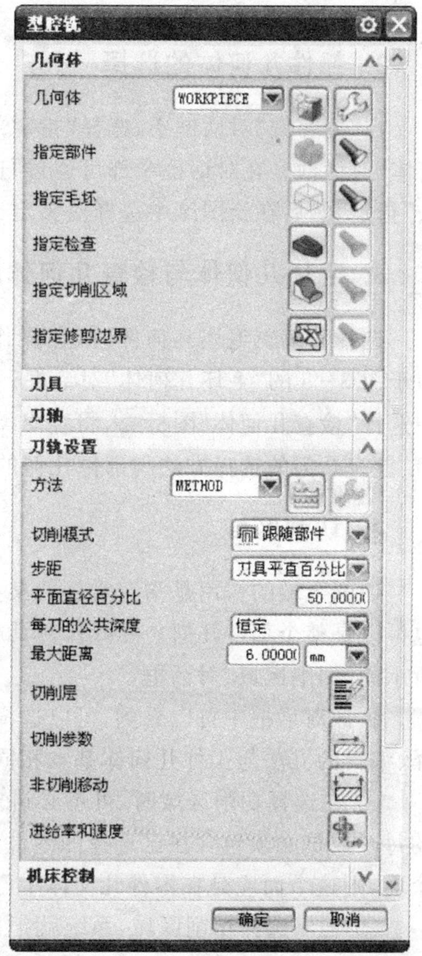

图 3-4　"型腔铣"操作对话框

3.2.3　型腔铣操作的几何体

在"型腔铣"对话框的"几何体"选项组所列选项是型腔铣操作的几何体设置，包括几何体、指定部件、指定毛坯、指定检查、指定切削区域、指定修剪边界。这些选项如果已经在父本组中进行了设置，则对应的"显示"按钮将会变亮，否则将以灰暗状态显示。单击每个选项对应的按钮，可以对各几何体选项进行编辑修改。

1. 几何体的类型

① 几何体：该选项可以完成几何体继承、新建几何体、编辑几何体等操作。通过 MCS_MILL 选项，可以选择已经创建好的几何体父本组；通过按钮可以完成新建几何体的操作；通过按钮可以对几何体进行编辑。

② 指定部件：该选项用来指定加工完成

后的零件，即最终的零件形状。它控制刀具的切削深度和活动范围，可以选择特征、几何体（实体、面、曲线）和小面模型来定义零件几何体。

③ 指定毛坯：该选项用来指定将要加工的原材料，可以用特征、几何体（实体、面、曲线）定义毛坯几何体。

④ 指定检查：该选项用来指定刀具在切削过程中要避让的几何体，如夹具和其他已加工过的重要表面。在型腔铣中，零件几何体和毛坯几何体共同决定了加工刀轨的范围。

⑤ 指定切削区域：该选项用来指定零件几何被加工的区域，它可以是零件几何的一部分，也可以是整个零件几何。

提示：只在创建等高轮廓铣操作时才有切削区域几何体选项。

⑥ 指定修剪边界：用于进一步控制刀具的运动范围，对生成的刀轨做进一步的修剪。

2. 部件几何体的选择

在“型腔铣”对话框中，选择“指定部件”选项，将弹出如图 3-5 所示的“部件几何体”对话框。在对话框中部可通过“选择对象”指定选择对象，也可以通过“过滤方法”指定，然后在绘图区中选择对象定义部件几何。

3. 毛坯几何体与检查几何体的选择

选择和编辑毛坯几何体时，在操作对话框中选择“毛坯几何”图标，将弹出类似于图 3-5 的“毛坯几何体”对话框。当要选择和编辑检查几何体时，在操作对话框中选择“检查几何体”图标，将弹出类似于图 3-5 的“检查几何体”对话框。毛坯几何、检查几何的选择方法与部件几何的选择相同。

4. 切削区域

切削区域的作用是指定零件的某些区域进行加工，它可以是部件几何的一部分，也可以是整个部件几何。在操作对话框中选择“切削区域”图标，将弹出如图 3-6 所示的“切削区域”对话框。

从该对话框中可以看到，可以选择曲面区域、片体或者面来定义切削区域，其选择、编辑的方法与工件几何体基本相同。但要注意以下几点：

① 在选择切削区域时，可不必讲究区域各部分选择的排列顺序，但切削区域中的每个成员必须包含在已选择的零件几何体中。例如，如果在切削区域中选择了一个面，则这个面应是在零件几何体中已经选择或者是零件实体的一个面。

② 若不选择切削区域，系统就把已定义的整个零件几何体（包括刀具不能进行切削的区域）作为切削区域。系统就用零件几何体的轮廓表面作为切削区域。此时，实际上没有切削区域被指定。

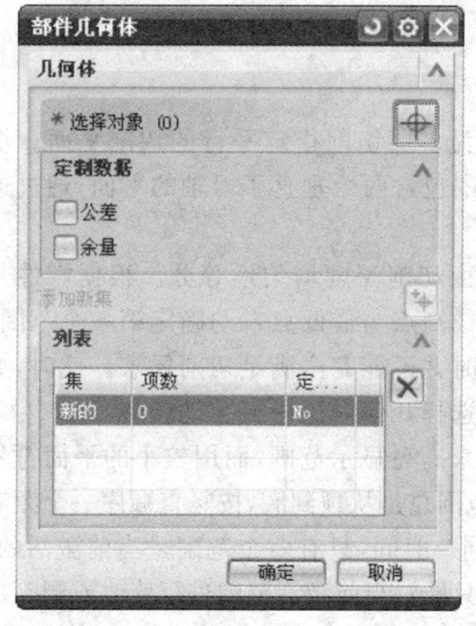

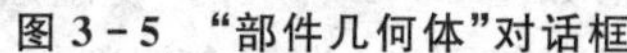
图 3-5　"部件几何体"对话框

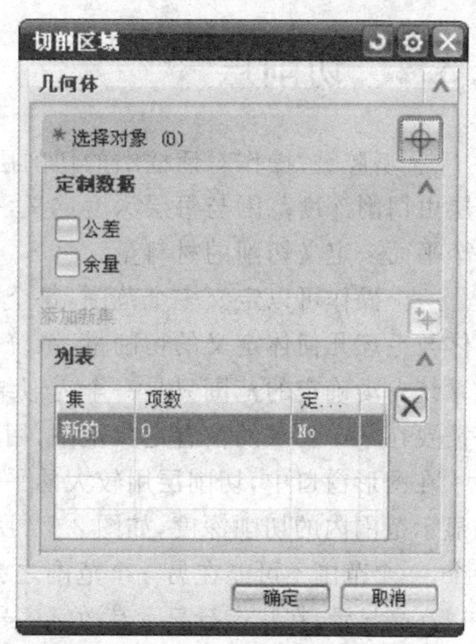

图 3-6　"切削区域"对话框

5. 修剪边界

修剪边界用于在等高轮廓铣中进一步控制刀具的运动范围，修剪边界的定义方法可参阅平面铣中相应的内容。

3.3　型腔铣操作的参数设置

3.3.1　型腔铣参数与平面铣参数的异同

在"型腔铣"操作对话框中，有不少选项是与"平面铣"操作对话框中的完全一致的，如进退刀方法与自动进退刀选项，控制几何体中的点选项以及角、避让、进给率和机床选项，有一些参数是基本相同的，如切削方法，在型腔铣中没有标准驱动方式，其余的切削方法都与平面铣一样，切削参数中大部分参数都是一样的，但增加了几个参数选项。

型腔铣与平面铣最大的不同在于多深度切削时的切削层控制，平面铣是以底面作为切削层的最低平面，用切削深度选项来指定切削层，而型腔铣要用切削层选项进行设置。

3.3.2 切削层

在“型腔铣”操作对话框中的切削层选项，为多层切削指定平行的切削平面。切削层由切削深度范围与每层深度定义，一个范围包含两个垂直于刀轴的平面，通过这两个平面来定义切削的材料量。

一个操作可以定义多个范围，每个范围可由切削深度均匀地等分。根据零件几何体与毛坯几何体定义的切削量，系统基于其最高点与最低点自动确定第一个范围。但系统自动确定的范围只是一个近似结果，有时并不能完全满足切削要求。此时，如果需要在某个要求的位置定义范围，用户可以选择几何对象进行手动调整。

在图形窗口中，切削层用较大的平面符号来高亮显示范围，而用较小的平面符号来显示范围内的切削深度，如图 3-7 所示。范围总是从顶到底，按竖直顺序一个跟着一个，一个范围不可能在另一个范围之中。在同一时间，只有一个范围是当前激活的，并以高亮显示，在状态行显示其数字序号，而且只能对当前激活范围进行修改或删除。

在“型腔铣”对话框中单击“切削层”按钮，弹出如图 3-8 所示的“切削层”对话框，通过该对话框可以在切削深度范围内设置多个切削范围，并为每个切削指定每一刀的切削深度。

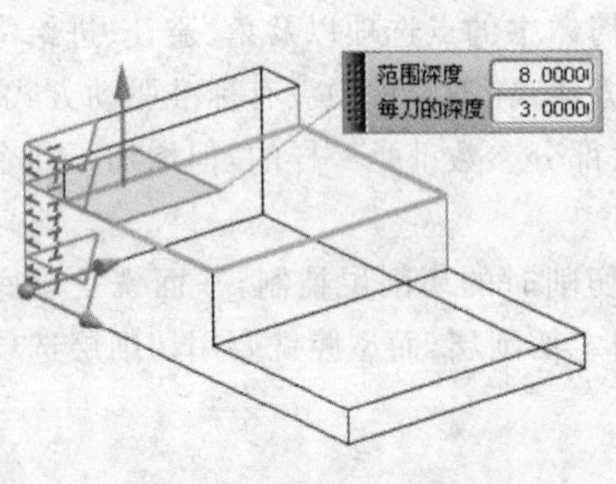

图 3-7 切削层示意图

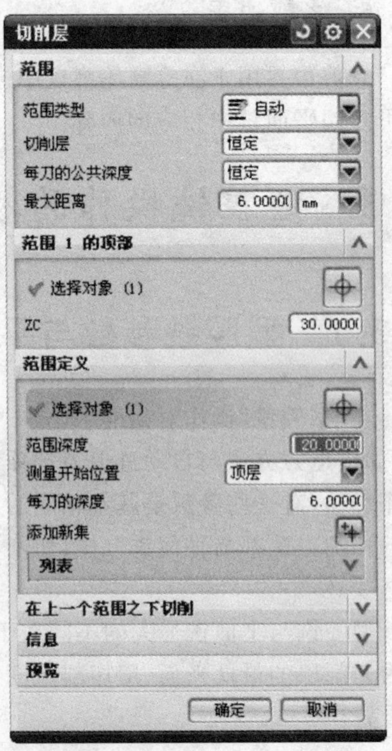

图 3-8 “切削层”对话框

提示：当没有选择零件几何体时，将不能打开切削层选项。

(1) 范　围

该选项组用于设置切削层的公共参数，如图 3－9 所示，在"范围"选项组中有如下 4 个控制项。

① 范围类型：包括自动、用户定义、单个三个选项，其中自动表示由系统自动计算分层，用户定义表示由用户制定切削层的设置，单个表示只生成一个单一的切削范围。

② 切削层：包括恒定和仅在切削范围底部两个选项，其中恒定表示从零件的顶部到底部正常的分配切削层，仅在切削范围底部表示仅在当前切削范围的底部生成一个切削层。

③ 每刀的公共深度：包括恒定和残余高度两个选项，其中恒定表示以恒定的深度值分配切削层，残余高度表示在保证预设的残余高度值的前提下，自动计算切削层。

④ 最大距离：该选项会对应每刀的公共深度选项发生变化，其输入的数值用来控制切削层的每刀下切深度。

(2) 范围 1 的顶部

该选项组用于设置第一个切削范围的顶层位置，如图 3－10 所示，包括如下两个选项。

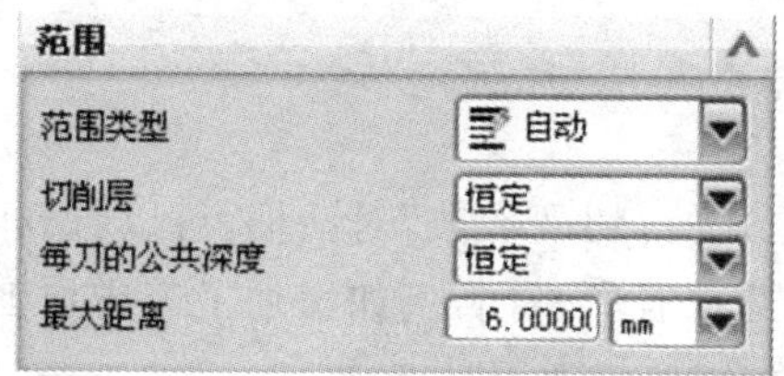

图 3－9　"范围"选项组

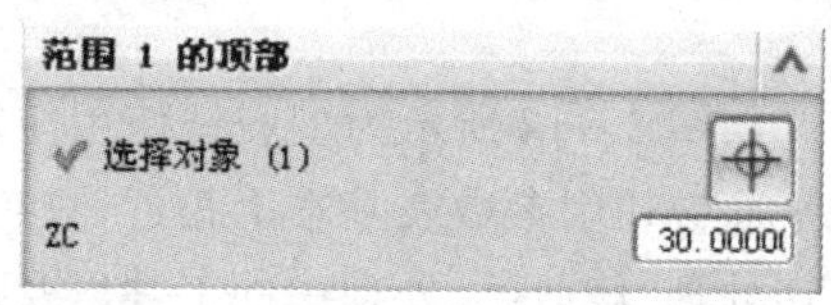

图 3－10　"范围 1 的顶部"选项组

① 选择对象：该功能用于手动指定第一个切削范围的顶层位置，用鼠标单击"选择对象"按钮，再用鼠标在模型中选择一个参考位置，则第一个切削范围的顶层将被移动至该位置。

② ZC：该功能用于通过数值指定第一个切削范围的顶层位置，在 ZC 对应的参数栏中输入一个数值，则第一个切削范围的顶层将被移动至该坐标位置。

(3) 范围定义

该选项组用于定义每个切削范围的底部位置及每刀切削深度。如图 3－11 所示，包括如下 6 个选项。

① 选择对象：该功能用于手动的指定当前范围的底层位置，用鼠标单击"选择对象"按钮，再用鼠标在模型中选择一个参考位置，则当前范围的底层将被移动至该

位置。

② 范围深度：该功能用于通过数值指定当前切削范围的底层位置，在其对应的参数栏中输入一个数值，则当前切削范围的底层将被移动相应距离（该数值要参考下一选项确定）。

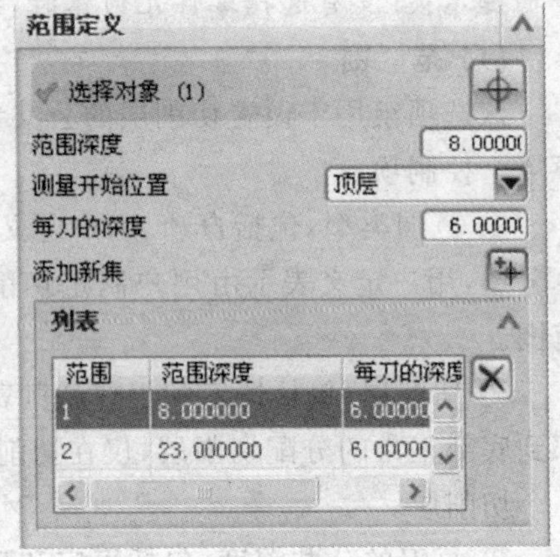

图 3-11 “范围定义”选项组

③ 测量开始位置：其包括顶层、当前范围顶部、当前范围底部、WCS 原点 4 个选项，表示范围深度中的数值对应的测量起始位置。例如范围深度中设置数值为“4”，测量开始位置选择为“当前范围的顶部”，则当前范围的底部被确定在距离当前范围的顶部向下 4 mm 的位置。

④ 每刀的深度：该功能用于设定当前切削范围的每层切削深度。利用该功能，可以将不同的切削范围设置成不同的每刀下切深度。

⑤ 添加新集：该功能用于增加一个新的切削范围。

⑥ 列表：当前存在的切削范围会在列表中显示，用鼠标单击列表中不同范围，将改变当前被激活的范围。

3.3.3 切削参数

如图 3-12 所示为型腔铣使用往复切削方式的“切削参数”对话框，可以看到它与平面铣切削参数表基本上相近，只有小部分选项有所不同，例如增加了容错加工、底切处理、修剪由、处理中的工件以及部件底面余量、参考刀具选项。

提示：使用不同的切削方式时，与平面铣操作一样，切削参数中的部分选项将发生变化。

(1) 部件底部面余量和部件侧面余量

① 部件底部面余量：如图 3-13 所示，部件底部面余量是在零件底面上剩余材料的厚度，它是沿着刀具轴方向（竖直方向）测量的。它仅仅应用于定义切削层的零件面上，这些面垂直于刀具轴的平面。

② 部件侧面余量：如图 3-14 所示，部件侧面余量是零件侧边上剩余材料的厚度，在每一切削层上，它是沿着刀具轴的法向（水平方向）测量的，它应用于全部的零件面（平面、非平面的、直壁面和成角度面）。

这两个选项替代了平面铣中零件余量选项，并且这两个选项都可以使用负值。

(2) 检查余量和修剪余量

① 检查余量：是切削时刀具离开检查几何体之间的距离。

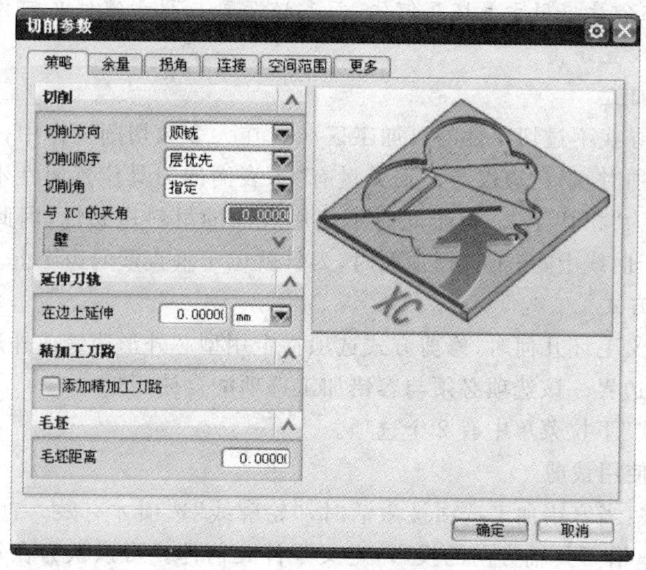

图 3－12　“切削参数”对话框

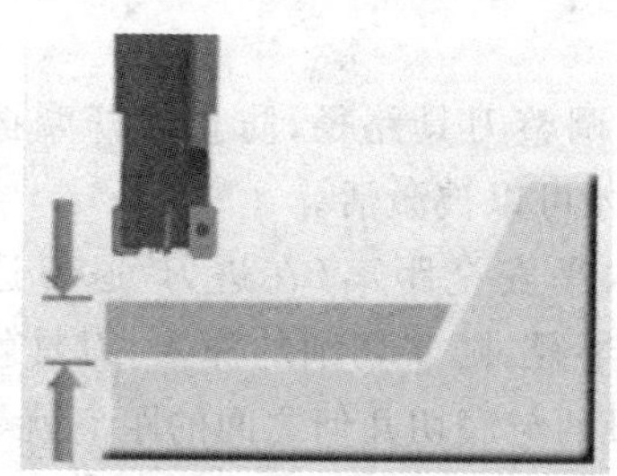

图 3－13　部件底部面余量示意图

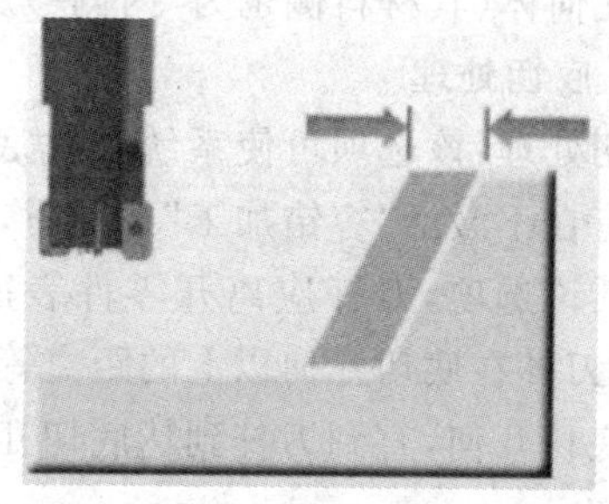

图 3－14　部件侧面余量示意图

② 修剪余量:是切削时刀具离开修剪几何体之间的距离。

当切削时,刀具总是远离所定义的检查几何体和修剪几何体。把一些重要的加工面或者夹具设置为检查几何体,加上余量的设置,可以防止刀具与这些几何体接触,起到安全和保护作用。注意:这两个选项不能使用负值。

(3) 毛坯余量和毛坯距离

① 毛坯余量:是切削时刀具离开毛坯几何体的距离。它将应用于那些有着相切(Tanto)情形的毛坯边界和毛坯几何体。毛坯余量可以使用负值。由于毛坯定义了刀具的最大运动范围,毛坯余量的应用可以放大或者缩小毛坯几何体,这在编辑刀轨时非常有用。

② 毛坯距离:是应用于零件边界或者零件几何体的偏置距离,用于产生毛坯几何体。对于平面铣,默认的毛坯距离应用于一个封闭的零件边界;而对于型腔铣,毛坯距离应用于所有的零件几何体。注意:毛坯距离不能使用负值。

提示：毛坯余量应用于毛坯几何体，而毛坯距离应用于零件几何体，它可以是铸件或者锻件的偏置距离。

(4) 容错加工

可准确地寻找不过切零件的可加工区域。在大多数切削操作中，该选项是激活的。激活该选项时，材料边仅与刀轴矢量有关，表面的刀具位置属性不管如何指定，系统总是设置为“相切于”。由于此时不使用表面的材料边属性，因此，当选择曲线时，刀具将位于曲线上，当不选择顶面时，刀具就位于垂直壁的边缘上。

(5) 裁剪方式

当没有定义毛坯几何时，修剪方式选项指定用型芯外形边缘或外形轮廓，作为定义毛坯几何的边界。该选项必须与容错加工选项配合使用。

“裁剪方式”下拉菜单中有 2 个选项。

① 无：不使用裁剪。

② 轮廓线：当容错加工选项被激活时，“轮廓线”选项才有效。它使用零件几何体的外形轮廓（沿刀具轴方向的投影）定义零件几何体。可以认为在每一切削层中，以外形轮廓作为毛坯几何体（其材料侧为“内侧”），而以切削层平面与零件的交线作为零件几何体（其材料侧也为“内侧”）。

(6) 底切处理

底切处理：该选项可使系统根据底切几何调整刀具路径，防止刀杆摩擦零件几何。只有在不激活“容错加工”选项时，该选项才可以被激活。

激活该选项，刀杆应离开零件表面一个水平安全距离（在进刀/退刀选项中设定）。当刀杆在底切几何以上的距离等于刀具半径，随着切削的深入，刀具就开始逐渐离开底切几何，直到刀杆到达底切几何处，刀柄与底切几何之间的距离就等于水平安全距离。

3.4 型腔铣加工案例

型腔铣加工适合于绝大部分零件的粗加工、半精加工以及部分零件的粗加工，下面通过几个实例说明其应用。

3.4.1 定模型腔粗加工案例

(1) 打开文件

① 打开练习文件“X:\3\3.1.prt”（X 为随书赠送光盘的盘符）。零件为注塑模定模，材料为 P20，硬度为 32HRC；毛坯已经建好，放在第 2 层。在本练习中需要对定模板进行粗加工。

② 分析定模型腔深度、圆角半径，确定数控加工工艺方案。加工方案如表 3-2

所列。

表 3-2　工艺方案表(单位 mm)

序　号	方　法	程序名	刀具直径	R角	刃　长	跨　距	切　深	余　量
1	粗加工	CAVITY_MILL	16	2	30	10	1.5	0.4

在确定加工工艺方案前，分析零件的最大深度或高度、最小圆角半径、拔模角度等几何特征是必须的。

(2) 设置加工方法

① 在“导航器”工具条中选择“加工方法”按钮，将工序导航器设置为加工方法。

② 双击“工序”导航器栏中 MILL_ROUGH 图标，弹出“铣削方法”对话框，在“部件余量”文本框中输入“0.4”，表示粗加工时型面留余量 0.4 mm，单击“确定”按钮退出对话框。

(3) 设置加工坐标系、安全平面

① 在“导航器”工具条中选择“几何视图”按钮，将“工序”导航器栏设置为几何。

② 在“工序”导航器栏中双击 MCS_MILL 图标，弹出“Mill Orient”对话框，如图 3-15 所示，单击“CSYS 对话框”按钮，弹出“CSYS”对话框，在“类型”选项中选择“偏置 CSYS”，在“旋转”选项组的“角度 X”文本框中输入“180”，单击“确定”按钮，将 Z 轴旋转 180°，如图 3-16 所示。

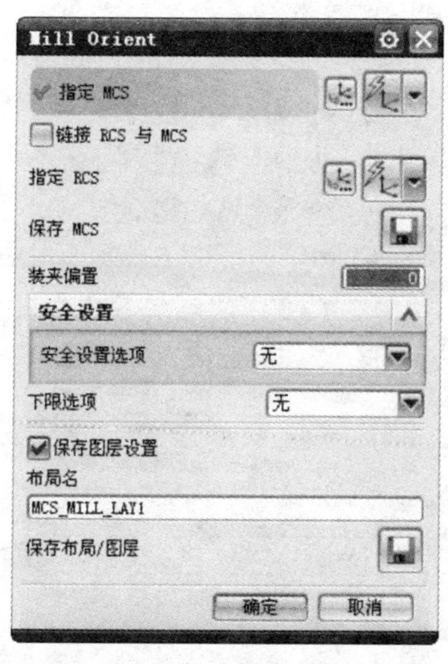

图 3-15　“Mill Orient”对话框

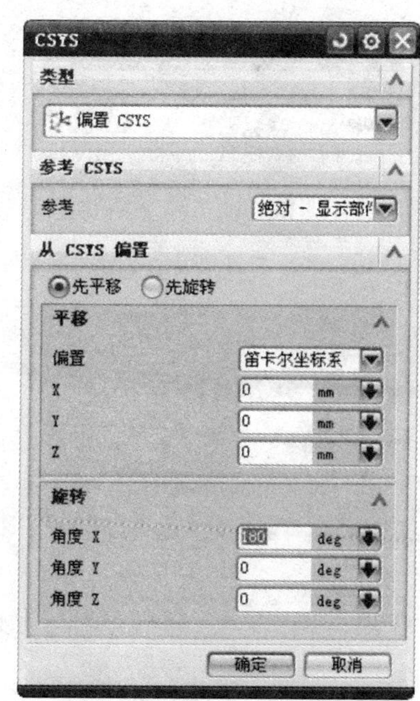

图 3-16　“CSYS”对话框

③ 在“安全设置选项”中，选择“平面”，用鼠标选中毛坯的上表面（毛坯默认设置在第二图层中，如需使用，可通过“格式—图层设置”下拉菜单选择显示），弹出“距离”参数栏，输入安全距离“2”，单击“确定”按钮，完成加工坐标系与安全平面的设置。

(4) 创建刀具

在“刀片”工具条中单击“创建刀具”按钮，刀具子类型选择“MILL”，在“名称”栏输入铣刀名“EM16_R2”，单击“确定”按钮，弹出“铣刀 5 参数”对话框，在对话框中输入铣刀参数：D=16mm，R1=2mm，L=60mm，FL=30mm，如图 3-17 所示。

(5) 建立粗加工用加工几何体

① 在工序导航器栏中单击 MCS_MILL 图标前面的“+”号，将其展开。

② 双击 WORKPIECE 图标，弹出“铣削几何体”对话框。

③ 在“铣削几何体”对话框中，单击“选择或编辑部件几何体”按钮，弹出“部件几何体”对话框。

④ 用鼠标选择定模，单击“确定”按钮，回到“铣削几何体”对话框。

⑤ 单击“选择或编辑毛坯几何体”按钮，弹出“毛坯几何体”对话框，用鼠标选择图层 2 中的毛坯实体，单击“确定”按钮，回到“铣削几何体”对话框。

⑥ 单击“确定”按钮，完成加工几何的建立。

(6) 创建粗加工操作

① 在“刀片”工具条中单击“创建工序”按钮，在“类型”中选择“mill contour”选项，按照图 3-18 所示设置各选项，单击“确定”按钮，弹出“型腔铣”对话框。

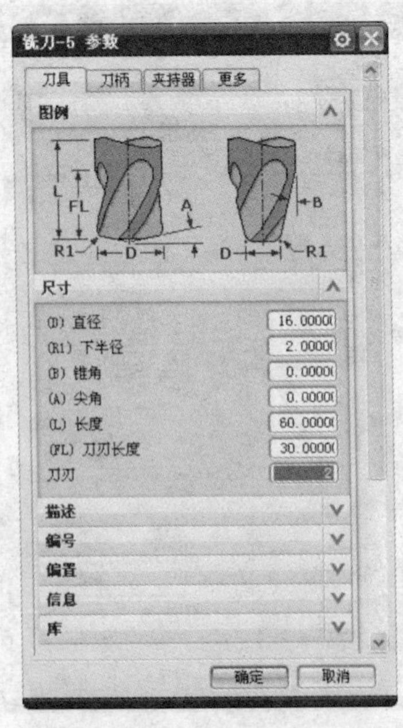

图 3-17 “刀具参数”对话框

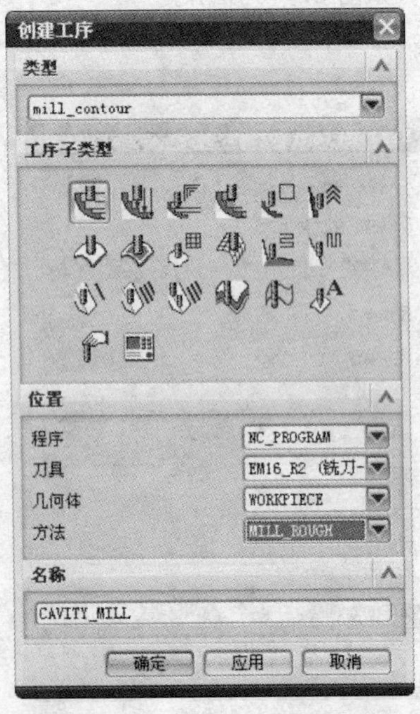

图 3-18 “创建工序”对话框

② 在“刀轨设置”选项组中，将“平面直径百分比”改为“30”，最大距离改为“1”，如图 3－19 所示。

③ 在“型腔铣”对话框中单击“切削参数”按钮，弹出“切削参数”对话框，单击“连接”选项卡，将“开放刀路”项改为“变换切削方向”，如图 3－20 所示。即切削方向为交替式，以提高切削效率。

④ 单击“确定”按钮，退出“切削参数”对话框，在“型腔铣”对话框中单击“生成”按钮，生成刀位轨迹，如图 3－21 所示。

⑤ 单击“操作”工具条中的“确认刀轨”按钮，在弹出的“刀轨可视化”对话框中选择“2D 动态”仿真方式，单击“播放”按钮，开始进行动态仿真。动态仿真效果如图 3－22 所示。至此定模型腔粗加工完成。

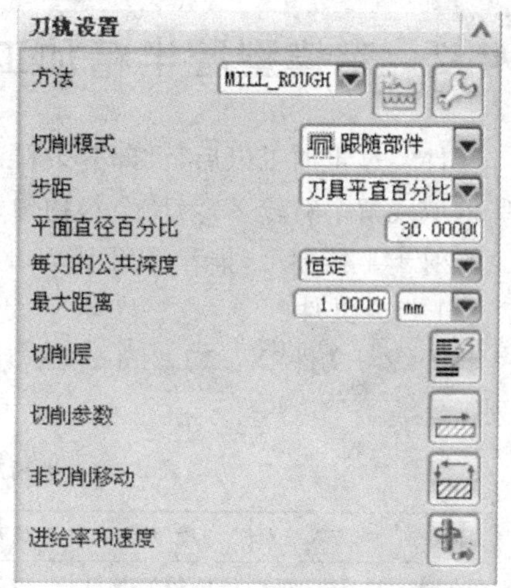

图 3－19　刀轨设置参数修改

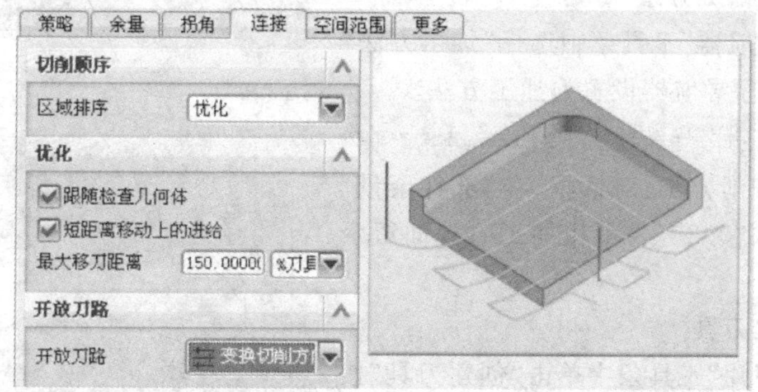

图 3－20　连接选项的修改

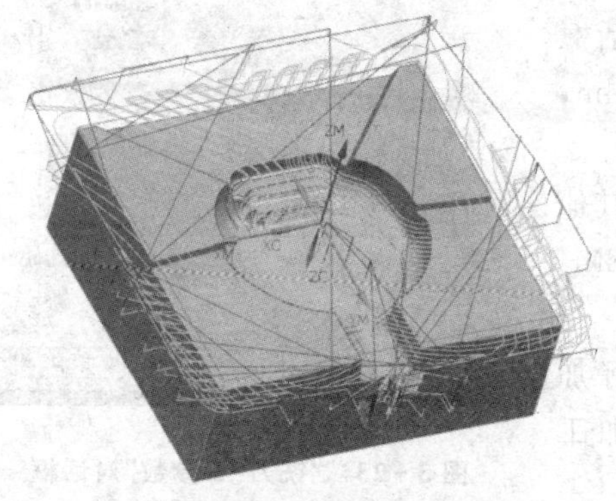

图 3－21　生成刀具轨迹

图 3－22　仿真加工效果

3.4.2 定模型腔半精加工案例

零件经过粗加工以后，大部分余料已经去除，但是零件型面上的余量并不均匀，某些区域残留余料较多，为使余料均匀，同时为后续的精加工做准备，必须进行半精加工。对于半精加工，推荐采用 IPW，以便生成更加高效的刀轨。

(1) 打开文件

打开练习文件“X:3\3.2.prt”(X 为随书赠送光盘的盘符)。加工方案如表 3－3 所列。

表 3－3 半精加工方案表(单位 mm)

序 号	方 法	程序名	刀具直径	R 角	刃 长	跨 距	切 深	余 量
1	半精加工	CAVITY_M_1	12	1.5	20	3	0.8	0.2
2	半精加工	CAVITY_M_2	8	1	10	2	0.6	0.2
3	半精加工	CAVITY_M_3	4	2	8	1	0.5	0.2

(2) 设置加工方法

① 在“导航器”工具条中选择“加工方法”按钮，将工序导航器设置为加工方法。

② 双击“工序”导航器栏中 MILL_SEMI_FINISH 图标，弹出“铣削方法”对话框，在“部件余量”文本框中输入“0.2”，表示粗加工时型面留余量 0.2 mm。

(3) 建立刀具

① 在“刀片”工具条中单击“创建刀具”按钮，刀具子类型选择“MILL”，在“名称”文本框输入铣刀名“EM12_R1.5”，单击“确定”按钮，弹出“铣刀 5 参数”对话框，在对话框中输入铣刀参数：D＝12 mm，R＝1.5 mm，L＝60 mm，FL＝20 mm，如图 3－23 所示。

② 重复上述步骤，根据表 3－3 建立其他两把铣刀，刀具名称分别为 EM8_R1、EM4_R2。

由于在上一步粗加工中已经设置好加工几何，因此在这里就不需要再设置加工几何。

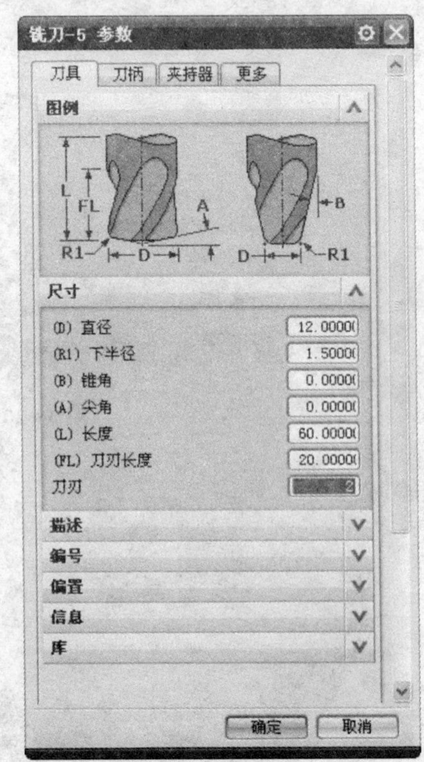

图 3－23 “铣刀－5 参数”对话框

(4) 创建半精加工操作 CAVITY_M_1

① 在“刀片”工具条中单击“创建工序”按钮，弹出“创建工序”对话框，按照图 3-24 所示设置各选项，单击“确定”按钮，弹出“型腔铣”对话框。

② 将平面直径百分比设为“25”，每刀的公共深度选择为“恒定”，最大距离设为“0.8”，如图 3-25 所示。

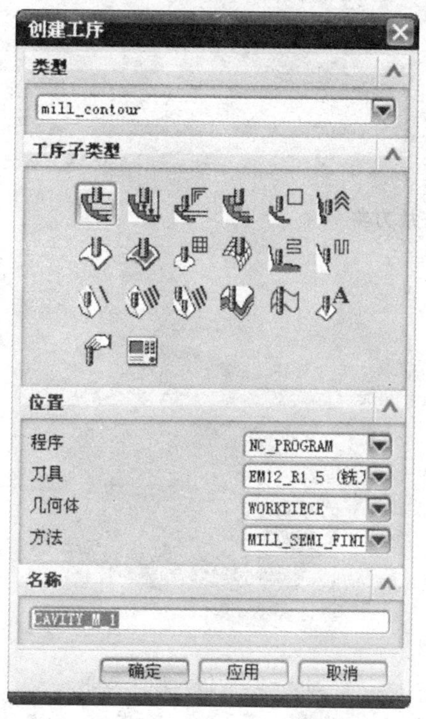

图 3-24 “创建工序”作对话框

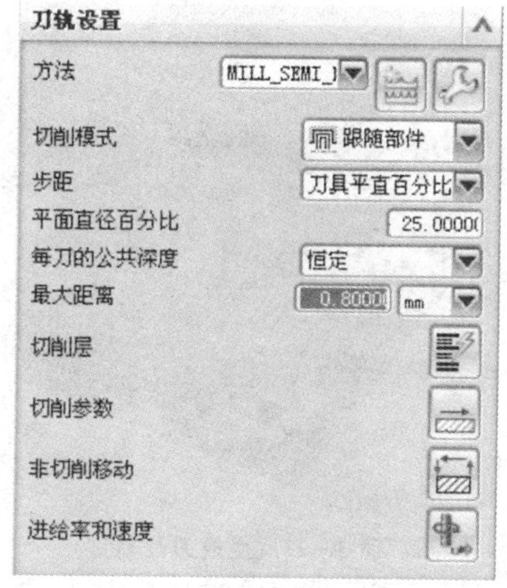

图 3-25 刀轨设置

③ 在“型腔铣”对话框中单击“切削参数”按钮，弹出“切削参数”对话框，在“连接”选项卡中将“开放刀路”选项改为“变换切削方向”，如图 3-26 所示，即切削方向为交替式，以提高切削效率。选择“空间范围”选项卡，将处理中的工件改为“使用 3D”。

④ 单击“确定”按钮，退出“切削参数”对话框，在“型腔铣”对话框中单击“生成”按钮，生成刀位轨迹，如图 3-27 所示。

⑤ 动态仿真效果如图 3-28 所示。可以看出局部余量还较多，需要进一步加工，以便使余量更加均匀。

(5) 创建半精加工操作 CAVITU_M_2

① 在“导航器”工具条中选择“机床视图”按钮，将工序导航器显示为机床视图。

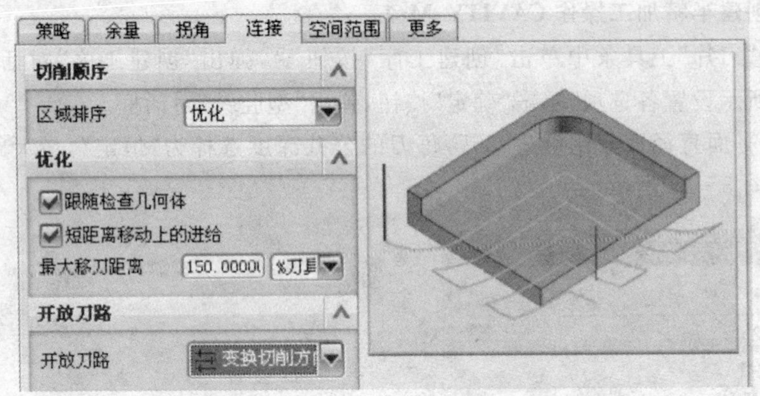

图 3-26　设置开放刀路

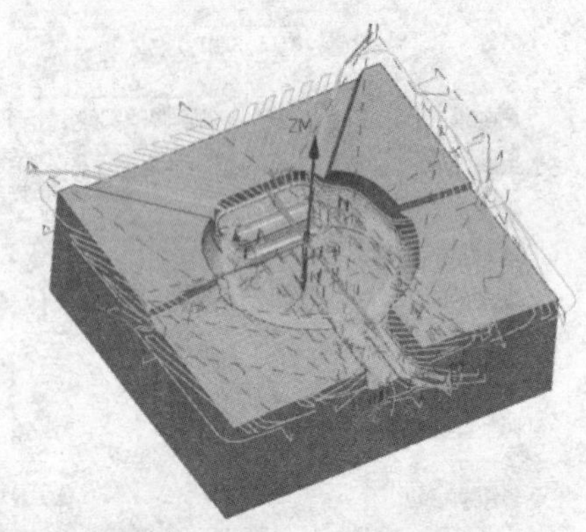

图 3-27　生成刀具轨迹

图 3-28　仿真加工效果

② 在工序导航器中单击 EM12_R1.5 前的“+”，将其展开，如图 3-29 所示。

③ 选择操作 CAVITY_M_1 并右击，在弹出的菜单中选择“复制”选项。在工序导航器中选择铣刀 EM8_R1 并右击，在弹出的右键快捷菜单中选择“内部粘贴”选项，如图 3-30 所示，这时铣刀 EM8_R1 下将增加一项操作：CAVITY_M_1_COPY。

④ 选择 CAVITY_M_1_COPY 并右击，在弹出的右键快捷菜单中选择“重命名”选项，将其改名为 CAVITY_M_2。

⑤ 双击操作 CAVITY_M_2，弹出“型腔铣”对话框，每刀的公共深度选择为“恒定”，最大距离设为“0.6”，单击“生成”按钮，生成刀位轨迹，如图 3-31 所示。

UG 的铣操作是一个参数化过程，通常可以采用复制、粘贴的方式创建一些类似的操作，然后通过修改参数生成新的刀轨。

⑥ 进行动态仿真，可以看到型面上的余量相对于上一步操作更为均匀，但是由于刀具直径的原因，还有两处余量较大，如图 3-32 所示，需要去掉这两处过多的余量。

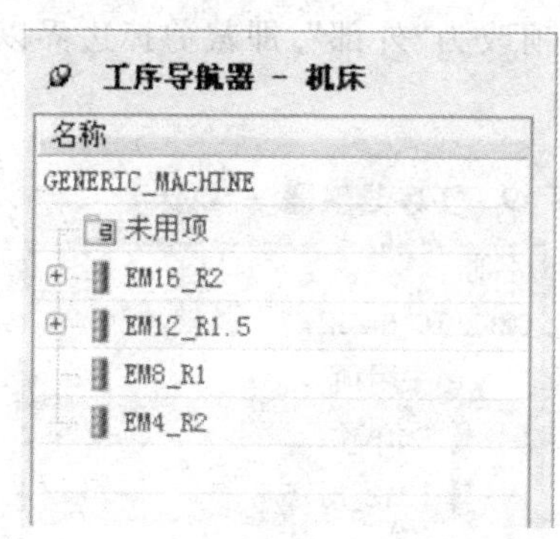

图 3-29　复制程序

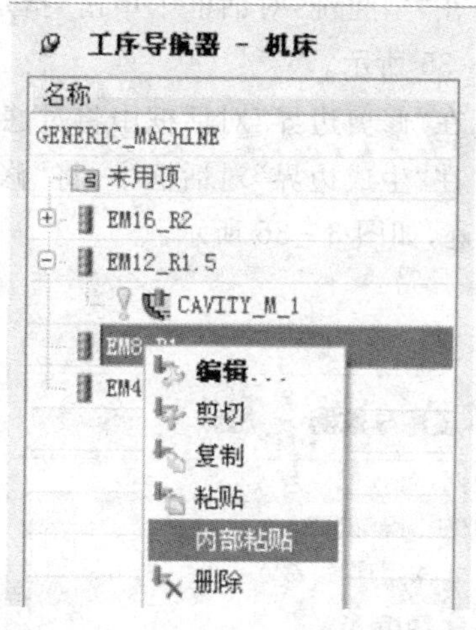

图 3-30　内部粘贴程序

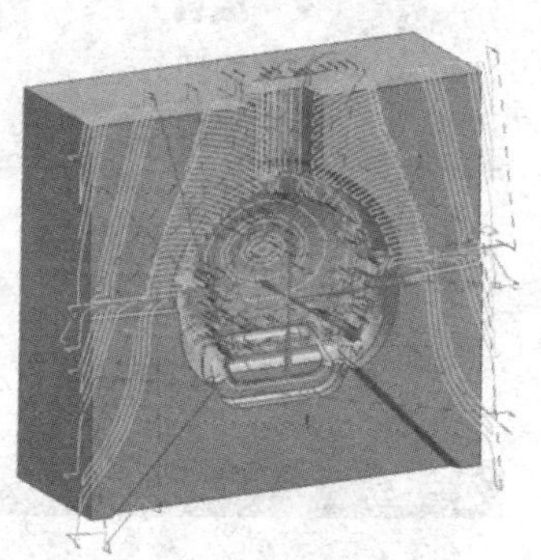

图 3-31　生成刀轨

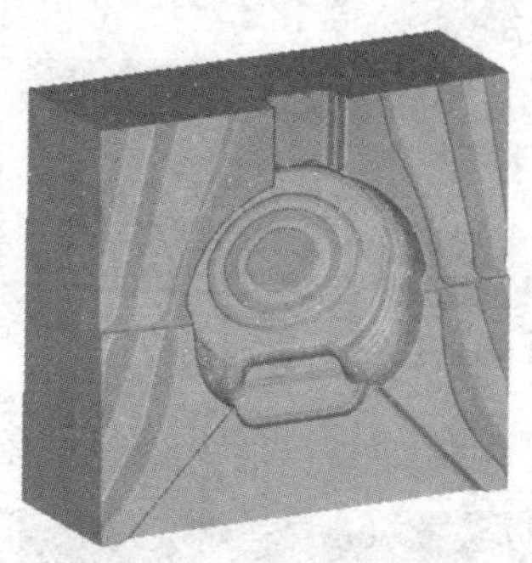

图 3-32　仿真结果

(6) 创建局部半精加工操作 CAVITU_M_3

① 在“导航器”工具条中选择“机床视图”按钮 ，将工序导航器显示为加工刀具。

② 在工序导航器中单击 EM8_R1 前的“+”，将其展开，如图 3-33 所示。

③ 选择操作 CAVITY_M_2 并右击，在弹出的右键快捷菜单中选择“复制”选项。在工序导航器中选择铣刀 EM4_R2 并右击，在弹出的右键快捷菜单中选择“内部粘贴”选项，如图 3-34 所示，这时 EM4_R2 下将增加一项操作：CAVITY_M_2_COPY。

④ 选择 CAVITY_M_2_COPY 并右击，在弹出的右键快捷菜单中选择“重命名”选项，将其改名为 CAVITY_M_3。

⑤ 双击操作 CAVITY_M_3，弹出“型腔铣”对话框，每刀的公共深度选择为“恒定”，最大距离设为“0.5”。

⑥ 在"型腔铣"对话框中单击"指定修剪边界"按钮，弹出"修剪边界"对话框，如图 3－35 所示。

⑦ 在"修剪边界"对话框中将过滤器类型选择为。

⑧ 在"生成边界"对话框中，将"修剪侧"选项改为"外部"，即裁剪掉边界以外的刀具轨迹，如图 3－36 所示。

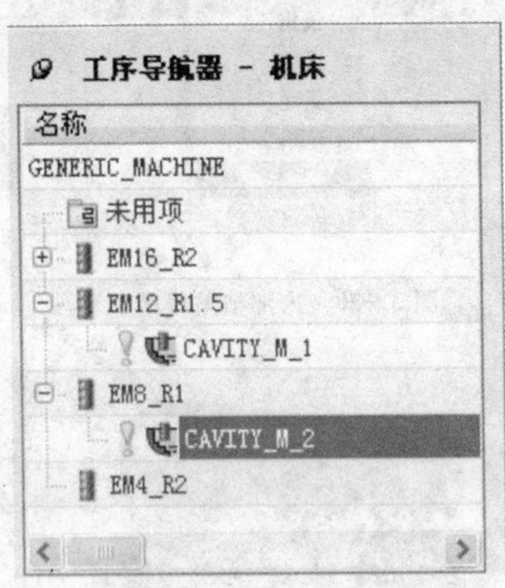

图 3－33 复制程序

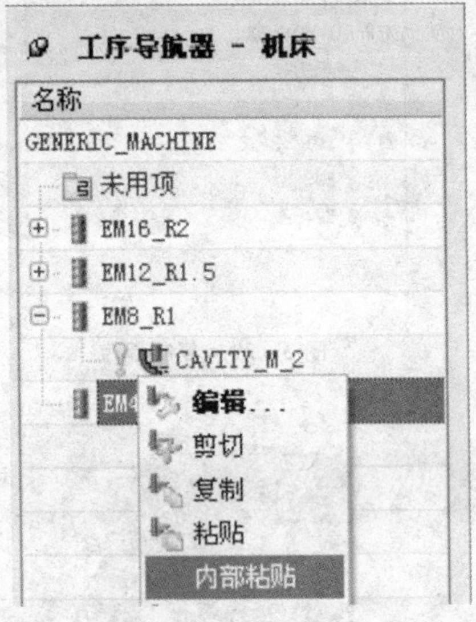

图 3－34 内部粘贴程序

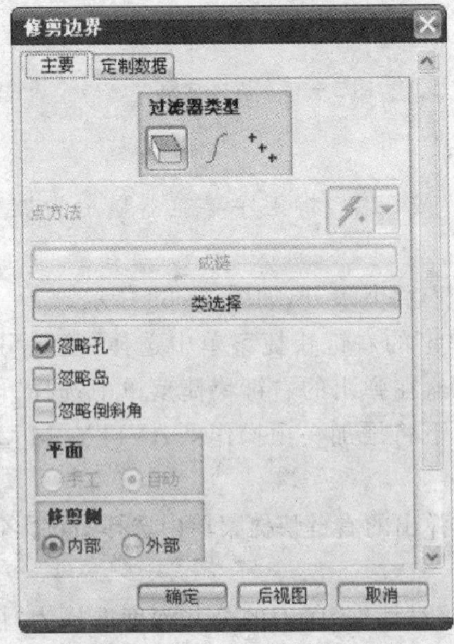

图 3－35 指定修剪边界

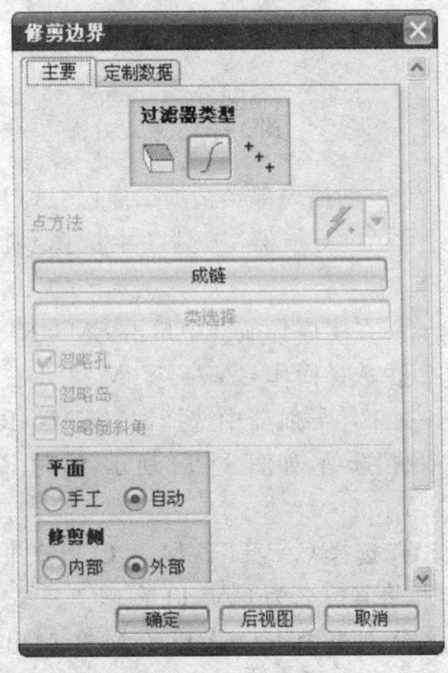

图 3－36 修剪参数设置

⑨ 选择如图 3－37 所示的矩形曲线(事先画好),先选择一个矩形,再单击“创建下一个边界”选项,选择另一个矩形曲线。

⑩ 单击“确定”按钮,完成修剪边界的设置。

⑪ 单击“生成”按钮,生成刀位轨迹,如图 3－38 所示。

⑫ 切削仿真结果如图 3－39 所示,可见这两处的局部余量已经去除(若产生的刀轨与工件发生干涉,可将工件定义为检查几何体,即可避免干涉)。

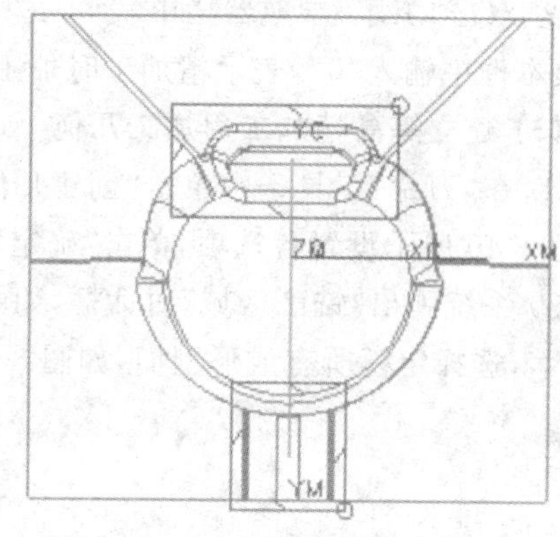

图 3－37 修剪曲线

图 3－38 生成刀轨

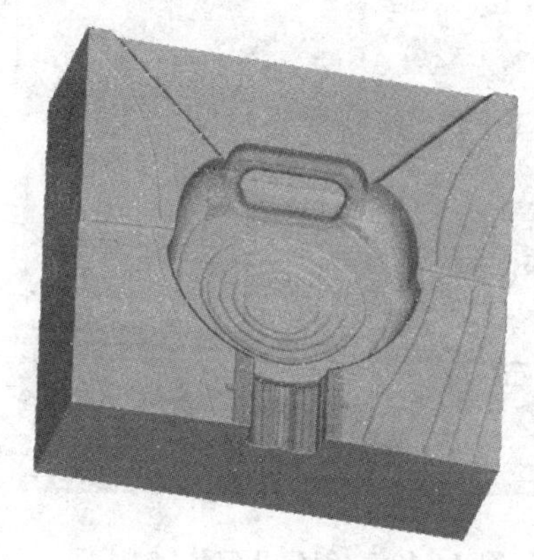
图 3－39 仿真结果

3.4.3 定模型腔等高精加工案例

型腔铣中的轮廓铣是采用轮廓的切削方法,分层加工。在加工较陡、较深的型面时,采用等高切削可以使刀具受力均匀、震动小,因此特别适合于陡峭曲面的精加工。

(1) 打开文件

打开练习文件“X:3\3.3.prt”(X 盘为保存练习文件的盘符)。该零件在前几节中已经做好了粗加工与半精加工,现将对零件的陡峭型面进行精加工。

(2) 设置加工方法

① 在“导航器”工具条中选择“加工方法”按钮,将工序导航器设置为加工方法。

② 双击“工序”导航器栏中 MILL_FINISH图标，弹出“铣削方法”对话框，在“部件余量”文本框中输入“0”，表示精加工时加工至型面尺寸。

(3) 建立等高精加工用加工几何

① 在“刀片”工具条中单击“创建几何体”按钮，弹出“创建几何体”对话框，按照图 3-40 所示设置各选项，单击“确定”按钮。

② 系统弹出“铣削区域”对话框，如图 3-41 所示。单击“选择或编辑切削区域”按钮，选择定模所有成形型面，如图 3-42 所示，单击“确定”按钮退出对话框。

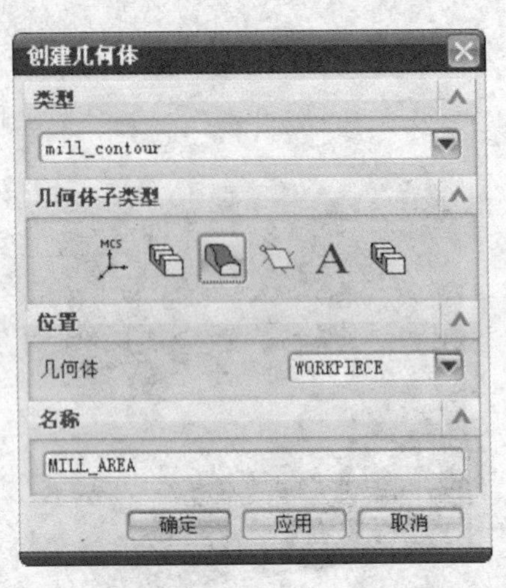

图 3-40 “创建几何体”对话框

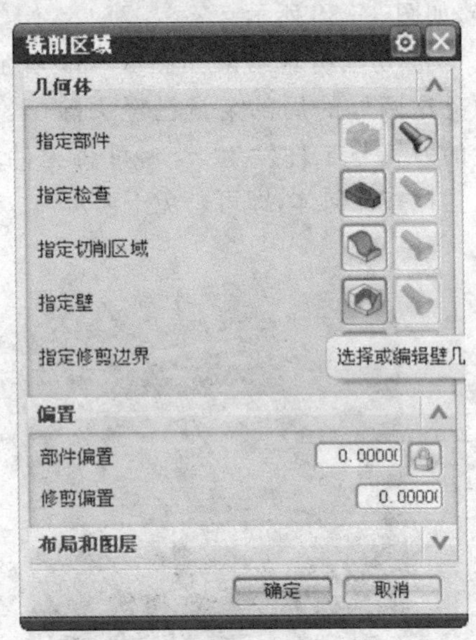

图 3-41 “铣削区域”对话框

注意：等高轮廓铣虽然属于行腔铣类型，但不需要毛坯几何体参与运算。

(4) 创建等高精加工操作

① 在“刀片”工具条中单击“创建工序”按钮，弹出“创建工序”对话框，按照图 3-43 所示设置各选项，单击“确定”按钮，弹出“深度加工拐角”对话框。

② 设置每刀公共深度为“恒定”，最大距离为“0.3”，如图 3-44 所示。

③ 单击“非切削移动”按钮，弹出“非切削移动”对话框。

④ 将转移/快递的安全设置选项设置为“使用继承的”，如图 3-45 所示。单击“确定”按钮返回。

刀具传递方法一共有四种：安全平面、先前的平面、空白(毛坯)平面、直接的。从安全角度而言，“安全平面”与“毛坯平面”最安全，但效率最低；“直接”的方法效率最高，但安全性较差；“先前的平面”方法则处于两者之间。

⑤ 单击“切削参数”按钮，设置切削参数。

⑥ 在“切削参数”对话框中，将“策略”选项卡的“切削顺序”选项设置为“深度优

先”,“切削方向”设置为“顺铣”,如图 3－46 所示。将“连接”选项卡中的“层到层”选项设置为“使用传递方法”,如图 3－47 所示。

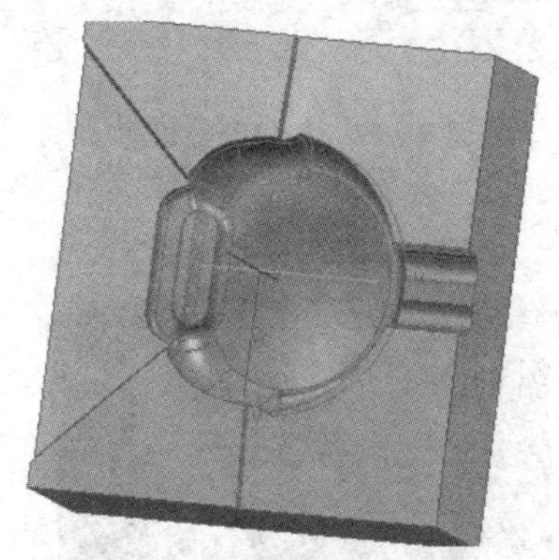

图 3－42　指定切削区域

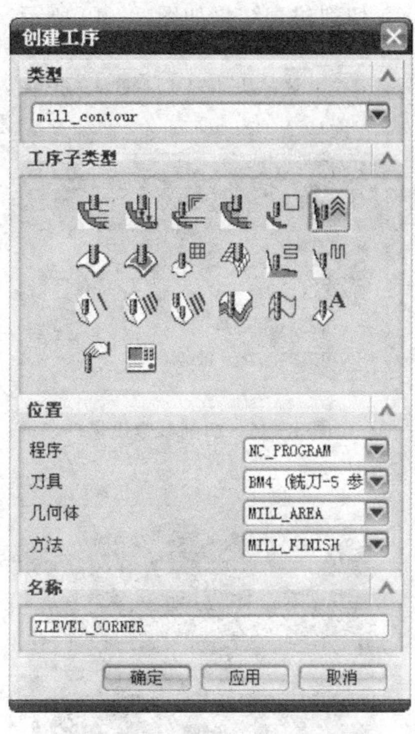

图 3－43　“创建操作”对话框

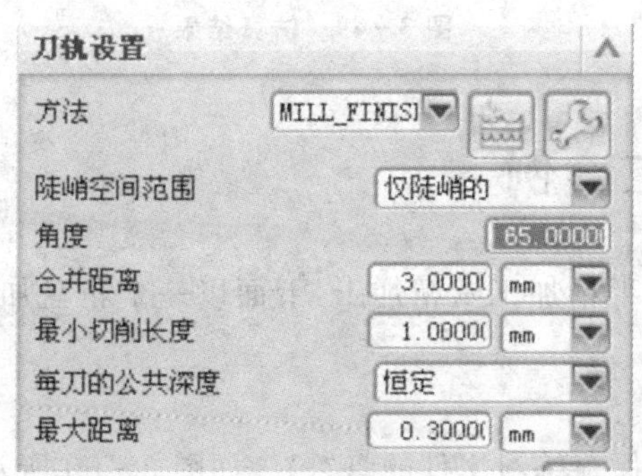

图 3－44　刀轨设置

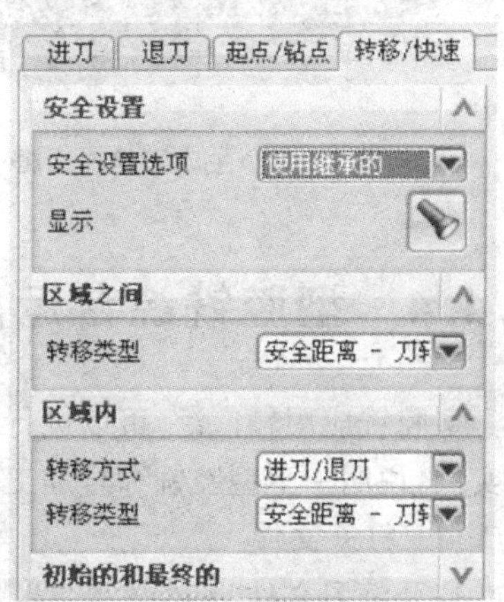

图 3－45　进刀参数设置

在精加工操作中,推荐采用顺铣切削。采用顺铣切削时,机床震动较小,对提高切削精度有利。

⑦ 单击“确定”按钮，退出切削参数设置，在“深度加工拐角”对话框中单击“生成”按钮，生成刀位轨迹，如图 3-48 所示。

⑧ 切削仿真结果如图 3-49 所示。

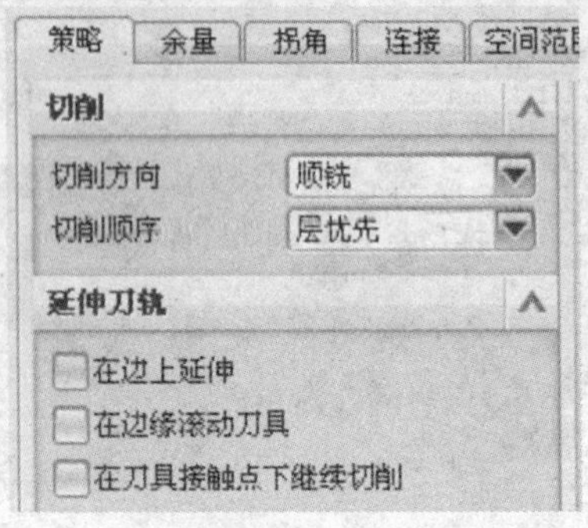

图 3-46 切削参数设置

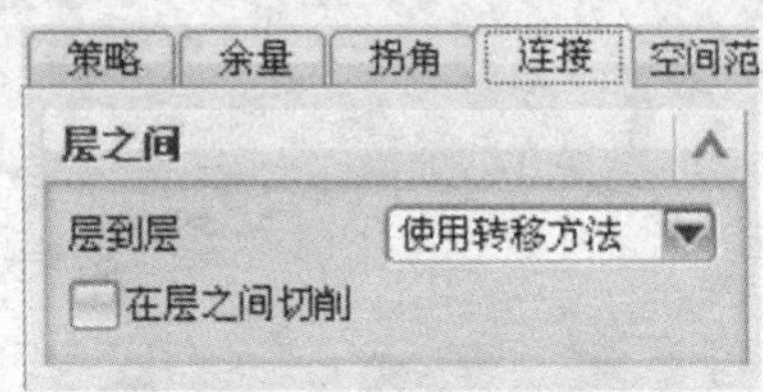

图 3-47 连接参数设置

图 3-48 生成刀轨对话框

图 3-49 仿真结果

3.4.4 型腔铣综合运用加工案例

型腔铣应用较广泛，可以进行粗加工、半精加工及精加工，下面以一个花盘加工为实例，说明一下型腔铣综合加工的运用。

(1) 打开文件

打开练习文件“X:3\3.4.prt”(X 盘为保存练习文件的盘符)。如图 3-50 所示，该零件为一个花盘零件，毛坯已经创建，外圆尺寸以及厚度尺寸已经通过其他加工方法加工到位。

加工方案如表 3-4 所列。

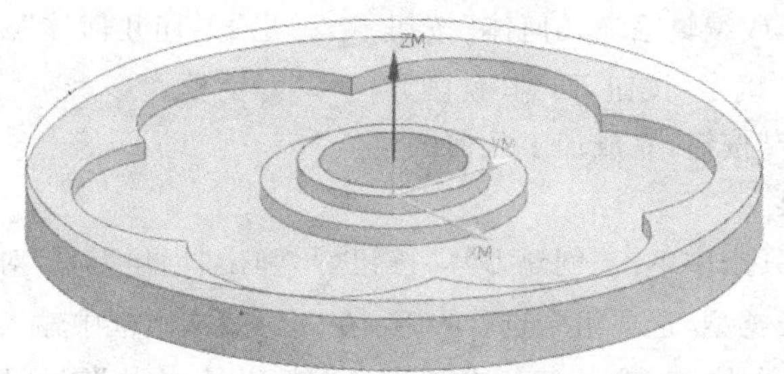

图3-50　零件图

表3-4　花盘加工方案表(单位 mm)

序　号	方　法	程序名	刀具直径	R角	刃　长	跨　距	切　深	余　量
1	粗加工	CAVITY_M_1	20	0	50	10	1	0.5
2	侧壁精加工	CAVITY_M_2	20	0	50	10	0.5	0
3	底面精加工	CAVITY_M_3	20	0	50	10	0.5	0

(2) 设置加工方法

① 在“导航器”工具条中单击“加工方法视图”按钮，将工序导航器设为加工方法视图。

② 双击导航器中的“MILL_ROUGH”，弹出“铣削方法”对话框，在“部件余量”文本框中输入“0.5”，表示粗加工时留余量0.5 mm。单击“确定”按钮退出对话框。

③ 双击导航器中的“MILL_FINISH”，弹出“铣削方法”对话框，在“部件余量”文本框中输入“0”，表示精加工时留余量0 mm。单击“确定”按钮退出对话框。

(3) 设置加工坐标系、安全平面

① 在“导航器”工具条中选择“几何视图”按钮，将工序导航器栏设置为几何。

② 在工序导航器栏中双击 MCS_MILL 图标，弹出“Mill Orient”对话框，单击“CSYS对话框”按钮，弹出“CSYS”对话框，在“类型”选项中选择“对象的CSYS”，用鼠标选择毛坯的上表面，则在毛坯上表面中心建立了加工坐标系，且Z轴方向竖直向上。

③ 在“安全设置”选项中选择“平面”，用鼠标选中毛坯的上表面，弹出“距离”参数栏，输入安全距离“2”，单击“确定”按钮，完成加工坐标系与安全平面的设置。

(4) 加工几何体

① 在工序导航器栏中单击 MCS_MILL 图标前面的“+”号，将其展开。

② 双击 WORKPIECE 图标，弹出“铣削几何体”对话框。

③ 在“铣削几何体”对话框中，单击“选择或编辑部件几何体”按钮，弹出“部件几何体”对话框。

④ 用鼠标选择花盘实体，单击“确定”按钮，回到“铣削几何体”对话框。

⑤ 单击“选择或编辑毛坯几何体”按钮，弹出“毛坯几何体”对话框，用鼠标选择毛坯实体，单击“确定”按钮，回到“铣削几何体”对话框。

⑥ 单击“确定”按钮，完成加工几何的建立。

(5) 建立刀具

① 在刀片工具条中单击“创建刀具”按钮，弹出“创建刀具”对话框。

② 在“刀具子类型”选项组中选择项，在“名称”文本框中输入铣刀名“EM20”，如图 3-51 所示，单击“确定”按钮。在弹出的“铣刀-5 参数”对话框中，输入铣刀参数：D=20，L=250，FL=50，如图 3-52 所示。

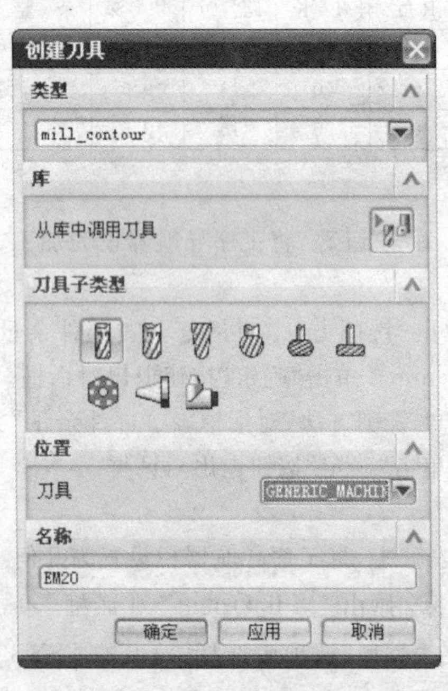

图 3-51 “创建刀具”对话框

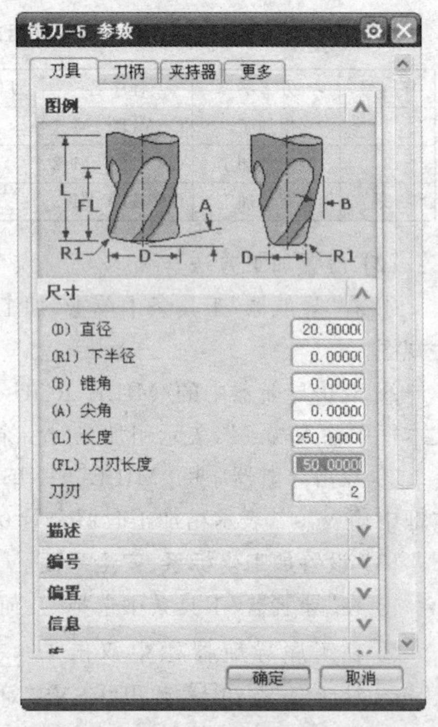

图 3-52 “铣刀参数”对话框

(6) 创建粗加工操作 CAVITY_M_1

① 在“刀片”工具条中单击“创建工序”按钮，弹出“创建工序”对话框，按照图 3-53 所示设置各选项，单击“确定”按钮，弹出“型腔铣”对话框。

② 在“刀轨设置”选项组中将“最大距离”设置为“1”，如图 3-54 所示。

③ 单击“切削参数”按钮，弹出“切削参数”对话框。

④ 在“策略”选项卡中，将切削顺序改为“深度优先”，如图 3-55 所示。

⑤ 单击“连接”选项卡，将开放刀路改为，即变换切削方向，如图 3-56 所示，以提高切削效率。

⑥ 单击“确定”按钮，退出“切削参数”对话框。

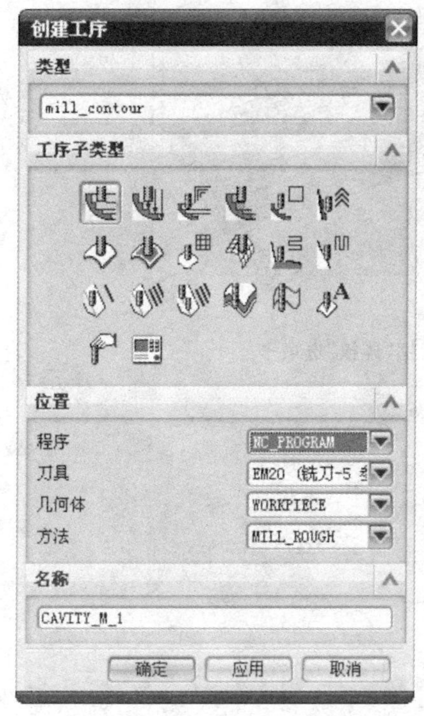

图 3-53　“创建工序”对话框

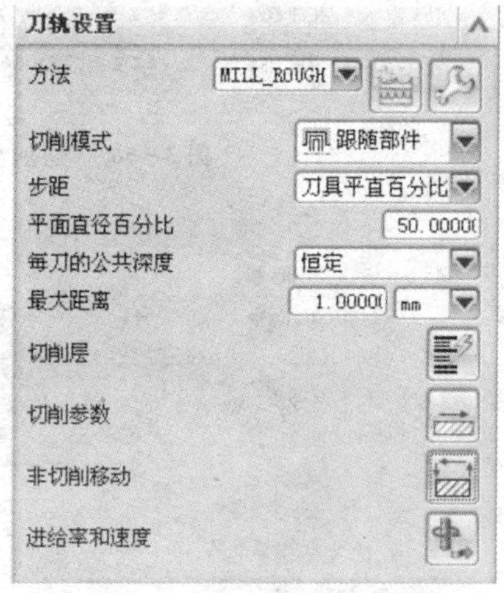

图 3-54　型腔铣“刀轨设置”选项组

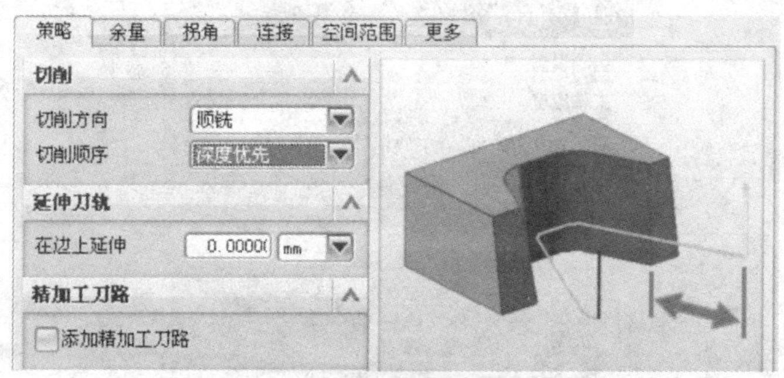

图 3-55　“切削参数”对话框“策略”选项卡

⑦ 单击“非移动切削”按钮，弹出“非移动切削”对话框，将“进刀”选项卡的“封闭区域”选项组中的“进刀类型”选择为“螺旋”，斜坡角改为“3”，如图 3-57 所示，单击“确定”按钮，返回“型腔铣”对话框。

⑧ 单击“进给率和速度”按钮，在弹出的“进给率和速度”对话框中，将主轴速度激活，在“主轴速度”文本框中输入“1200”，在“切削”文本框中输入“800”，如图 3-58 所示，单击“确定”按钮，返回“型腔铣”对话框。

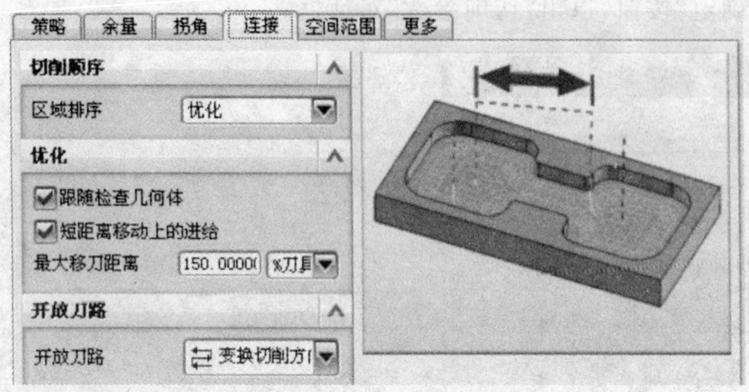

图 3-56 “切削参数”对话框“连接”选项卡

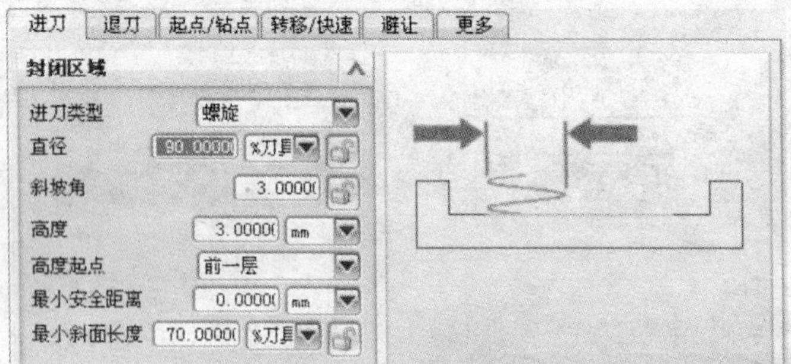

图 3-57 非移动切削对话框“进刀”选项卡

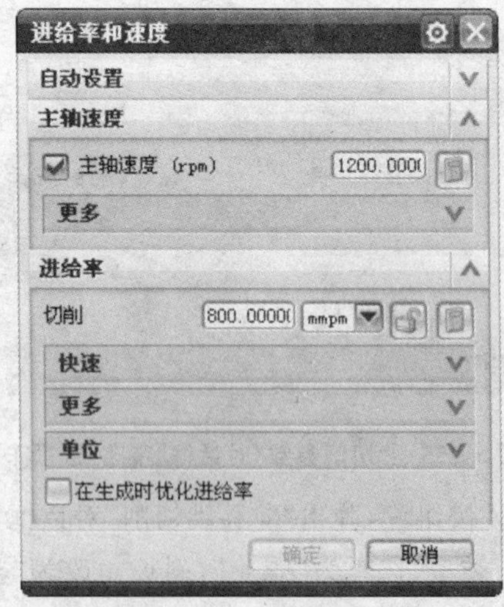

图 3-58 “进给率和速度”对话框

⑨ 在“型腔铣”对话框中单击“生成”按钮，生成刀位轨迹，如图 3-59 所示。

⑩ 动态切削仿真如图 3-60 所示。

图 3-59　粗加工刀具路径

图 3-60　粗加工仿真效果

(7) 创建侧壁精加工操作 CAVITY_M_2

① 在“导航器”工具条中单击“加工方法视图”按钮，则导航器显示为加工方法视图，如图 3-61 所示。单击 MILL_ROUGH 图标前边的“+”，则导航器的显示如图 3-62 所示。

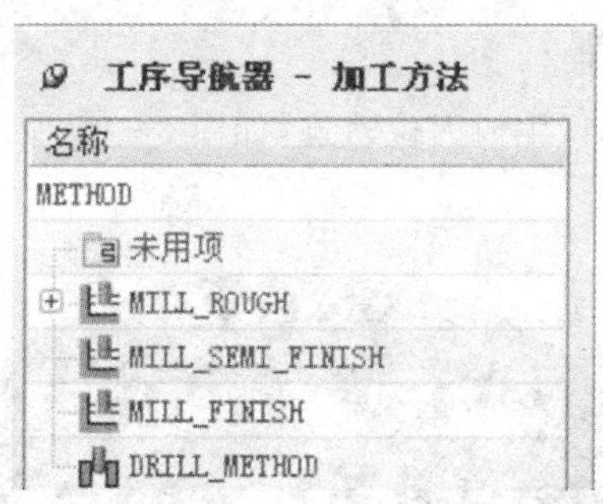

图 3-61　加工方法视图导航器

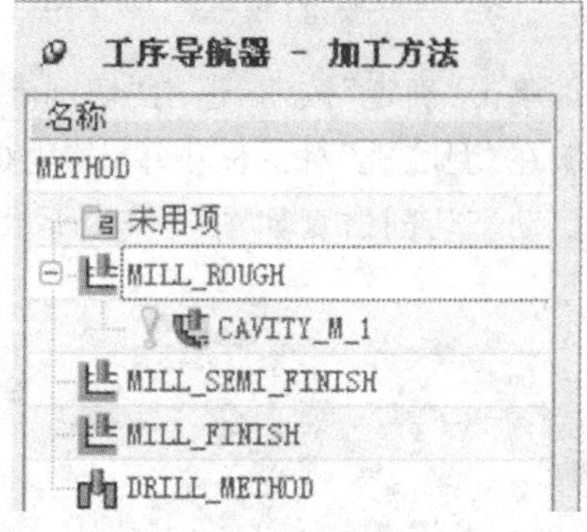

图 3-62　导航器展开状态

② 鼠标移动到 CAVITY_M_1 图标上右击，在弹出的右键快捷菜单中选择“复制”选项。

③ 再将鼠标移动到 MILL_FINISH 图标上右击，在弹出的右键快捷菜单中选择“内部粘贴”选项，则出现一个新的操作 CAVITY_M_1_COPY。

④ 右击 CAVITY_M_1_COPY 操作，在弹出的右键快捷菜单中选择“重命名”选项，将该操作的名称改为：CAVITY_M_2。

⑤ 双击 CAVITY_M_2 操作，弹出“型腔铣”对话框。

⑥ 将切削模式改为轮廓加工，将每层切削深度的最大距离改为“0.5”，如图 3-63 所示。

⑦ 单击“切削参数”按钮，弹出“切削参数”对话框。

⑧ 在“余量”选项卡中，将“使底面余量与侧面余量一致”选项关闭（即取消选中

状态)，在部件底面“余量”文本框中输入“0.5”，如图 3-64 所示。

刀轨设置
方法
MILL_FINISI
切削模式
轮廓加工
步距
刀具平直百分比
平面直径百分比
50.0000(
附加刀路
0
每刀的公共深度
恒定
最大距离
0.5000(
mm
切削层
切削参数
非切削移动
进给率和速度

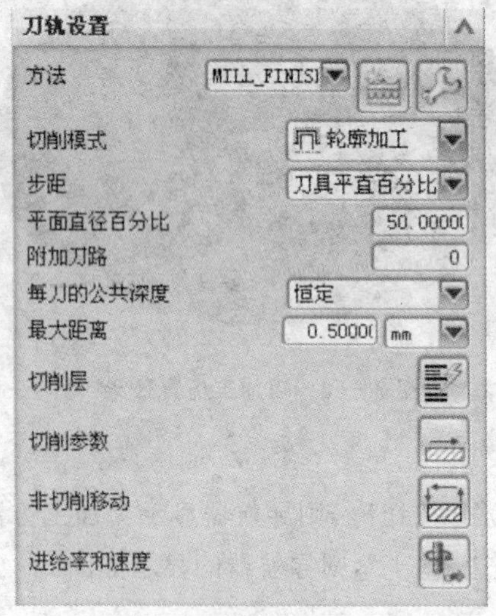

图 3-63　型腔铣“刀轨设置”选项组

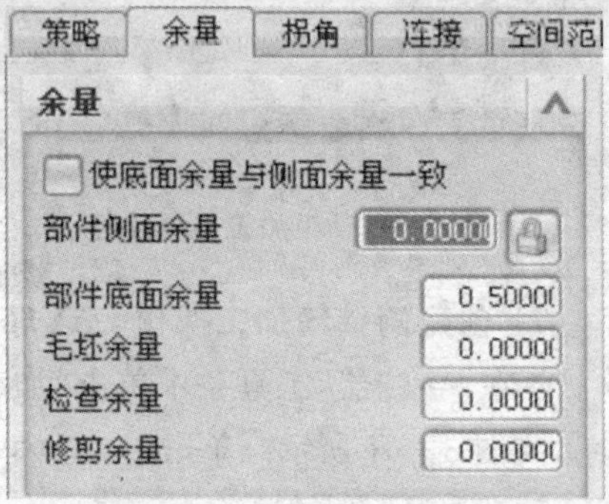

策略
余量
拐角
连接
空间范
余量
使底面余量与侧面余量一致
部件侧面余量
0.0000(
部件底面余量
0.5000(
毛坯余量
0.0000(
检查余量
0.0000(
修剪余量
0.0000(

图 3-64　切削参数“余量”选项卡

⑨ 单击“确定”按钮，退出“切削参数”对话框。

⑩ 在“型腔铣”对话框中单击“生成”按钮，生成刀位轨迹，如图 3-65 所示。

⑪ 动态切削仿真如图 3-66 所示。

ZM
YM
XM

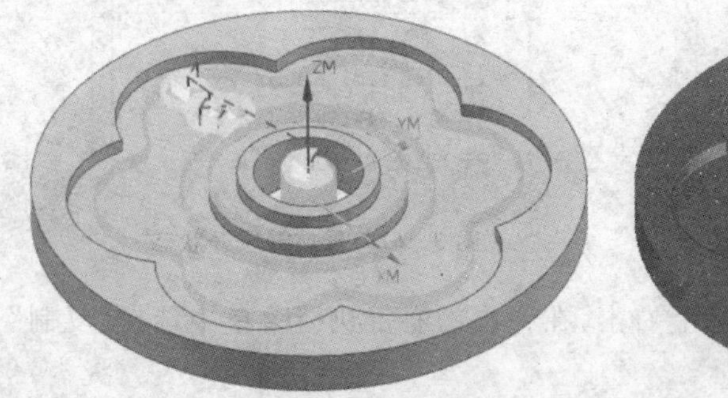

图 3-65　侧壁精加工刀具路径

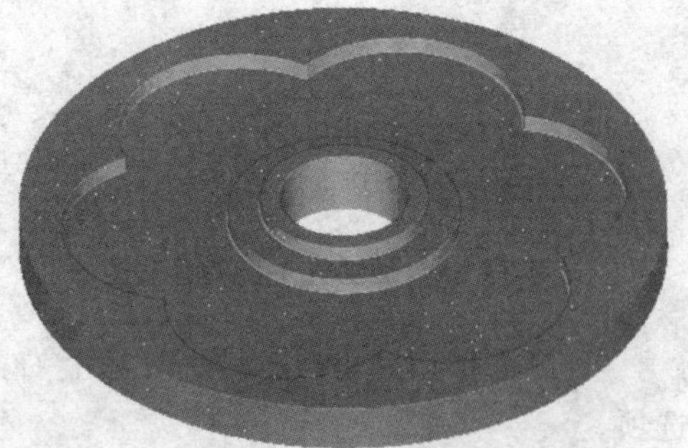

图 3-66　仿真加工效果

(8) 创建底面精加工操作 CAVITY_M_3

① 在“导航器”工具条中单击“加工方法视图”按钮，则导航器显示为加工方法视图。单击 MILL_FINISH 图标前边的“+”。

② 鼠标移动到 CAVITY_M_2 图标上右击，在弹出的右键快捷菜单中选择“复制”选项。

③ 将鼠标移动到 MILL_FINISH 图标上右击，在弹出的右键快捷菜单中选择“内部粘贴”选项，则出现一个新的操作 CAVITY_M_2_COPY 。

④ 右击 CAVITY_M_2_COPY 操作，在弹出的右键快捷菜单中选择“重命名”选项，将该操作的名称改为：CAVITY_M_3。

⑤ 双击 CAVITY_M_3 操作，弹出型腔铣对话框。

⑥ 将“切削模式”改为跟随部件，将每层切削深度的最大距离改为“20”（如输入的每层切削深度值超过了该切削区域的最大深度值，则系统会自动只在底面生成一层切削路径，因此在此利用该特点，可以输入一个超过所有切削区域深度的数值“20”），如图 3－67 所示。

⑦ 单击“切削参数”按钮，弹出“切削参数”对话框。

⑧ 在“余量”选项卡中，在“部件底面余量”文本框中输入“0”，如图 3－68 所示。

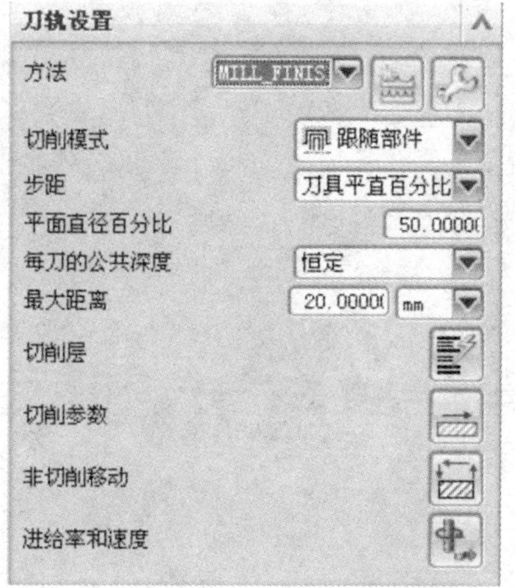

图 3－67　型腔铣“刀轨设置”选项组

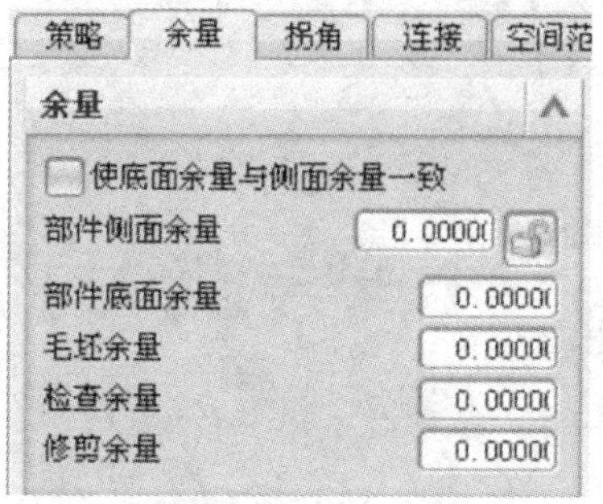

图 3－68　切削参数“余量”选项卡

⑨ 单击“确定”按钮，退出“切削参数”对话框。

⑩ 在“型腔铣”对话框中单击“生成”按钮，生成刀位轨迹，如图 3－69 所示。

⑪ 动态切削仿真如图 3－70 所示。

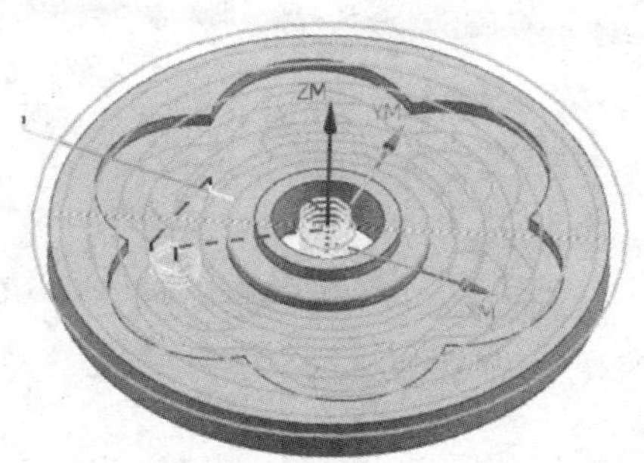

图 3－69　侧壁精加工刀具路径

图 3－70　仿真加工效果

至此，花盘零件的加工完成了。在该实例中，利用了一般的型腔铣完成了粗加工，利用轮廓加工的切削模式完成了侧壁精加工，最后利用切削层中每层切削深度不得大于切削区域深度的特点，完成了底面的精加工。

本章小结

本章重点介绍了型腔铣的加工特点、型腔铣的创建过程、型腔铣的特有参数（包括切削层、切削参数的设置），最后通过实例来说明型腔铣的基本运用。通过本章的学习，读者能够基本掌握 UG 型腔铣的操作步骤和创建过程，并结合实例练习，使读者更容易理解和合理地编制刀具路径。

第 4 章　固定轮廓铣

本章导读

固定轮廓铣是在固定轴加工中最常用的精加工方法，它广泛地应用于各种曲面零件的精加工。本章重点介绍了固定轴曲面轮廓铣的特点、创建固定轴曲面轮廓铣操作以及固定轴曲面轮廓铣的驱动方法。

4.1 固定轮廓铣的特点

固定轮廓铣操作项目，可在复杂曲面上产生精密的道具路径，并可详细地控制刀轴与投影向量。其道具路径是经由投影导向点到零件表面而产生的，其中导向点则是经由曲线、边界、表面与曲面等导向几何图形。刀具通过此导向点，沿指定向量方向定位至零件上。导向的基本原则适用于固定轮廓铣及多轴曲面加工。

固定轮廓铣的主要控制要素为导向图形，系统在图形及边界上建立一系列的导向点，并将这些点沿着指定向量的方向投影至零件表面。刀具定位于与零件表面接触的点上，当刀具从现行接触点移动到下一个接触点时，刀具端点位置形成的路径即输出为刀具路径。创建固定面轮廓铣刀位轨迹的过程可以分为两个阶段：先从指定的驱动几何体生成驱动点，接着驱动点沿着一个指定的投影矢量方向投影到零件几何体上形成投影点。

(1) 在驱动几何体上产生驱动点

驱动点可以从部分或全部的零件几何体中创建，也可以从其他与零件不相关联的几何体上创建，最后，这些点将被投影到几何体零件上。

(2) 投影驱动点

刀位轨迹点通过内部处理产生。它使刀具从驱动点开始沿着投影矢量方向向下移动，直到刀具接触到零件几何体。这个点可能与映射投影点的位置相一致，如果有其他的零件几何体或者是检查几何体阻碍了刀具接触到投影点，将产生一个新的输出点，那个不能使用的驱动点将被忽略。

本操作项目可用于执行精加工程序，通过不同的驱动方式的设置，可以获得不同的刀轨形式，相当于其他 CAM 软件的沿面切削、外形投影、口袋投影、沿面投影及清角等操作，可谓功能强大。

4.2 创建固定轮廓铣操作

4.2.1 创建操作

进入加工模块后，在“刀片”工具条上单击“创建工序”按钮，弹出“创建工序”对话框，如图 4-1 所示。在该对话框的“类型”选项的下拉菜单中选择“mill_contour”，再在“工序子类型”选项组中选择“FIXED_CONTOUR”按钮，单击“确定”按钮进入“固定轮廓铣”对话框。在创建操作时，默认的“mill_contour”模板集中可以使用“固定轮廓铣”的子类型选项，如表 4-1 所列。

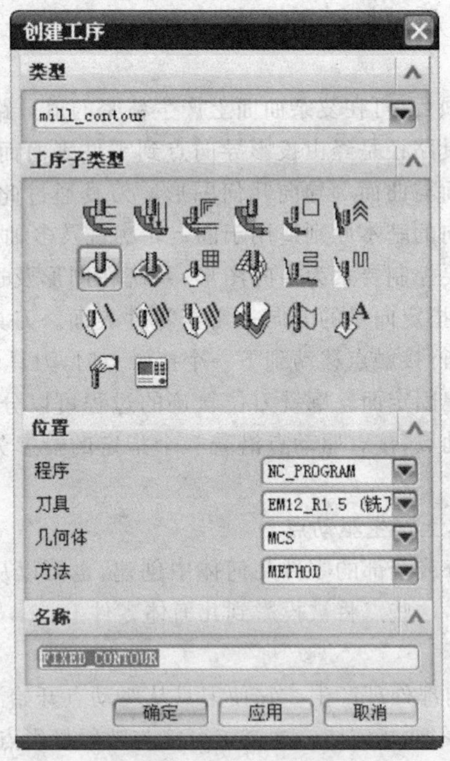

图 4-1 “创建工序”对话框

表 4-1 固定轮廓铣的子类型选项

图 标	英文名称	中文含义	说 明
	FIXED_COUNTOUR	固定轮廓铣	通用的固定轴曲面轮廓铣操作，允许用户选择不同的驱动方法和切削方法

续表 4-1

图标	英文名称	中文含义	说明
	COUNTOUR_AREA	区域轮廓铣	采用区域驱动方法加工指定的区域,常用于半精加工和精加工
	COUNTOUR_SURFACE_AREA	曲面区域轮廓铣	采用曲面区域驱动,它使用单一驱动曲面的 U-V 方向,或者是曲面的直角坐标网格
	STREAMLINE	流线轮廓铣	根据选中的几何体来构建隐式驱动曲面,可以灵活的创建刀轨,规则面栅格无需整齐排列
	COUNTOUR_AREA_NON_STEEP	非陡峭区域轮廓铣	与区域轮廓铣基本相同,但只切削非陡峭区域
	COUNTOUR_AREA_STEEP	陡峭区域轮廓铣	与区域轮廓铣基本相同,但只切削陡峭区域
	FLOWCUT_SINGLE	单路径清根铣	清根驱动方法中选单路径
	FLOWCUT_MULITIPLE	多路径清根铣	清根驱动方法中选多路径
	FLOWCUT_REF_TOOL	参考刀具清根铣	清根驱动方法中选参考刀具
	SOLID_ PROFILE_3D	实体轮廓 3D 铣削	通过实体面控制加工区域,常用于窄槽的加工
	PROFILE_3D	轮廓 3D 铣削	特殊的三位轮廓切削类型,常用于修边
	COUNTOUR_TEXT	轮廓文本铣削	用于三维文字雕刻

4.2.2 "固定轮廓铣"操作对话框

在如图 4-2 所示的对话框中可以看到,固定轮廓铣与平面铣或型腔铣多数项目基本相同,本书将不再重复这些参数选项的设置。它们之间主要的区别在于"固定轮廓铣"对话框中有"驱动方法"和"刀轴"两个选项组。

4.2.3 定义操作的几何体

在"固定轮廓铣"对话框的"几何体"选项组中包括了几何体的创建、修改,指定部

图 4-2 “固定轮廓铣”对话框

件，指定检查，指定切削区域几个功能，其相关的设置与平面铣及型腔铣中的完全一样，在此不再赘述。

4.3 固定轮廓铣的共同选项

在“固定面轮廓铣”操作对话框中，有部分选项的设置是与平面铣或者型腔铣完全一样的，如进给率、机床控制以及切削参数中的大部分选项，本章将不再重复。

4.3.1　投影矢量

固定轮廓铣实际上是将刀具驱动轨迹沿着某一方向投影到加工实体上，因此需要指定投影方向，即投影矢量。在 UG NX 8.0 版本中，可通过 6 种方式指定投影矢量，如图 4-3 所示。通常在默认情况，投影矢量与刀轴保持一致。

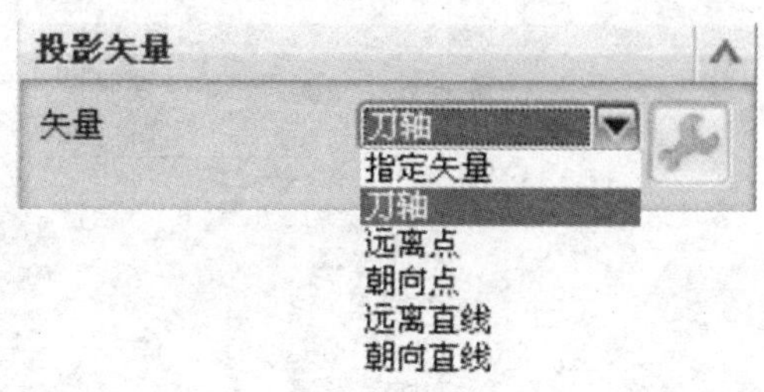

图 4-3　投影矢量选项

4.3.2　刀　轴

刀轴即指定刀具轴的方向。在 UG NX 8.0 版本中，通过 3 种方式指定刀轴：+ZM 轴、指定矢量、动态。

(1) +ZM 轴

+ZM 轴标示选择加工坐标系的+ZM 轴线方向作为刀具轴的方向，该选项也为默认选项。

(2) 指定矢量

指定矢量即是通过矢量构造器指定一个矢量方向，将该方向指定为刀轴方向。一般情况下，固定轴曲面铣加工时，所有的投影矢量应该是刀轴方向。其余选项多在多轴加工时使用。

(3) 动　态

动态方式能够激活一个动态坐标系，通过调整动态坐标系调整刀轴方向。

注意：不要将投影矢量和刀具轴混淆起来，投影矢量并不一定需要与刀具轴相匹配。

4.3.3　切削参数

切削参数是指刀具作切削运动的参数，它影响每一种驱动方法。如图 4-4 所示在操作对话框的“刀轨设置”选项组中，单击“切削参数”按钮，将打开如图 4-5 所示的“切削参数”对话框。在该对话框中，部分参数是与平面铣或型腔铣相同的，而部分参数则是固定轴轮廓铣专有的参数。以下对其特有的切

图 4-4　“刀轨设置”选项组

削参数选项逐个进行说明。

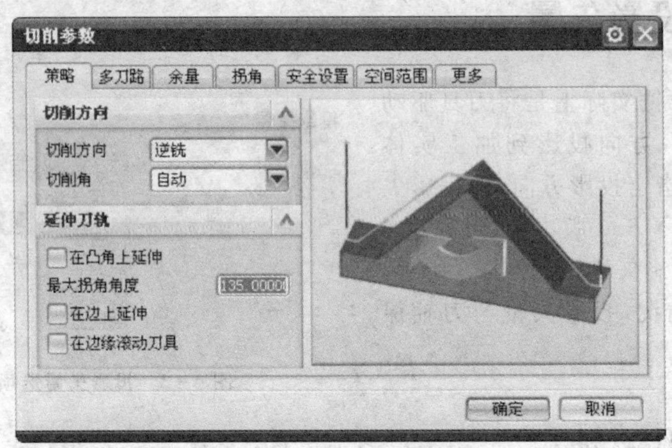

图 4-5 “切削参数”对话框

1. 公差与余量

在进行固定轮廓铣时对于部件几何体与检查几何体可分别设置其加工余量，并可控制其生成刀具路径的公差，如图 4-6 所示为切削参数中有关公差与余量的选项。

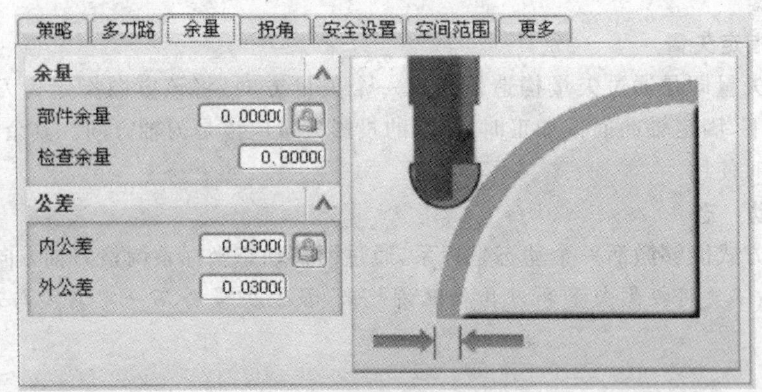

图 4-6 公差与余量的设置

(1) 部件余量

部件余量是指在加工后，允许在零件表面四周余留的材料量，如图 4-7 所示。

(2) 检查余量

检查余量用于指定检查几何体的偏置值，以确保刀具不与检查几何体产生干涉，如图 4-8 所示。

(3) 内公差/外公差

如图 4-9 所示，内公差为刀具切入零件轮廓的量，即为过切量；如图 4-10 所示，外公差为刀具离开轮廓的量，即为欠切量。一般这两个公差设置得越小，加工精度越高，但将会导致驱动点数增加、程序量增大、平均加工速度降低，以至于加工时间大大增加，因此应根据实际零件的需求适当地调整公差值。

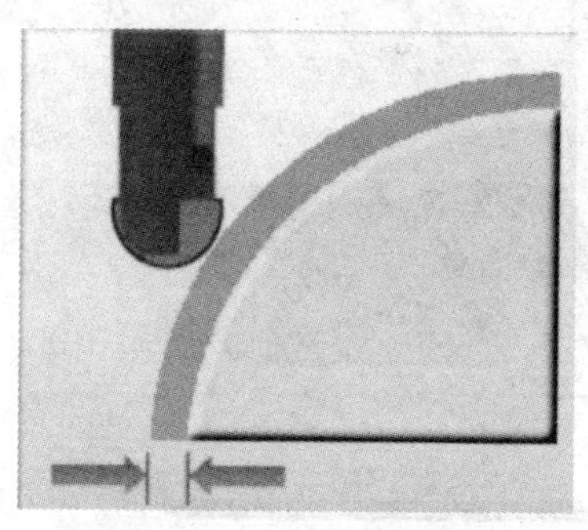

图 4-7　部件余量示意图

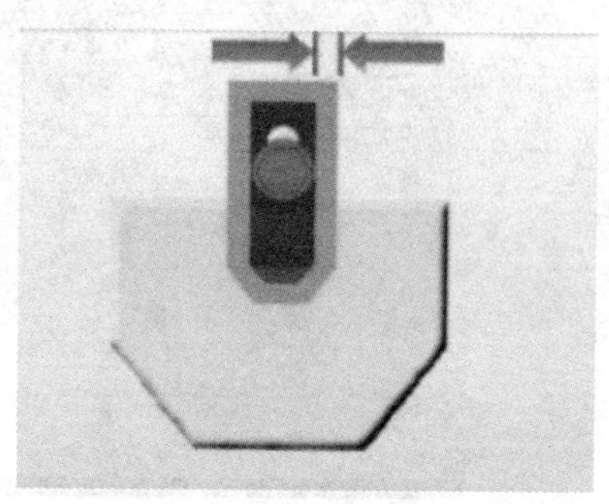

图 4-8　检查余量示意图

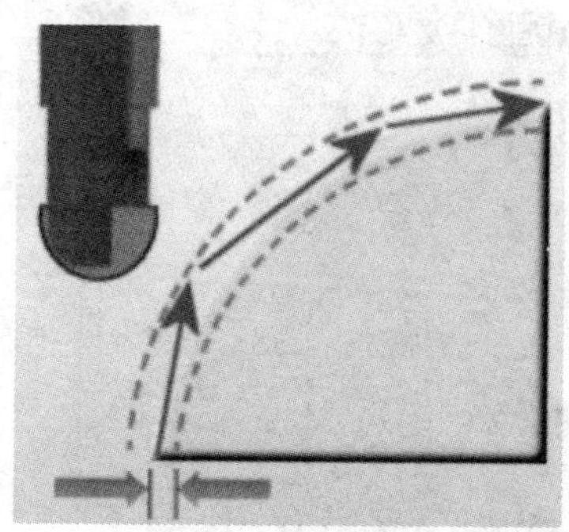

图 4-9　内公差示意图

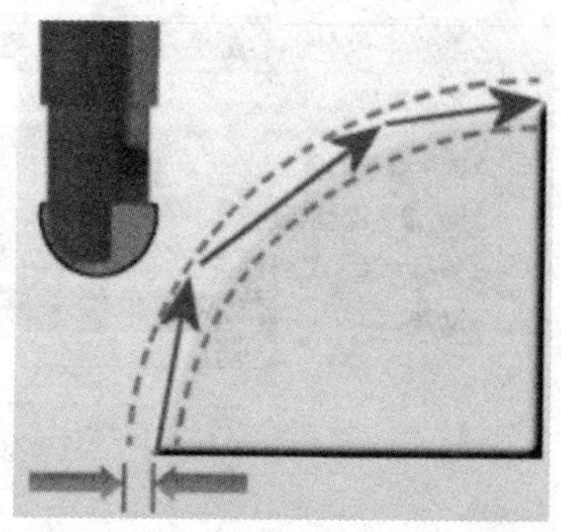

图 4-10　外公差示意图

2. 多重深度切削

该选项用于分层逐次切除零件材料。切削层在零件面的一个偏置面上产生，而不是由零件面上刀轨的 Z 向偏移得到。它的设置在固定轴轮廓铣“切削参数”对话框的“多刀路”选项卡中，如图 4-11 所示为“多重深度”选项组设置的界面。在切削层的计算中，直接从零件表面上开始计算，忽略所定义的零件余量。

多重深度切削的相关选项如下。

(1) 部件余量偏置

即在切削的最底刀轨层向上偏置一定的余量，作为多个深度的切削区域(该余量不能为负值)。

(2) 多重深度切削

当激活“多重深度切削”选项时，将会出现“步进方法”选项，有增量和刀路两种方法，如图 4-12 所示。

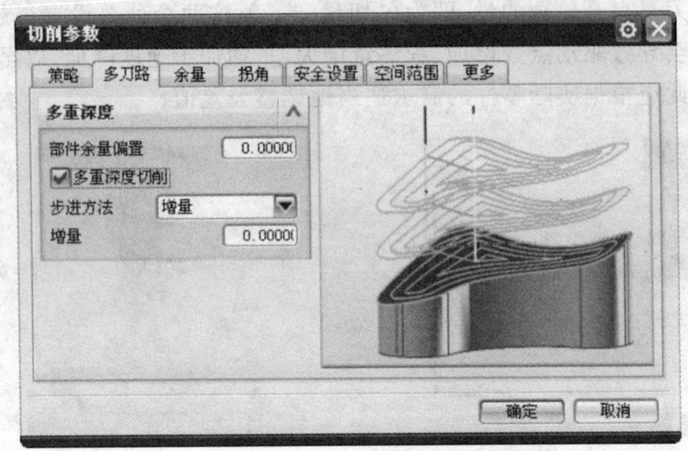

图 4-11 “多重深度”选项组

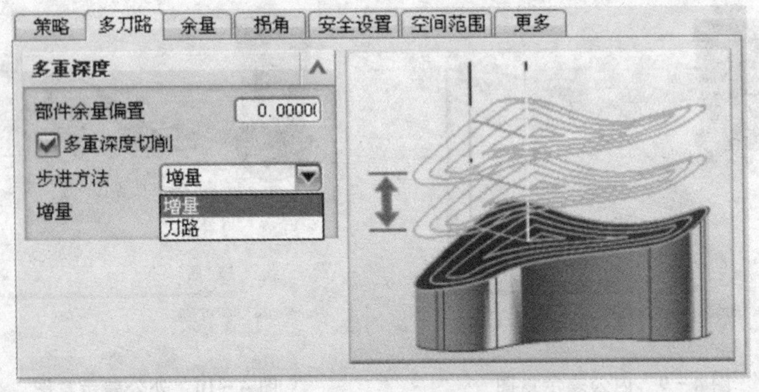

图 4-12 “步进方法”选项

① 增量：用于指定各路径层之间的间距，选定该选项后，在下方的“增量”文本框内输入增量值后，系统用部件余量偏置值除以增量值得到需要加工的层数，若输入值为 0，则只生成一层刀具路径，若计算得到的层数不是整数，系统将自动将最后不足一层的距离当作一层进行加工。

② 刀路：用于指定路径的总层数，选择该项时，需要输入刀路数，系统自动计算增量，即用部件余量偏置值除以输入的刀路数得到余量增量，增量是均等的。

如果加工余量偏置值为 0，则指定刀路将在精加工位置的同一层内创建指定数量的刀具路径，通常用于精加工后进行光顺加工。

3. 安全设置

单击“切削参数”对话框中的“安全设置”选项卡，将会进入显示安全设置参数框，如图 4-13 所示，通过该对话框可以设置刀具与加工工件、夹具的安全距离以及发生干涉时的处理方式。

(1) 检查几何体

用于定义刀具与检查几何体的距离,主要是为了防止刀具或刀柄与检查几何体干涉,如图 4-13 所示。“检查安全距离”文本框中输入的参数即为刀具与检查几何体的最小安全距离。“过切时”选项为当刀具遇到检查几何体时的处理方式,分为以下 3 种方式:警告、跳过、退刀。警告即为系统提出过切警告,并且停止导轨运算,等待用户处理;跳过即为刀具自动沿着安全方向抬起,躲过检查几何体区域进行加工;退刀即为刀具将要遇到检查几何体时会自动退回,只在安全区域进行切削。

(2) 部件几何体

定义刀具的安全距离参数,主要是为了防止刀具或刀柄与零件几何干涉,如图 4-14 所示。

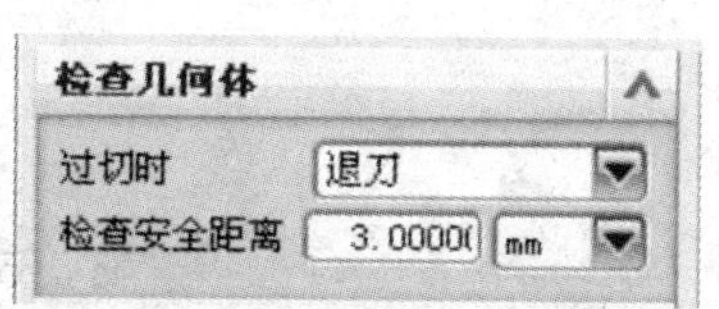

图 4-13　“检查几何体”选项组

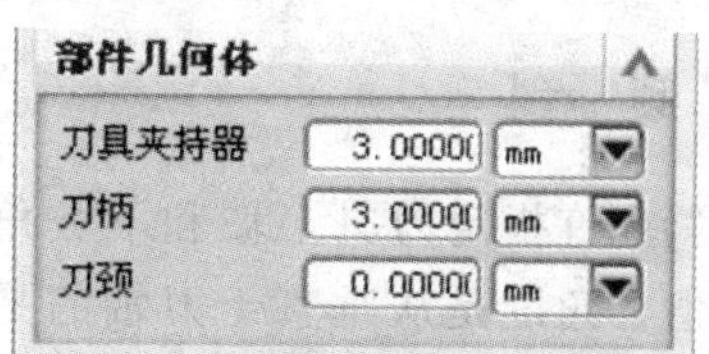

图 4-14　“部件几何体”选项组

4. 切削步长

单击“切削参数”对话框中的“更多”选项卡,将会显示“切削步长”选项组,如图 4-15 所示。

切削步长是指在零件几何表面上、刀具定位点间切削方向的直线距离。切削步长距离越小,所产生的刀具路径越接近零件几何表面,产生的切削轮廓就越精确。其下拉列表框包括“%刀具”与“mm”两个选项。

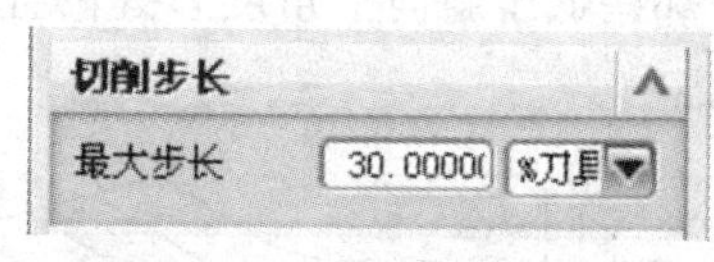

图 4-15　“切削步长”选项组

① %刀具:用刀具直径的百分数来定义切削步距。选择该选项,可在该文本框中输入刀具直径百分比值。

② mm:通过指定驱动点间的最大距离来定义切削步距。选择该选项,可在该文本框中输入最大距离值。

以上两个选项,可以通过调整切削步距,从而避免零件几何表面上的特征被忽略。

如图 4-16 所示,因为切削步距太大,导致产生的驱动点太少,使得两个连续的驱动点分别位于零件几何表面特征的两侧,也就是说在小特征上没有驱动点,所以刀具就会直接切过小特征,即零件几何表面上的小特征就被忽略,这就不符合加工要求。而在图 4-17 中,缩小了切削步距的值,产生的驱动点增多,小特征上就存在驱动点,刀具路径中也就承认了小特征的存在。

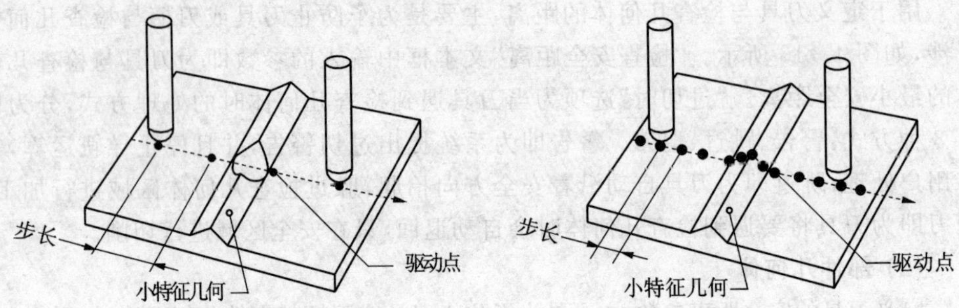

图 4-16 切削步长较大的效果　　图 4-17 切削步长较小的效果

5. 倾 斜

倾斜允许指定刀具上坡和下坡角度移动的极限值。角度是从垂直于刀轴的平面上测量的,包括斜向上角度和斜向下角度,其角度值从 0°～90°,如图 4-18 所示为"倾斜"选项组。

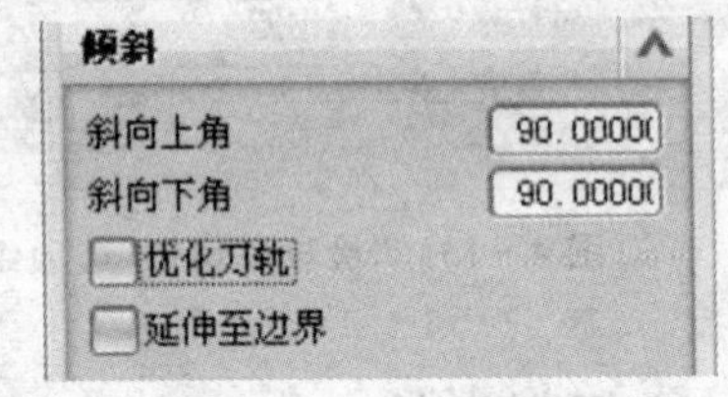

图 4-18 "倾斜"选项组

当零件轮廓和刀具形状限制了材料的数量,使用斜向下角度可以安全地对零件进行切削。换句话说,它能够预防刀具掉入小凹槽中,这种凹槽将在后续操作中单独加工。那些低于斜向下角度刀具位置点将沿着刀具轴方向抬升至切削层,如图 4-19 所示。

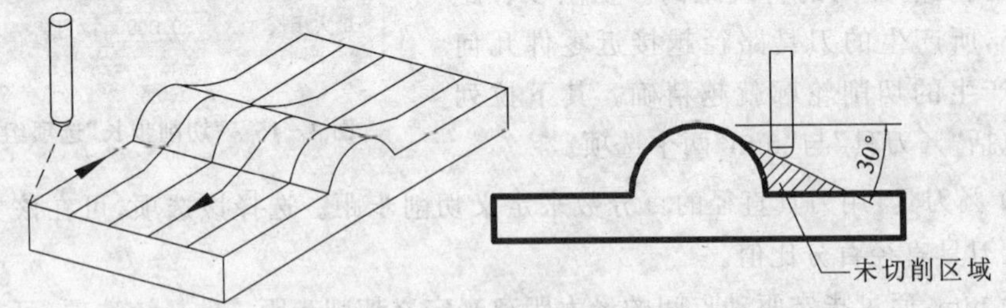

图 4-19 倾斜刀路示意图

当使用斜向上角度/斜向下角度时,它有 3 个小选项:应用于步距、优化刀轨、延伸至边界。

(1) 优化刀轨

此选项使系统重新计算轨迹,刀具尽可能地保持与零件面接触,而使在轨迹之间的非切削运动距离最少。此选项只有在单向(Zig)和往复式(Zig-Zag)切削模式下,而且斜向上角度设置为 90°、斜向下角度设置为 0°～10°，或者斜向下角度设置为 90°、斜向上角度设置为 0°～10°时有效。

(2) 应用于步距

当激活优化轨迹之后，才可出现“应用于步距”选项。此选项使斜向下角度可以应用在步距移动中。如图 4-20(a)所示，为关闭该选项的刀具路径，如图 4-20(b)所示，为开启该选项的刀具路径。

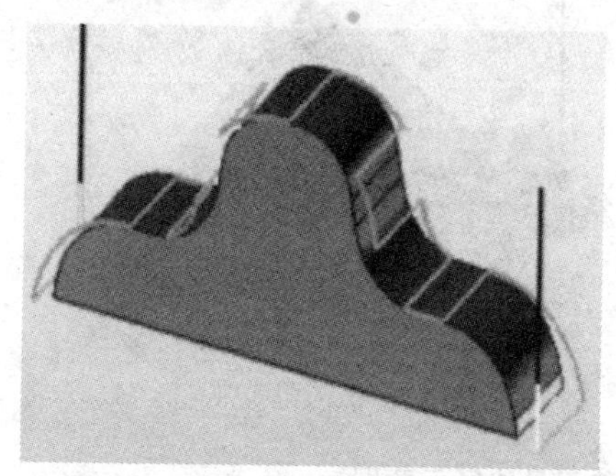

(a) 关闭选项

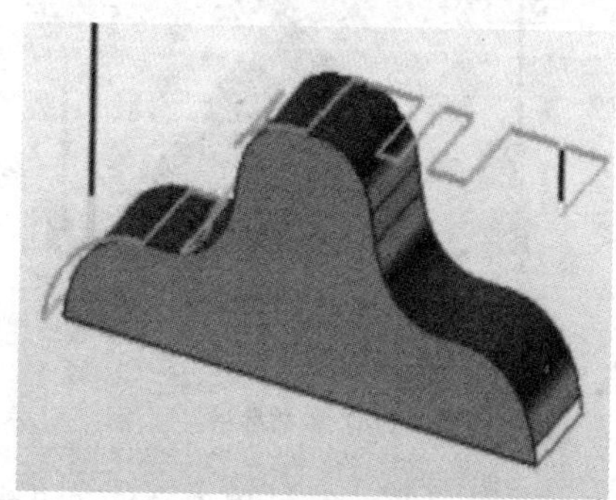

(b) 开启选项

图 4-20　应用于步距示意图

(3) 延伸至边界

当创建仅向上或者向下的切削时，此选项延伸切削轨迹的末端至零件边界。

如图 4-21(a)所示为激活该选项的图示，如图 4-21(b)所示为关闭该选项的图示。

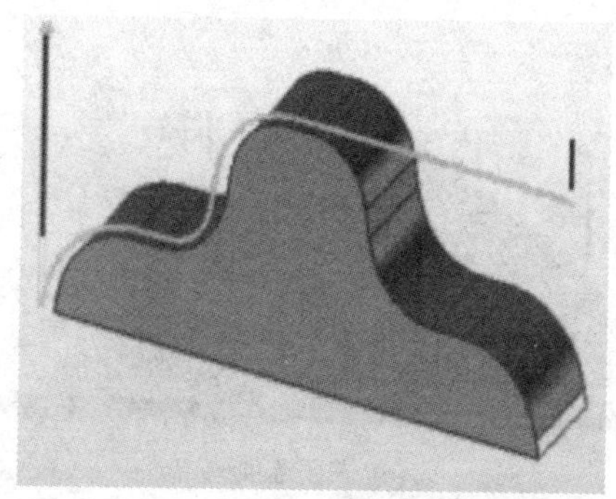

(a) 激活选项

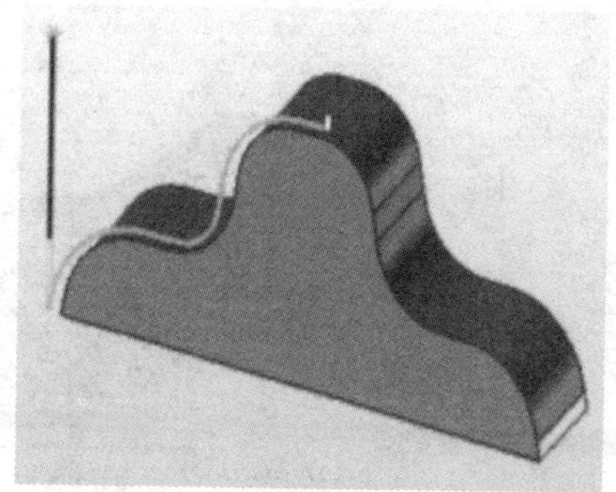

(b) 关闭选项

图 4-21　延伸至边界示意图

6. 在凸角上延伸

该选项用于避免刀具切削内部突出边缘时停留在凸角处。该选项在“切削参数”对话框的“策略”选项卡中，激活该选项，刀具路径从零件几何上抬起一个小距离，并延伸至凸角端点的高度，当刀具切削到凸角端点的高度时，就直接将刀具移动到凸角的另一侧，从而避免退刀、跨越与进刀等非切削刀具运动。

如图 4－22(a)所示，为激活该选项效果，图 4－22(b)为关闭该选项效果。打开该选项时也可以在下方的最大顶角角度中指定最大的顶角角度，当凸角角度大于该值时，刀具路径不再延伸。

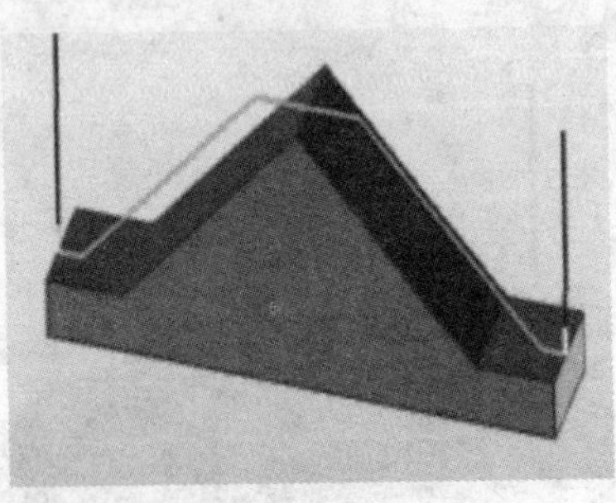

(a) 激活选项

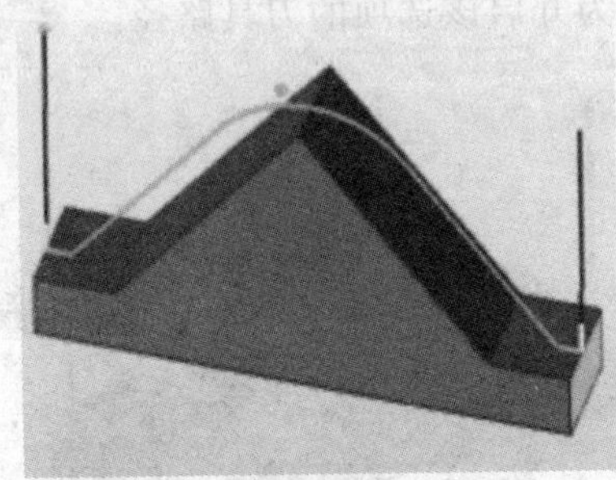

(b) 关闭选项

图 4－22 在凸角上延伸刀具路径示意图

7. 在边缘滚动刀具

在边缘滚动刀具可使工件的边缘光整圆滑，但很多时候容易造成过切。打开或关闭在边缘滚动刀具可以控制边缘刀具轨迹的出现，如图 4－23 (a)所示为激活“在边缘滚动刀具”选项后的刀具路径，而如图 4－23 (b)所示为不激活“在边缘滚动刀具”选项的刀具路径。

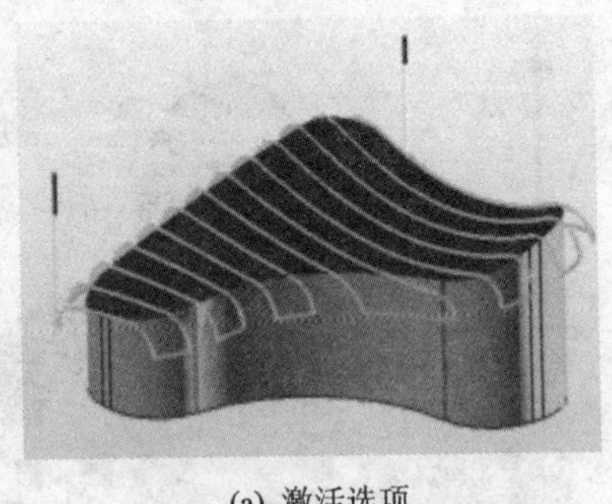

(a) 激活选项

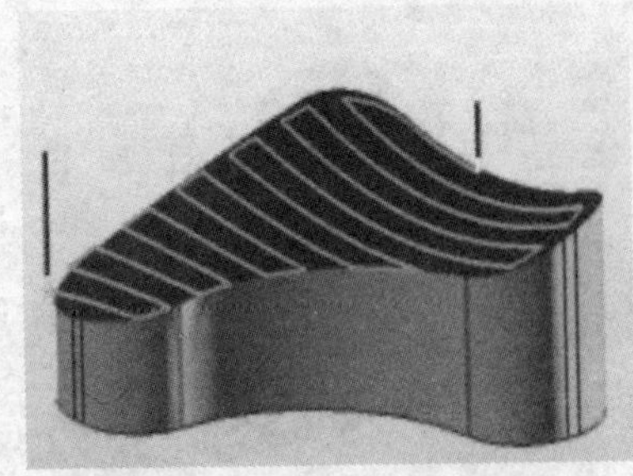

(b) 关闭选项

图 4－23 在边缘滚动刀具轨迹示意图

4.3.4 非切削移动

非切削移动是描述刀具在切削运动以前、以后以及切削过程中是怎样移动的。这些运动与平面铣中的避让几何体和进刀/退刀运动有相似之处，都属于非切削运

动。在操作对话框中，单击“非切削移动的”按钮，弹出打开如图 4－24 所示的“非切削移动”对话框。

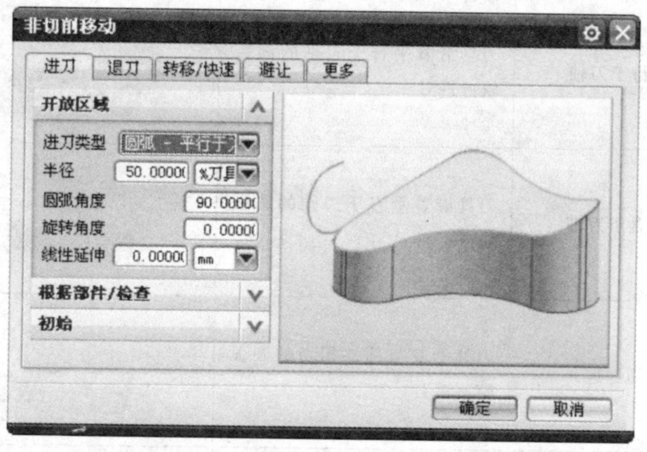

图 4－24　“非切削移动”对话框

1. 进　刀

进刀即指刀具从远离工件到切入工件之间的移动过程，控制该选项可以有效地提高效率或者减小刀具切入工件时留下的痕迹。它包括以下三个控制参数。

(1) 开放区域

该选项用于控制开放区域的进刀方式，其主要进刀类型包括：线性、线性-沿矢量、线性-垂直于部件、圆弧-平行于刀轴、圆弧-垂直于刀轴、圆弧-相切逼近、圆弧-垂直于部件、点、顺时针螺旋、逆时针螺旋、插铣等。选择不同的进刀类型，其下部对应参数将发生变化。进刀类型的说明如表 4－2 所列。

表 4－2　进刀方式解析表

进刀类型	说　明	图　例
线性	刀具以直线的方式直接进刀	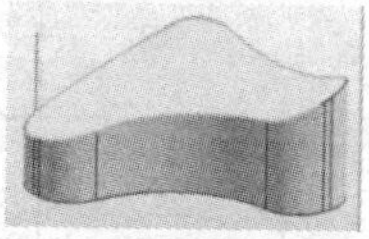
线性-沿矢量	通过矢量指定方向，刀具沿着该方向直线进刀	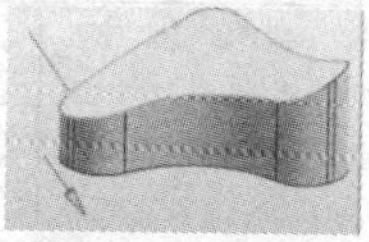
线性-垂直于部件	刀具沿着垂直于工件侧面的方向直线进刀	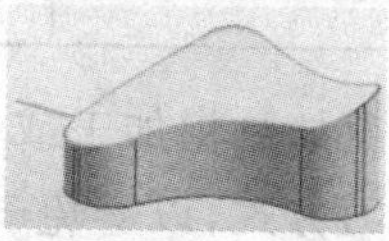

续表 4-2

进刀类型	说　明	图　例
圆弧-平行于刀轴	刀具沿着平行于刀轴的圆弧轨迹进刀	
圆弧-垂直于刀轴	刀具沿着垂直于刀轴的圆弧轨迹进刀	
圆弧-相切逼近	刀具沿着与部件相切的圆弧轨迹进刀	
圆弧-垂直于部件	刀具沿着垂直于部件的圆弧轨迹进刀	
点	刀具从指定的点开始沿着直线进刀	
顺时针螺旋	刀具沿着顺时针螺旋线轨迹进刀	
逆时针螺旋	刀具沿着逆时针螺旋线轨迹进刀	螺旋线方向与上图相反
插铣	刀具以插铣的方式进刀	
无	刀具不以任何方式进刀，通常不建议采用	

一般情况如是粗加工或者半精加工，可采用线性进刀方式，如果是精加工，则应采用圆弧进刀方式，以避免产生明显的接刀痕。

(2) 根据部件/检查

当工件加工区域有夹具等需要避让的几何体时,可对根据部件/检查进行设置。其进刀类型包括:与开放区域相同、线性、线性-沿矢量、线性-垂直于部件、点、插铣等。选择不同的进刀类型,其下部对应参数将发生变化。

(3) 初　始

该选项用于控制初始加工时的进刀方式,其进刀方式与开放区域的进刀方式相同。

2. 退　刀

退刀即指刀具从工件上离开到远离工件的移动过程,它与进刀的控制方式基本相同,且默认选项与进刀的相同,读者可参考本节进刀的相关内容。"退刀"选项卡如图 4-25 所示。

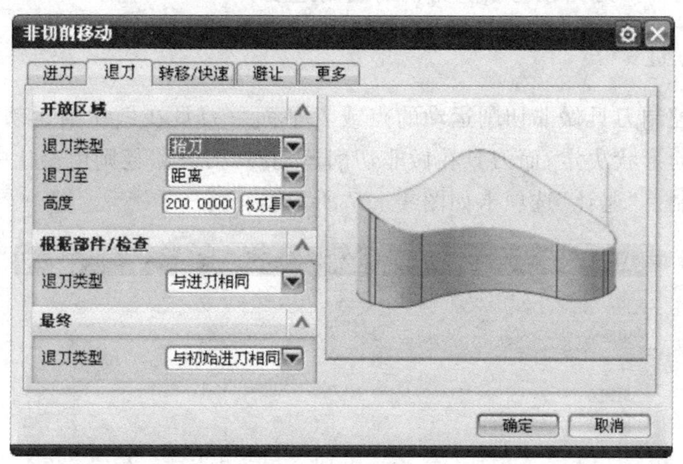

图 4-25　"退刀"选项卡

3. 转移/快速

转移/快速即指刀具在切削区域之间的移动方式。其参数设置界面如图 4-26 所示。

① 区域距离:即两个加工区域间的距离。

② 公共安全设置:即设置刀具每次抬起进行横越移动时的移动方式。

③ 区域之间:即刀具完成一个区域加工要横越到另一个区域时刀具抬起的方式。

④ 区域内:即刀具在一个区域内,完成某一加工刀路以后,要进行下一刀路时刀具抬起的方式。

⑤ 初始的和最终的:即刀具在初始进刀和最终退刀的方式。

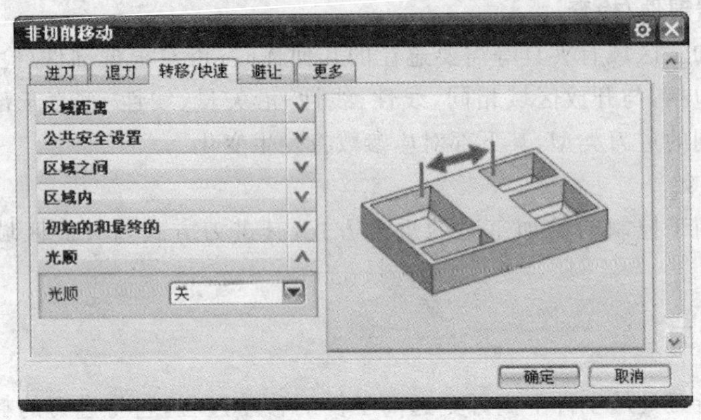

图 4-26 “转移/快速”选项卡

⑥ 光顺:即抬刀路径与横越路径的圆角过度。

4. 避 让

避让是控制刀具做非切削运动的点或者平面。刀具在做切削运动时,刀具路径由零件的几何形状决定;而刀具在做非切削运动时,刀具路径则由避让中指定的点或者平面来控制。“避让”选项卡如图 4-27 所示。

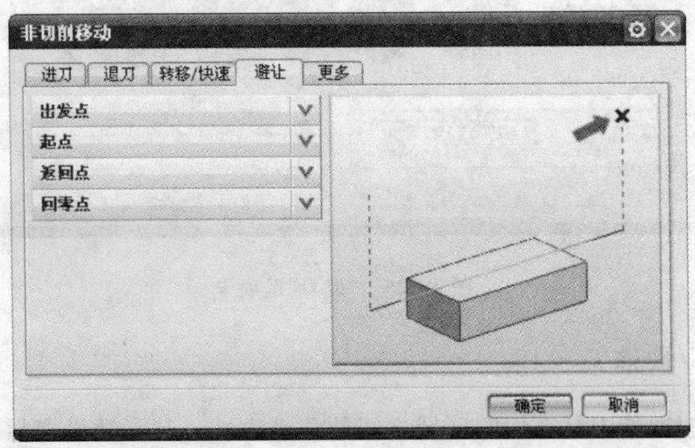

图 4-27 “避让”选项卡

① 出发点:用于指定刀具在开始运动前的起始点。指定刀具的出发点不会使刀具运动,但在刀具位置源文件中会增加一条出发点坐标的命令,其他后处理命令都位于这条命令之后。如果没有指定出发点,系统会把第一个加工运动的起刀点作为刀具的出发点。

② 起点:这里的起点实际是起刀点,是刀具运动的第一点。如果定义了出发点和起点,刀具以直线运动的方式由出发点快速移动到起点。如果定义了安全平面,则

起点沿着刀轴方向向上在安全平面上投影出一个点，刀具以直线方式从出发点快速移动到该投影点，再从该点快速移动到起点，如图 4－28 所示。

③ 返回点：是完成加工离开工件时的运动目标点。完成切削后，刀具沿直线从最后切削点或退刀点快速运动到返回点。如果定义了安全平面，由最后切削点或退刀点沿刀轴方向向上，在安全平面上投影出一个点，刀具快速从最后切削点或退刀点移动到该点，然后由该点快速移动到返回点，如图 4－28 所示。

④ 回零点：刀具完成加工以后，最后停留的位置。刀具从返回点以快速点定位的方式快速移动到回零点，如图 4－28 所示。

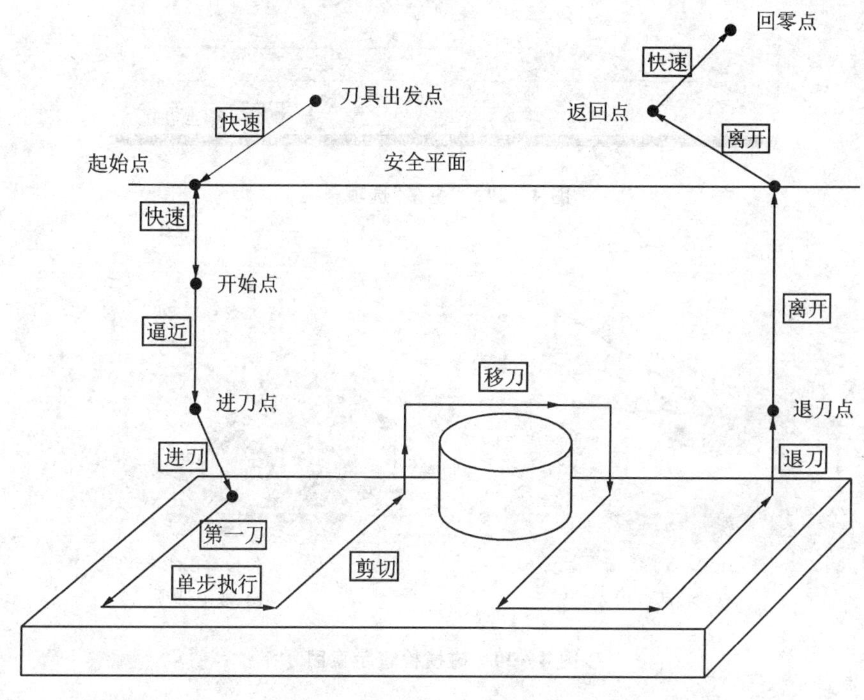

图 4－28　刀具避让运动图解

5. 更　多

"更多"选项卡包括"碰撞检查"和"输出接触数据"两个选项组，如图 4－29 所示。

(1) 碰撞检查

当激活"碰撞检查"选项时，刀具会在发生干涉的地方抬刀，如图 4－30(a)所示；如取消"碰撞检查"选项时，刀具不会在发生干涉的地方抬刀，如图 4－30(b)所示。

(2) 输出接触数据

当激活该选项时，将输出刀具与工件接触点的数据，如图 4－31(a)所示；如取消该选项，将输出刀具中心点的数据，如图 4－31(b)所示。建议用户采用系统默认设置，即取消该选项。

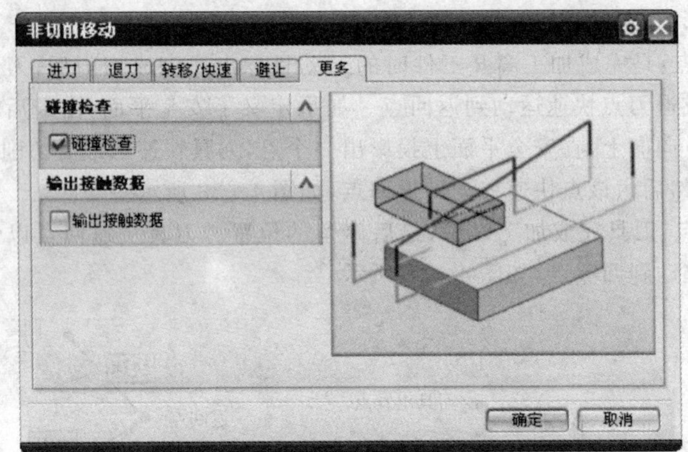

图 4-29 “更多”选项卡

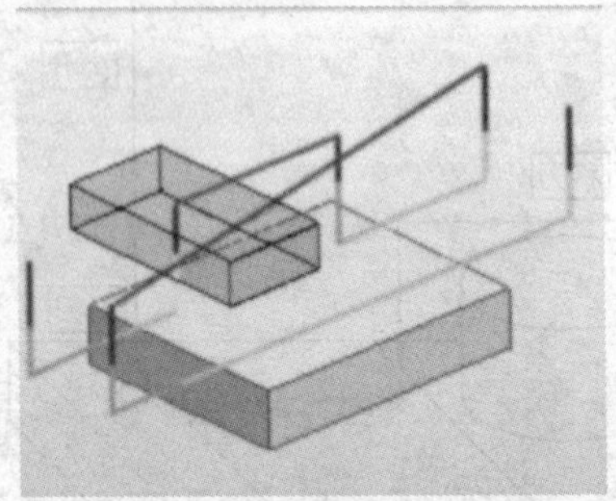

(a) 激活选项

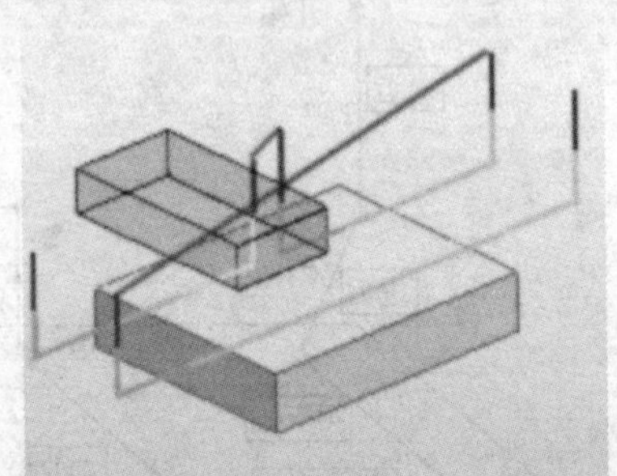

(b) 取消选项

图 4-30 碰撞检查示意图

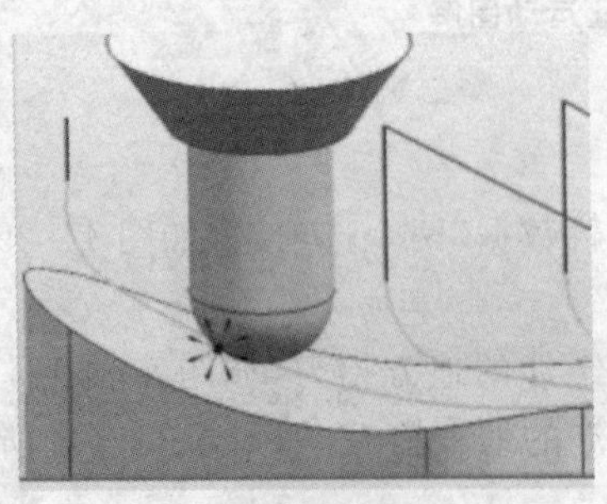

(a) 激活选项

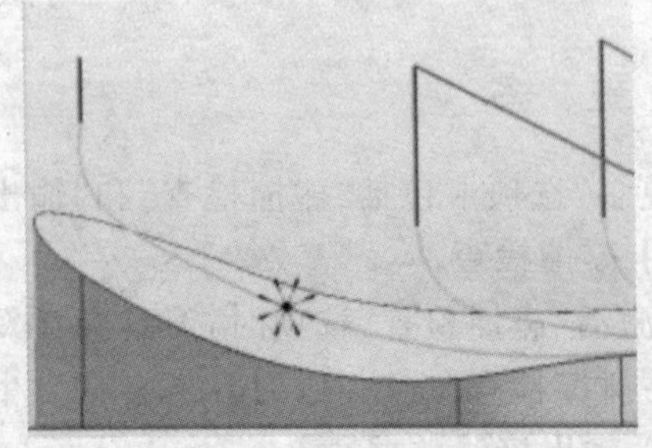

(b) 取消选项

图 4-31 输出接触数据示意图

4.4　固定轴轮廓铣的常用驱动方法

驱动方法定义了创建驱动点的方法。所选择的驱动方法决定能选择的驱动几何体类型，以及可用的投影矢量、刀具轴和切削方法。如果不选择零件几何体，那么刀位轨迹将直接由驱动点生成。图 4－32 所示为常用的驱动方法。

每一个驱动方法都包含一系列的对话框，当选择了某个特定的驱动方法以后，相应的对话框将会自动弹出。当改变了驱动方法时，系统会弹出如图 4－33 所示的警告信息，提示是否确实要更改驱动方法。单击"确定"按钮将打开新选择的驱动方法对话框。

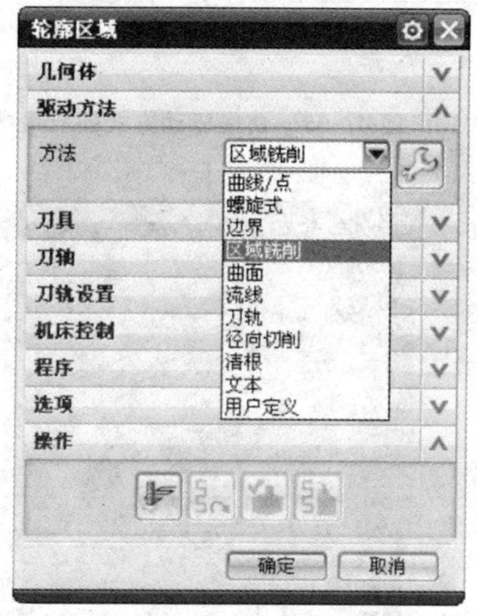

图 4－32　"驱动方法"选项组

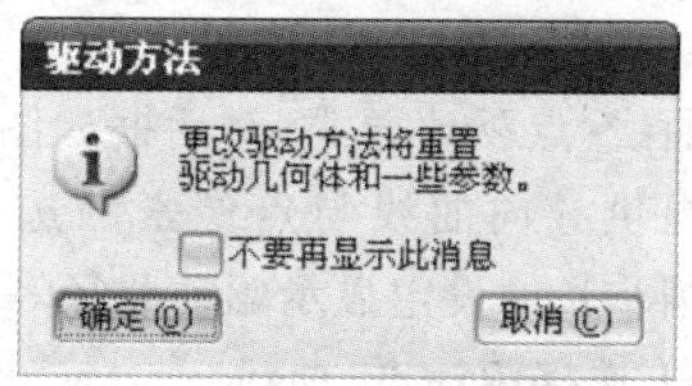

图 4－33　警告信息

4.4.1　曲线/点驱动方式

曲线/点驱动方式允许通过指定点和曲线来定义驱动几何体。驱动曲线可以是敞开的或是封闭的，连续的或是非连续的，平面的或是非平面的。曲线/点驱动方式最常用于在平面雕刻图案或者文字。将零件面的部件余量设置为负值，刀具可以在低于零件面处切出一条槽。

当驱动几何体指定的是点，驱动轨迹将作为直线段被创建在两点之间。当点为驱动几何体时，在所指定顺序的两点间以直线段连接生成驱动轨迹。如图 4－34 所示，在图中依次指定 1、2、3、4 四个点，并依次定义为导向像素。所形成之导向路径，沿指定的投影方向投影至零件表面，形成刀具路径。

提示：一个点可以被使用多次。一个封闭的驱动路径可以通过一系列的点依次作为起点和终点来定义。

当选择曲线作为驱动几何体时，将沿着所选择的曲线生成驱动点，刀具依照曲线的指定顺序，依次在各曲线之间移动形成刀具路径。如图 4 - 35 所示，在图中依次指定 4 条直线形成长方形环路。所形成的导向曲线，沿指定的投影方向投影至零件表面而形成刀具路径。

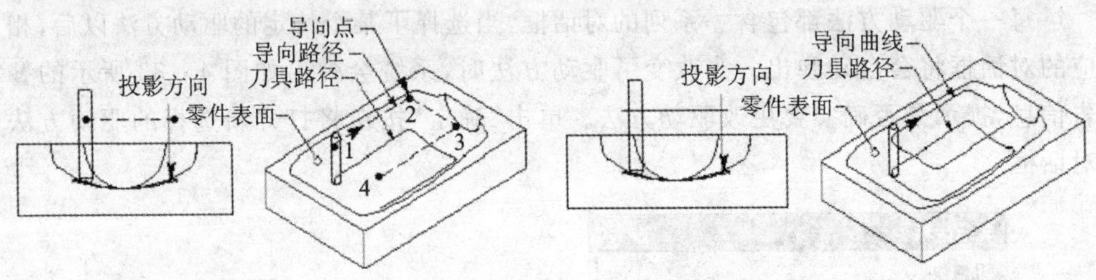

图 4 - 34　点驱动方式的应用　　**图 4 - 35　曲线驱动方式的应用**

当导向几何图形指定完成后，系统显示箭头指示切削方向。对开放曲线而言，所选择的端点决定起点的位置。对封闭曲线而言，起点位置与切削方向决定于导向曲线节段选取的顺序。

“曲线/点驱动方式”对话框如图 4 - 36 所示，提供导向曲线与点像素的选择和编辑、切削步长的设定显示驱动路径等功能。

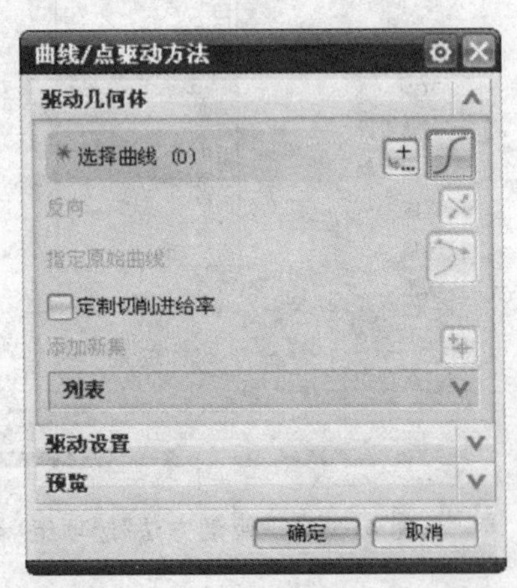

图 4 - 36　“曲线/点驱动方法”对话框

(1) 选择驱动点、曲线

单击如图 4 - 36 所示选择“点构造器”按钮或者“曲线”按钮按钮，可以选择点或者曲线作为驱动几何体。

(2) 反　向

用于控制驱动刀具轨迹的方向，当生成的走刀方向与所需要的不相符时，可单击该按钮将其反向。

(3) 定制切削进给率

该选项可以为当前所选择的曲线或点指定进给率，可以指定不同的进给率。

(4) 添加新集

当刀具轨迹需要有抬刀过程时，就不能连续选择驱动曲线或者点，而应在遇到需要抬刀的轨迹时，单击“添加新集”按钮，再选择该驱动曲线，遇到下一个需要抬刀的轨迹，同样要先单击“添加新集”，再选择驱动曲线。如图 4 - 37(a)所示，为连续选择三条驱动直线生成的刀具轨迹；如图 4 - 37(b)所示，为选择完一条直线，单击一次添加新集生成的刀具轨迹。

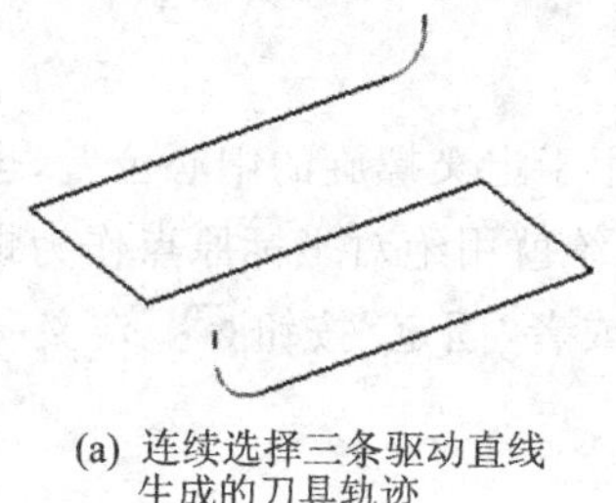

(a) 连续选择三条驱动直线生成的刀具轨迹

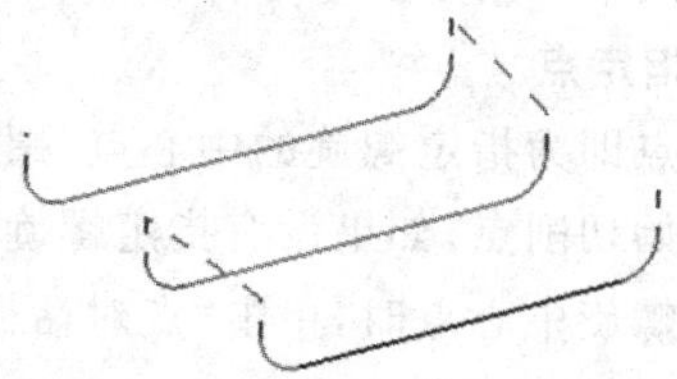

(b) 选择完一条直线，单击一次添加新集生成的刀具轨迹

图 4-37　抬刀效果示意图

(5) 驱动设置

驱动设置即指切削步长的设置，是指定沿着驱动曲线产生驱动点间距离的参数，产生的驱动点越靠近，创建的刀具路径就越接近驱动曲线，切削步长的确定方式有两种。

① 数量：该选项是按设置的最少驱动点数，沿驱动曲线产生驱动点。选择该选项，可在下方的“数量”文本框中输入最少驱动点数值。由于刀具路径与零件几何表面轮廓的误差，输入的点数必须在设置的零件表面内、外公差范围内，如果输入的点数太少，系统会自动产生附加驱动点。

② 公差：该选项是按指定的法向距离产生驱动点，选择该项时，可在下方的“公差”文本框内输入公差值，作为法向距离。按法向距离不超过规定的公差值，就可以沿曲线产生驱动点。规定的公差值越小，各驱动点就越靠近，刀具路径也就越精确。

4.4.2　螺旋驱动方式

螺旋驱动方式是一个由指定的中心点向外做螺旋线生成驱动点的驱动方式。这些驱动点是在过中心点且垂直于投影矢量方向的平面内生成的。驱动点通过投影矢量投影到零件表面上。如图 4-38 所示为螺旋驱动方式刀具路径示意图。

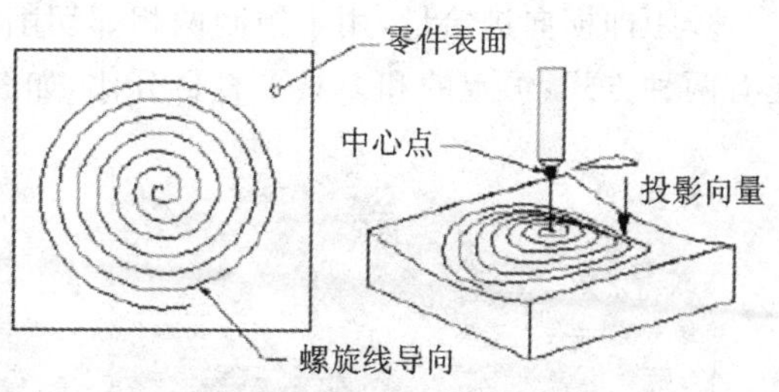

图 4-38　螺旋驱动刀具路径示意图

与其他的驱动方式相比，这种驱动方式在步距移动时没有一个突然的换向，它的步距移动是光滑的，保持恒量向外过渡，可以保持固定的切削速度以及平滑的刀具移动，这种特性对高速加工是很有用的。在驱动方式选项中选择“螺旋式”将弹出如图 4-39 所示的对话框。

螺旋驱动方式不受加工几何体的约束，它只是受到最大螺旋半径值的限制。这种驱动方式最好用于圆形零件。

(1) 指定点

指定点即为指定螺旋的中心点，螺旋中心点用于定义螺旋的中心位置，也定义了刀具的开始切削点，如果没有指定螺旋中心点，系统就用绝对坐标原点作为螺旋中心点。定义螺旋中心点时，单击“点对话框”按钮或者“固定”按钮，定义一个点作为螺旋驱动的中心点。

(2) 最大螺旋半径

最大螺旋半径用于限制加工区域的范围，从而限制产生驱动点的数目，以缩短系统的处理时间，螺旋半径在垂直于投影矢量的平面内进行测量。如果指定的半径超出了零件的边界，刀具在不能切削零件几何表面时，会退刀、转换，直至与零件表面接触，再进刀、切削，如图 4-40 所示。

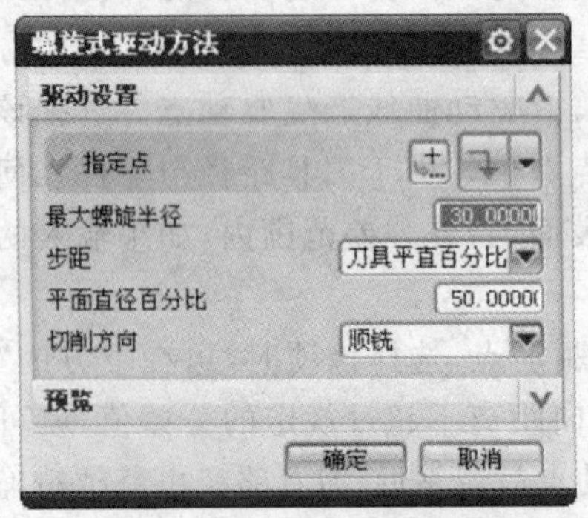

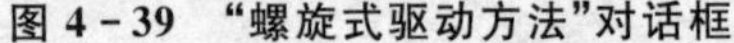

图 4-39 “螺旋式驱动方法”对话框

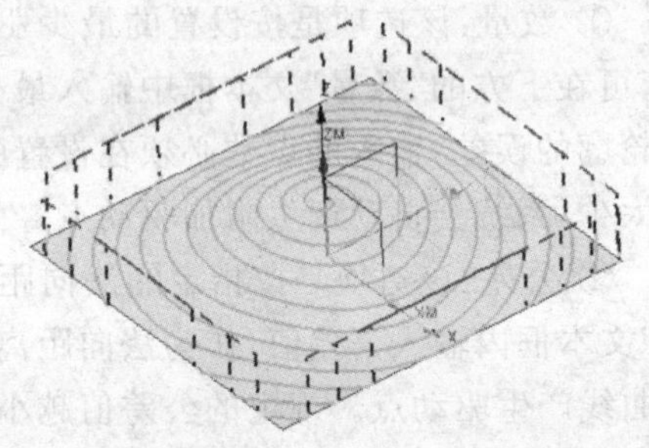

图 4-40 螺旋半径大于工件边界的刀轨示意图

(3) 步　距

步距即横向进给量，用于控制两相邻切削路径间的距离，即切削宽度。步距的设定有两种方式：恒定的和刀具平直百分比，如图 4-41 所示。

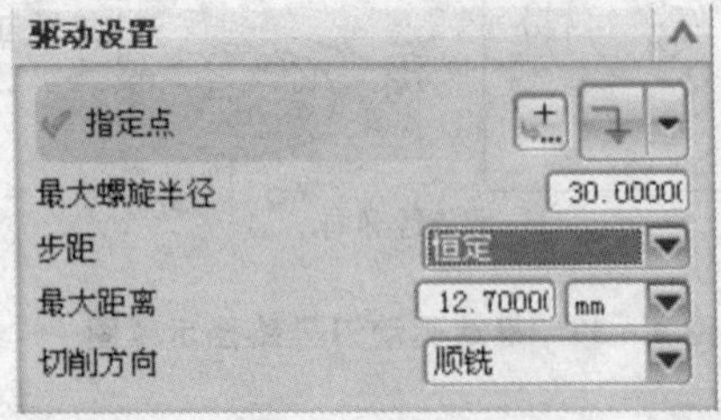

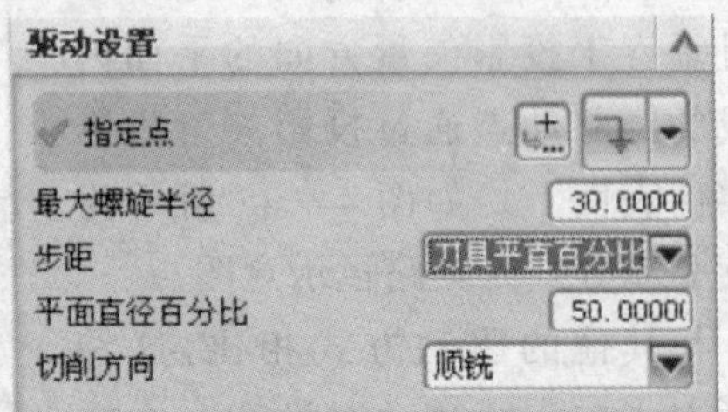

图 4-41 步距控制参数对话框

(4) 切削方向

切削方向与主轴旋转方向，共同定义驱动螺旋的方向为顺时针还是逆时针。它包含顺铣切削与逆铣切削两个选项,顺铣切削指定驱动螺旋的方向与主轴旋转的方向相同,逆铣切削指定驱动螺旋的方向与主轴旋转的方向相反。

4.4.3 边界驱动方式

边界驱动方式可指定以边界或环路来定义切削区域(环路又称"循环")。边界不需要与零件表面的形状或尺寸有所关联,而环路则需要定义在零件表面的外部边缘。切削区域可为边界或环路,或者是两者的组合。根据边界所定义的导向点,沿投影向量投影至零件表面,定义出刀具接触点与刀具路径。边界驱动方法最适合于刀轴方向及投影向量控制需求最少的加工,例如固定刀轴及投影向量的加工。如图 4-42 所示为边界驱动方式刀具路径示意图。

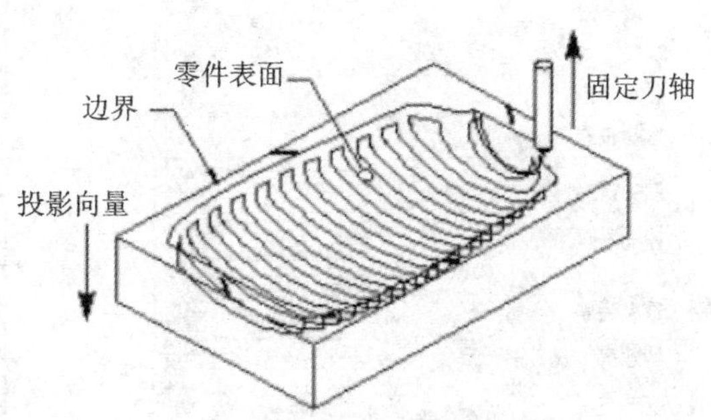

图 4-42 边界驱动方式刀具路径示意图

边界驱动方式与平面加工的工作方式类似。然而与平面加工不同之处在于,为执行曲面精加工,刀具路径必须沿着复杂的曲面轮廓而产生。边界导向如同曲面驱动方式,都在其所包围的区域间产生导向点网格。在边界内部产生导向点比在曲面上容易,但使用边界导向无法控制刀轴方向与投影向量。例如平面轮廓所产生的导向点,无法均匀包覆于复杂形状的曲面上,或控制投影向量之方向以获得较佳的刀具路径。

边界可由一系列曲线、现行边界线或由零件上的面产生。边界定义出切削区域的外围以及岛屿与口袋的部分。每一条边界线可指定刀轴通过"对中"、"相切"及"接触"3 种刀具位置特征。边界范围可以超过零件表面的尺寸、局限于零件表面内部之区域或与零件表面之边缘重合:当边界范围超过零件表面的尺寸大于刀具直径时,刀具将会产生边缘轨迹的现象,造成毛边的不利情形;当边界范围小于零件表面尺寸时,则必须指定刀轴"对中、相切及接触"等刀具位置;当边界范围与零件表面之边重合时,最好选择零件包覆环路,而不要选择使用边界,并依照零件曲面的斜率大小,指定"刀轴对中、相切于及接触"等刀具位置。

图 4-43 为"边界驱动方法"对话框。在该对话框中提供了驱动几何体的选择、编辑与显示,以及切削模式、刀具路径形式和显示驱动路径等选项。

边界驱动方式允许利用指定的边界和环定义切削区域。边界与零件表面的形状和尺寸无关,而环必须与零件表面的外棱边相对应。切削区域由边界、环或者这两者的组合来定义。从切削区域中产生的驱动点沿着指定的投影方向投影到零件面上,由此生成刀具轨迹。用边界驱动方式可以对复杂的曲面轮廓做精加工,它需要刀具轴和投影方向的控制。

1. 边界的选择

单击“边界驱动方法”对话框中的“指定驱动几何体”按钮，即可弹出“边界几何体”对话框，如图 4-44 所示。“边界几何体”对话框与平面铣中的零件边界选择对话框相类似，只是模式中默认的设置不同，平面铣中的默认设置为“面”，而边界驱动方式中的为“边界”。

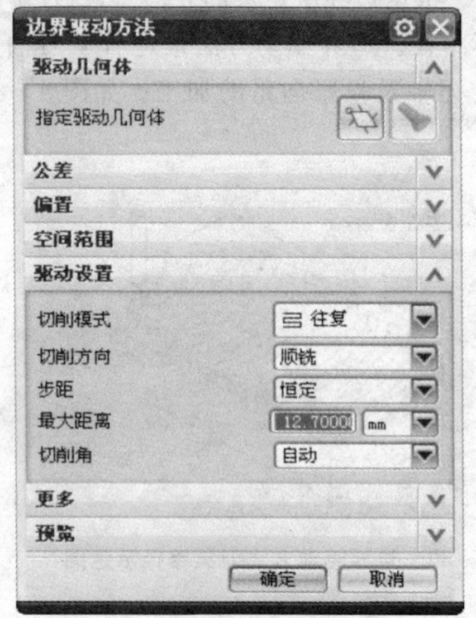

图 4-43 “边界驱动方法”对话框

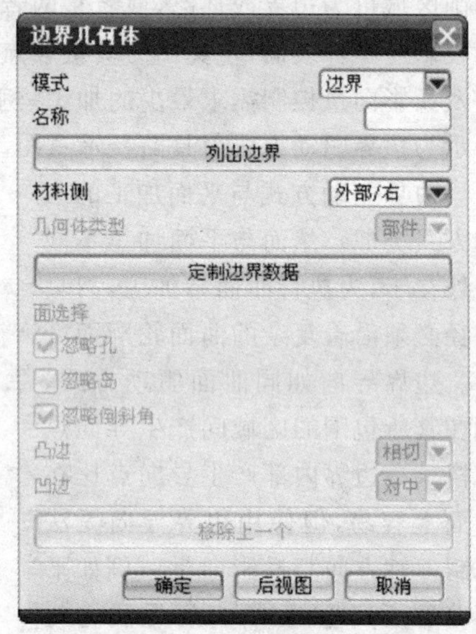

图 4-44 “边界几何体”对话框

2. 切削模式

切削模式用来定义刀位轨迹的形状。一些模式是切削整个区域，而另一些模式只切削区域的轮廓；一些模式沿着切削区域的外形加工，而另一些则依赖于零件的外形。“切削模式”选项的下拉列表如图 4-45 所示，各选项的说明如下所述。

(1) 跟随周边

“跟随周边”选项生成一系列沿零件几何形状偏置的加工轨迹。需要指定切削方向：顺铣或者逆铣；指定型腔加工方向：向内或者向外。如图 4-46 所示为跟随周边切削模式示例。

注意：当步距大于刀具有效直径的 50% 时，使用该方式可能产生没有切到的区域。

(2) 轮廓加工

轮廓加工切削是沿着切削区域的周边生成刀具轨迹的一种切削模式，可以用“附加刀路"选项使刀具逐渐逼近切削边界。图 4－47 为轮廓切削模式示例。

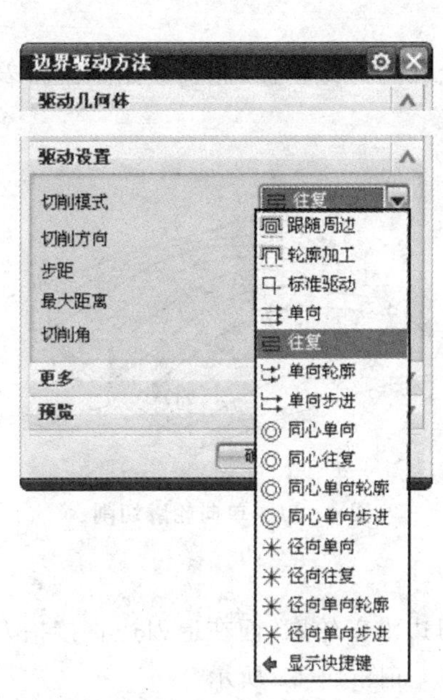

图 4－45 "切削模式"选项

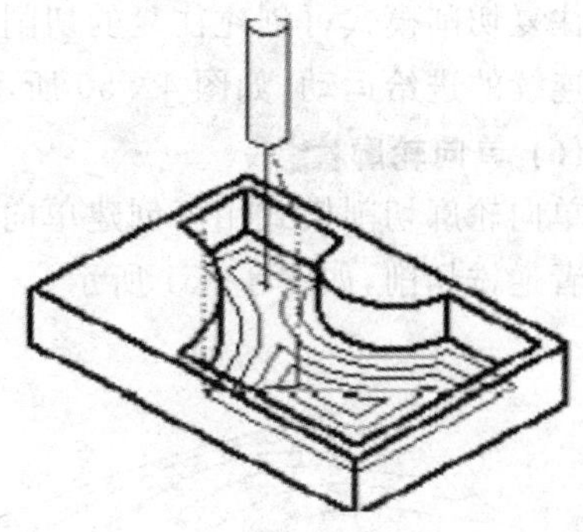

图 4－46 跟随周边

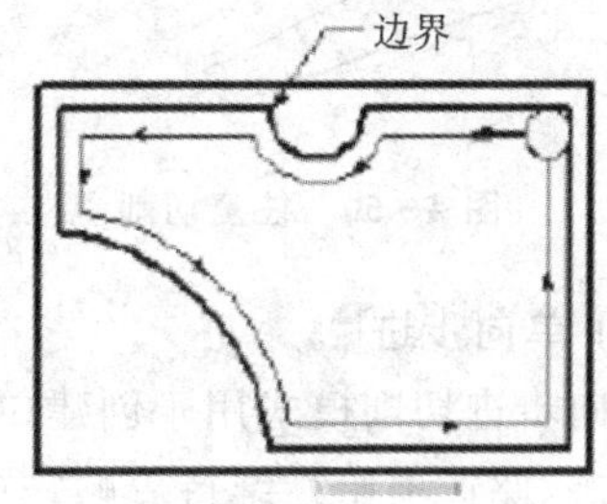

图 4－47 轮 廓

(3) 标准驱动

标准驱动切削与轮廓切削非常相似。但是该方式刀轨始终沿着指定的驱动边界，不能预防轨迹自交过切，图 4－48 为标准驱动切削模式产生过切的示例。

(4) 单向

创建单向切削的刀位轨迹。此选项能始终维持一致的顺铣或者逆铣切削，并且在连续的刀轨之间没有沿轮廓的切削，如图 4－49 所示。

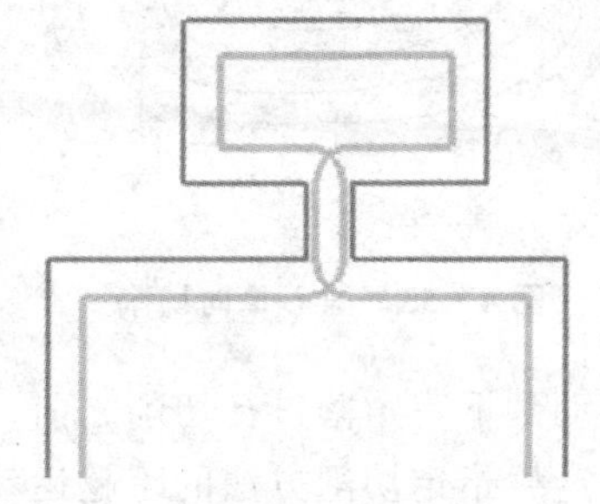

图 4－48 标准驱动产生过切示例

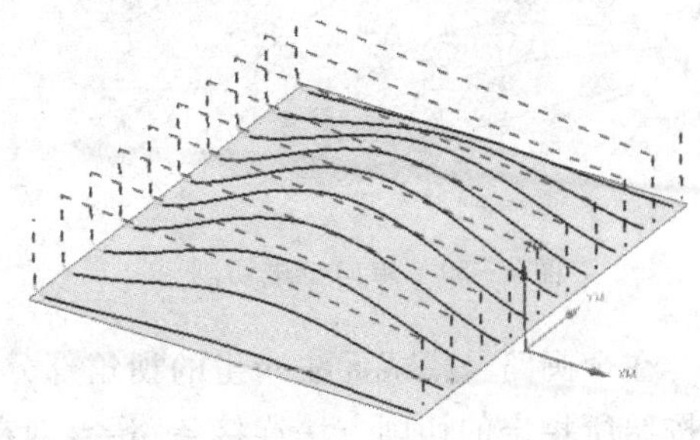

图 4－49 单向切削

(5) 往复

往复切削模式可创建往复的切削刀轨。这种切削类型允许刀具在步距运动期间保持连续的进给运动，如图 4－50 所示。

(6) 单向轮廓

单向轮廓切削模式用于创建单向的、沿着轮廓的刀位轨迹，此选项始终维持着顺铣或者逆铣切削，如图 4－51 所示。

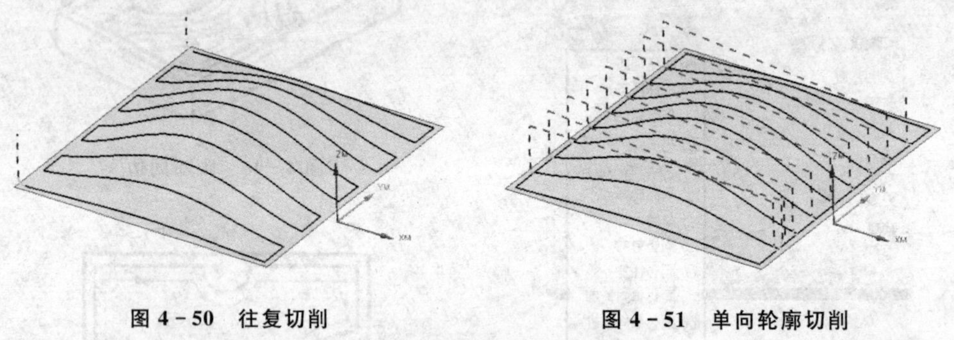

图 4－50 往复切削　　图 4－51 单向轮廓切削

(7) 单向步进

单向步进切削模式用于创建单向的、在进刀边沿着轮廓，而在退刀边直接抬刀的刀位轨迹，此选项始终维持着顺铣或者逆铣切削，如图 4－52 所示。

(8) 同心单向

同心单向切削模式从用户指定的或系统计算出来的优化中心点生成逐渐增大或逐渐缩小的圆周切削。图 4－53 为同心单向切削模式示例，刀具路径与切削区域无关，能始终维持一致的顺铣或者逆铣切削。

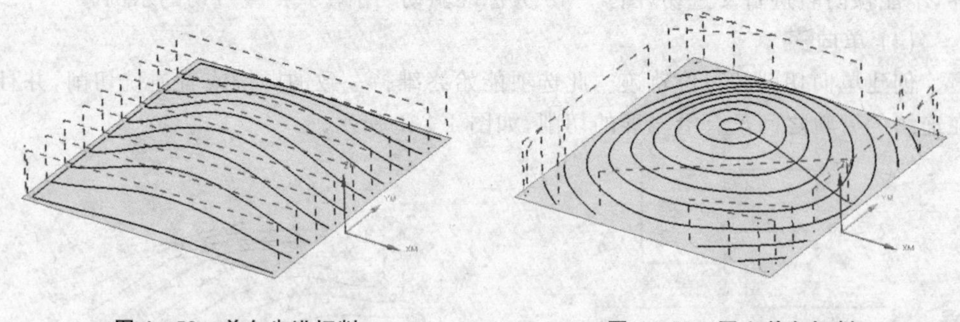

图 4－52 单向步进切削　　图 4－53 同心单向切削

在全圆路径模式无法产生的拐角部分，刀具移动到下一角落进行切削之前，系统将按照所指定的切削方法连接各路径，即在拐角处产生指定切削方法的跨越运动。

(9) 同心往复

同心往复切削模式从用户指定的或系统计算出来的优化中心点生成逐渐增大或逐渐缩小的圆周切削。图 4－54 为同心往复切削模式示例，这种切削方式能减少抬刀次数，但无法保持一致的顺铣或者逆铣的切削方向。

(10) 同心单向轮廓

该切削方式与同心单向切削类似，另外沿着切削区域的周边生成一圈刀具轨迹，如图 4－55 所示。

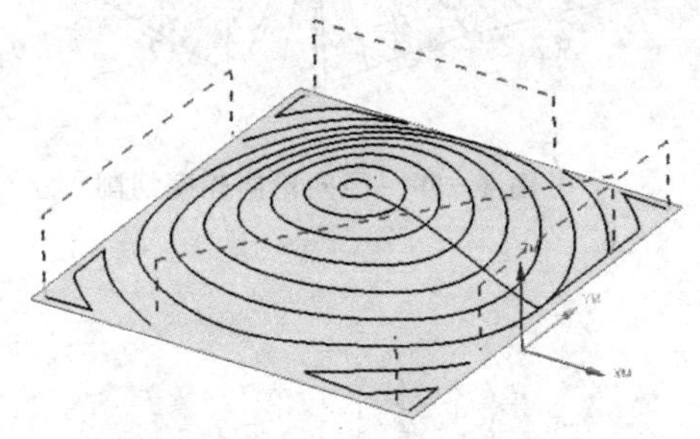

图 4－54　同心往复切削

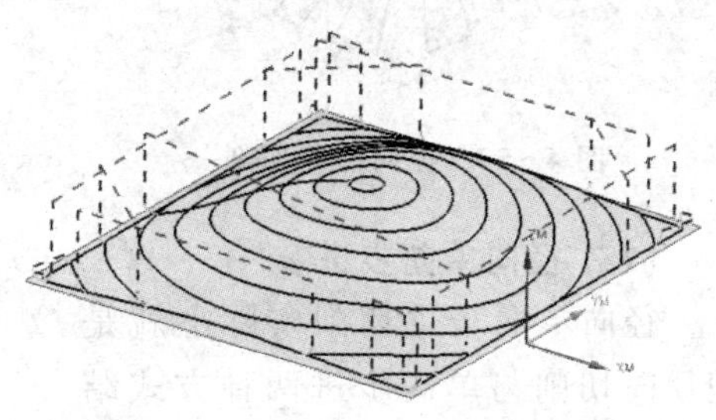

图 4－55　同心单向轮廓切削

(11) 同心单向步进

该切削方式实际上就是把同心切削与单向步进两种方式结合的方法，如图 4－56 所示。

(12) 径向单向

径向单向切削也可称为放射状切削，生成线性切削模式，它是由一个用户指定的或者是系统计算出来的优化中心点扩展而成的。这种切削模式的步距长度是沿着离中心最远的边界点上的弧长进行测量的，图 4－57 所示为径向单向切削模式的示意图。所谓单向即指所有的切削路径都是从中心向外切削或者从外部向中心切削。

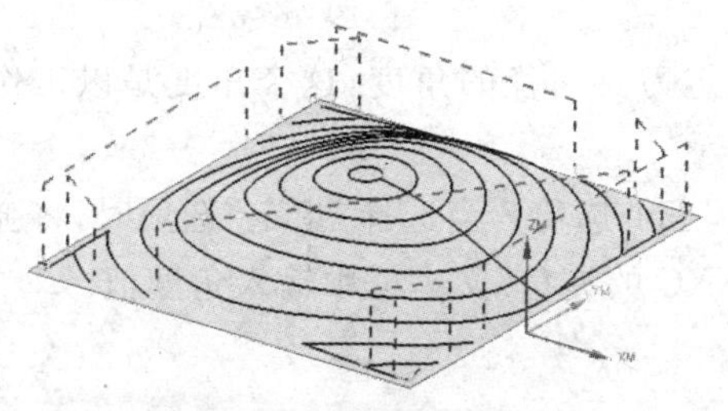

图 4－56　同心单向步进切削

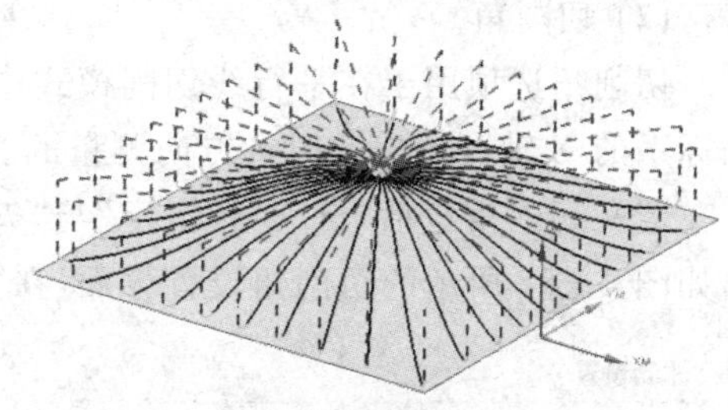

图 4－57　径向单向切削

(13) 径向往复

径向往复切削如图 4－58 所示，它的特点是刀具沿着径向往复切削，不用抬刀，减少了抬刀时间，但是不能使刀具的铣削方向保持一致。

(14) 径向单向轮廓

径向单向轮廓切削如图 4－59 所示，它与径向往复切削相似，只是沿着切削区域的周边生成一圈刀具轨迹。

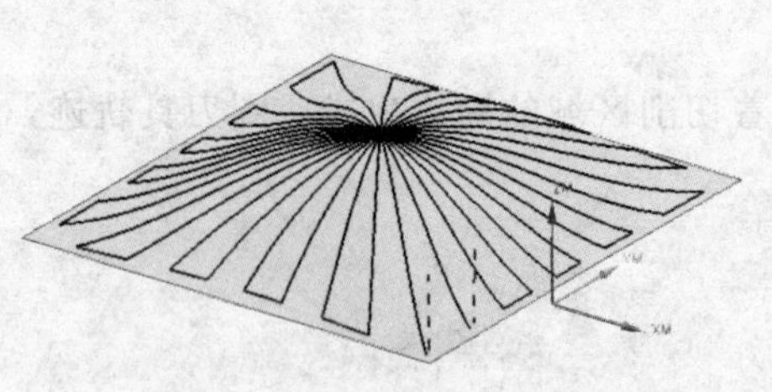

图 4-58　径向往复切削

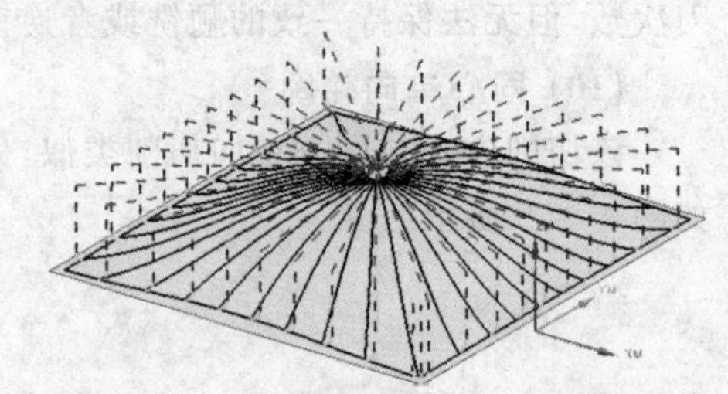

图 4-59　径向单向轮廓切削

(15) 径向单向步进

径向单向步进切削实际上就是把径向切削与单向步进两种方式结合的方法，如图 4-60 所示。

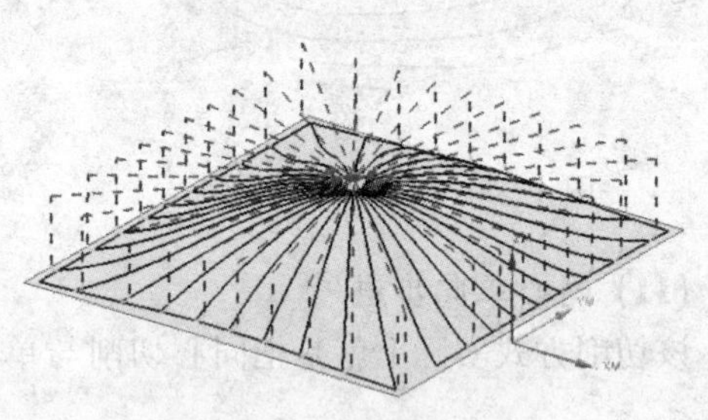

图 4-60　径向单向步进切削

3. 其他参数设置

(1) 阵列中心

"阵列中心"选项用于径向线切削和同心圆切削模式下，可以通过"自动"或者"指定"两种方式确定阵列中心，如图 4-61 所示。当选择"指定"时，则出现"点对话框"按钮或者"固定"按钮，通过点构造器或者点捕捉功能可指定一点作为路径中心点。当选择"自动"时，系统就切削区域的形状与大小，自动确定最有效的位置作为路径中心点。

(2) 切削角

切削角选项用于在平行线切削模式中指定刀具路径的角度，这个角度是以工作坐标系的 X 轴开始按逆时针方向测量的。

定义切削角包括"自动"、"指定"与"矢量"三个选项。当选择"指定"选项时，将弹出如图 4-62 所示的切削角设置界面，在"与 XC 的夹角"文本框中输入角度值。

图 4-61　"阵列中心"选项

图 4-62　切削角设置界面

当选择"矢量"选项时，将弹出如图 4-63 所示的指定矢量界面，通过"矢量构造器"按钮，指定一个矢量方向，切削方向将与该矢量向一致。

(3) 步　距

该选项用于指定相邻两道刀具路径的横向距离，即切削宽度，它有“恒定”、“残余高度”、“刀具平直百分比”、“角度”4 个选项，如图 4－64 所示，可以参考平面铣加工中对应步进设定方法。

图 4－63　指定矢量界面

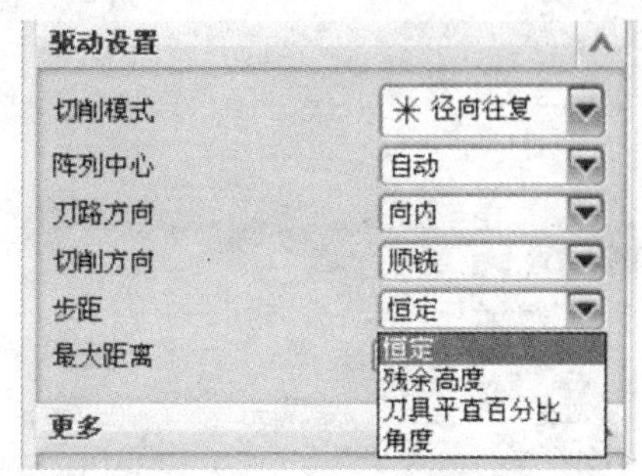

图 4－64　“步距”参数选项

(4) 附加刀路

该选项用于轮廓切削和标准驱动模式下，通过指定添加刀具路径的数量，产生多个同心线切削路径，使刀具向边界横向进给，从而沿侧壁切除材料。

如图 4－65 所示，该图为附加刀路设置为 2 的刀具轨迹效果。

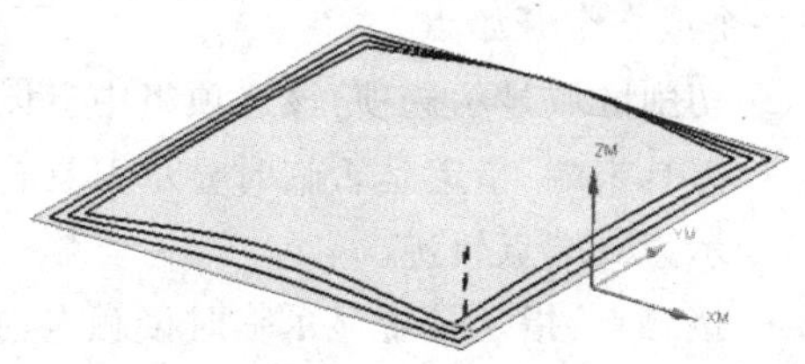

图 4－65　附加刀路效果

(5) 切削方向

切削方向与主轴旋转方向，共同定义驱动螺旋的方向为顺时针还是逆时针。它包含顺铣切削与逆铣切削两个选项，顺铣切削指定驱动螺旋的方向与主轴旋转的方向相同，逆铣切削指定驱动螺旋的方向与主轴旋转的方向相反。

(6) 刀路方向

当选择跟随周边、同心圆或者径向切削模式时，将出现刀路方向选项，该选项包括向内和向外两个方向。向内即指刀具在轮廓外侧下刀切入工件，向轮廓中心切削，在轮廓中心抬刀离开工件；向外即指刀具在轮廓中心下刀切入工件，向轮廓外侧切削，在轮廓外侧抬刀离开工件。

(7) 更　多

单击“更多”选项，对话框将扩展为如图 4－66 所示，包括区域连接、边界逼近、岛清理、壁清理、精加工刀路、切削区域等选项。前 5 个选项的使用方法与平面铣的相同，请参阅平面铣中相关内容。

(8) 切削区域

该选项用于定义切削区域的开始点和在图形窗口显示切削区域，单击切削区域“选项”按钮，将弹出如图 4-67 所示的“切削区域选项”对话框。

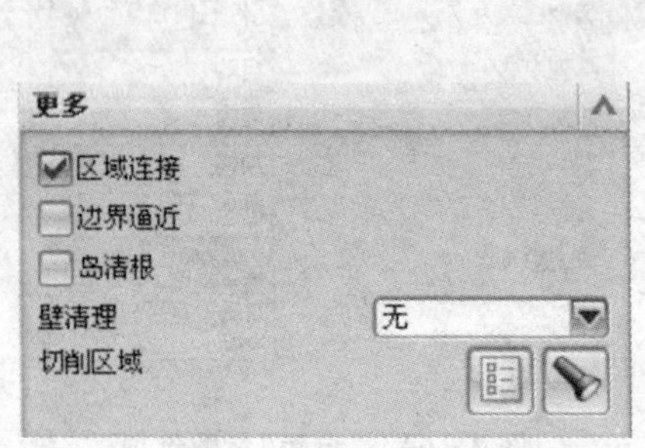

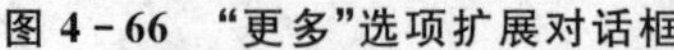
图 4-66 “更多”选项扩展对话框

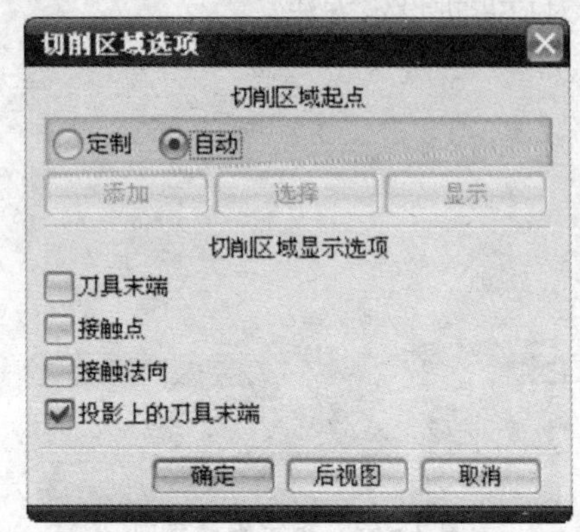

图 4-67 “切削区域选项”对话框

① 切削区域起点：“切削区域起点”选项组可以通过系统自动定义，也可以由用户指定，当选择“定制”选项，并单击“添加”按钮后，将弹出点构造器，用于指定切削区域的一个或多个开始点。

② 切削区域显示选项：该选项组中有以下几个参数。

- 刀具末端：指定是否临时显示刀具轨迹，打开该选项，将在零件表面上临时显示刀具端点轨迹。
- 接触点：指定是否显示临时接触点，打开该选项，将在零件表面上临时创建一系列刀具与零件几何表面接触的点。
- 接触法向：打开该选项，将在零件表面上临时创建一系列显示矢量，这些矢量显示在刀具与零件几何表面接触的点上。
- 投影上的刀具末端：将临时创建显示刀端轨迹线在边界平面上的投影，如果无边界投影，则将显示轨迹线投影到 WCS 原点且垂直于投影矢量的平面上。

4.4.4 区域铣削驱动方式

区域铣削驱动方式允许指定一个切削区域来生成刀位轨迹。这个驱动方式与边界驱动方式相似，但是不需要驱动几何体，它使用了一个加强的和自动遏制碰撞的计算方法。区域铣削可以看成是以曲面的边缘作为一个边界驱动。

区域几何体可以作为父节点在工序导航器中定义，也可以在操作内部进行定义，切削区域可以通过选择曲面区域、片体或面来指定，可以用修剪几何体进一步约束切削区域。修剪几何体的边界总是封闭的，刀具位置始终为“上”。与曲面区域驱动方式不同，切削区域几何体的选择不需要按照行和列栅格的次序。

提示：如果没有指定一个切削区域，那么系统将使用已选择的零件几何体（排除刀具不能到达的区域）作为切削区域。

笔者观点：区域铣削驱动方式通常作为优先使用的驱动方式来创建刀位轨迹。只要可能，都可以用区域铣削方式代替边界驱动方式。

在操作对话框中的“驱动方式”中选择“区域铣削”，将弹出如图 4-68 所示的“区域铣削驱动方法”对话框，该对话框中的选项与边界驱动方式设置对话框基本一样，但是没有“步距已应用”选项，而且多了一个“陡峭空间范围”选项。另外在“切削模式”选项中，多了一个“往复上升切削”模式。往复上升切削模式与往复切削模式基本上一样，只是可根据设置的内部进刀、退刀与跨越运动，在路径间抬起刀具，但没有分离与逼近运动。

“区域铣削驱动方法”对话框中“陡峭空间范围”选项是根据刀具路径的陡峭程度来限制切削区域，以便控制残留高度。

零件几何上任意一点的陡峭度，是由刀轴与零件几何表面法向的夹角来定义的，陡峭区域是指零件几何上陡峭度大于等于指定陡峭角的区域。即陡峭角度把切削区域分隔成陡峭区域与非陡峭区域。在“陡峭包含”下拉列表中共有的 3 个选项，如图 4-69 所示，分别是“无”、“非陡峭”和“定向陡峭”。

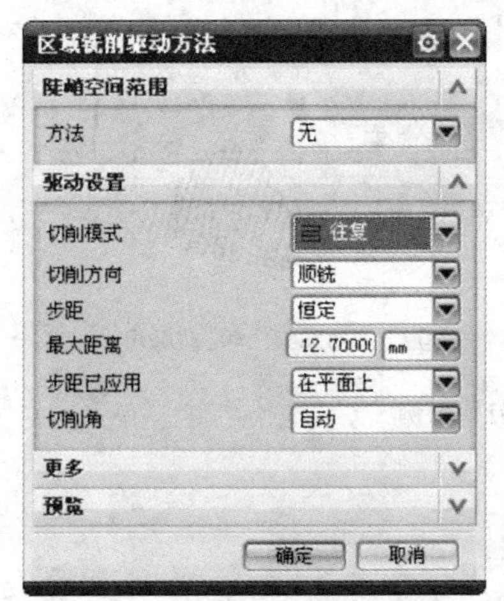

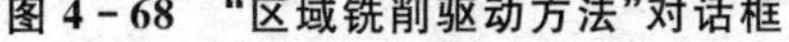

图 4-68　“区域铣削驱动方法”对话框

图 4-69　“陡峭空间范围”选项

① 无：切削整个区域。在刀具路径上不使用陡峭约束，允许加工整个工件表面。

② 非陡峭：切削非陡峭区域，用于切削平缓的区域，而不切削陡峭区域，通常可作为等高轮廓铣的补充。选择该选项，需要输入“陡峭角必须”值。

③ 定向陡峭：定向切削陡峭区域，切削方向由路径模式方向绕 ZC 轴旋转 90°确定，路径模式方向则由切削角度确定，即从 WCS 的 XC 轴开始，绕 ZC 轴指定的切削

角度就是路径模式方向。切削角度可以从选择该选项后弹出的对话框中指定，也可以从“切削角”下拉列表中选择用户自定义方式。选择该项，需要输入切削角度和陡峭角度。

如图 4－70 所示某工件，陡峭包含使用“否”时生成切削整个切削区域的刀具路径，如图 4－70(a)所示；而陡峭包含设置为“非陡峭的”时生成切削顶部平缓区域的刀具路径，如图 4－70(b)所示；当陡峭包含设置为“定向陡峭”时，设置切削角度为 0°，陡峭角为 45°时，生成的刀具路径切削 X 向的两个侧面，如图 4－70(c)所示；设置切削角度为 90°时，生成的刀具路径切削 Y 向的两个侧面，如图 4－70(d)所示。

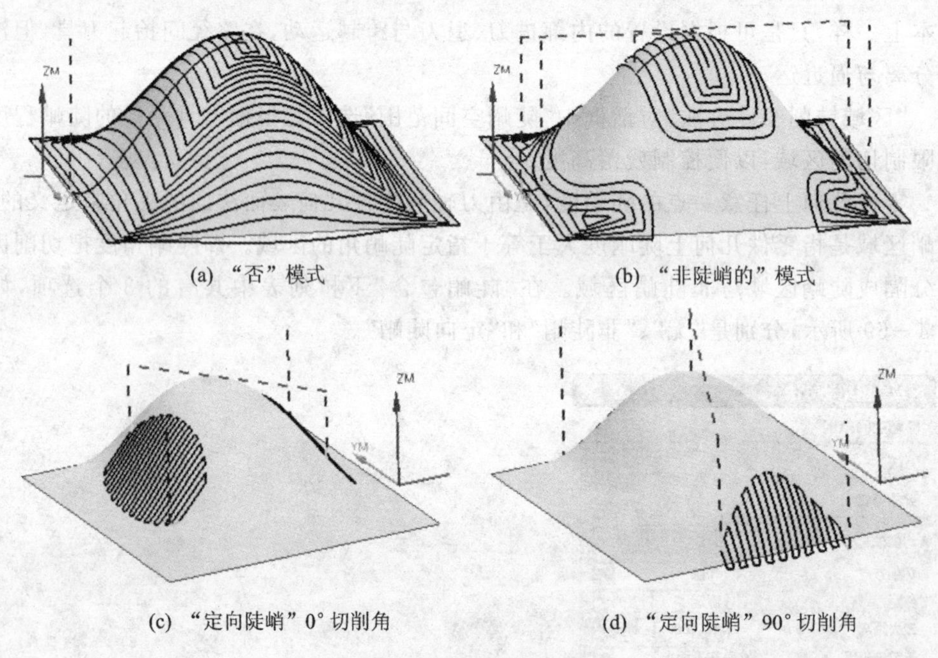

图 4－70　陡峭包含切削刀轨示例

4.4.5　曲面驱动方式

曲面驱动方式提供了对刀具轴和投影矢量的附加控制。这个方式能创建一组阵列的、位于驱动面上的驱动点。驱动点首先按阵列生成在驱动面上，然后沿投影矢量方向投影到零件面上而生成。这种驱动方式在加工复杂的表面时十分有用。刀位轨迹生成在所选择零件面上，它是按照已指定的投影矢量方向投影驱动面上的点来得到的。如果零件面没有定义，刀位轨迹则直接创建在驱动面上。驱动面不必是平面，但必须按行和列有序地排列，并且每行应有同样数量的曲面，每列也应有同样数量的曲面。

在驱动方式选项中选择曲面驱动时，将弹出如图 4－71 所示的“曲面区域驱动方法”对话框。

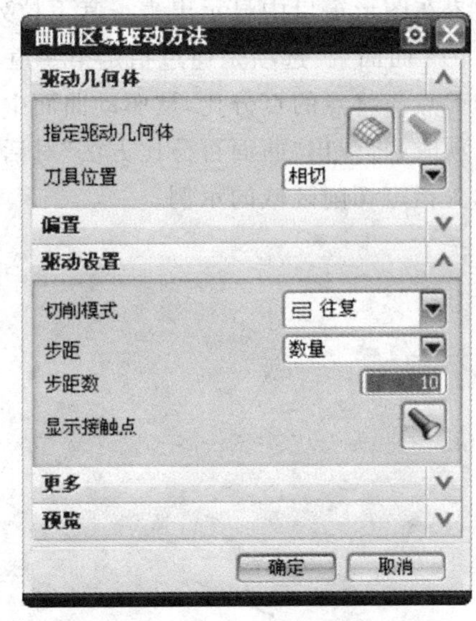

图 4－71　“曲面驱动方法”对话框

1. 驱动几何体

“驱动几何体”选项组用于定义和编辑驱动曲面，以创建刀具路径，也可以定义曲面的参数。在“曲面驱动方法”对话框中单击“指定驱动几何体”按钮，将弹出“驱动几何体”对话框，如图 4－72 所示。在绘图区按顺序选择第一行的曲面，选择完第一行曲面后，单击“选择下一行”再选择第二行曲面，依次类推，完成所有曲面行的定义。

警告：注意选择加工多个曲面时，选取曲面时一定要逐个选取相邻的曲面，否则会因流线方向不统一而无法生成刀具路径。临近的面必须共享同一个边缘，并且不能存在超过所定义公差范围的间隙。

警告：注意选择多行的曲面时，每一行的曲面个数应该相同。

当完成驱动曲面的指定以后，曲面驱动方法对话框将变成如图 4－73 所示，对话框中增加了“切削区域”、“切削方向”和“材料反向”三个选项。

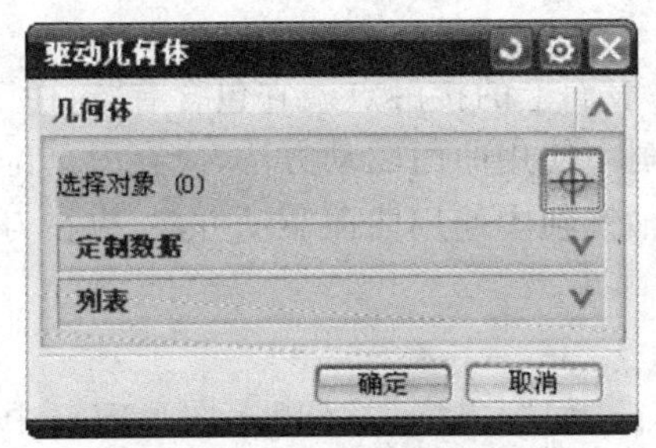

图 4－72　“驱动几何体”对话框

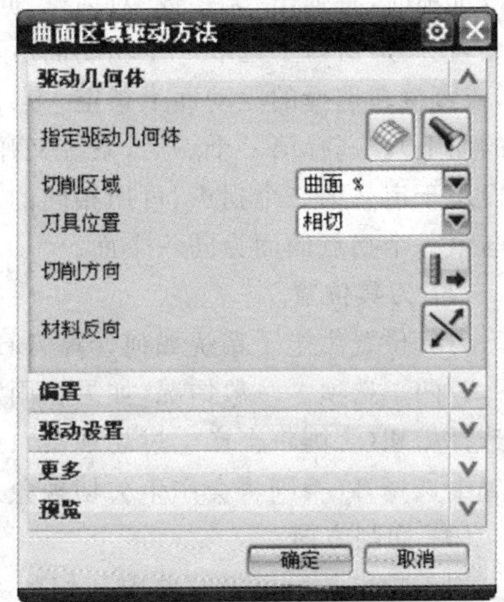

图 4－73　完成驱动曲面指定后的对话框

(1) 切削区域

“切削区域”选项用于指定在驱动曲面中哪一部分为切削区域，并将该切削区域的边界在图形窗口中显示出来。其下拉列表中包括“曲面%”与“对角点”两个选项。

①“曲面%”选项是通过指定第一道与最后一道刀具路径的百分比，以及横向进给的起点与终点的百分比，从驱动曲面中定义出切削区域，该百分比可正可负。选择该选项时，将弹出“曲面百分比方法”对话框，可在各文本框中输入数值。如图 4－74 所示为指定切削区域的示例。

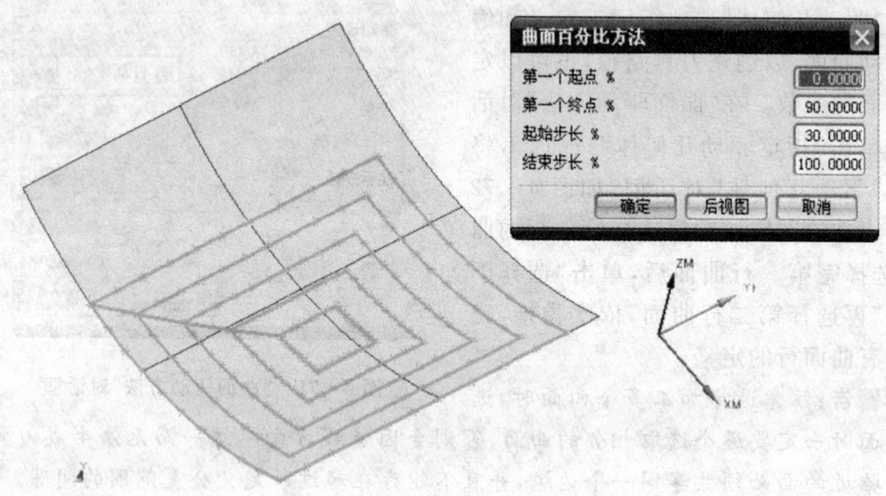

图 4－74　曲面%控制切削区域示例

②“对角点”选项是在选择的驱动曲面上指定两个对角点来定义切削区域。选择该选项时，将弹出“无参数”对话框，同时在状态行提示选择一个面以定义第一个对拐点，在图形窗口中选取一个驱动面后，弹出“指定点”对话框，可用点构造器指定一点，或直接在选择的驱动面上指定一点作为第一个对角点(注意，该点必须在刚刚指定的面上)。选择第一个点后，系统又弹出“无参数”对话框，同时状态行提示选择一个面用于定义第二个拐点，可用相同的方法定义第二个点。选择第二个拐点的面可以与第一个拐点的面为同一个面。

(2) 刀具位置

刀具位置决定了系统如何计算刀具在零件表面上的接触点。它包含有“对中”和“相切”两个选项。一般情况，如果在固定轴铣削中使用曲面驱动方法，应在刀具位置中选择相切(否则将会产生过切现象)；而在多轴铣削中使用曲面驱动方法，应在刀具位置中选择开(否则将会产生欠切现象)。

(3) 切削方向

用于指定开始切削的象限和切削方向，单击“切削方向”按钮，图形窗口中在驱动曲面的四角显示 8 个方向箭头，如图 4－75 所示，可用鼠标选取要求的切削方向，则生成刀具轨迹的切削方向将与选择方向保持一致。

(4) 材料反向

用于反转材料边方向矢量。如图 4－76 所示，为材料反向之后的效果。

(5) 步　距

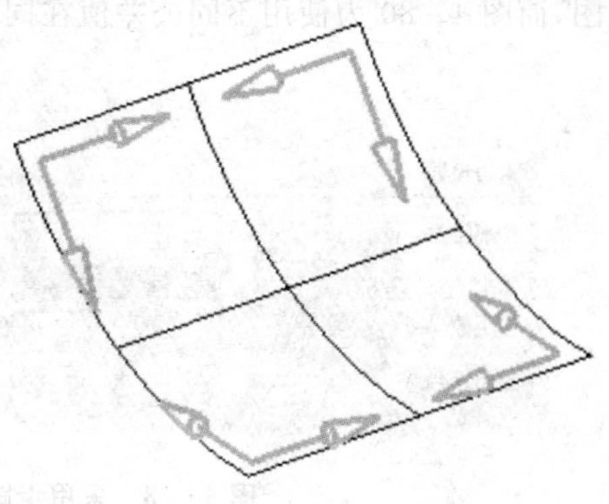

图 4-75　切削方向示意图

该选项用于指定相邻两道刀具路径的横向距离，即切削宽度。其下拉列表中选项包括“残余高度”与“数量”。

① 当使用“残余高度”时，通过指定相邻两道刀具路径间残余材料的最大高度、水平距离与垂直距离来定义允许的最大残余面积尺寸。当选择该选项时，在其下方需要输入最大残余高度、竖直限制、水平限制的数值距离，如图 4-77 所示。

提示：不论设定的参与面积多大，产生的横向进给距离不可能超过刀具直径的 2/3。

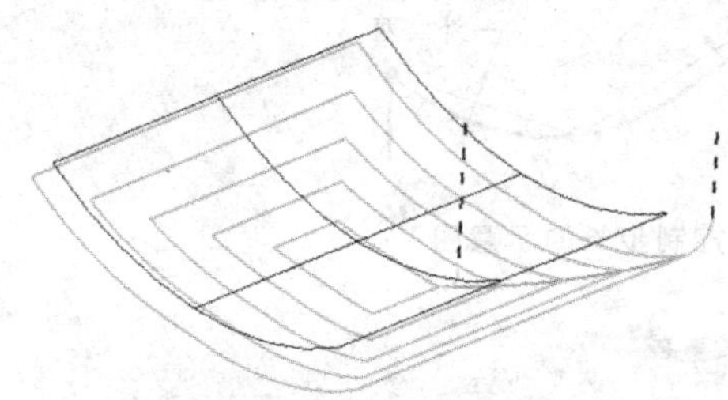

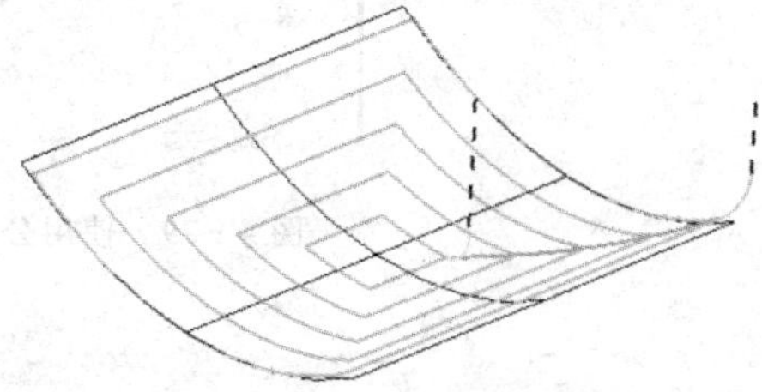

图 4-76　材料反向效果

② 当使用“数量”选项定义时，指定刀具路径横向进给的总数目。如图 4-78 所示为设定步距数量产生的驱动路径的示例。

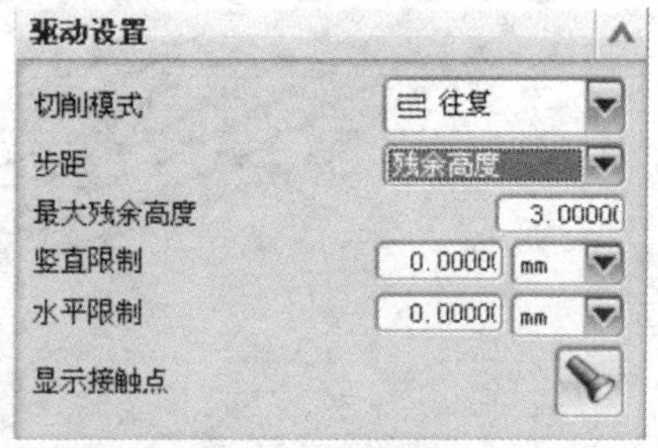

图 4-77　残余高度参数对话框

笔者观点：曲面驱动方式多在多轴加工中应用，而在固定轴曲面轮廓铣中很少用到，一般以区域驱动来生成刀具路径。

(6) 切削步长

切削步长控制在切削方向产生的驱动点的距离，当直接在驱动面上加工或者刀轴相对于驱动曲面定义时，切削步长的定义就特别重要。指定的驱动点越多，则创建的刀具路径越精确，刀具也就越能精确地跟随驱动曲面的轮廓。切削步距的定义方式包括“公差”与“数量”两个选项以及“过切时”选项。

① “公差”方式：使驱动点按指定的法向距离生成，此时可在下方的“内公差”与“外公差”文本框中分别输入允许的法向距离切入与切出公差。法向距离是两相邻驱动点连线与驱动曲面间的最大法向距离。如图 4-79 所示为使用公差控制步长的示

意图，而图 4－80 为使用不同公差值在同一驱动曲面上产生的驱动路径的示例。

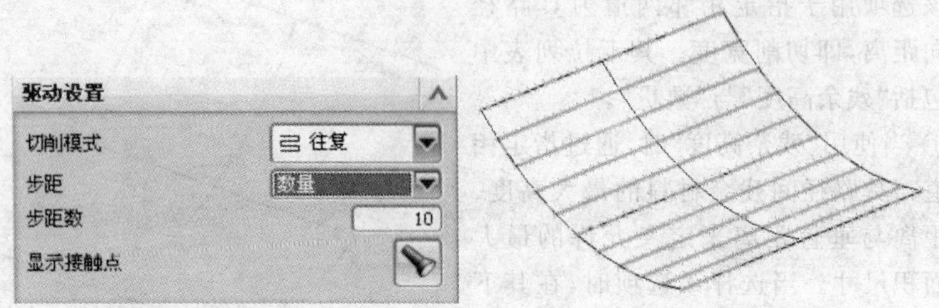

图 4－78　采用步距数量产生的驱动路径

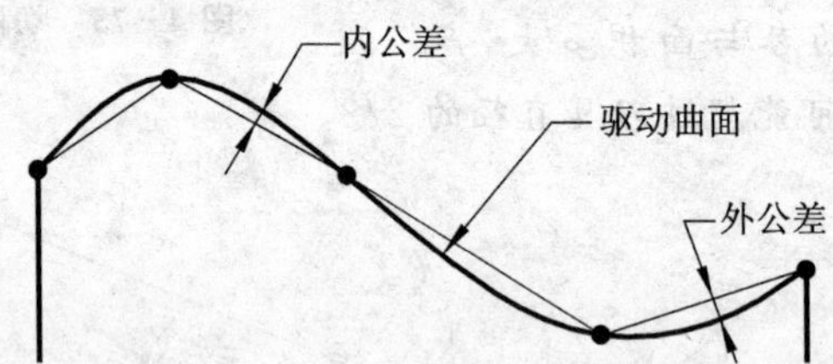

图 4－79　使用公差控制步长的示意图

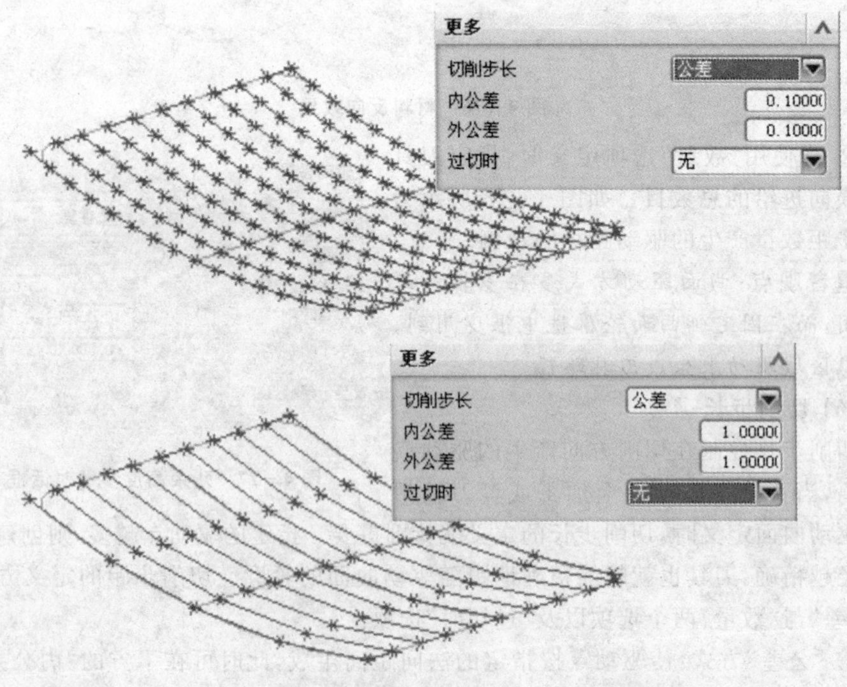

图 4－80　使用不同公差值在同一驱动曲面上产生的驱动路径的示例

②“数量”方式：在创建刀具路径时，按指定沿切削方向产生的最少驱动点数。

由于刀具路径与零件几何表面轮廓的误差，必须在指定的零件表面内外公差值内，所以当需要时，系统会自动产生多于最少驱动点数的附加驱动点。选择该选项后，其下方的参数文本框取决于选择的路径模式，若选择的是“平行线”模式，则需要输入第一刀切削、最后一刀切削，若选择的是其他模式，则需要输入第一刀切削、第二到切削、第三刀切削。

③ 过切时：当刀具过切驱动曲面时，系统如何响应的选择方式，包括“无”、“警告”、“跳过”和“退刀”，如图 4－81 所示。

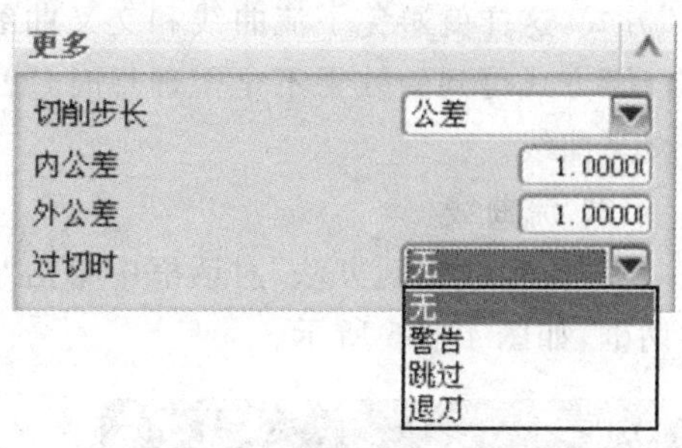

图 4－81　“过切处理方式”选项

4.4.6　流线驱动方式

此操作方式是从 UG NX 5.0 开始新增的功能，主要用于曲面精加工。利用流线驱动方式加工有如下好处。

· 更光顺的精加工。
· 快速高效的拐角加工。

该驱动方式是通过自动或者用户自定义的流曲线/ 交叉曲线生成刀轨，如图 4－82 所示。利用流线加工方式，可加工修剪或修剪曲面，支持固定轴铣削和可变轴加工，生成刀轨如图 4－83 所示。

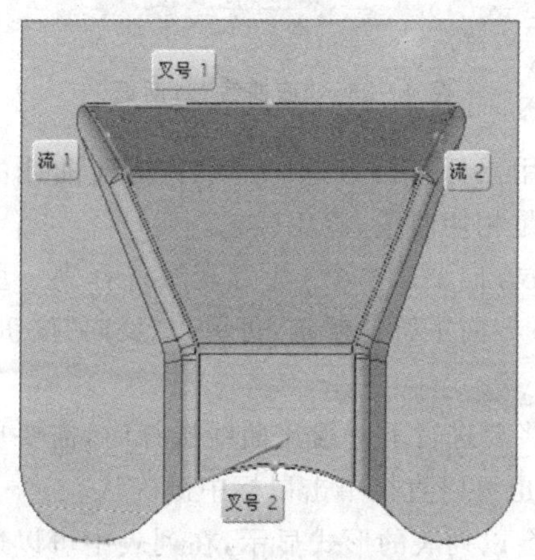

图 4－82　指定流曲线和交叉曲线

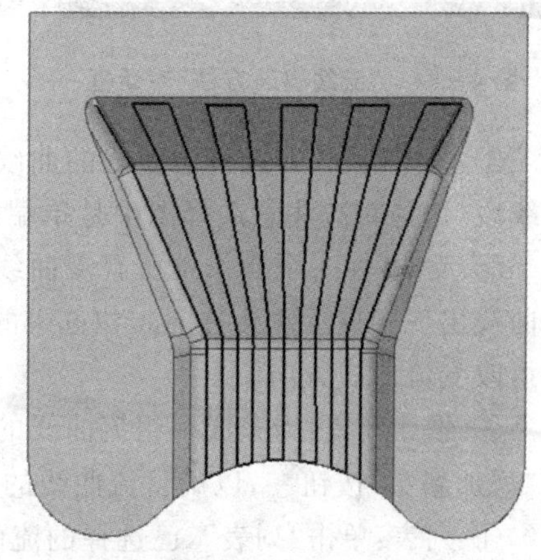

图 4－83　流线驱动生成的刀轨

在“驱动方式”选项中选择“流线”时，将弹出如图 4－84 所示的“流线驱动方法”对话框。

(1) 驱动曲线选择

选择方法有两种:自动、指定。当要加工的曲面边界不是很复杂时,可以使用“自动”方式,这样就避免了流曲线和交叉曲线的选择过程。但当曲面边界较复杂、使用“自动”方式得到的效果不是很理想时,就需要使用“指定”方式来逐一地指定流曲线和交叉曲线。

(2) 流曲线

在“流曲线驱动方法”对话框中单击“流曲线”选项卡,将打开流曲线选择的扩展对话框,如图 4-85 所示。

图 4-84 “流线驱动方法”对话框

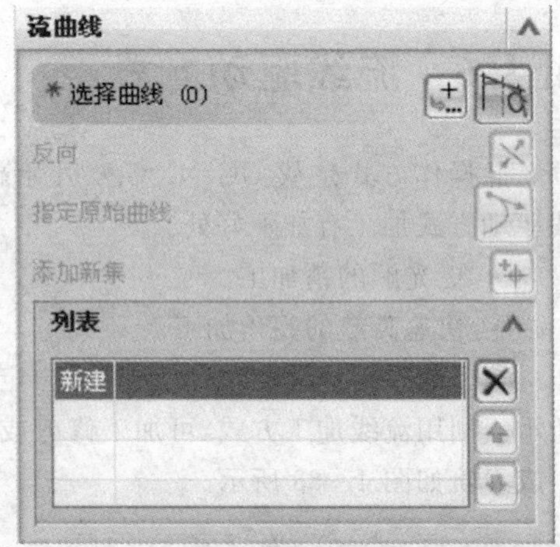

图 4-85 “流曲线”对话框

① 选择曲线:即选择流曲线的曲线段,可用鼠标直接点选图形中作为流曲线的曲线段,选择时应注意选择图中是单端曲线还是相切曲线,避免误选。

② 反向:在一个操作中所有流曲线的大致方向要求一致(注意观察选择完一段流曲线出现的提示箭头方向),如选中的流曲线方向不符合要求,可单击“反向”按钮,即可改变流曲线方向。

③ 添加新集:当完成一组流曲线的选择,将要进行下一组流曲线选择时,需要单击“添加新集”按钮,以确认流曲线的选择。也可以直接单击鼠标中键确认。

④ 列表:单击“列表”,已选择的流曲线将会以列表的形式显示,在列表中可以通过“移除”按钮对已选的流线进行删除,也可以通过“向上移动”按钮、“向下移动”按钮,对流曲线的位置进行编辑。

(3) 交叉曲线

交叉曲线的选择、编辑与流曲线相同,请参阅以上相关内容。

(4) 切削方向

指定开始切削的象限和切削方向,单击"指定切削方向"按钮,图形窗口中在驱动曲面的四角显示 8 个方向箭头,可用鼠标选取要求的切削方向,则生成刀具轨迹的切削方向将与选择方向保持一致。

(5) 修剪和延伸

该参数选项可以修剪或者延伸刀具切削的范围,有以下 4 个控制参数。

① 开始切削%:即控制距离交叉线 1 一定距离处开始生成刀具轨迹,如图 4-86 所示,该图为开始切削%参数为 20 的效果。

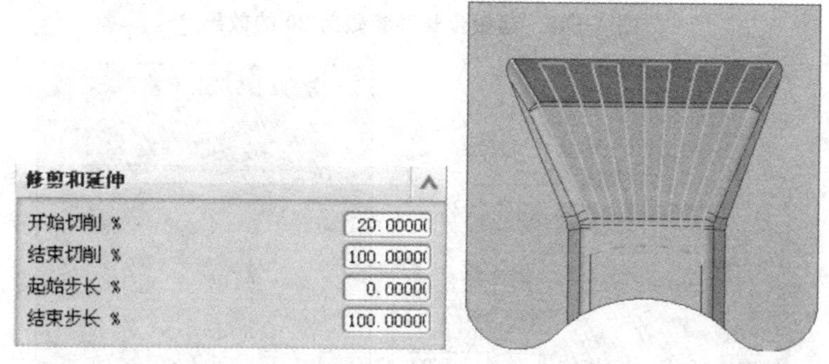

图 4-86　开始切削%参数为 20 的效果

② 结束切削%:即控制距离交叉线 1 一定距离处结束生成刀具轨迹,如图 4-87 所示,该图为结束切削%参数为 20 的效果。

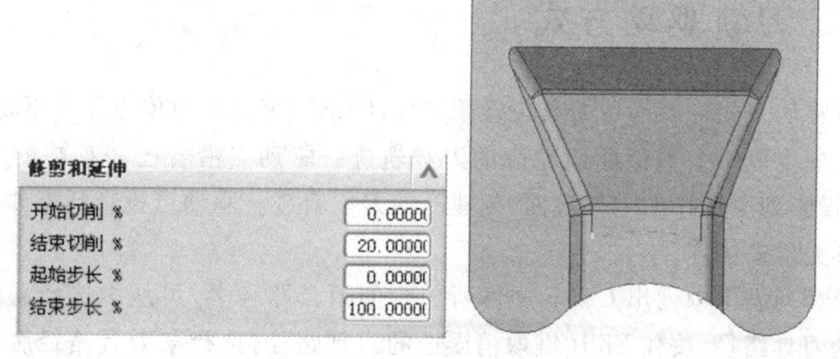

图 4-87　结束切削%参数为 20 的效果

③ 起始步长%:即控制距离流线 1 一定距离处开始生成刀具轨迹,如图 4-88 所示,该图为起始步长%参数为 20 的效果。

④ 结束步长%:即控制距离流线 1 一定距离处结束生成刀具轨迹,如图 4-89 所示,该图为结束步长%参数为 60 的效果。

(6) 驱动设置

该选项用来设置刀具位置、切削模式与步距的设定,可参阅 4.4.5 节相关内容。

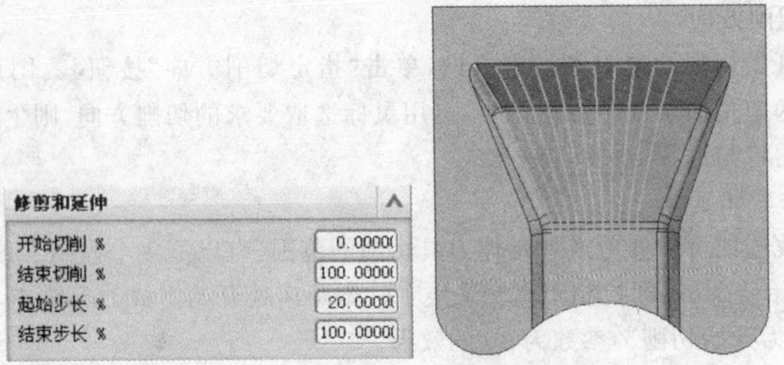

图 4-88　起始步长%参数为 20 的效果

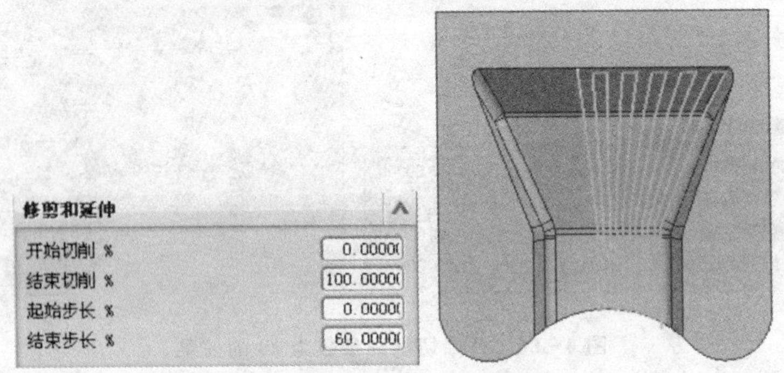

图 4-89　结束步长%参数为 60 的效果

4.4.7　刀轨驱动方式

刀轨驱动方式可以沿着刀具位置源文件(CLSF)定义的刀位点作为驱动点,在当前的操作中生成一个类似曲面轮廓的刀具轨迹。驱动点沿着已经存在的刀轨而生成,并且投影到所选择的零件表面,创建新的刀位轨迹。驱动点投影到零件表面的方向由投影矢量来决定。

"刀轨"列表框中列出 CLSF 文件所包含的刀具路径名,可从中选择需要作为投影的驱动刀具路径,按住 Shift 键取消误选的刀具路径,选择某刀具路径后,在"按进给率划分的运动类型"列表中列出了该刀具路径包含的所有运动类型及其进给量,同时"重播"与"列表"选项激活,可以在绘图区中重新显示所选的刀具路径,或者按 CLSF 格式列出刀具路径的文本信息。

4.4.8　径向切削驱动方式

径向切削驱动方式可以垂直于并且沿着一个给定边界生成驱动轨迹,使用指定的步距、带宽和切削类型。这个驱动方式用于生成清根加工，如图 4－90 所示径向切削驱动方式生成的刀具路径示例。在"固定轴曲面轮廓铣操作"对话框中选择"驱动方式"为"径向切削"，打开"径向切削驱动方式"对话框，如图 4－91 所示。

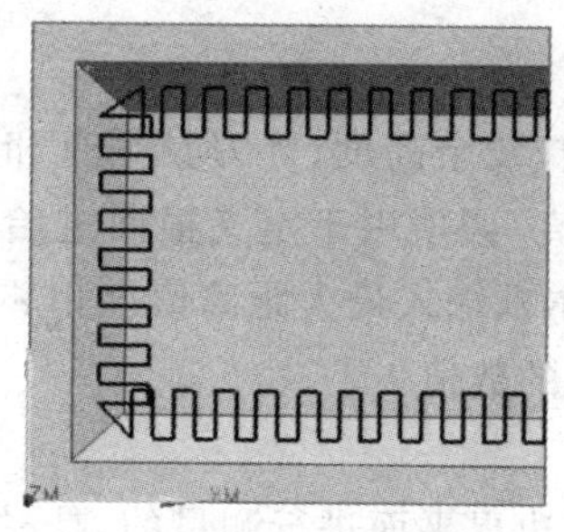
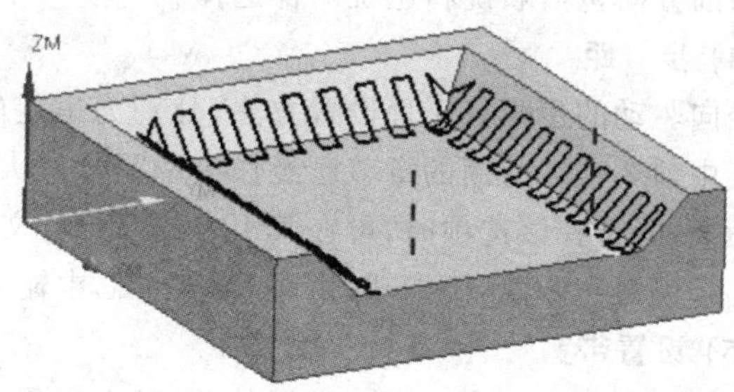

图 4－90　径向切削驱动方法

（1）指定驱动几何体

通过定义边界来选择或编辑驱动几何，以创建刀具路径，也可用来为定义的驱动几何指定相关参数。驱动几何可以有多条边界，当从一条边界运动到另一条边界时，会用跨越运动。

如果在零件中没有永久边界，单击"选择或编辑驱动几何体"按钮，弹出如图 4－92所示的"临时边界"对话框，用该对话框可以从头开始定义驱动几何的临时边界。如果在零件模型中存在定义的永久边界，那么选择该项后，会弹出"生成边界"对话框，用该对话框可以选择永久边界来定义驱动几何体，也可以创建临时边界来定义驱动几何体。

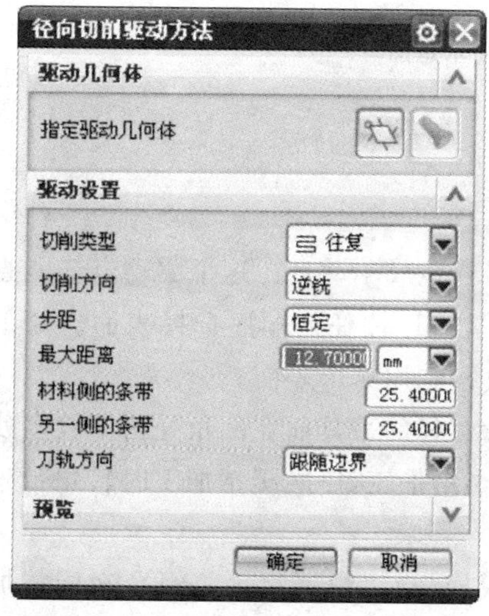

图 4－91　"径向切削驱动方法"对话框

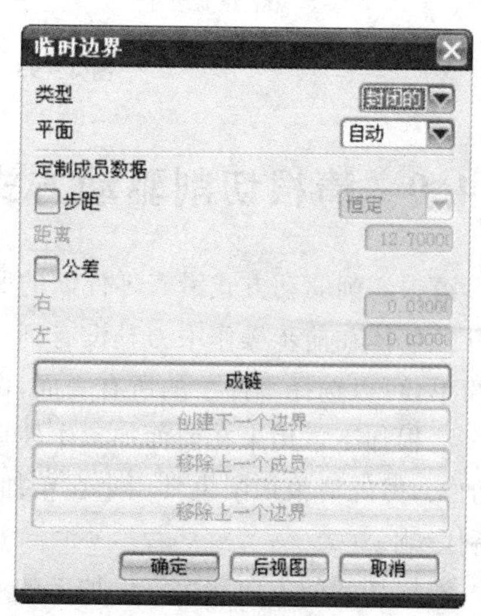

图 4－92　"临时边界"对话框

(2) 切削类型

切削类型中只有单向和往复两种切削方法。

(3) 切削方向

切削方向包括顺铣和逆铣两种选择。

(4) 步　距

径向驱动的步距有 4 种设置方法，分别为恒定的、残余高度、%刀具平直和最大值。其中前 3 项在前面的章节已经作了说明，“最大值”选项用于定义横向进给量的最大距离，当选择该选项时，可在其下方的“距离”文本框输入最大距离值。相邻两道刀具路径的最宽距离，不能超过“距离”文本框中输入的数值。

(5) 设置带宽

“带宽”选项用于定义加工区域的总宽度，它是在边界平面进行测量的，是材料边方向及其反方向距离的总和。它包括材料侧的条带与另一侧的条带两个参数。

(6) 刀轨方向

① 跟随边界：刀具按边界指示器方向沿边界进行单向或往复切削的横向进给，如图 4-93(a)所示。

② 边界反向：刀具按边界指示器方向沿边界相反方向进行单向或往复切削的横向进给，如图 4-93(b)所示。

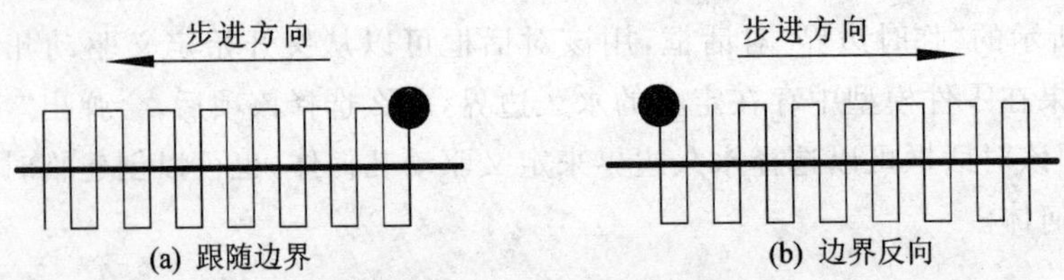

图 4-93　刀轨方向示意图

4.4.9　清根切削驱动方式

清根切削驱动方式沿着零件面的凹角和凹谷生成驱动点。这个驱动方式能查找零件几何体在前步操作中刀具没有到达的区域，可以按任何顺序选择表面。如果希望简单，可以选择零件上的所有表面，由系统决定利用哪个表面。

清根加工常用来在前面加工中使用了较大直径的刀具而在凹角处留下较多残料的加工，另外清根切削也常用来在精加工前做半精加工，以减缓精加工时转角带来的不利影响。

清根切削的方向和次序由加工的规则所决定，也可以通过手工组合来调整加工次序。刀轨将尽可能地以最小的非切削移动来切削零件，并以此来优化刀轨，图 4-94 为清根切削的示例。

清根切削的刀具路径类型包括以下三种。

① 单刀路：沿着凹角与沟槽产生一条单一刀具路径。使用单一路径形式时，没有附加参数选项被激活。

② 多刀路：通过指定偏置数目以及相邻偏置间的横向距离，在清根中心的两侧产生多道切削刀具路径。

③ 参考刀具偏置：参考刀具驱动方法通过指定一个参考刀具直径来定义加工区域的总宽度，并且指定该加工区域中的步距，在以凹槽为中心的任意两边产生多条切削轨迹，可以用重叠距离选项，沿着相切曲面扩展由参考刀具直径定义的区域宽度。

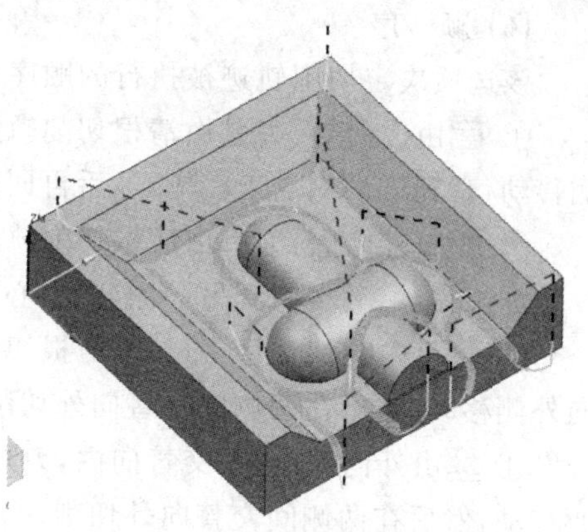

图 4－94　清根切削示例

下面重点讲述清根切削中的参考刀具偏置驱动方式。这个方法对于选用大直径的(参考的)刀具粗加工后，再选用小直径刀具进行清根加工时非常有用。此方式采用切削类型、步距、顺序、参考刀具直径和重叠距离等选项定义切削参数。

"参考刀具偏置清根驱动方式"对话框中一些重要选项的含义如下。

(1) 最大凹度

"最大凹度"用于决定清根切削刀轨生成所基于的凹角。刀轨只有在那些等于或者小于最大凹角的区域生成。所输入的凹角值必须小于 179°，并且是正值。当刀具遇到那些在零件面上超过了指定最大值的区域时，刀具将回退或转移到其他区域。

(2) 最小切削长度

"最小切削长度"能排除在零件面的分隔区形成的短的刀具路径。当刀具路径段的长度小于所设置的最小切削长度时，在该处将不生成刀轨。这个选项在排除圆角的交线处产生的非常短的切削移动是非常有效的。

(3) 连接距离

该选项把断开的切削轨迹连接起来，排除小的不连续刀位轨迹或者刀位轨迹中不需要的间隙。这些小的不连续的轨迹对加工走刀不利，它的产生可能是由于零件面之间的间隙造成的，或者是由于凹槽中变化的角度超过了指定值而引起的。输入的数值决定了连接刀轨两端点的最大跨越距离。两个端点的连接是通过线性的扩展两条轨迹得到的。

(4) 切削模式

"切削模式"用于定义刀具怎样从一条轨迹移动到下一条轨迹。

(5) 步　距

"步距"用于指定连续轨迹之间的距离。

(6) 顺　序

该选项决定切削轨迹被执行的顺序。其下拉列表中共有以下 6 个选项。

① 由内向外：刀具由清根切削轨迹的中心开始，沿凹槽切第一刀，步距向外一侧移动，直到这一侧加工完毕，然后再回到中心加工另一侧。

② 由外向内：刀具由清根切削轨迹的一侧边缘开始，步距向中心移动，直到这一侧加工完，然后再回到另一侧，向中心加工。

③ 由内向外交替：刀具由清根切削轨迹的中心开始，沿着凹槽切第一刀，步距向外侧移动，然后在两侧间交替向外切削。

④ 由外向内交替：交替向内，刀具由清根切削轨迹的一侧边缘开始，步距向中心移动，然后在两侧间交替向外切削。

⑤ 后陡：是一种单向切削，刀具由清根切削刀轨的一侧（非陡壁处）移向另一侧（陡壁处），刀具穿过中心。

⑥ 先陡：是一种单向切削，刀具由清根切削刀轨的一侧（陡壁处）移向另一侧（非陡壁处），刀具穿过中心。

(7) 参考刀具直径

通过指定一个参考刀具（先前粗加工的刀具）直径，以刀具与工件产生双切点而形成的接触线来定义加工区域。所指定的刀具直径必须大于当前使用的刀具。

(8) 重叠距离

该选项用于扩展通过参考刀具直径沿着相切面所定义的加工区域的宽度。

注意：清根铣削中，建议使用球头刀，而不使用平底刀或者牛鼻刀，因为使用平底刀或者牛鼻刀很难获得理想的刀具路径。

提示：单路切削时没有切削类型、步进与切削顺序的选择。而多个偏置需要指定偏置数，但是没有参考刀具选项。

4.5 固定轮廓铣案例

(1) 固定轮廓铣的特点

固定轮廓铣使用固定刀轴（一般指 Z 轴）加工曲面类零件，该操作有以下特点。

- 刀具轴始终为一固定矢量方向，采用三轴联动方式切削。
- 刀轨沿复杂曲面轮廓运动，适于半精加工与精加工。
- 通过设置驱动几何与驱动方式，可产生适合不同场合的刀位轨迹。
- 非切削运动方式设置灵活。
- 提供了丰富的清根操作。

(2) 固定轮廓铣的处理过程

固定轮廓铣刀位轨迹的产生过程可以分为两个阶段：首先从驱动几何体上生成驱动点，然后将驱动点沿着一个指定的投射矢量投影到零件几何体上，生成刀位驱动点，同时检查该刀为轨迹点是否过切或超差。如果该刀位轨迹点满足要求，则输出该点，驱动刀具运动，否则放弃该点。

(3) 固定轮廓铣的几个重要概念

- 零件几何体：用于加工的几何体，既可以是实体，也可以是曲面。
- 驱动点：从驱动几何体上产生的，将按投影矢量投影到零件几何体上的点。
- 驱动几何：用于产生驱动点的几何体，可以是点、曲线、曲面，也可以是零件几何体。可用驱动几何来引导刀具运动。
- 驱动方式：驱动点产生的方法。某些驱动方法在曲线上产生一系列驱动点，有的驱动方法则在一定面积内产生阵列的驱动点。
- 投射矢量：用来定义驱动点投影到零件几何体的投影方向。
- 非切削运动：定义包括进退刀、内部进退刀、刀具移动等非切削运动。

4.5.1　定模型腔半精加工案例

(1) 打开文件

① 打开练习文件"X:\4\4.1.prt"(X 盘为保存练习文件的盘符)。

② 进入加工模块。

③ 查看已经作好的刀位轨迹(该零件在前面的案例中已经做完了粗加工及半精加工，绝大部分余料已经去掉，但是由于采用的是型腔铣做粗加工与半精加工，因此在型面上的余料为台阶状。如果直接做精加工，则可能因为加工余量不均匀，而在使用小直径铣刀做精加工时损坏刀具。因此，必须再加一道半精加工程序，使余量均匀)。

注意：余量均匀化是精加工的重要前提。

(2) 创建固定轮廓铣操作

① 在"刀片"工具条中单击"创建工序"按钮，弹出"创建工序"对话框，按照图 4-95 所示设置各选项，单击"确定"按钮，弹出"固定轮廓铣"对话框。

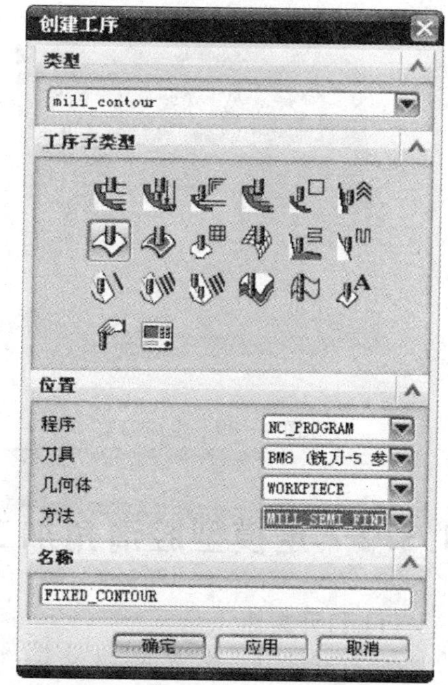

图 4-95　"创建工序"对话框

② 在"固定轮廓铣"对话框中将驱动方式设为"区域铣削"，系统会弹出一个警告信息，提示操作者注意，如图 4-96 所示。单击"确定"按钮，系统弹出"区域铣削驱动方法"对话框，按照图 4-97 所示设置参数。

③ 单击"确定"按钮，退出"区域铣削驱动方法"对话框。在"固定轮廓铣"对话框

中单击“生成”按钮，生成刀位轨迹，如图 4-98 所示。

④ 动态仿真效果如图 4-99 所示。

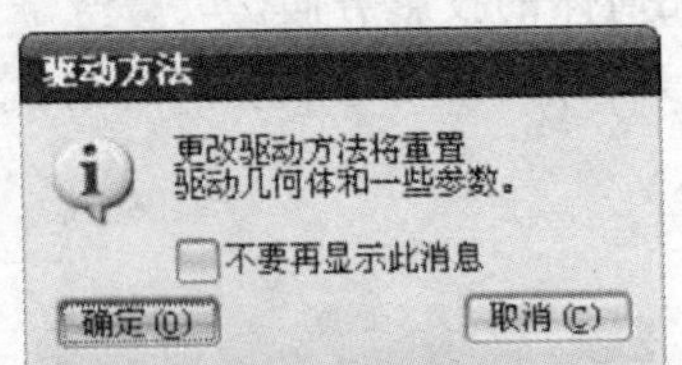

图 4-96 警告对话框

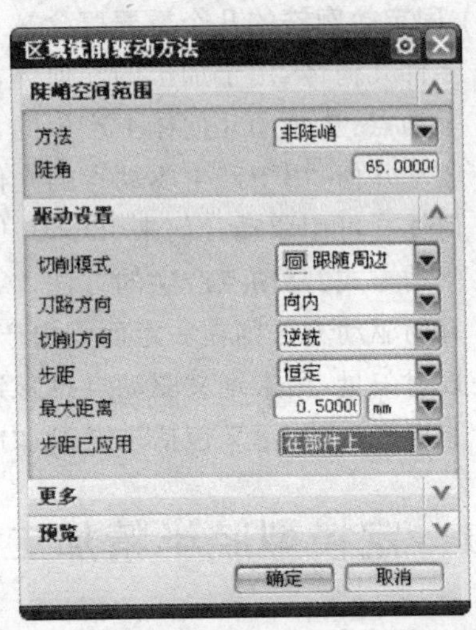

图 4-97 “区域铣削驱动方法”对话框

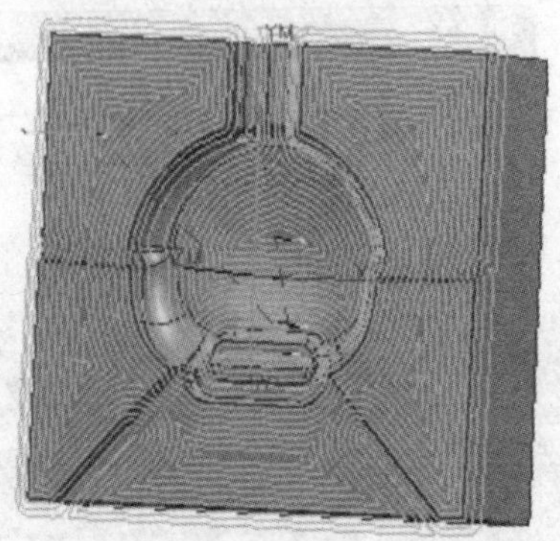

图 4-98 生成刀轨

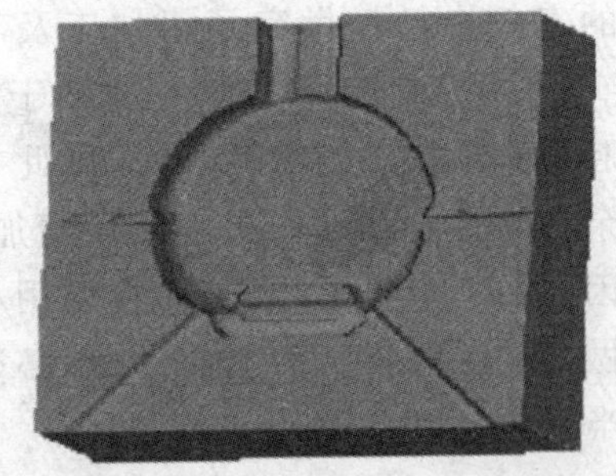

图 4-99 仿真结果

4.5.2 定模型腔清角加工案例

(1) 打开文件

① 打开练习文件“X:\4\4.2.prt”(X 盘为保存练习文件的盘符)。

② 进入加工模块。

③ 查看已经作好的刀位轨迹(该零件在前面的案例中已经做完粗加工及半精加工，型面余量已经变得均匀，但是在一些小圆角部分余量还较多，为了便于后面的精加工，需要在此增加一道清根加工操作，如图 4-100 所示)。

(2) 创建清根操作

① 在“刀片”工具条中单击“创建工序”按钮，弹出“创建工序”对话框，按照图 4－101 所示设置各选项，单击“确定”按钮，弹出“清根参考刀具”对话框，在驱动方法中选择“编辑”按钮，弹出“清根驱动方法”对话框，如图 4－102 所示。

② 由于上一步加工所用的刀具为 BM8，因此在“参考刀具直径”文本框中输入 8。

③ 在“重叠距离”文本框中输入 0.5，其余各选项按图 4－102 所示设置。

④ 单击“确定”按钮，返回主界面，单击“生成”按钮，生成刀位轨迹，如图 4－103 所示。

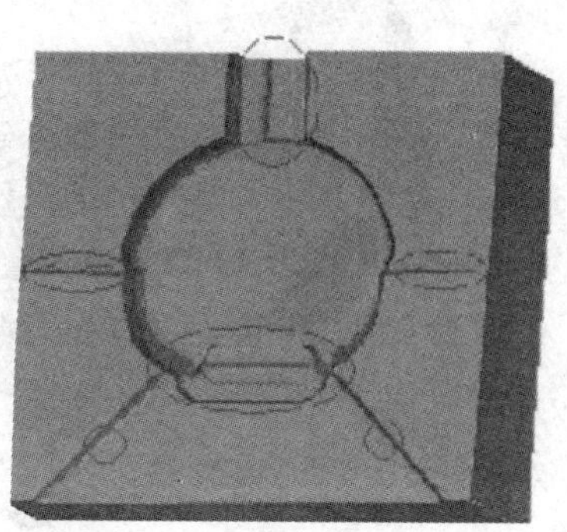

图 4－100　清根部位示意图

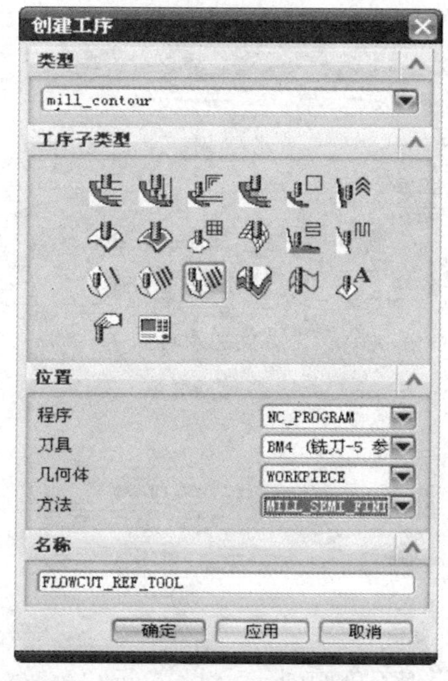

图 4－101　“创建工序”对话框

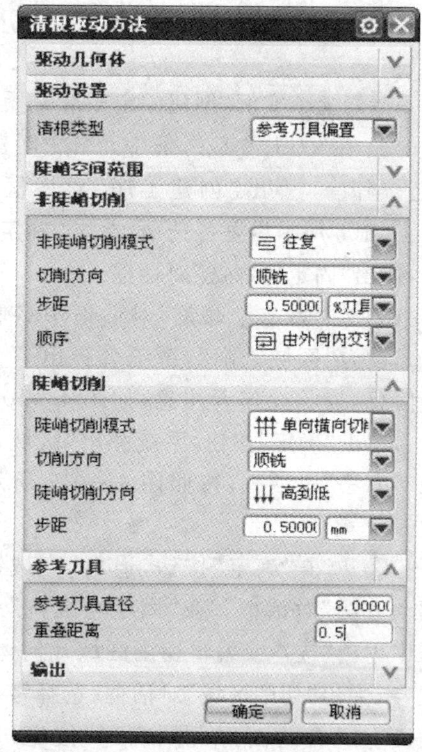

图 4－102　“清根驱动方法”对话框

⑤ 动态仿真效果如图 4－104 所示。

观察仿真效果，可以发现该零件表面留有均匀的余量，接下来将进行精加工，以去除表面的余量，达到加工要求。下面将介绍曲面精加工的操作。

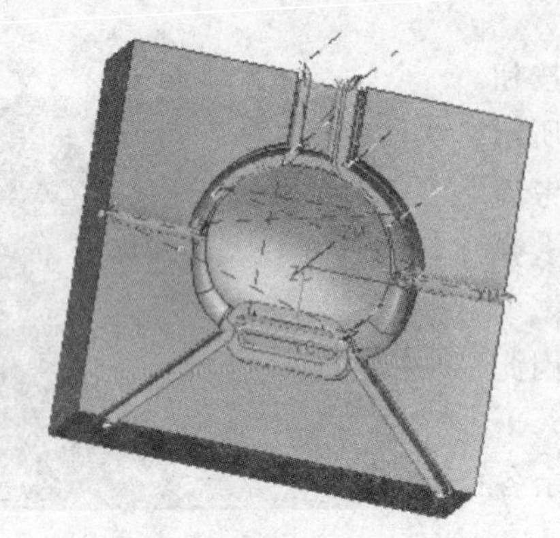

图 4－103　生成刀轨

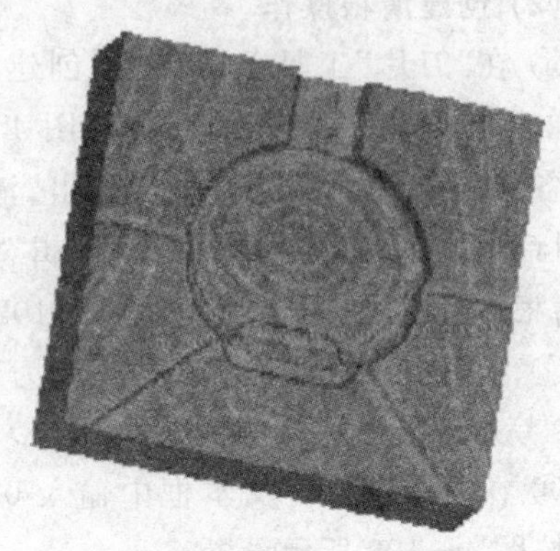

图 4－104　仿真结果

4.5.3　定模型腔曲面精加工案例

接着上个实例，创建固定轮廓铣操作。

① 在“刀片”工具条中单击“创建工序”按钮，弹出“创建工序”对话框，按图 4－105 所示设置各选项，单击“确定”按钮，弹出“固定轮廓铣”对话框。

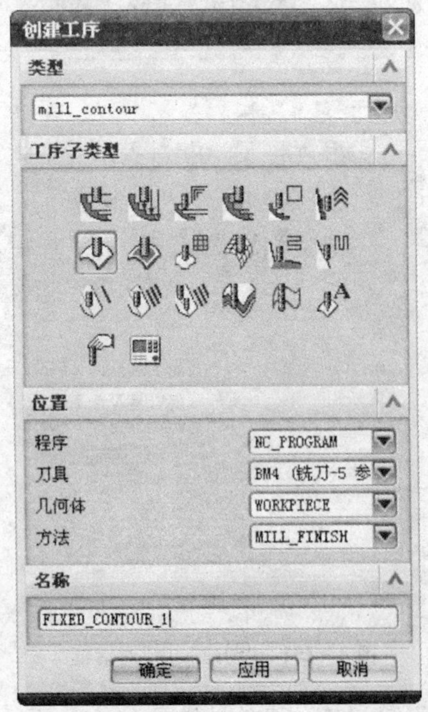

图 4－105　“创建工序”对话框

② 在“固定轮廓铣”对话框中将驱动方式设为“区域铣削”，系统会弹出一个警告信息，提示操作者注意，如图 4－106 所示。单击“确定”按钮，系统弹出“区域铣削驱动方法”对话框，按照图 4－017 所示设置参数。

③ 单击“确定”按钮，退出“区域铣削驱动方法”对话框。在“固定轮廓铣”对话框中单击“选择或编辑切削区域几何体”按钮，弹出“切削区域”对话框，选择零件上表面上所有的面，单击“确定”按钮，返回“固定轮廓铣”对话框。在“固定轮廓铣”对话框中单击“生成”按钮，生成刀位轨迹，如图 4－108 所示。

④ 动态仿真效果如图 4－109 所示。

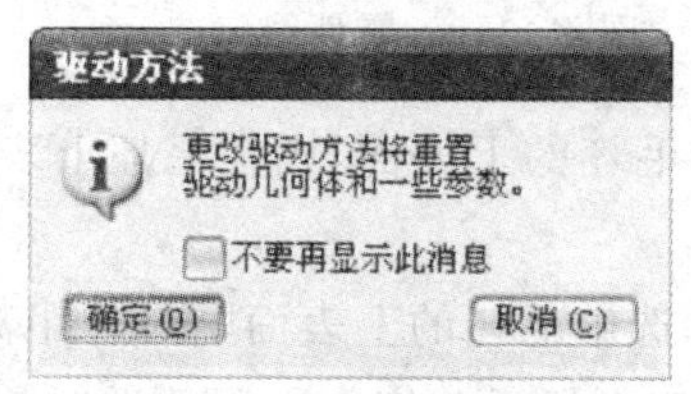

图 4－106　警告对话框

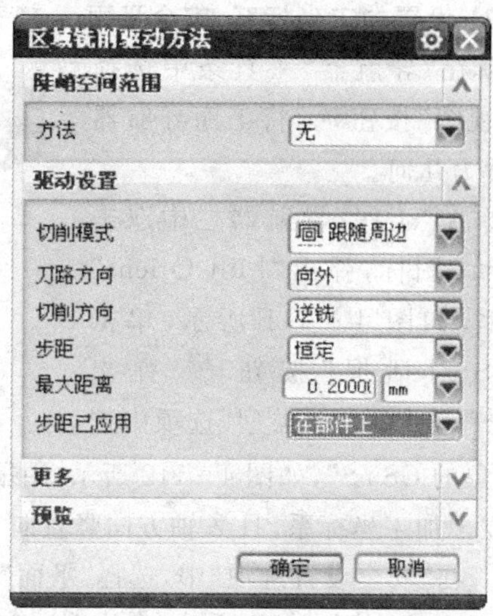

图 4－107　"区域铣削驱动方法"对话框

图 4－108　生成刀轨

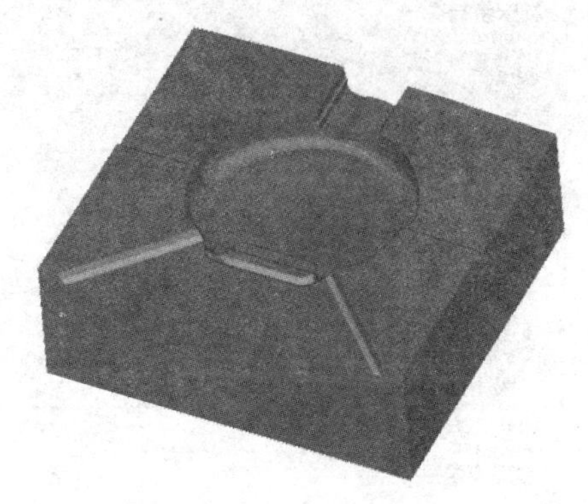

图 4－109　仿真结果

4.5.4　曲线/点驱动方式刻字加工案例

(1) 打开文件

打开练习文件"X:\2\2.3.prt"(X 盘为保存练习文件的盘符)。

如图 4－110 所示，该练习文件在平面铣中已经使用过，现在我们要利用固定轮廓铣中的曲线/点驱动方式来加工该文字。

本次案例要求使用 $\phi3$ 球头铣刀，利用固定轮廓铣中的曲线/点驱动方式完成刻字加工，刻字深度 0.5 mm。

(2) 设置加工坐标系、安全平面

① 在“导航器”工具条中选择“几何视图”按钮，将工序导航器栏设置为几何。

② 在“工序”导航器栏中双击 MCS_MILL 图标，弹出“Mill Orient”对话框，如图 4－111 所示，单击“CSYS 对话框”按钮，弹出“CSYS”对话框，在“类型”选项中选择“对象的 CSYS”，如图 4－112 所示，用鼠标选择毛坯的上表面，则在毛坯上表面中心建立了加工坐标系，且 Z 轴方向竖直向上。

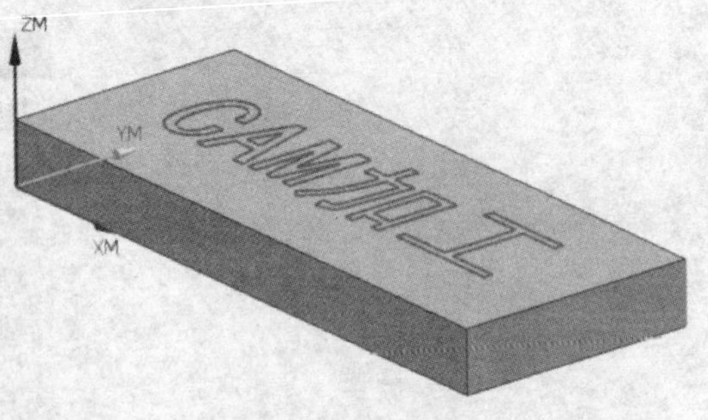

图 4－110 零件图

③ 在“安全设置选项”中，选择“平面”，用鼠标选中毛坯的上表面，弹出“距离”参数栏，输入安全距离“2”，单击“确定”按钮，完成加工坐标系与安全平面的设置。

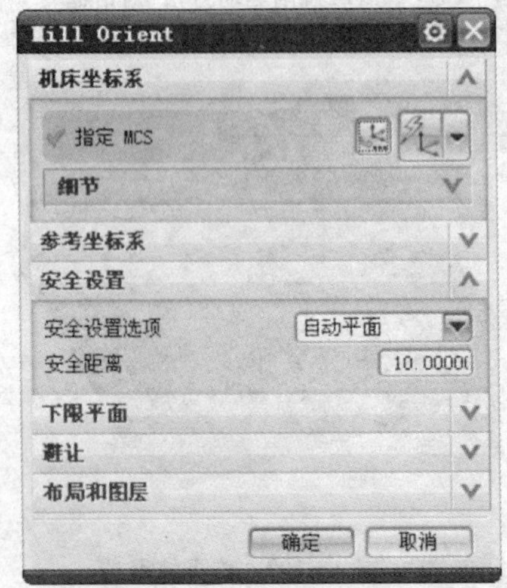

图 4－111 “Mill Orient”对话框

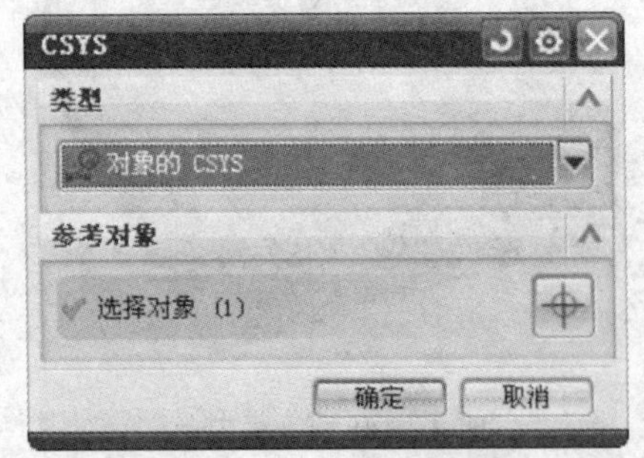

图 4－112 “CSYS”对话框

(3) 设置加工几何体

① 在“工序”导航器栏中单击 MCS_MILL 图标前面的“＋”号，将其展开。

② 双击 WORKPIECE 图标，弹出“铣削几何体”对话框。

③ 在“铣削几何体”对话框中，单击“选择或编辑部件几何体”按钮，弹出“部件几何体”对话框。

④ 用鼠标选择长方体实体，单击“确定”按钮，回到“铣削几何体”对话框。

⑤ 单击“选择或编辑毛坯几何体”按钮，弹出“毛坯几何体”对话框，用鼠标选择长方体实体(毛坯几何体与部件几何体选择为同一实体)，单击“确定”按钮，回到

“铣削几何体”对话框。

⑥ 单击“确定”按钮，完成加工几何的建立。

(4) 建立刀具

在“刀片”工具条中单击“创建刀具”按钮，弹出“创建刀具”对话框。在“刀具子类型”选项组中选择项，在“名称”文本框中输入铣刀名“BM3”，如图 4 - 113 所示，单击“确定”按钮；在弹出的“铣刀-5 参数”对话框中，输入铣刀参数 D=3，R1=1.5，L=250，如图 4 - 114 所示。

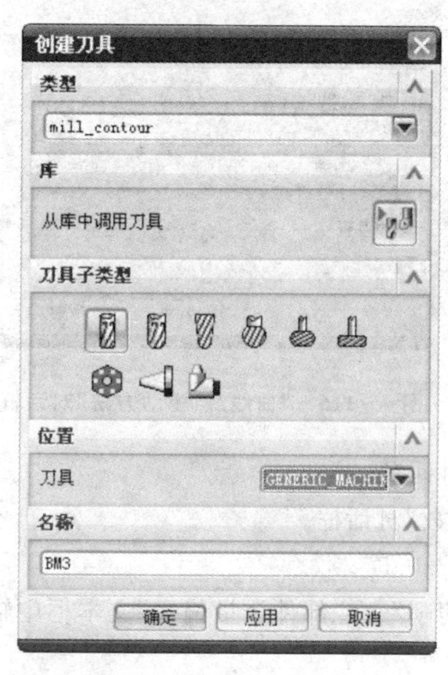

图 4 - 113　“创建刀具”对话框

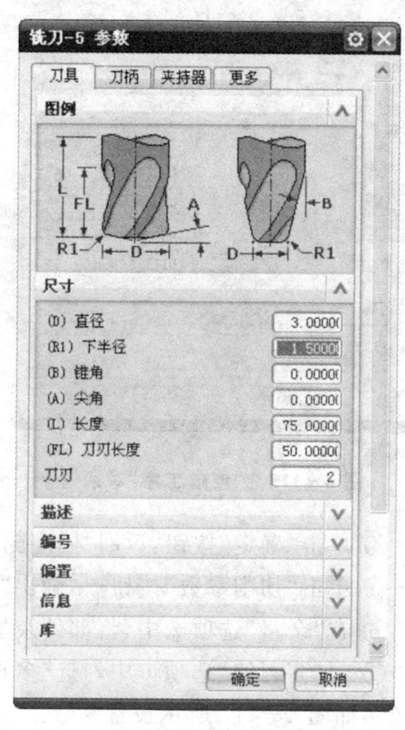

图 4 - 114　“铣刀-5 参数”对话框

(5) 创加工操作

① 在“刀片”工具条中单击“创建工序”按钮，弹出“创建工序”对话框，按图 4 - 115 所示设置各选项，单击“确定”按钮，弹出“固定轮廓铣”对话框。

② 在“固定轮廓铣”对话框中将驱动方法设为“曲线/点”。系统会弹出一条警告信息，单击“确定”按钮确认，系统弹出“曲线/点驱动方法”对话框，如图 4 - 116 所示。

③ 用鼠标选择一条文字曲线（系统自动链选所有与其相连接的曲线段），在“曲线/点驱动方法”对话框中单击“添加新集”按钮，再选择另外一段文字曲线，再次单击“添加新集”按钮，选择下一条文字曲线，依次类推，直到所有曲线选择完毕。

注意：如没有单击“添加新集”按钮，将不会产生抬刀动作，文字之间将会产生不必要的过切刀路。

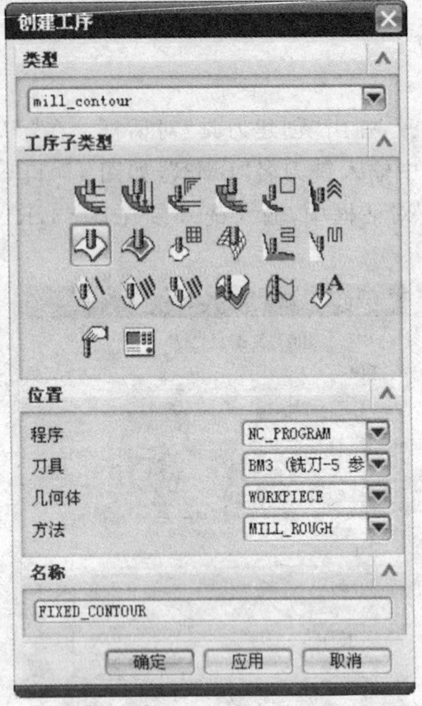

图 4-115 “创建工序”对话框

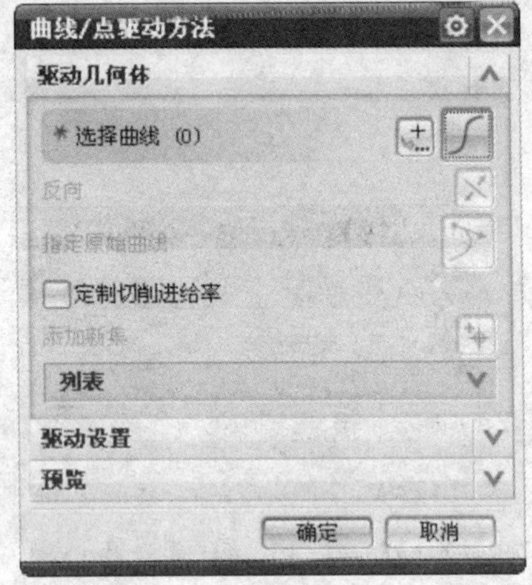

图 4-116 “曲线/点驱动方法”对话框

④ 单击“确定”按钮，返回“固定轮廓铣”对话框。

⑤ 单击“切削参数”按钮，弹出“切削参数”对话框。

⑥ 在“余量”选项卡中，将部件余量设为“-0.5”。

⑦ 在“多刀路”选项卡中勾选“多重深度切削”，在“部件余量偏置”文本框中输入“0.5”，如图 4-117 所示设置参数。

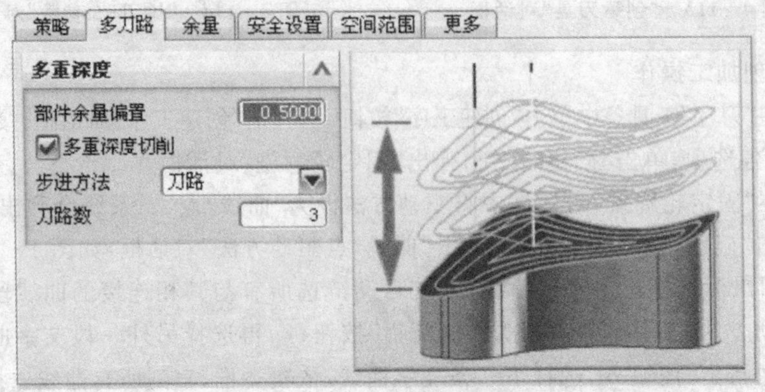

图 4-117 切削参数对话框

⑧ 由于圆弧槽较深，一次切削完成较为困难，因此分 3 次加工完成。

⑨ 单击“确定”按钮，返回“固定轮廓铣”对话框。

⑩ 在“固定轮廓铣”对话框中单击“生成”按钮，生成刀位轨迹，如图 4－118 所示。

⑪ 仿真结果如图 4－119 所示。

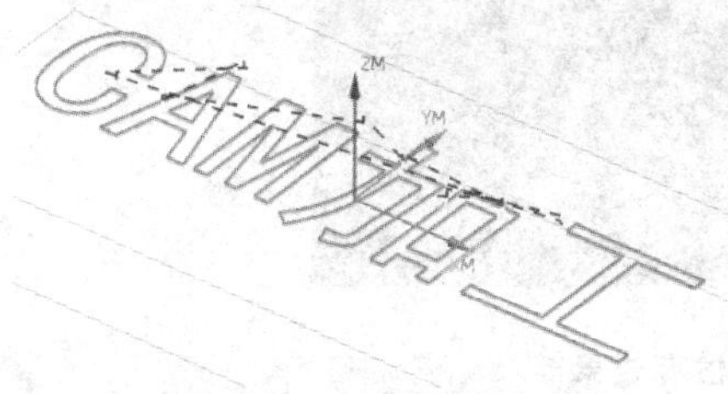

图 4－118　生成刀具轨迹

图 4－119　仿真结果

⑫ 仔细观察仿真结果，发现每个文字的切入和切出点都有过切痕迹，如图 4－120 所示，因此该刀具路径应该进行优化。

图 4－120　文字切入切出点过切

(6) 优化刀具路径

① 在导航器中双击 FIXED_CONTOUR 操作，会弹出“固定轮廓铣”对话框。

② 单击“非切削移动”按钮，弹出“非切削移动”对话框。

③ 在“进刀”选项卡中，将“进刀类型”改为“线性-垂直于部件”，如图 4－121 所示。

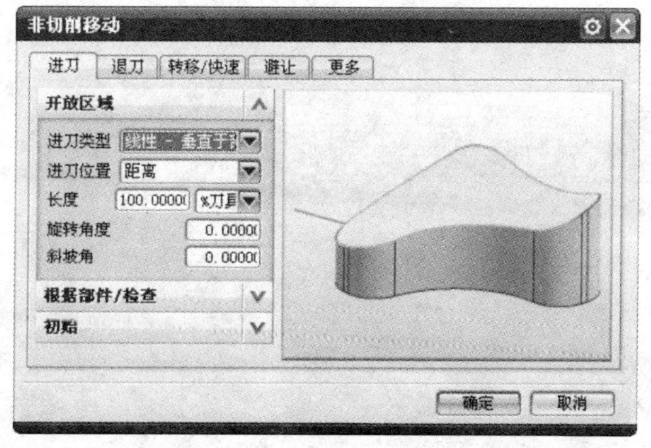

图 4－121　“非切削移动”对话框

④ 单击“确定”按钮，返回“固定轮廓铣”对话框。

⑤ 在“固定轮廓铣”对话框中单击“生成”按钮，生成刀位轨迹。

⑥ 仿真结果如图 4-122 所示。可以看出，优化之后已经没有过切效果了。

图 4-122 仿真效果

本章小结

本章详细介绍了 UG NX 8.0 的固定轮廓铣操作过程、固定轮廓铣的加工特点和加工几何体的设置，并对固定轮廓铣的各种驱动方法做了详细的解释。

通过本章的学习，读者基本掌握 UG 固定轮廓铣的操作步骤和创建过程，并且通过实例的操作，使读者更容易理解和合理地编排刀具路径。

第5章　孔加工

本章导读

孔加工在大部分情况下都指钻孔加工。钻孔加工的程序一般比较简单，通常可以在机床上直接输入程序语句进行加工。对于UG NX软件来说，使用孔加工进行钻孔程序的编制，可以直接生成完整程序，通过传输软件将完整的钻孔程序输入数控机床进行加工，这样可以节省大量输入语句占用机床的时间，提高生产率，同时也降低了操作员程序输入过程的错误率。

5.1　孔加工特点

孔加工可以创建钻孔、攻螺纹、镗孔、锪孔和扩孔等操作的刀轨，还有其他用途包括点焊和铆接操作（数控点焊机、铆接机），以及任何"刀具定位到几何体→插入部件→退刀"类型的操作，如图5－1所示。

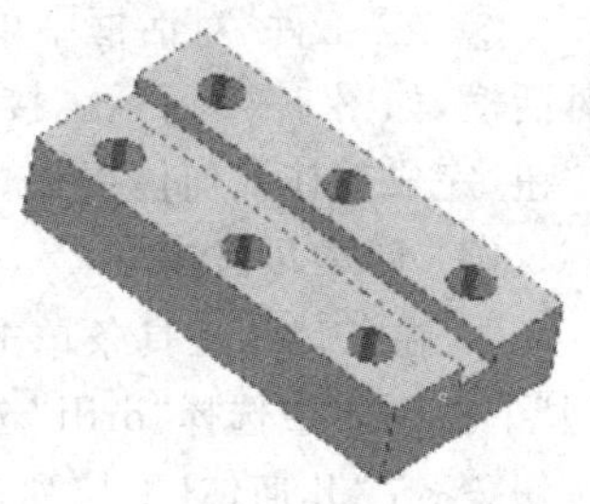

图5－1　孔加工零件

5.2　孔加工的一般操作过程

为了读者更好地理解和方便后面的学习，首先讲解一个简单的孔加工操作的创建，使读者对孔加工有一个感性的认识。其操作步骤如下。

(1) 调入模型

打开练习文件"X:\5\5.1.prt"（X盘为保存练习文件的盘符），如图5－2所示，需要加工该零件上的10个孔。

图5－2　工件模型

(2) 创建加工几何体

① 在工序导航器的几何视图中双击 WORKPIECE 按钮，系统弹出"工件"对话框，如图5－3所示。

② 在"工件"对话框中单击"选择或编辑部件几何体"按钮，弹出"部件几何体"对话框，如图5－4所示。接着在绘图区域选择

部件作为部件几何体，单击“确定”按钮，完成部件几何体操作。

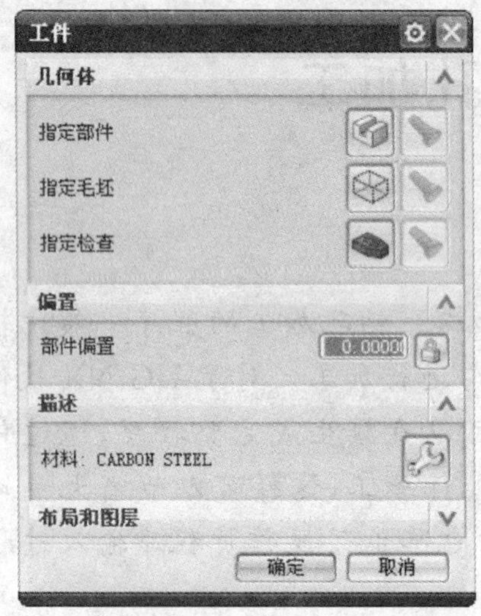

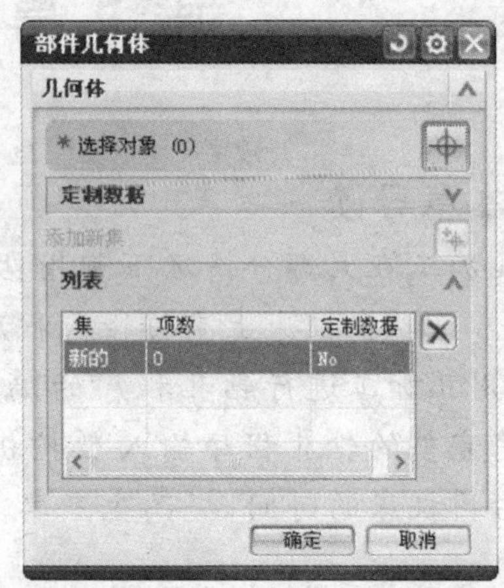

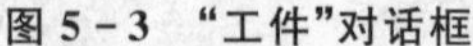

图 5-3 “工件”对话框　　　图 5-4 “部件几何体”对话框

③ 在“工件”对话框中单击“选择或编辑毛坯几何体”按钮，弹出“毛坯几何体”对话框，如图 5-5 所示。接着选择隐藏的长方体实体作为毛坯几何体，单击“确定”按钮，完成毛坯几何体操作。最后单击“工件”对话框中的“确定”按钮，完成创建。

(3) 创建几何体

① 在“刀片”工具条单击“创建几何体”按钮，弹出“创建几何体”对话框，在“类型”下拉列表中选择“drill”选项；在“几何体子类型”选项组中单击“DRILL_DEOM”按钮；在“几何体”下拉列表中选择“WORKPIECE”，如图 5-6 所示。

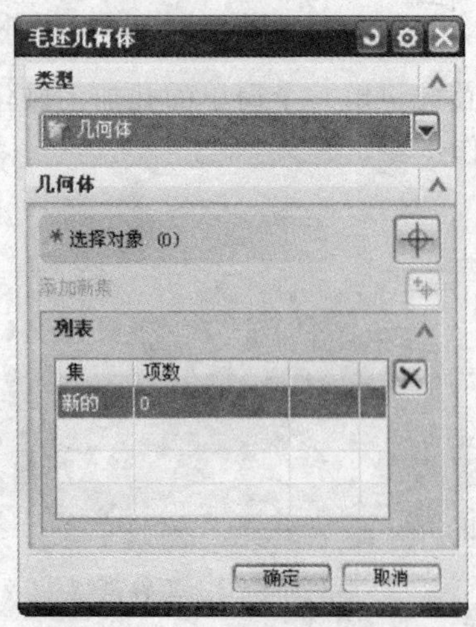

图 5-5 “毛坯几何体”对话框　　　图 5-6 “创建几何体”对话框

② 参数设定完成后，单击“确定”按钮，系统弹出“钻加工几何体”对话框，如图 5-7 所示，单击“选择或编辑孔几何体”按钮，系统弹出“点到点几何体”对话框。

(4) 设置切削边界

① 在“点到点几何体”对话框中单击“选择”按钮，弹出如图 5-8 所示的对话框。在对话框中单击“面上所有孔”按钮。

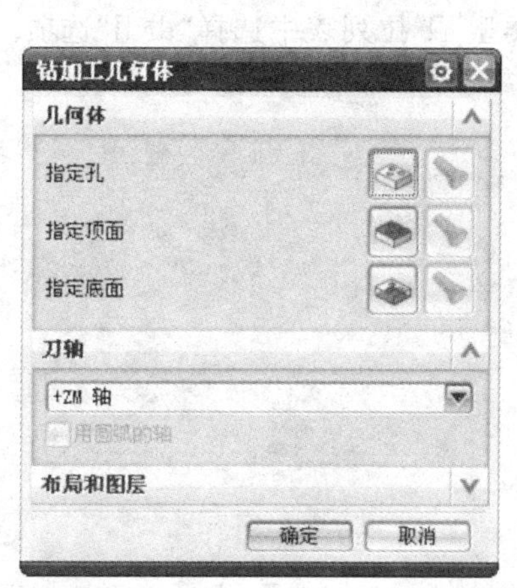

图 5-7 “钻加工几何体”对话框

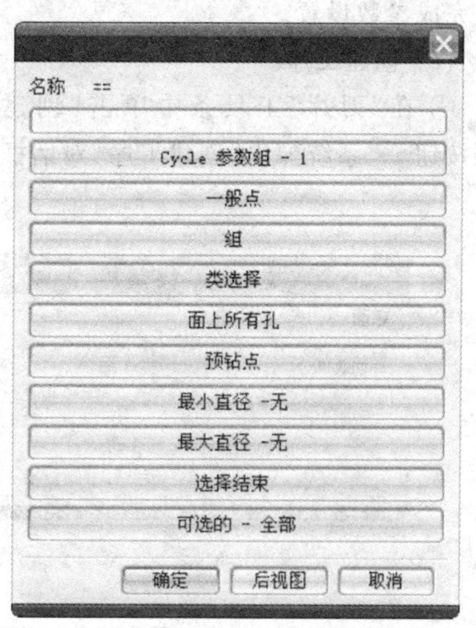

图 5-8 “孔选择”对话框

② 在绘图区选择部件的顶面，依次单击“确定”按钮，系统返回到“点到点几何体”对话框中，仔细观察零件，会发现零件中所有的孔已经被编号，如图 5-9 所示。

③ 单击“确定”按钮，返回到“钻加工几何体”对话框。在“钻加工几何体”对话框中单击“选择或编辑部件表面几何体”按钮，弹出“顶面”对话框，如图 5-10 所示，在“顶面选项”中选择“面”，并选择如图 5-11 所示零件顶部平面。

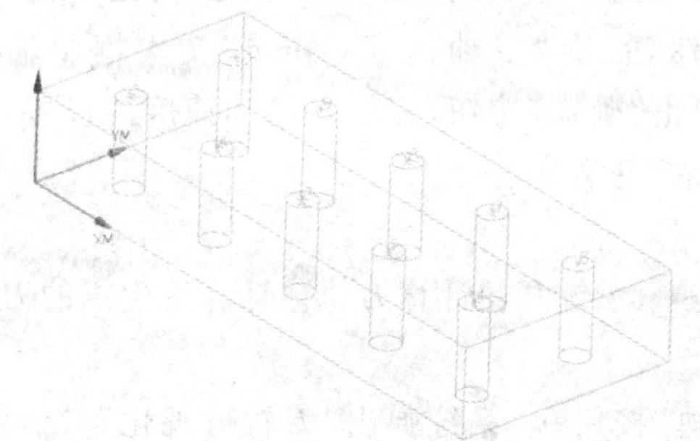

图 5-9 指定加工孔

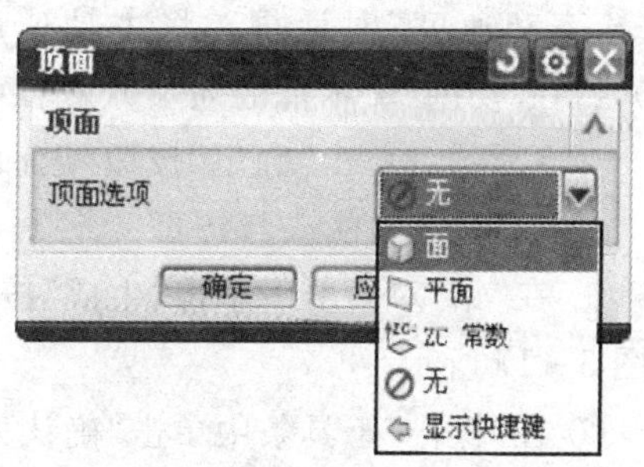

图 5-10 “顶面”对话框

④ 参数设置完成，单击“确定”按钮，系统返回“钻加工几何体”对话框，单击“选择或编辑底面几何体”按钮，弹出“底面”对话框，选择部件底面作为孔加工的底面，如图 5-12 所示。依次两次单击“确定”按钮，完成参数设置。

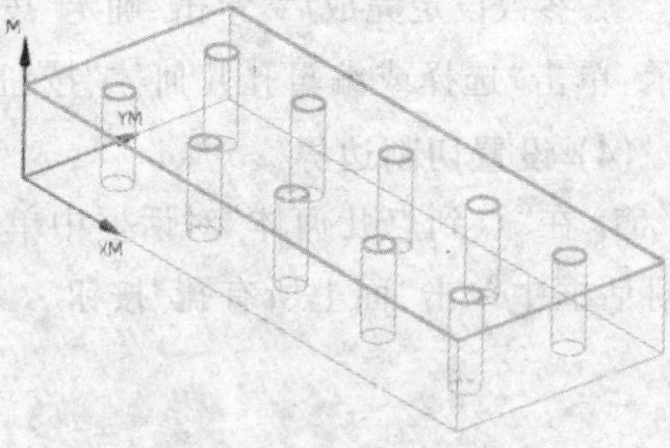

图 5-11　选择零件顶面

(5) 创建工序

① 在“刀片”工具条中单击“创建工序”按钮，系统弹出“创建工序”对话框。在“类型”下拉列表中选择“drill”选项。

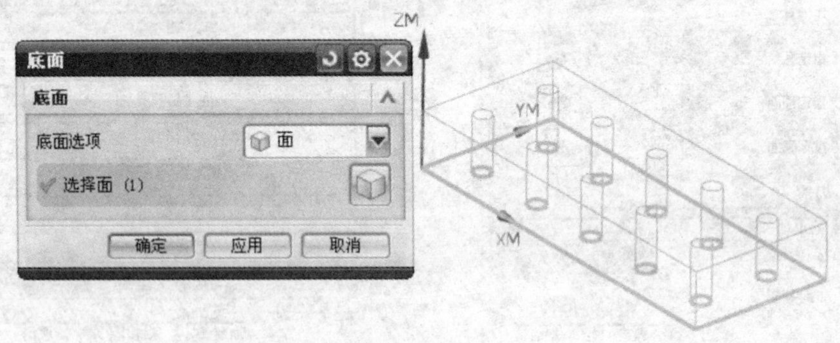

图 5-12　“底面”对话框及指定底面

② 在“工序子类型”中单击“DRILLING”按钮。

③ 按照图 5-13 所示设置对话框参数。

④ 参数设置完成后，单击“确定”按钮，进入“钻”对话框，如图 5-14 所示。

(6) 孔加工参数设置

① 在“钻”对话框中单击“循环类型”选项组，在“循环”下拉列表中选择“标准钻”选项；在“最小安全距离”文本框中输入“5”，如图 5-15 所示。

② 在“钻”对话框中的“刀轨设置”选项组中单击“进给率和速度”按钮，弹出“进给率和速度”对话框。将主轴速度激活，在“主轴速度(rpm)”文本框中输入“200”；在“切削”文本框输入“80”，最后单击“确定”按钮，完成进给和速度的设置，如图 5-16 所示。单击“确定”按钮，返回“钻”主菜单。

(7) 刀具路轨生成与仿真

① 在“钻”对话框中单击“生成”按钮，系统开始计算刀轨。计算后生成的刀轨如图 5-17 所示。

② 在“操作”工具条中单击“确认刀轨”按钮，系统弹出“刀轨可视化”对话框。在该对话框中单击“2D 动态”按钮，单击“播放”按钮。在绘图区出现了动态仿真的画面，如图 5-18 所示。仿真完成后单击“确定”按钮，完成整个孔加工操作。

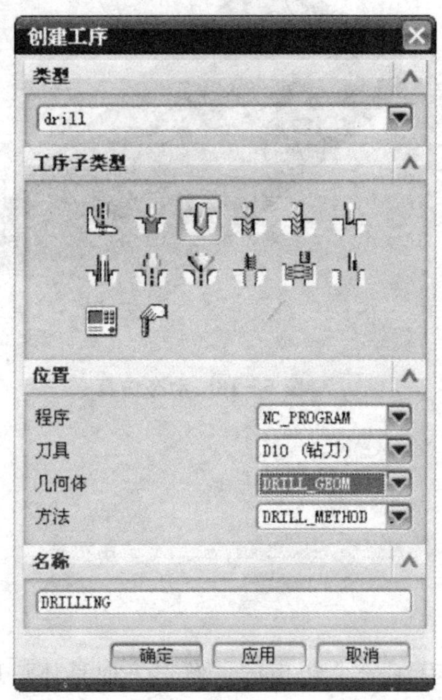

图 5-13　“创建工序”对话框

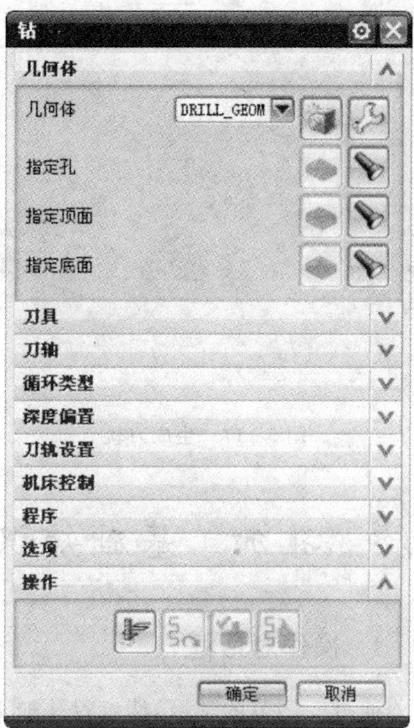

图 5-14　“钻”对话框

图 5-15　循环类型参数设置

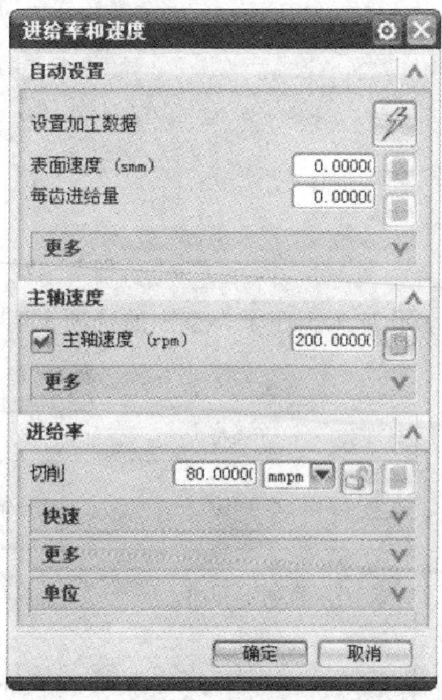

图 5-16　切削参数设置

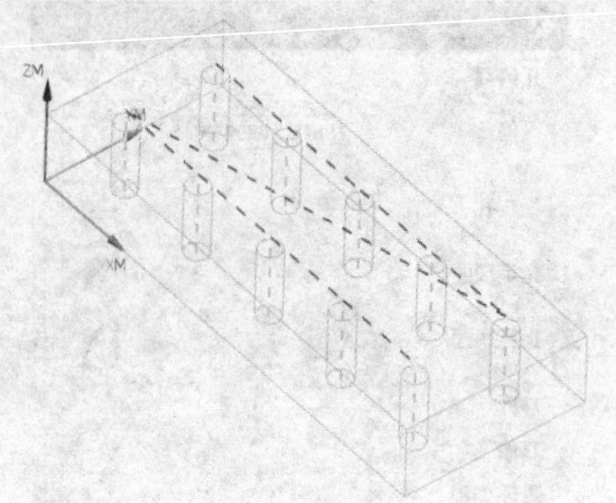

图 5-17　生成刀轨

图 5-18　动态仿真

5.3　孔加工基础知识

1. 操作对话框

通过 5.2 节的学习，读者对孔加工的操作有了一个初步的了解。下面具体讲解孔加工的各操作参数，首先介绍孔加工工序子类型，如图 5-19 所示。

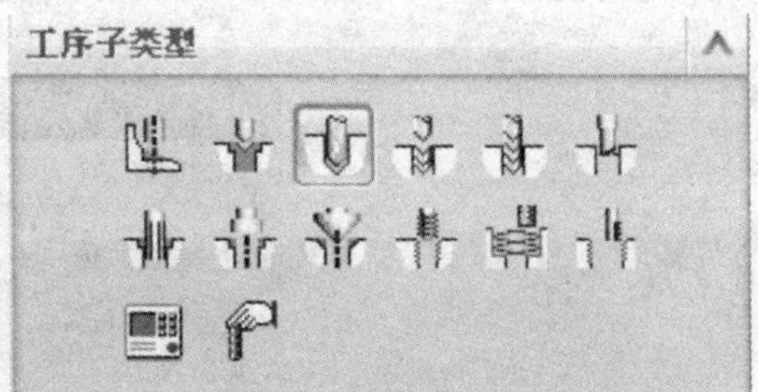

图 5-19　“工序子类型”选项组

孔加工工序子类型中的选项说明如表 5-1 所列。

表 5-1　孔加工工序子类型

子类型	名　称	说　明
STOP_FACING	钻	以锪钻方式进行钻孔
STOP_DRILLING	中心钻	主要用来定位，可以钻出精度较高的孔
DRILING	钻孔	是通用的钻孔模板

续表 5-1

子类型	名　称	说　明
PECK_DRILLING	啄孔	刀具以循环方式每钻削一定深度就抬起到安全平面排屑，再次钻削一定深度
BREAKCHIP_DRILLING	断屑钻	刀具以循环方式每钻削一定深度就一定距离断屑，再次钻削一定深度，再断屑
BORING	镗孔	利用镗孔方式进行加工
REAMING	铰孔	利用铰孔方式进行加工
COUNTERBORING	平底扩孔	利用平底扩孔方式进行加工
COUNTERSINKING	埋头钻	主要用于加工埋头孔
TAPPING	攻螺纹孔	利用数控机床攻螺纹
HOLE_MILLING	铣孔	利用立铣刀铣削尺寸较大孔
THREAD_MILL	螺纹铣	用得较少，可用普通机床代替

2. 孔加工几何体的创建

孔加工几何体的创建包括以下3项内容，如图5-20所示。

① 指定孔。孔加工几何体可以定义成工序导航器中的几何节点，也可以通过“孔加工”对话框中的“几何体”选项组为操作个别定义。但如果使用了工序导航器几何体共享的节点，则创建孔操作对话框中的按钮便不可用。

② 指定顶面。部件顶面是刀具进入材料的位置，部件表面可以是一个已有的面，也可以是一个一般的平面。如果没有定义顶面或已将其取消，那么，每个点后的文本框中隐含的顶面将是垂直于刀具轴且通过该点的平面。

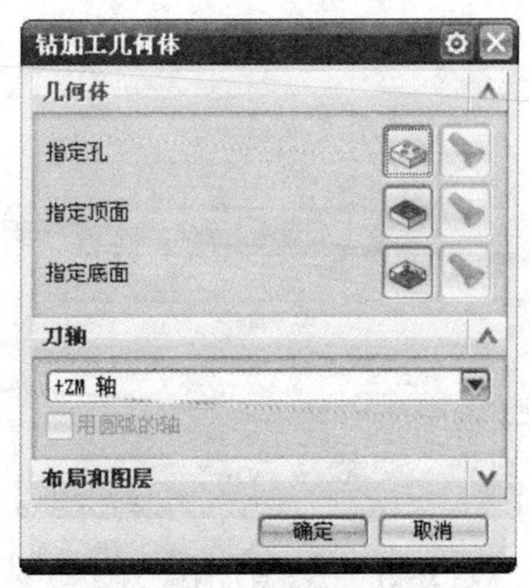

图 5-20　钻加工几何体的创建

③ 指定底面。底面允许用户定义刀轨的切削下限，底面可以是一个已有的面，也可以是一个一般的面。

3. 指定孔

指定孔包含孔的编辑、选择、顺序的优化等相关操作，用户可使用这些选项来选择操作点、生成刀轨。“点到点几何体”对话框如图 5-21 所示。

“点到点几何体”对话框中各选项的说明如表 5-2 所列。

表 5-2 “点到点几何体”对话框选项

选　项	说　明
选择	选择圆柱形和圆锥形的孔、弧和点
附加	在一组先前选定的点中附加新的点
优化	重新排列孔加工顺序
显示点	现实选中的孔加工点
避让	指定跨过部件中夹具或障碍的刀具间隙
反向	按先前的反方向编排
圆弧轴控制	显示或反向先前选定的弧和片体孔的轴
Rapto 偏置	为每个选定点、弧或孔指定一个 Rapto 值
规划完成	完成指定孔操作

在“点到点几何体”对话框中单击“选择”按钮，系统弹出“孔选择”对话框，用于定义孔加工的点位几何体对象（几何对象可以是一般点、圆弧、圆、椭圆、孔），如图 5-22 所示。

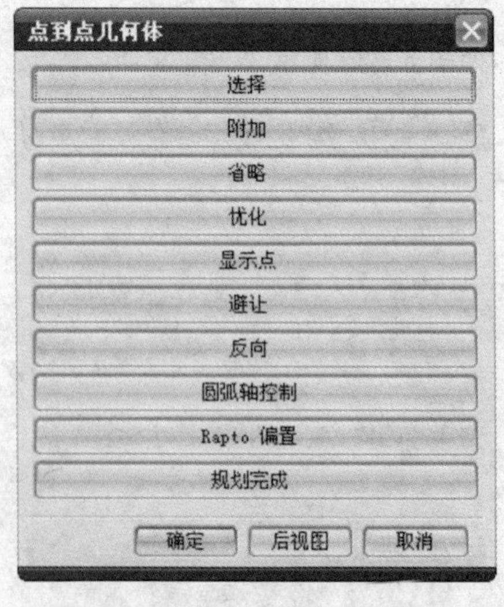

图 5-21 “点到点几何体”对话框

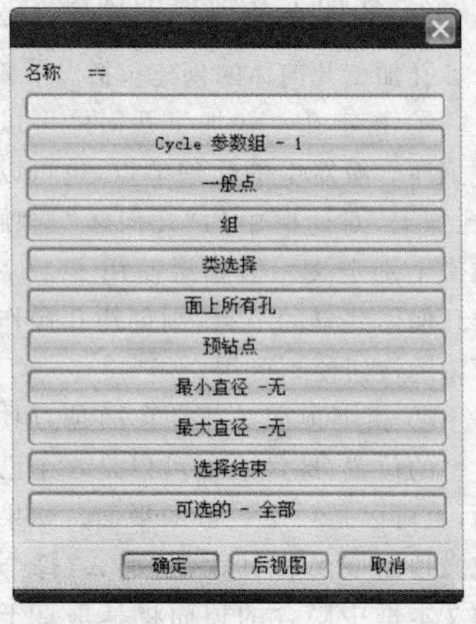

图 5-22 “孔选择”对话框

"孔选择"对话框中各选项说明见表 5-3。

表 5-3　"孔选择"对话框选项

选　项	说　明
Cycle 参数组	使用不同的循环参数钻不同位置的孔。每个循环式钻孔可指定 1～5 个循环参数组,必须至少制定一个循环参数组
一般点	直接利用点构造器定义点位
组	可直接输入一组点或一组圆弧,系统根据所有点或圆弧确定点位
类选择	利用合适的分类选择方式选择加工点位
面上所有孔	直接在绘图区选择表面上的孔位
预钻孔	按其他预定好的点进行定义点位
最小直径	与"面上所有孔"结合使用
最大直径	与"面上所有孔"结合使用
选择结束	完成孔加工选择
可选的	用来定义选择范围

5.4　参数设置

1. 操作参数

(1) 循环(Cycle)参数

Cycle 参数是精确定义刀具运动和状态的加工特征。其中包括进给率、驻留时间和切削增量等。在孔加工对话框的循环类型中选择一种循环类型(不要选择无循环、啄钻、断屑、标准文本这四种),将会弹出制定参数组对话框,在对话框中单击"确定"按钮,将会弹出"Cycle 参数"对话框,如图 5-23 所示。

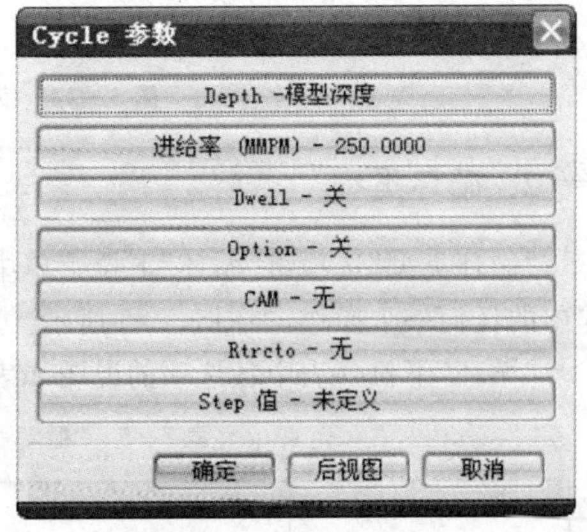

图 5-23　"Cycle 参数"对话框

"Cycle 参数"对话框中的常用选项说明如表 5-4 所列。

(2) 最小安全距离

最小安全距离选项是指加工完一个孔区域返回一个指定安全平面该平面距离零件顶面的距离即为安全距离。

表 5-4 “Cycle 参数”对话框常用选项说明

选 项	说 明
Depth_模型深度	钻削深度
进给率	切削进给速度
Dwell	停留时间，设定刀具到达指定深度之后要停留的时间
Option	激活特定于使用的机床的加工特性
CAM	用于没有可编程 Z 轴的机床，指定一个预置的 CAM 停刀位置，以控制刀具深度刀具
Rtrcto	循环退刀距离

(3) 通孔安全距离与盲孔余量

通孔安全距离选项应用于通孔，盲孔余量应用于不通孔，如图 5-24 所示。

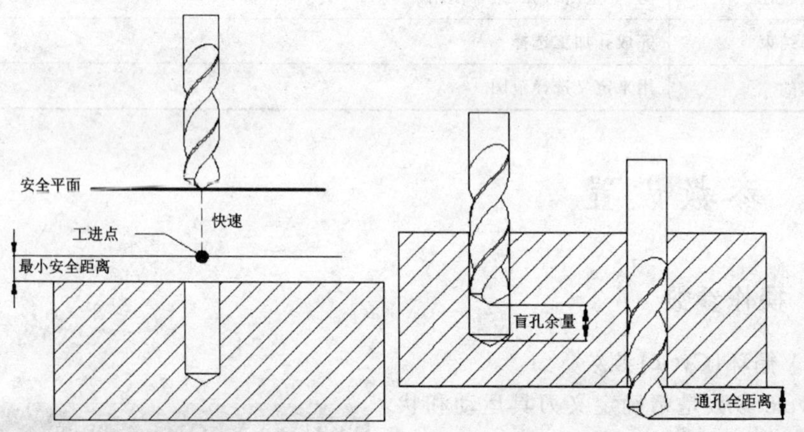

图 5-24 安全距离示意图

2. 循环类型

“循环类型”选项组“循环”下拉菜单中的选项允许用户激活或取消孔加工循环操作中的任何一个操作，如图 5-25 所示。

“循环”下拉列表中各选项的说明如表 5-5 所列。

表 5-5 “循环”下拉列表中的选项

选 项	说 明
无循环	取消任何以激活的循环
啄钻	在每个选定点后的文本框中激活一个模拟的啄钻循环
断屑	在每个选定点后的文本框中激活一个模拟的断屑循环

续表 5-5

选　项	说　明
标准文本	根据指定的 APT 命令语句副词和参数激活一个带有定位运动的 Cycle 语句
标准钻	在每个选定后的文本框激活一个标准钻孔程序
标准钻，埋头孔	在每个选定的 CL 点后的文本框中激活一个标准沉头循环
标准钻，深孔	在每个选定点后的文本框中激活一个标准深钻孔循环
标准钻，断屑	在每个选定点后的文本框中激活一个标准断屑循环
标准攻丝	在每个选定后的文本框中激活一个标准攻丝循环
标准镗	在每个选定后的文本框中激活一个标准镗循环
标准镗，快退	在每个选定后的文本框中激活一个带有非旋转主轴退刀的标准镗孔循环
标准镗，横向偏置后快退	在每个选定后的文本框中激活一个主轴停止和定向的标准镗孔循环
标准背镗	在每个选定后的文本框中激活一个标准返回镗孔循环
标准镗孔，手动退刀	在每个选定后的文本框中激活一个带有手动主轴退刀的标准镗孔循环

3. 深　度

“Cycle 深度”对话框用于指定加工时所要加工的深度值，当在“Cycle 参数”对话框（如图 5-23 所示）中单击“Depth_模型深度”按钮后，将弹出如图 5.27 所示“Cycle 深度”对话框。

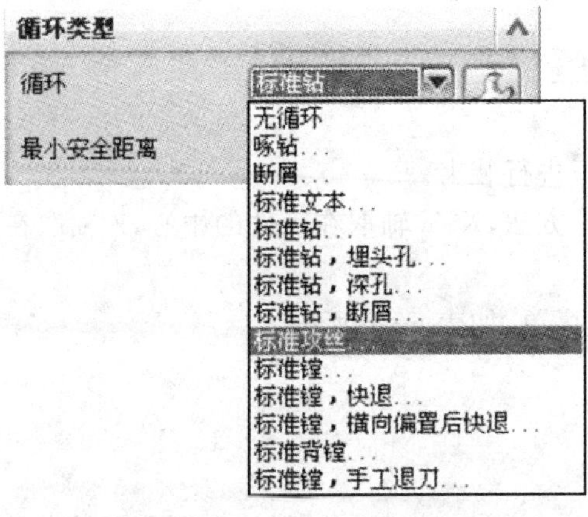

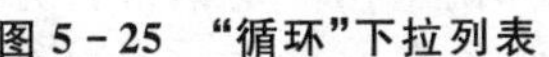
图 5-25　“循环”下拉列表

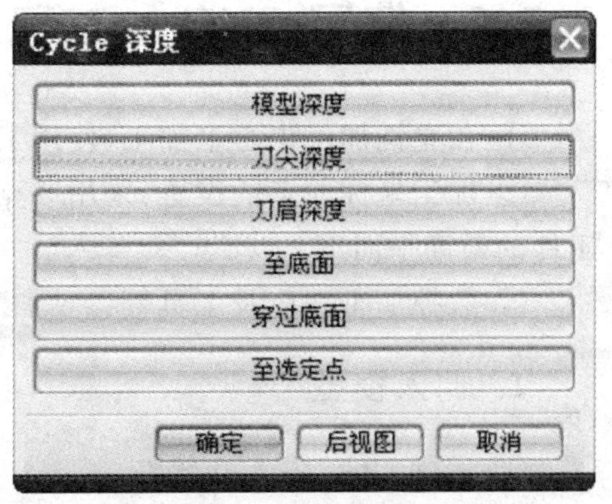

图 5-26　“Cycle 深度”对话框

“Cycle 深度”对话框中各选项图解如图 5-27 所示。

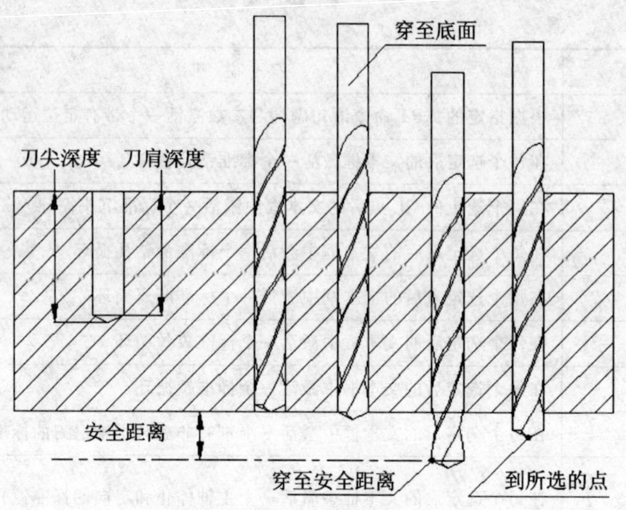

图 5-27 cycle 深度参数图解

5.5 孔加工操作实例

5.5.1 工艺分析

① 工件材料为 45 钢,毛坯尺寸为 ϕ100 mm×20 mm。

② 对于中间孔利用平底扩孔操作。

5.5.2 填写 CNC 加工程序单

① 在立铣加工中心上加工,使用工艺板进行装夹。

② 加工坐标原点的设置:采用 3 点定位方法,X、Y 轴取在工件的中心,Z 轴取在工件的最高平面上。

③ 数控加工工艺及工具等参见加工程序单,如表 5-6 所列。

1. 调入模型

① 运行 UG NX 8.0 软件。

② 单击"标准"工具条中的"打开"按钮,通过弹出"打开"对话框打开随书光盘"X:\5\5.2.prt 文件",单击"OK"按钮,调入零件模型。单击"标准"工具条中"开始"按钮的下三角按钮,在下拉列表中选择"加工",在弹出的"加工环境"对话框中单击"确定"按钮,进入加工界面。此时,在工序导航器中可以看到,没有任何加工数据,模型如图 5-28 所示。

表 5-6　加工程序单

<table>
<tr><td colspan="9">数控加工程序单</td></tr>
<tr><td>图号</td><td>工件名称</td><td colspan="2">编程人员</td><td colspan="2">编程时间</td><td colspan="3">文件存档位置及档名</td></tr>
<tr><td>1</td><td>YH05—Z</td><td colspan="2">张三</td><td colspan="2">2011.09.10</td><td colspan="3">E:||CH05|YH05—Z.prt</td></tr>
<tr><td rowspan="2">序号</td><td rowspan="2">程序名</td><td colspan="4">刀具</td><td rowspan="2">加工余量</td><td rowspan="5">理论加工时间</td><td rowspan="2">备注</td></tr>
<tr><td>类型</td><td>直径</td><td>刀角半径</td><td>装刀长度</td></tr>
<tr><td>1</td><td>01_D3_center dirll.nc</td><td>中心头</td><td>3</td><td>0</td><td>30</td><td>0</td><td>中心钻</td></tr>
<tr><td>2</td><td>02_D10dirll.nc</td><td>钻头</td><td>10</td><td>0</td><td>30</td><td>0</td><td>精钻</td></tr>
<tr><td>3</td><td>03_D15dirll.nc</td><td>钻头</td><td>15</td><td>0</td><td>30</td><td>0</td><td>扩孔</td></tr>
<tr><td colspan="5">装夹定位示意图
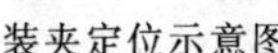
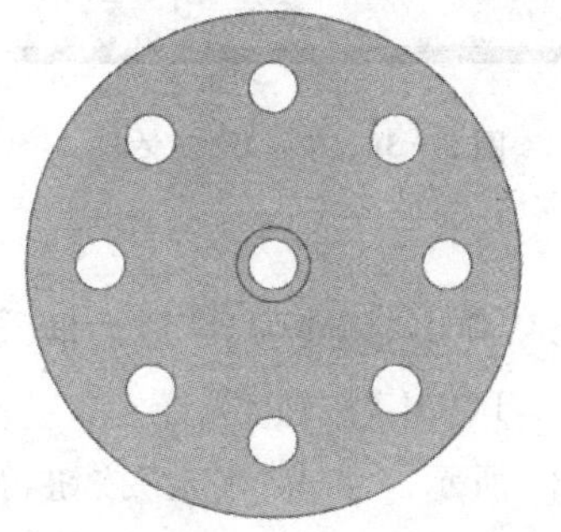</td><td colspan="4">说明：
3. 使用工艺板进行装夹
3. X,Y 加工原点为工件上表面中心
3. Z 加工原点为毛皮上表面</td></tr>
</table>

2. 父节点的创建

(1) 中心钻刀具创建

① 在“刀片”工具条中单击“创建刀具”按钮，弹出“创建刀具”对话框，在“类型”下拉列表中选择“drill”选项。

② 在“刀具子类型”选项组中单击“SPOTDRILLING_TOOL”按钮。

③ 在“刀具”下拉列表中选择“GENGRIC—MACHINE”选项。

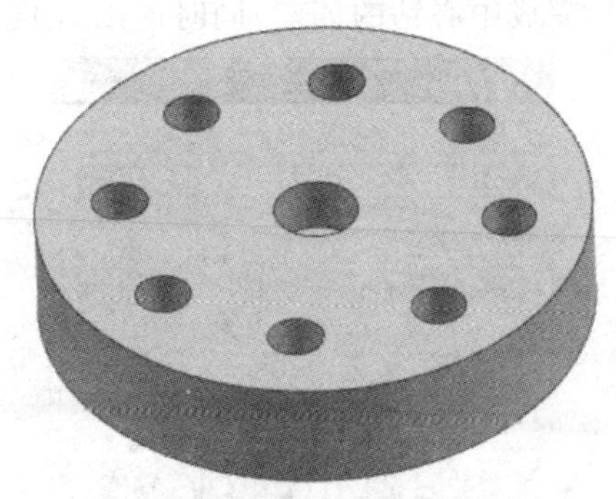

图 5-28　工件模型

④ 在“名称”文本框中输入“D3”，如图 5-29 所示。单击“确定”按钮，弹出“钻刀”对话框。如图 5-30 所示，将“(D)直径”设置为“3”，其余参数默认，单击“确定”按钮，完成中心钻的创建，同时退出“创建刀具”对话框。

图 5-29 “创建刀具”对话框

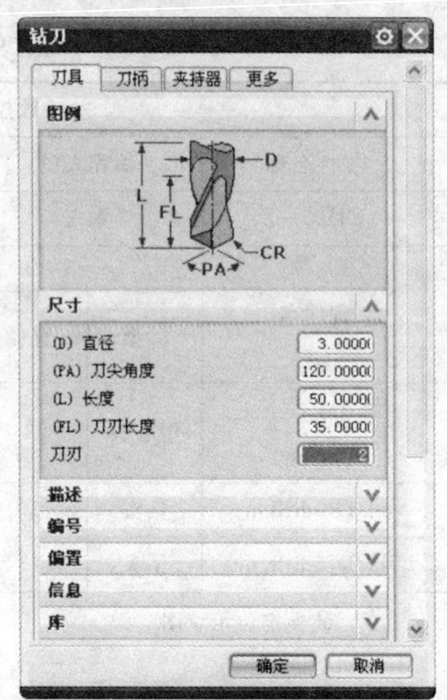

图 5-30 “钻刀”对话框

(2) 啄钻刀具创建

① 在“刀片”工具条中单击“创建刀具”按钮，弹出“创建刀具”对话框。

② 在“刀具子类型”选项组中单击“RILLING_TOOL”按钮。

③ 在“名称”文本框中输入“D10”，如图 5-31 所示。单击“确定”按钮，弹出“钻刀”对话框。如图 5-32 所示，将“(D)直径”设置为“10”，其余参数默认，单击“确定”按钮，完成中心钻的创建，同时退出“创建刀具”对话框。

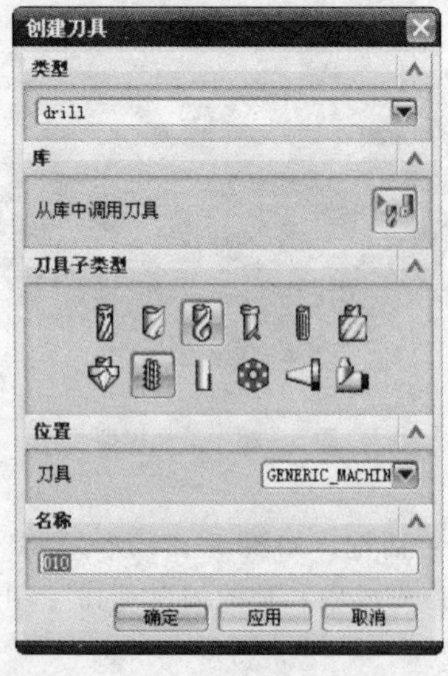

图 5-31 “创建刀具”对话框

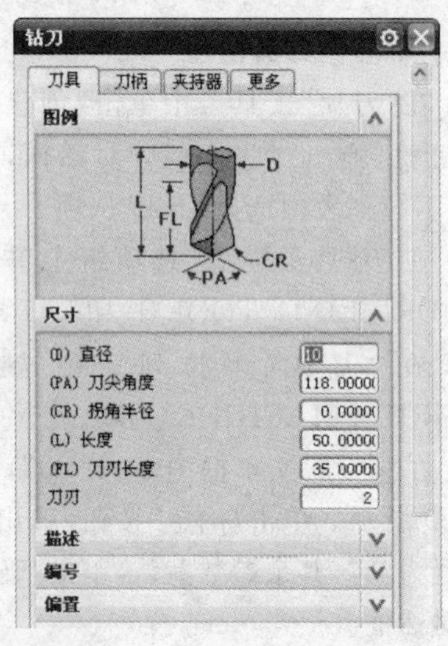

图 5-32 “钻刀”对话框

(3) 平底扩孔刀具创建

① 在“刀片”工具条中单击“创建刀具”按钮，弹出“创建刀具”对话框。

② 在“刀具子类型”选项组中单击“COUNTERBORING_TOOL”按钮。

③ 在“名称”文本框中输入“D15”，如图 5－33 所示。单击“确定”按钮，弹出“钻刀”对话框。如图 5－34 所示，将“(D)直径”设置为“15”，其余参数默认，单击“确定”按钮，完成中心钻的创建，同时退出“创建刀具”对话框。

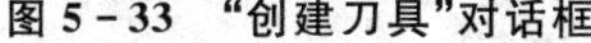

图 5－33　“创建刀具”对话框

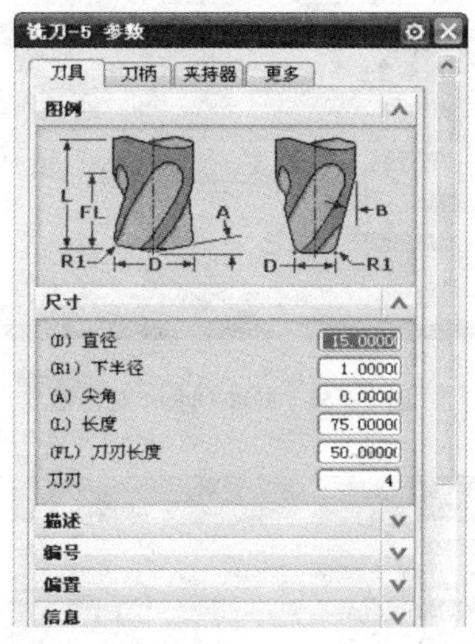

图 5－34　“铣刀-5 参数”对话框

(4) 创建加工坐标系

① 在“导航器”工具条中单击“几何视图按钮，将工序导航器显示为几何视图，双击工序导航器中的 MCS_MILL，弹出“Mill Orient”对话框，如图 5－35 所示。

② 在对话框中单击“CSYS 对话框”按钮，坐标系变为动态坐标，用鼠标选择零件上表面的圆心位置(要激活圆心捕捉功能)，单击“确定”按钮，加工坐标系被移动到零件的上表面中心，如图 5－36 所示。

(5) 工件创建

① 单击工序导航器中 MCS_MILL 前边的“＋”号，将出现 WORKPIECE 图标，双击该图标，弹出“铣削几何体”对话框，如图 5－37 所示。

② 单击对话框中“选择或编辑部件几何体”按钮，弹出“部件几何体”对话框，如图 5－38 所示，用鼠标选择绘图区的零件几何体，单击“确定”按钮，返回“铣削几何体”对话框。

③ 单击对话框中“选择或编辑毛坯几何体”按钮，弹出“毛坯几何体”对话框，用鼠标选择绘图区的毛坯几何体(该几何体在隐藏空间中，可通过组合键 Ctrl＋Shift＋B 将其显示)，单击“确定”按钮，返回“铣削几何体”对话框。再次单击“确定”按钮，

完成几何体设置。

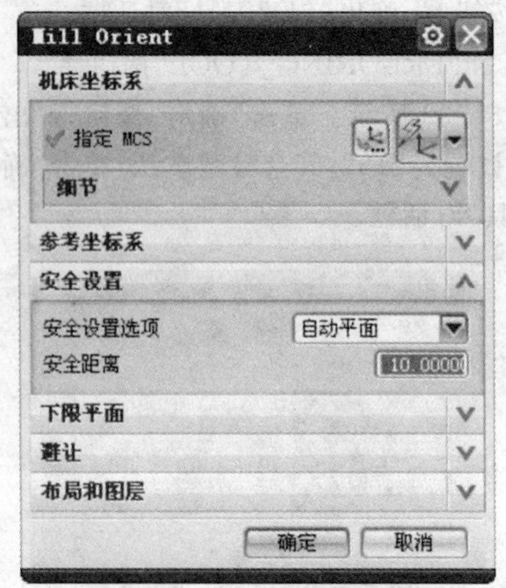

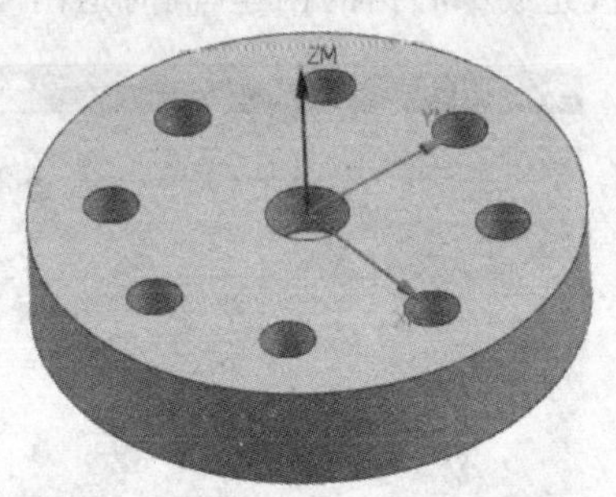

图 5-35 Mill Orient 对话框　　图 5-36 加工坐标系移动后效果

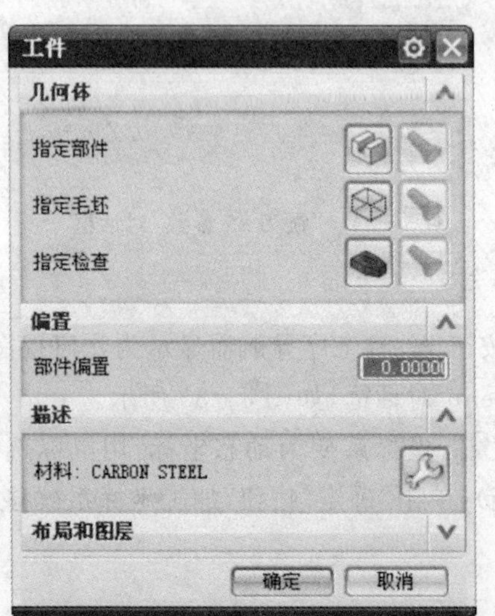

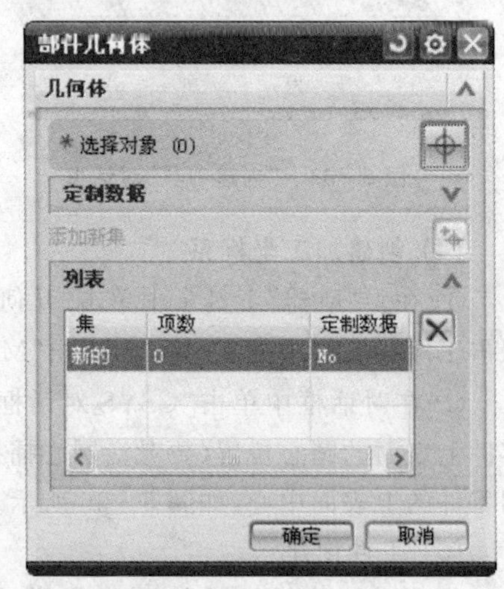

图 5-37 "工件"对话框　　图 5-38 "部件几何体"对话框

提示：部件与毛坯在孔加工中不一定要指定，如果没有指定，则表示不能用动态仿真；若指定了，则可以动态仿真。

(6) 点位几何体创建

① 在"刀片"工具条中单击"创建几何体"按钮，弹出"创建几何体"对话框，在"几何体子类型"选项组中选择"DRILL_GEOM"按钮，将几何体选项设置为"WORKPIECE"，如图 5-39 所示。

② 单击“确定”按钮，弹出“钻加工几何体”对话框，如图 5－40 所示。

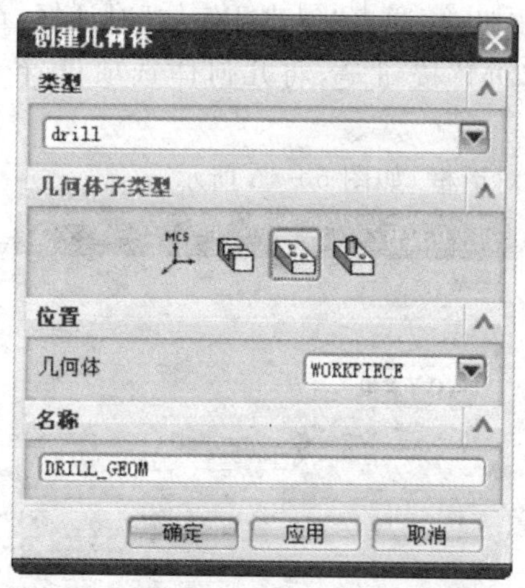

图 5－39　“创建几何体”对话框

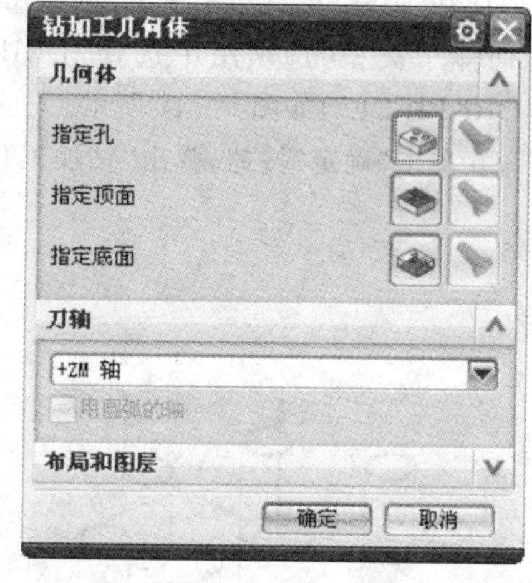

图 5－40　“钻加工几何体”对话框

③ 在“钻加工几何体”对话框中单击“选择或编辑孔几何体”按钮，弹出“点到点几何体”对话框，如图 5－41 所示。

④ 在“点到点几何体”对话框单击“选择”按钮，弹出“孔几何体选择”对话框，如图 5－42 所示。

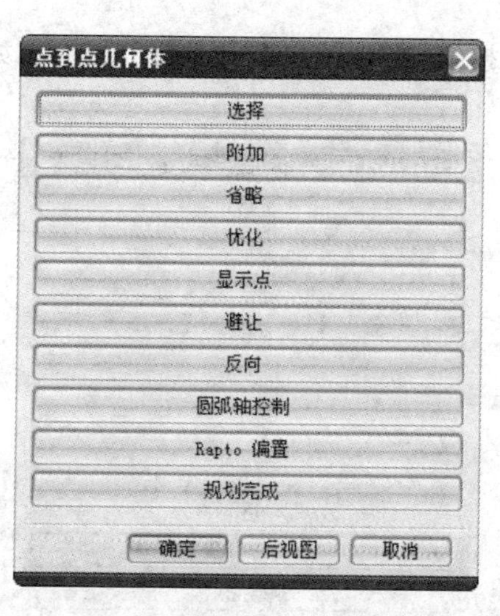

图 5－41　“点到点几何体”对话框

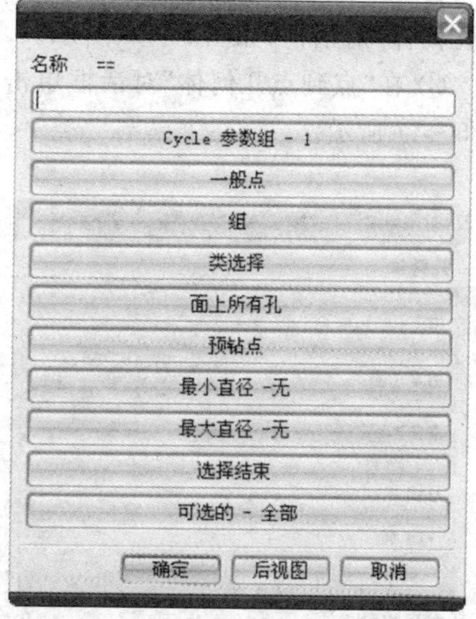

图 5－42　“孔几何体选择”对话框

⑤ 单击“面上所有孔”按钮，用鼠标点选零件的上表面，单击四次“确定”按钮，完成点位几何体创建，效果如图 5－43 所示。

(7) 指定平底扩孔几何体

① 在"刀片"工具条中单击"创建几何体"按钮，弹出"创建几何体"对话框，在"几何体子类型"选项组中选择"DRILL_GEOM"按钮，将几何体选项设置为"WORKPIECE"，如图 5-44 所示。

② 单击"确定"按钮，弹出"钻加工几何体"对话框，如图 5-45 所示。

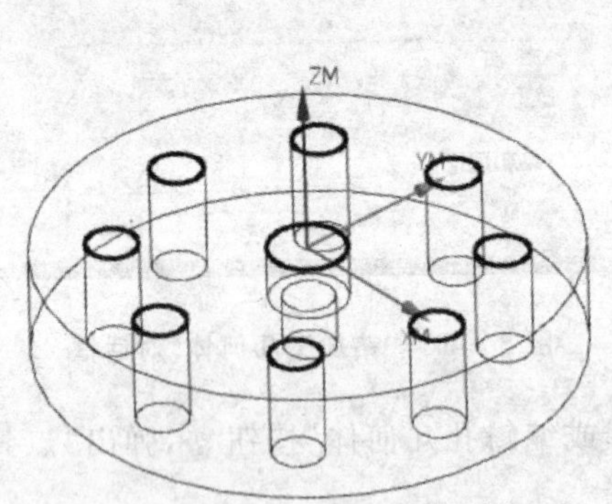

图 5-43　点位几何体创建

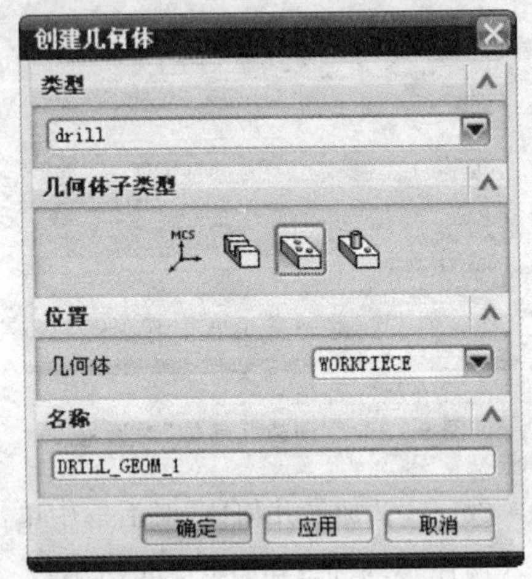

图 5-44　"创建几何体"对话框

③ 在"钻加工几何体"对话框中单击"选择或编辑孔几何体"按钮，弹出"点到点几何体"对话框，如图 5-46 所示。

④ 在"点到点几何体"对话框单击"选择"按钮，弹出"孔几何体选择"对话框，如图 5-47 所示。

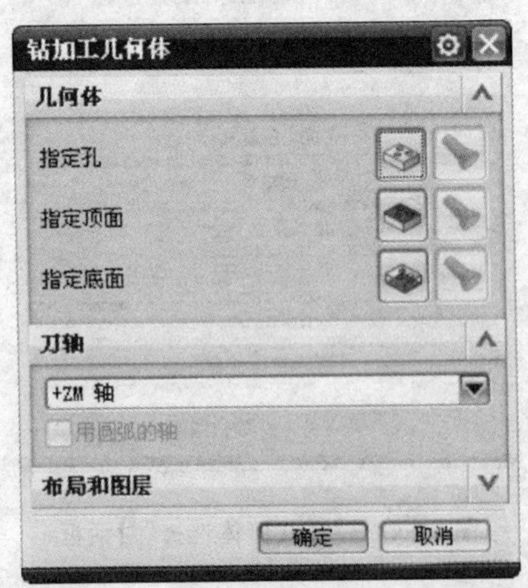

图 5-45　"钻加工几何体"对话框

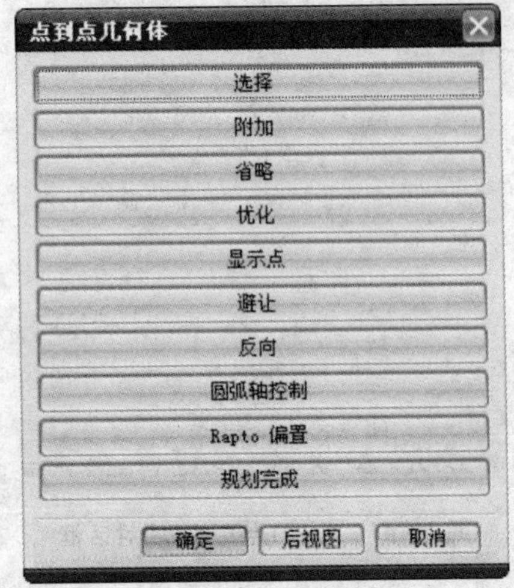

图 5-46　"点到点几何体"对话框

⑤ 用鼠标选择中间大孔的边缘，点选零件的上表面，单击三次“确定”按钮，完成平底扩孔几何体创建，效果如图 5-48 所示。

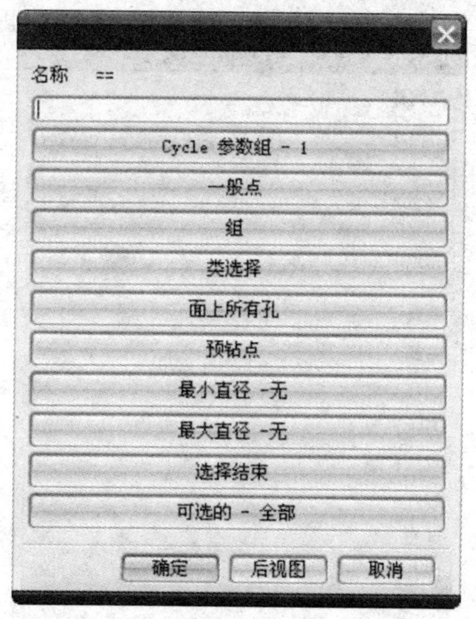

图 5-47 “孔几何体选择”对话框

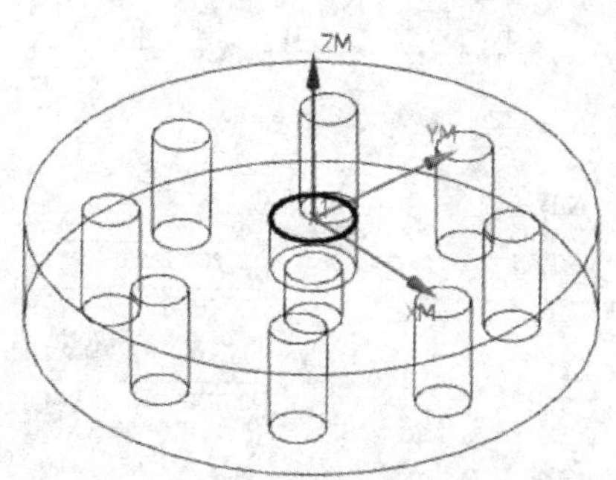

图 5-48 平底扩孔几何体创建

3. 中心钻创建

① 在“刀片”工具条中单击“创建工序”按钮，系统弹出“创建工序”对话框，在“类型”下拉列表中选择“drill”选项。

② 在“工序子类型”选项组中单击“SPOT_DRILLING”按钮。

③ 在“刀具”下拉列表中选择“D3”。

④ 在“几何体”下拉列表中选择“DRILL_GEOM”选项。

⑤ 其余参数默认，如图 5-49 所示。

⑥ 单击“确定”按钮，进入“定心钻”对话框，如图 5-50 所示。

4. 孔工参数设置

① 在“定心钻”对话框中的“循环”选项中单击“编辑参数”按钮，弹出“指定参数组”对话框，如图 5-51 所示。

② 在“指定参数组”对话框中直接单击“确定”按钮，进入“Cycle 参数”对话框，如图 5-52 所示。

③ 在“Cycle 参数”对话框中单击“Depth(Tip)”按钮，系统弹出“Cycle 深度”对话框，如图 5-53 所示。

④ 在“Cycle 深度”对话框中单击“刀尖深度”按钮，在“深度”文本框中输入

"2.5",单击"确定"按钮,返回"Cycle 参数"对话框。单击"确定"按钮,完成循环参数设置。

图 5-49 "创建工序"对话框

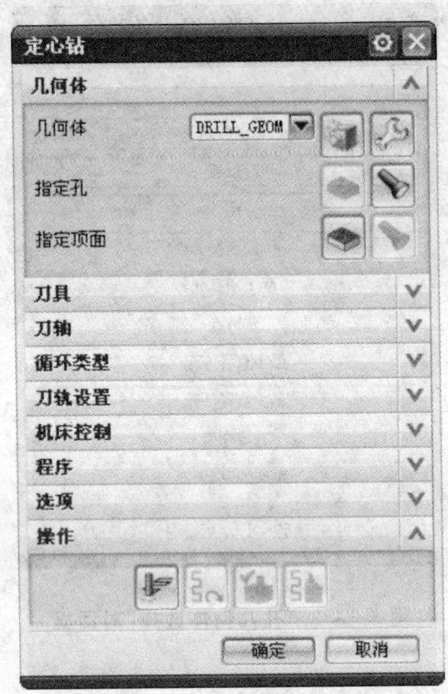

图 5-50 "定心钻"对话框

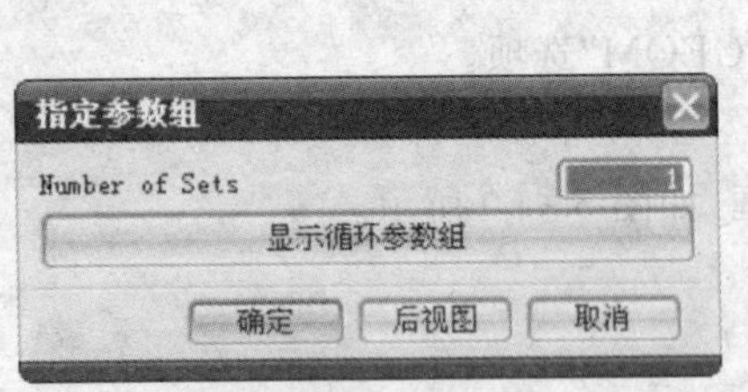

图 5-51 "指定参数组"对话框

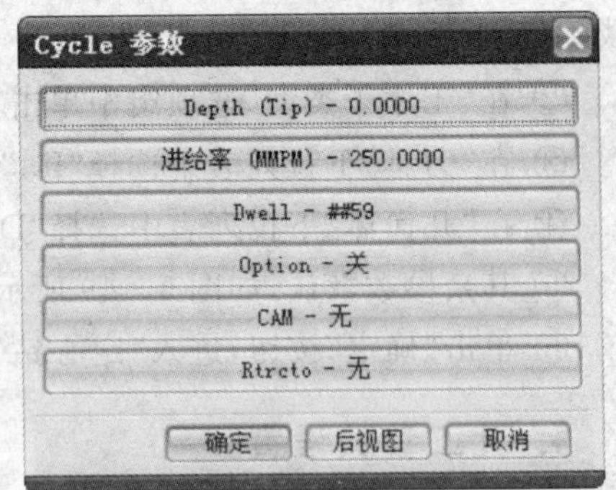

图 5-52 "Cycle 参数"对话框

⑤ 在"定心钻"对话框中"刀轨设置"选项组中单击"避让"按钮,弹出"避让参数"对话框。单击"Clearance plane"按钮,弹出"安全平面"对话框,在对话框中单击"指定"按钮,弹出"平面"对话框,接着在绘图区选择工件上表面,然后在"距离"文本框中输"20",最后单击 3 次"确定"按钮,完成避让设置。

⑥ 在"定心钻"对话框中"刀轨设置"选项组中单击"进给率和速度"按钮,弹出

“进给率和速度”对话框。激活“主轴速度”选项(即该选项为选中状态),在“主轴速度”文本框中输入“200”。在“切削”文本框中输入“80”,单击“确定”按钮,完成进给率和速度的设置,如图 5－54 所示。

图 5－53　“Cycle 深度”对话框

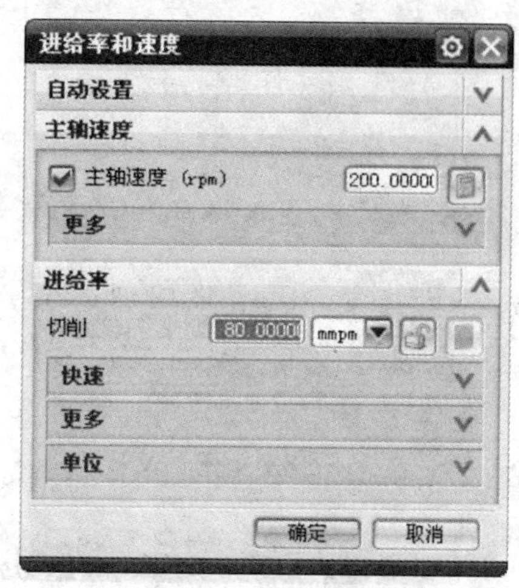

图 5－54　切削参数设置

5. 中心钻刀具路径生成

① 在“定心钻”对话框中单击“生成”按钮,系统开始计算刀具路径。

② 计算完成后,单击“确定”按钮,完成中心钻刀具路径操作,结果如图 5－55 所示。

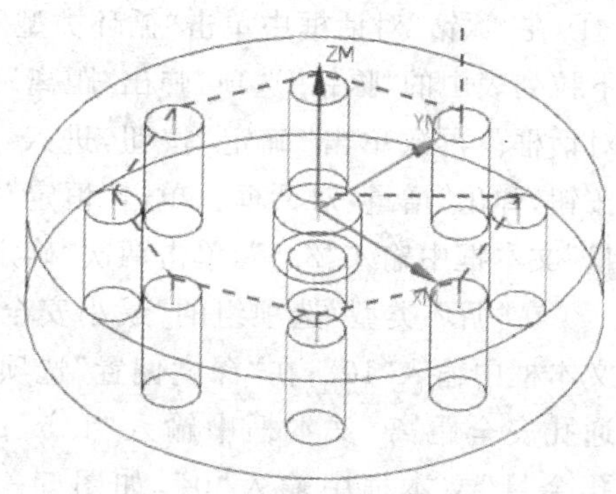

图 5－55　中心钻刀具路径

6. 啄钻创建

① 在“刀片”工具条中单击“创建工序”按钮,弹出“创建工序”对话框,在“类型”下拉列表中选择“drill”选项。

② 在“操作子类型”选项组中单击“PECK_DRILLING”按钮。

③ 在“刀具”下拉列表中选择“D10”。

④ 在“几何体”下拉列表中选择“DRILL_GEOM”选项。

⑤ 其余参数默认,如图 5－56 所示。

⑥ 单击“确定”按钮,进入“啄钻加工”对话框,如图 5－57 所示。

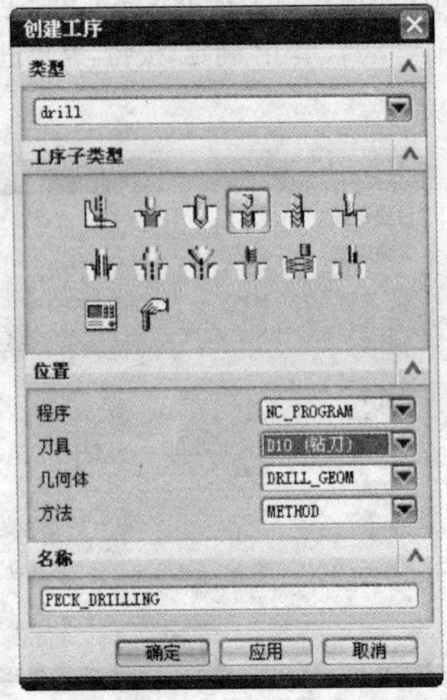

图 5-56 “创建工序”对话框

图 5-57 “啄钻”对话框

7. 啄钻加工参数设置

① 在“啄钻”对话框中单击“循环类型”选项组，将循环类型的选项打开，选择“循环”下拉列表中的“啄钻”选项，弹出“距离”对话框，单击“确定”按钮，弹出“指定参数组”对话框。再次单击“确定”按钮，进入“Cycle 参数”对会话框，单击“Increment - 无”按钮，弹出“增量”对话框。单击“恒定”按钮，系统弹出“增量参数设置”对话框，在“增量”文本框中输入“2.5”，单击两次“确定”按钮，系统返回“啄钻”对话框。

② 在“循环类型”选项组的“最小安全距离”文本框中输入“10”；在“深度偏置”选项组的“通孔安全距离”文本框中输入“1.5”；在“盲孔余量”文本框中输入“0”，如图 5-58 所示。

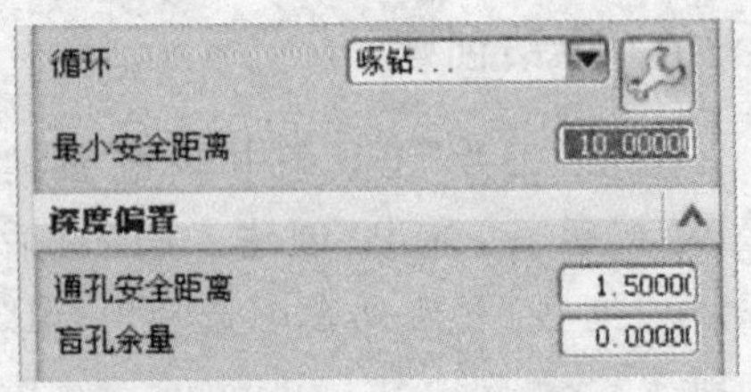

图 5-58 安全参数与深度偏置

③ 在“啄钻”对话框中的“刀轨设置”选项组中单击“进给率和速度”按钮，弹出“进给率和速度”对话框。激活主轴速度，并在“主轴转速”文本框中输入“200”；在“切削”文本框中输入“80”，最后单击“确定”按钮完成进给率和速度的设置，如图 5-59 所示。

8. 啄钻刀具路径生成

① 在“啄钻”对话框中单击“生成”按钮，系统开始计算刀具路径。

② 计算完成后，结果如图 5－60 所示，单击“确定”按钮，完成粗加工刀具路径操作。

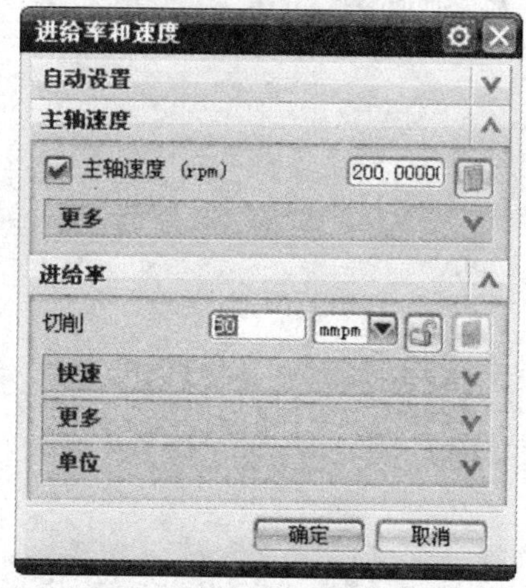

图 5－59　“进给和速度”对话框

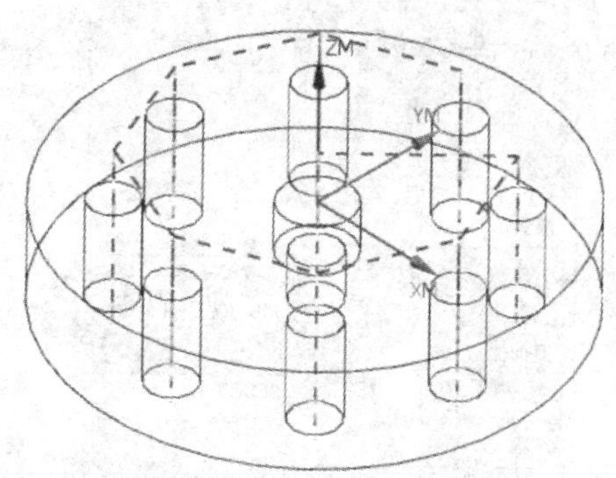

图 5－60　啄钻刀具路径

9. 平底扩孔加工

① 在“刀片”工具条中单击“创建工序”按钮，系统弹出“创建工序”对话框，在“类型”下拉列表中选择“drill”选项。

② 在“操作子类型”选项组中单击“COUNTERBORING”按钮。

③ 在“刀具”下拉列表中选择“D15”。

④ 在“几何体”下拉列表中选择“DRILL_GEOM_1”选项。

⑤ 其余参数默认，如图 5－61 所示。

⑥ 单击“确定”按钮，进入“沉头孔加工”对话框，如图 5－62 所示。

10. 沉头孔加工参数设置

① 在“循环类型”选项组的“循环”下拉列表中选择“啄钻”方式，弹出“距离”对话框，单击“确定”按钮，弹出“指定参数组”对话框，再次单击“确定”按钮，弹出“Cycle 参数”对话框，单击“Increment －无”按钮，弹出“增量”对话框。单击“恒定”按钮，弹出“增量参数设置”对话框，在“增量”文本框中输入“2.5”，单击两次“确定”按钮，系统返回“沉头孔加工”对话框。

② 在“最小安全距离”文本框中输入“10”。

③ 在“沉头孔加工”对话框的“刀轨设置”选项组中单击“避让”按钮，弹出“避让参数”对话框。单击“Clearance plane”按钮，弹出“安全平面”对话框，在对话框中单击“指定”按钮，弹出“平面”对话框，接着在绘图区选择工件上表面，然后在“距离”

文本框中输“20”，最后单击 3 次“确定”按钮，返回到“沉头孔加工”对话框。

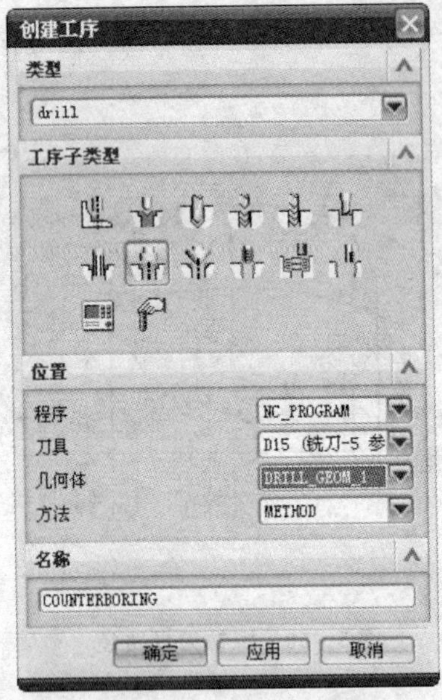

图 5-61 “创建工序”对话框

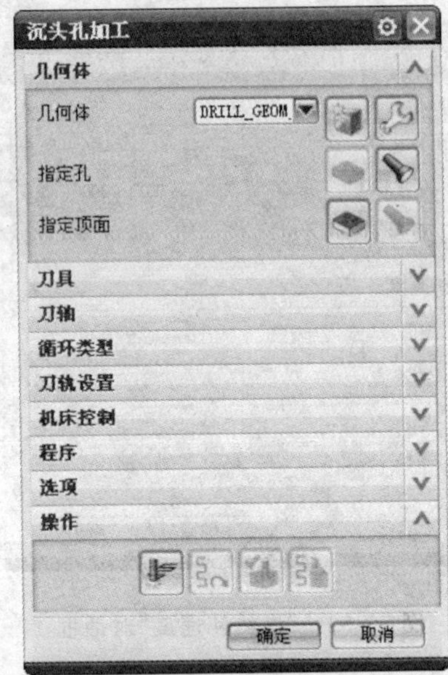

图 5-62 “沉头孔加工”对话框

④ 在“沉头孔加工”对话框的“刀轨设置”选项组中单击“进给率和速度”按钮，弹出“进给率和速度”对话框。激活主轴速度，并在“主轴转速”文本框中输入“200”，在“切削”文本框中输入“80”，最后单击“确定”按钮完成进给和速度的设置。

11. 平底扩孔刀具路径生成

① 在“沉头孔加工”对话框中单击“生成”按钮，系统开始计算刀具路径。

② 计算完成后，单击“确定”按钮，完成工刀具路径操作，结果如图 5-63 所示。

12. 刀具路径的验证

① 在导航器工具条中单击“几何视图”按钮，将导航器显示为几何视图状态，如图 5-64 所示。

② 在工序导航其中用鼠标单击 WORKPIECE 选项，即选中了所有的加工操作。

③ 在“操作”工具条中单击“确认刀轨”按钮，弹出“刀轨可视化”对话框，如图 5-65 所示。

④ 在对话框中单击“2D 动态”，再单击“播放”按钮，仿真加工开始，效果如图 5-66 所示。

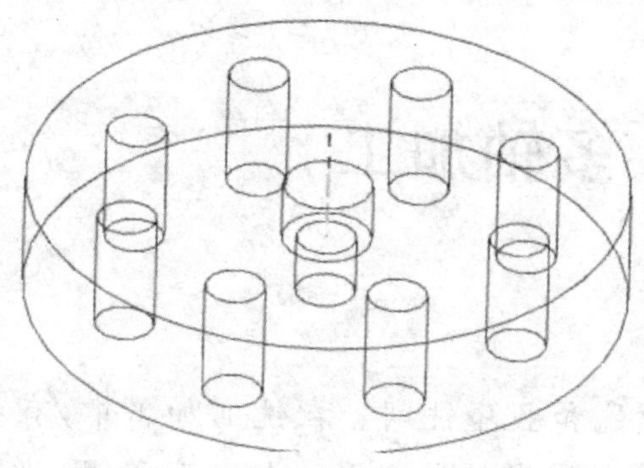

图 5－63　平底扩孔刀具路径

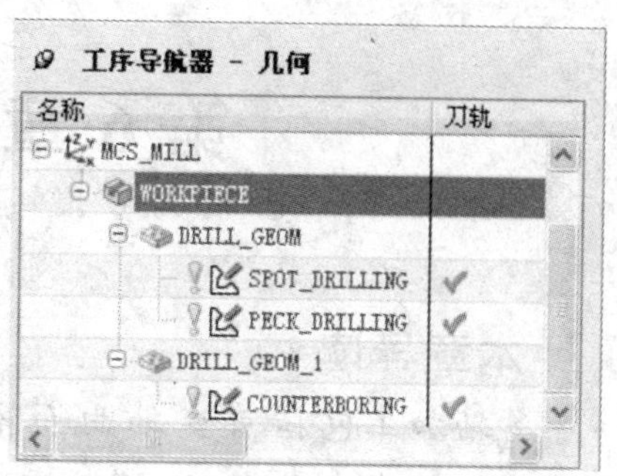

图 5－64　几何视图导航器

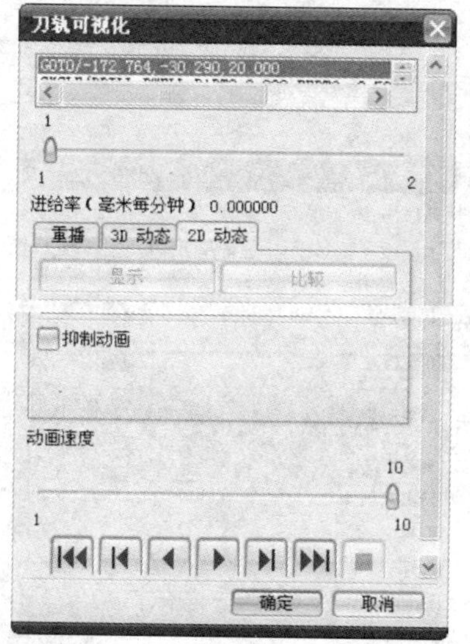

图 5－65　“刀轨可视化”对话框

图 5－66　刀具可视化对话框及刀具路径仿真结果

本章小结

本章详细介绍了 UG NX 8.0 的孔加工操作过程、孔加工的加工特点和加工几何体的设置。通过本章的学习，可使读者基本掌握 UG 孔加工的操作步骤和创建过程。

第6章　多轴加工

本章导读

多轴加工包括可变轴曲面轮廓铣和顺序铣削。在铣削加工中，有些零件的侧壁存在负角度，这些零件采用固定轴铣削无法加工完整，因此需要采用多轴加工。

6.1　可变轴曲面轮廓铣

可变轮廓铣刀位轨迹的产生过程与固定轮廓铣刀位轨迹的产生过程类似。首先从驱动几何体上生成驱动点，将驱动点沿着一个指定的投射矢量投影到零件几何体上，生成刀位轨迹点，同时检查该刀位轨迹点是否过切或超差。如果该刀位轨迹点满足要求，则输出该点，从而驱动刀具运动。因此，可变轮廓铣也有驱动几何体（Drive Geometry）、驱动点（Drive Point）、驱动方式（Drive Method）、零件几何体（Part Geometry）和投射矢量（Project Vector）等概念，且定义方式与固定轴曲面轮廓铣相同。两者的对话框很相似，不同之处主要在于可变曲面轮廓铣提供了刀具轴的控制。"可变轮廓铣"对话框如图6-1所示。

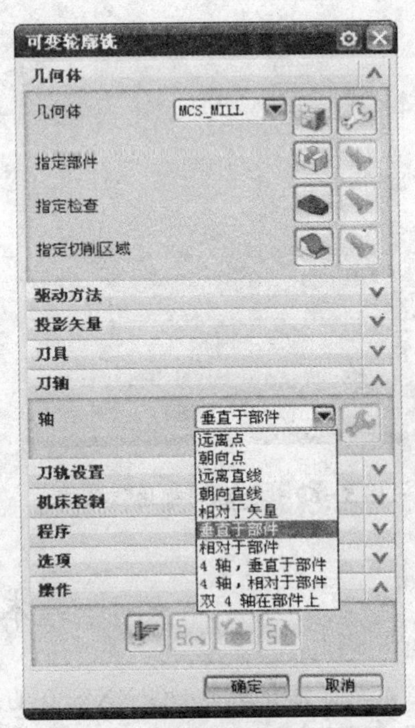

图6-1　"可变轮廓铣"对话框

可变轮廓铣的驱动方法包括边界驱动法、曲面驱动法、螺旋式驱动法、曲线\点驱动法、刀轨驱动法、流线驱动法、外形轮廓加工驱动法和径向切削驱动法等。这些驱动方法的定义方式与固定轮廓铣一致。需要注意的是，可变轮廓铣没有区域铣驱动方法与清根切削驱动方法。

UG系统提供了丰富的刀具轴控制方式，不同的驱动方式可以使用的刀具轴控制方式也不尽相同，如表6-1所列。

表 6－1　刀轴控制方式与驱动方法

刀轴控制方式	驱动方式（·为可用方式）							
	边界驱动	曲面驱动	螺旋式驱动	曲线/点驱动	流线驱动	刀轨驱动	径向切削驱动	外形轮廓加工驱动
远离点	·	·	·	·	·	·	·	
朝向点	·	·	·	·	·	·	·	
远离线	·	·	·	·	·	·	·	
朝向线	·	·	·	·	·	·	·	
相对于矢量	·	·	·	·	·	·	·	
垂直于部件	·	·	·	·	·	·	·	
相对于部件	·	·	·	·	·	·	·	
垂直于部件（4 轴）	·	·	·		·	·	·	
相对于部件（4 轴）	·	·	·		·	·	·	
双 4 轴（在部件上）	·	·	·	·	·	·	·	
优化后驱动		·			·			
侧刃驱动体		·			·			
垂直于驱动体		·			·			
相对于驱动体		·			·			
垂直于驱动体（4 轴）		·			·			
相对于驱动体（4 轴）		·			·			
双 4 轴（在驱动体上）		·			·			
Interpolate Vector		·			·			
Interpolate angle to part		·			·			
Interpolate angle to drive		·			·			

由表 6－1 用于可以看出曲面区域驱动方法的刀具轴控制方式很多，因此曲面区域驱动方法适用于精加工。

6.1.1 定模型腔加工案例

(1) 打开文件

① 打开光盘的文件“X：\ 6\6.1.prt”。

② 进入加工环境。

③ 查看零件，如图 6-2 所示(锥形曲面部分为需要加工部分)。

④ 查看已建立好的刀具。

对于该零件，将采用可变轮廓铣加工。由于被加工区面为直纹面，因此驱动方法为曲面区域驱动，刀具轴控制方式为直纹面驱动。

为了便于进退刀控制，此处将曲面分割为 4 部分。读者可将第 1 层隐藏，将第 2 层设为工作层，分割后的零件如图 6-3 所示。

图 6-2 加工零件

图 6-3 分割后的零件

(2) 创建加工零件几何体

① 在“刀片”工具条中单击“创建几何体”按钮，弹出“创建几何体”对话框，如图 6-4 所示。

② 在“类型”选项组中选择“mill_multi-axis”，在“几何体子类型”选项组中选择“MILL_GEOM”，在“几何体”下拉列表中选择“MCS”，在“名称”文本框输入名称“SURF_1“，单击“确定”按钮，弹出“铣削几何体”对话框，如图 6-5 所示。

图 6-4 “创建几何体”对话框

③ 在“铣削几何体”对话框中单击“选择或编辑部件几何体”按钮，弹出“部件几何体”对话框，如图 6-6 所示。

④ 在类型过滤中选择“面”。

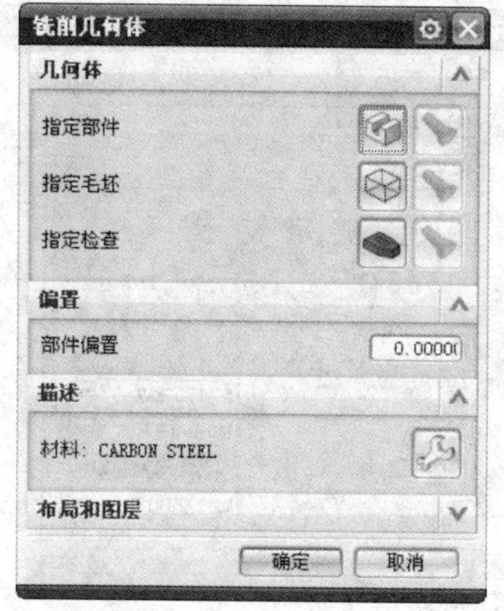

图 6-5　“铣削几何体”对话框

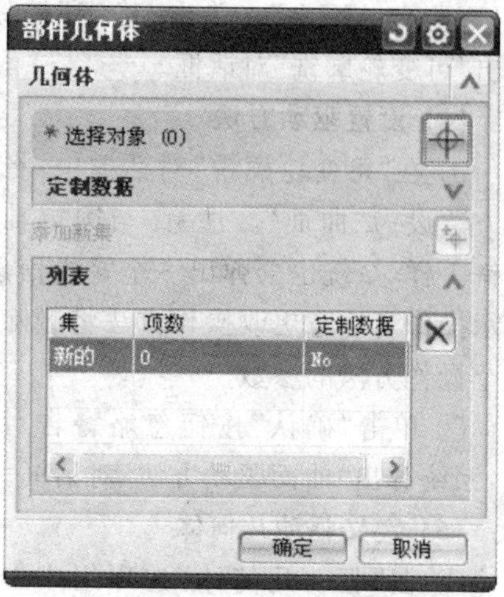

图 6-6　“部件几何体”对话框

⑤ 选择如图 6-7 所示平面。

⑥ 单击“确定”按钮,返回“铣削几何体”对话框。

⑦ 在“铣削几何体”对话框中单击“选择或编辑毛坯几何体”按钮,弹出“毛坯几何体”对话框。

⑧ 选择该实体零件作为毛坯几何体。单击“确定”按钮,返回“铣削几何体”对话框。

⑨ 单击“确定”按钮,完成加工零件几何体创建。

⑩ 按照同样的方式,创建第二个加工零件几何体。类型:Mill_multi_axis;几何体子类型:MILL_GEOM;几何体:MCS;名称:SURF_2。选择图 6-8 所示平面为加工几何面。

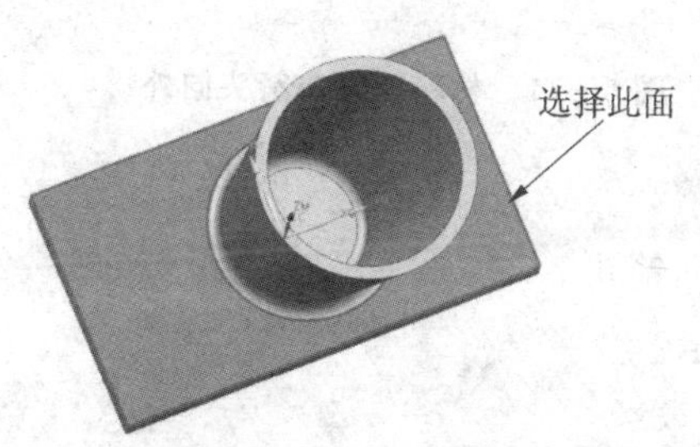

图 6-7　选择平面 1

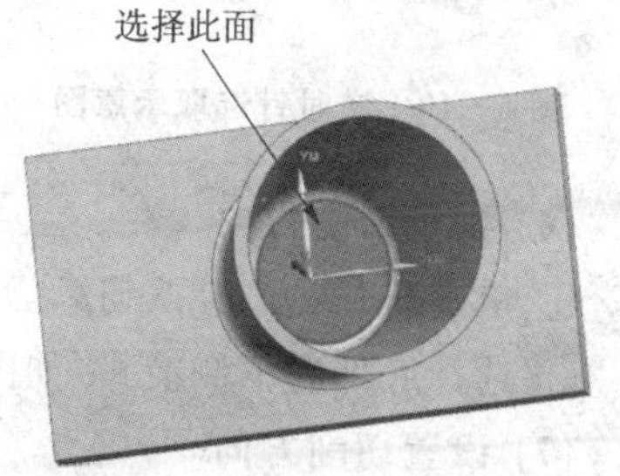

图 6-8　选择平面 2

(3) 创建可变轮廓铣操作

在“刀片”工具条中单击“创建工序”按钮,弹出“创建工序”对话框,按照

图 6－9 所示设置各选项。输入操作名“SURF_1_MILL”。单击“确定”按钮，弹出“可变轮廓铣”对话框。

图 6－9 “创建工序”对话框

(4) 设置驱动方法

① 在“可变轮廓铣”对话框中，将驱动方法设为“曲面”。注意，与固定轴轮廓铣一样，系统也会弹出一个警告信息，提示操作者注意更改操作方法将删除前一个操作方法的参数。

② 单击“确认”按钮忽略警告对话框，系统弹出“曲面驱动方法”对话框。

(5) 定义驱动几何体

① 在“驱动几何体”选项组中单击“选择或编辑驱动几何体”按钮，弹出“驱动几何体”对话框。

② 按逆时针方向选取如图 6－10 所示的 4 个面。

③ 单击“确定”按钮完成设置，返回“曲面驱动方法”对话框。

④ 模型上将会出现材料侧方向箭头，如图 6－11 所示。

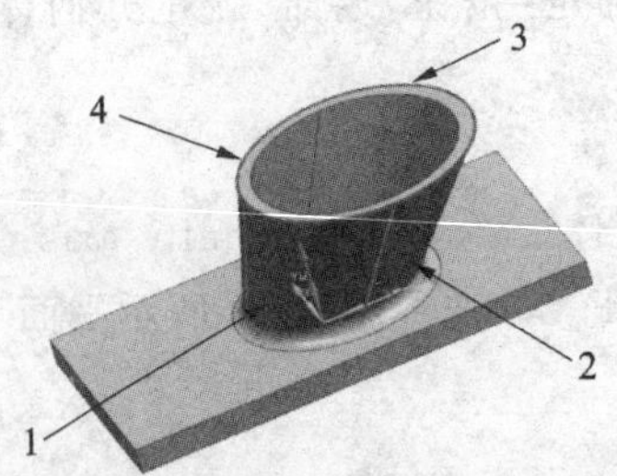

图 6－10 逆时针选取示意图

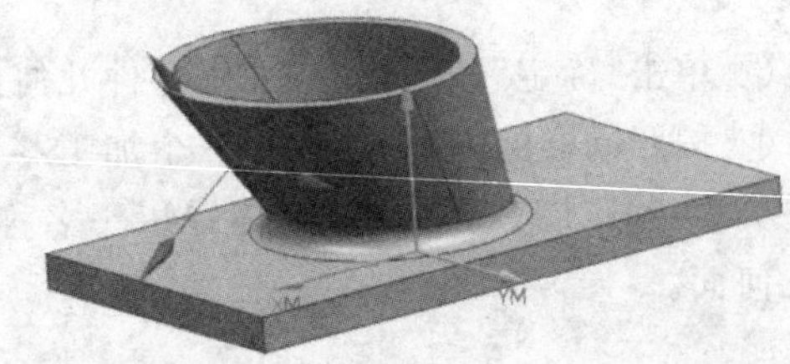

图 6－11 材料侧方向箭头向外

(6) 设置切削方向

① 单击“切削方向”按钮，出现切削方向箭头。

② 选择底部右下侧箭头，如图 6－12 所示。

(7) 设置切削方向

① 在“切削区域”下拉列表中选择“曲面％”(即使对话框默认该选项，也要重新点选)，如图 6－13 所示。

② 在弹出的“曲面百分比方法”对话框中按图 6－14 所示设置参数，单击“确定”按钮完成设置，返回“曲面驱动方法”对话框。

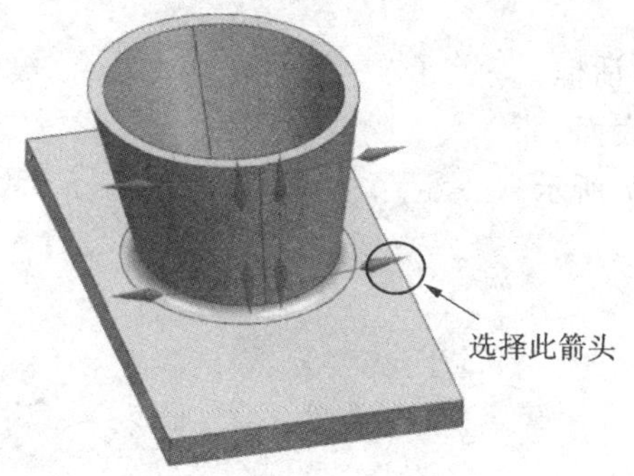

图6-12　切削方向箭头选择

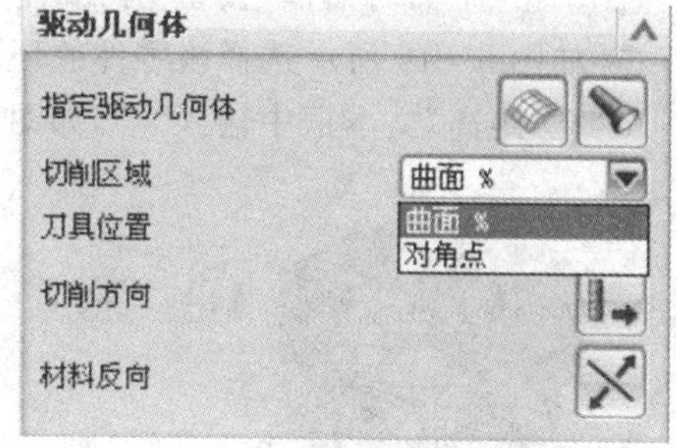

图6-13　切削区域选择

③ 将刀轨的初始位置定义为“－0.1”，而结束位置定义为“100.1”，这样刀具将从曲面外开始切削，切削完成后，沿曲面延伸一段距离。

(8) 设置刀轨数目

① 将“步距”选项设为“数量”。

② 在“步距数”文本框中输入刀轨数目“0”(表示只有一条刀轨。实际刀轨数目＝刀轨数目＋1)。

(9) 设置过切选项

① 在“更多”选项组中将过切时设为“警告”，至此所有曲面区域驱动方式参数设置完毕。

② 单击“确定”按钮，返回“可变轮廓铣”对话框。

(10) 进退刀设置

① 在“可变轮廓铣”对话框中单击“非切削移动”按钮，弹出“非切削移动”对话框。

② 选择“转移/快速”选项卡中的“区域之间”选项，单击“逼近”选项。在“逼近方法”中选择如图6-15所示的选项。

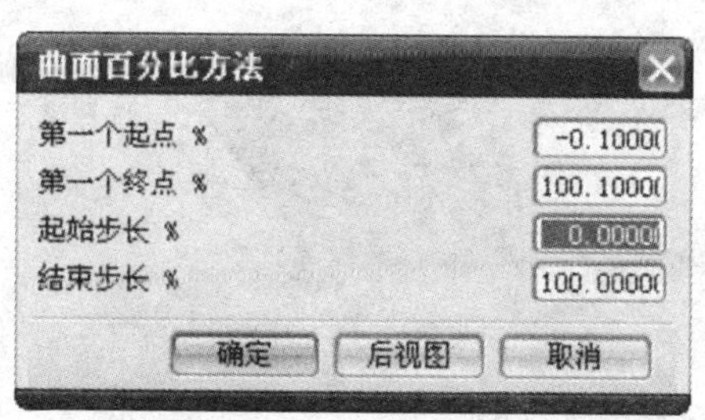

图6-14　“曲面百分比方法”对话框

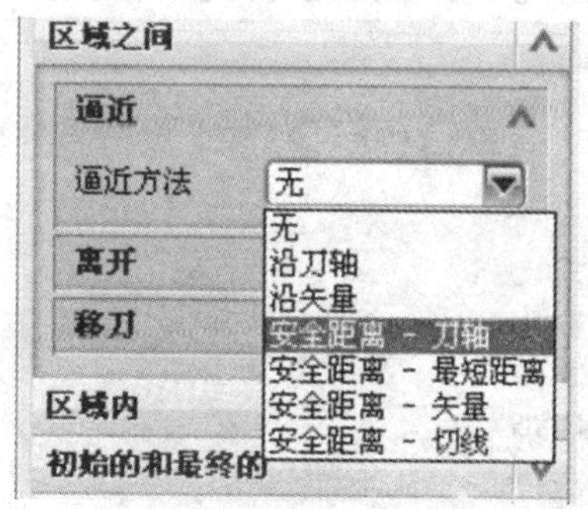

图6-15　选择逼近参数

③“安全设置”选项选择“平面”。

④ 单击“平面对话框”按钮，弹出“平面“对话框。

⑤ 如图 6-16 所示选择该零件的环形上表面。

⑥ 在“距离”文本框中输入“2”，如图 6-17 所示。

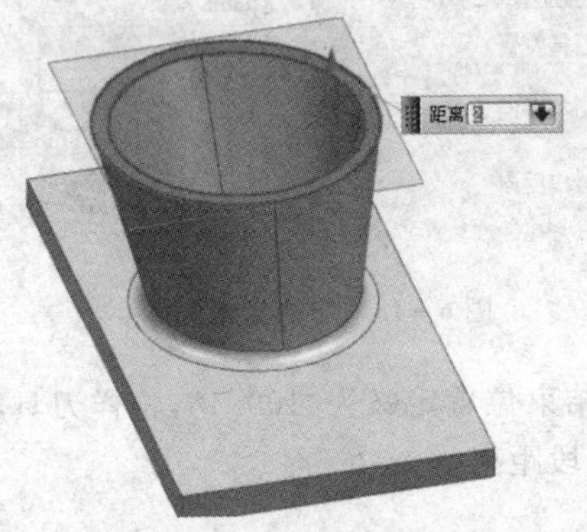

图 6-16　设置安全平面

图 6-17　设置安全平面参数

⑦ 单击“确定”按钮，返回“非切削移动”对话框。

⑧ 单击“离开”选项，将“离开方法”选项设为和逼近一样的选项。由于进、退刀都使用同一安全平面，因此对于离开可以不需要再定义安全平面（它将自动使用逼近所定义的安全平面）。

⑨ 单击“进刀”选项卡，定义进刀方式。

⑩ 将“进刀类型”选项设为“圆弧-平行于刀轴”，各参数的设置如图 6-18 所示。

⑪ 单击“退刀”选项卡，定义退刀方式。“退刀类型”选择“与进刀相同”。

⑫ 单击“确定”按钮，返回“可变轮廓铣”对话框。

⑬ 设置投影矢量，在“矢量”选项中选择“刀轴”。

⑭ 定义刀轴。在“轴”选项中选择“侧刃驱动体”，单击“指定侧刃方向”按钮，系统出现 4 个箭头，选择向上的箭头定义刀轴方向。如图 6-19 所示。单击“确定”按钮。

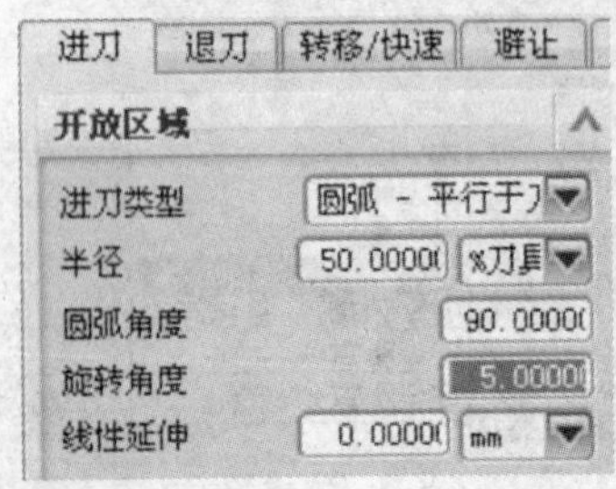

图 6-18　进刀参数设置

图 6-19　选择刀轴方向

⑮ 所有参数设置完毕。

⑯ 在“可变轮廓铣”对话框中单击“生成”按钮，生成刀位轨迹，如图 6－20 所示。

⑰ 动态仿真如图 6－21 所示。

图 6－20　生成刀轨

图 6－21　动态仿真

对于 5 轴加工来说，有时过切无法避免，但可以通过调整参数将过切量控制在可接受范围内。

下面将对内侧曲面进行加工。

(11) 复制操作

① 单击“工序导航器”按钮，在“导航器”工具条中单击“几何视图”按钮，将导航器显示为几何视图状态。

② 在导航器中单击几何体 SURF_1 前的“＋”号，将其展开。

③ 选择导航器中 SURF_1_MILL 并右击，在弹出的右键快捷菜单中选择“复制”选项。

④ 在导航器中选择几何体 SURF_2 并右击，在弹出的右键快捷菜单中选择“内部粘贴”选项，则几何体 SURF_2 将下出现操作 SURF_1_MILL_COPY。

⑤ 选中操作 SURF_1 _MILL_COPY 并右击，在弹出的右键快捷中选择“重命名”选项，将操作名改为 SURF_2 _MILL。

(12) 编辑 SURF_2 _MILL

① 双击操作 SURF_2 _MILL，弹出“可变轮廓铣”对话框。

② 在“可变轮廓铣”对话框中将驱动方法驱动方法设为“曲面”。单击“编辑”按钮，弹出“曲面驱动方法”对话框，如图 6－22 所示。

③ 在“驱动几何体”选项组中，单击“选择或编辑驱动几何体”按钮，出现“驱动几何体”对话框。单击对话框中的列表，单击“移除”按钮，将原有的曲面删除掉。

④ 逆时针选取图 6－23 所示的 4 个面，单击“确定”按钮，返回“曲面驱动方法”对话框。

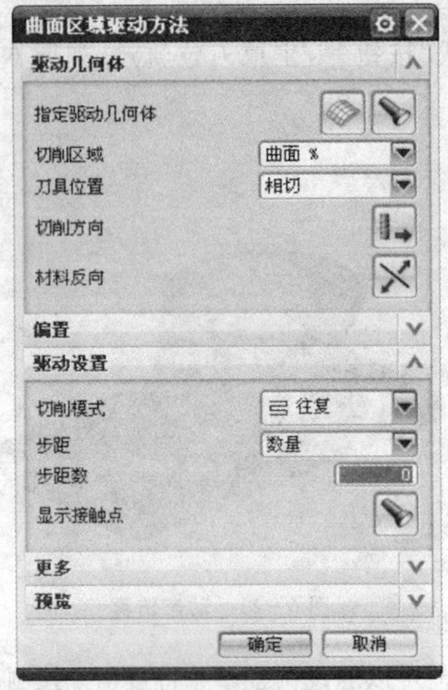

图 6-22 “曲面驱动方法”对话框

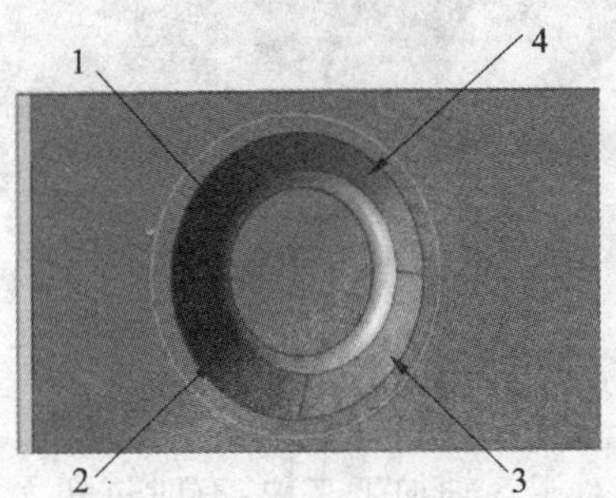

图 6-23 逆时针选取 4 个面

⑤ 单击“材料反向”按钮，将材料侧定义为如图 6-24 所示方向(向内)。

⑥ 单击“切削方向”按钮，切削方向箭头出现。

⑦ 选择底部右侧箭头，如图 6-25 所示。

图 6-24 材料侧方向箭头向内

图 6-25 选择切削方向箭头

⑧ 在“切削区域”下拉列表中选择“曲面%”，弹出“曲面百分比方法”对话框，如图 6-26 所示，输入参数。单击 2 次“确定”按钮，返回“可变轮廓铣”对话框。

由于型面为内凹曲面，因此刀具在切进与切出时不能有延伸部分，否则将铣伤零件。这样设置参数就可以消除刀轨延伸部分。

⑨ 在“刀轴”下拉列表中将轴选项选择为“侧刃驱动体”。单击“指定侧刃方向”

按钮，系统出现 4 个箭头，如图 6－27 所示，选择向上箭头为刀具矢量方向。

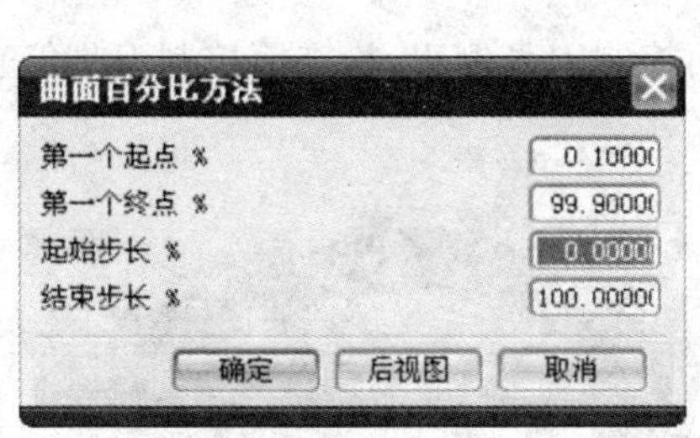

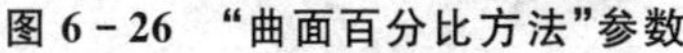
图 6－26　“曲面百分比方法”参数

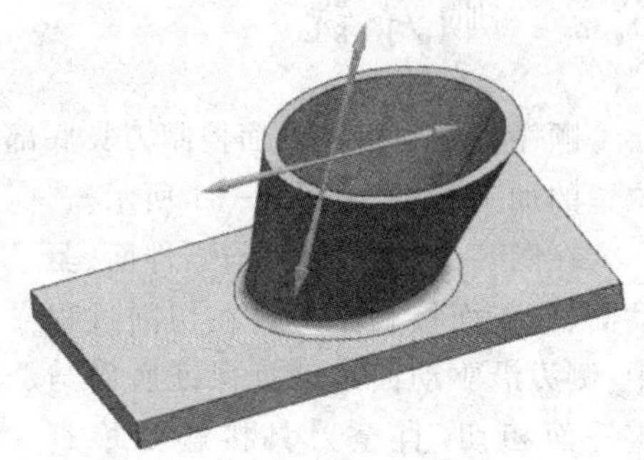
图 6－27　选择刀轴方向

⑩ 单击“确定”按钮，返回“可变轮廓铣”对话框。

(13) 生成刀轨

① 在“可变轮廓铣”对话框中单击“生成”按钮，生成刀位轨迹，如图 6－28 所示。

② 动态仿真如图 6－29 所示。零件表面被刀具过切，仔细观察刀具运动轨迹发现，是刀具切入工件和切出工件时产生的过切，因此应当调整进刀、退刀方式。

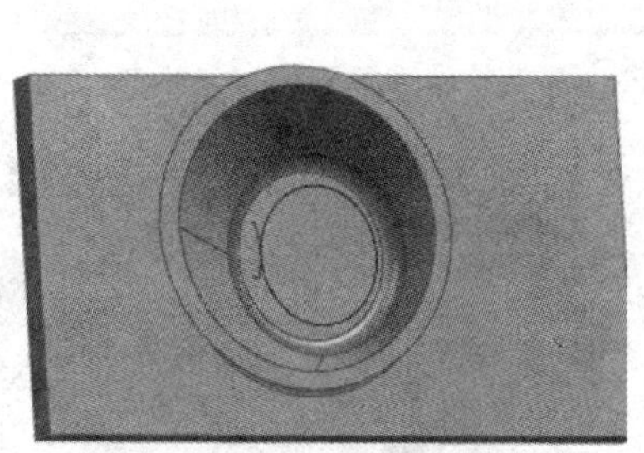
图 6－28　生成刀轨

图 6－29　动态仿真

(14) 优化刀轨

① 在工序导航器中双击 SURF_2_MILL，弹出“可变轮廓铣”对话框。

② 在“可变轮廓铣”对话框中单击“非切削移动”按钮，出现“非切削移动”对话框。

③ 单击“进刀”选项卡，修改进刀方式。

④ 将“进刀类型”选项设为“圆弧-垂直于部件”。

⑤ 重新进行仿真加工，仿真效果如图 6－30 所示，可以看出过切已经被避免了。

图 6－30　修改进、退刀后的仿真效果

6.2 顺序铣

顺序铣是利用零件面控制刀具底部，驱动面控制刀具侧刃，检查面控制刀具停止位置的加工形式，如图 6-31 所示。

在图 6-31 中，刀具与零件面、驱动面、检查面接触。刀具在切削过程中，侧刃沿驱动面运动且保证底部与零件面相切，直至刀具接触到检查面。该操作非常适于切削有角度的侧壁。

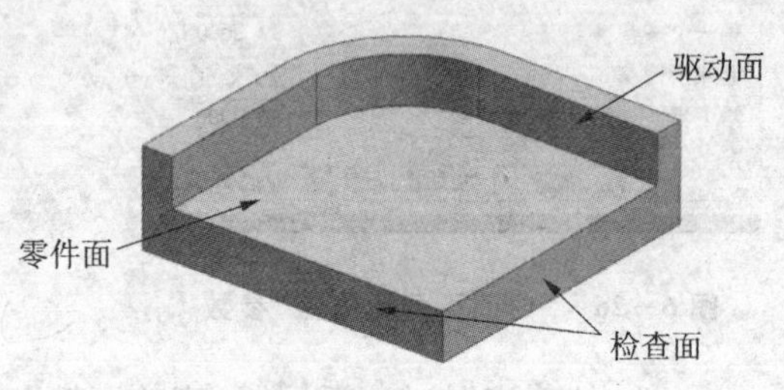

图 6-31 顺序铣

一个顺序铣操作由 4 种类型子操作组成，分别是：点到点运动(Ptp)、进刀运动(Eng)连续刀轨运动(Cpm)和退刀运动(Ret)。

6.2.1 顺序铣操作案例

(1) 打开文件

① 打开光盘中的文件“X:\6\6.2.PRT”。

② 进入加工模块。

③ 查看零件，如图 6-32 所示。黄色曲面部分为需要加工的部分。

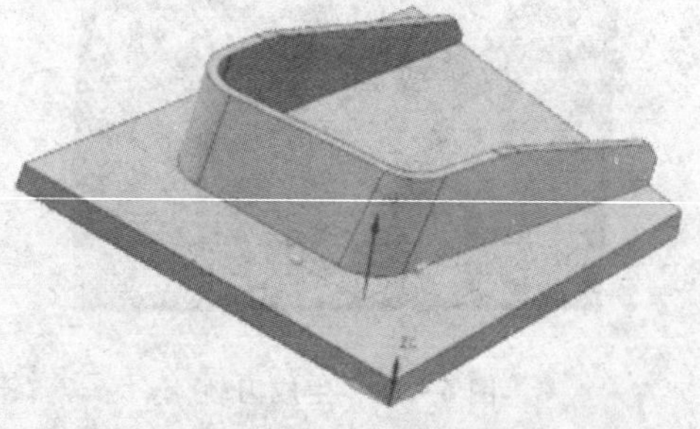
图 6-32 加工零件

④ 查看已建立好的刀具。

⑤ 查看已建立好的加工几何体。

(2) 创建顺序铣造作

① 在“刀片”工具条中单击“创建工序”按钮，弹出“创建工序”对话框，按照图 6-33 所示设置各选项，单击“确定”按钮，弹出“顺序铣”对话框。

② 在“顺序铣”对话框中单击“避让几何体”按钮，设置避让几何体。

③ 在“避让几何体”对话框中，安全平面已处于激活状态，如图 6-34 所示。

④ 单击“Clerance Plane -活动”按钮，弹出“安全平面”对话框。单击“显示”按钮，查看安全平面。

注意：顺序铣操作可以继承父几何体的安全平面。

⑤ 依次单击“确定”按钮，返回“顺序铣”对话框。

⑥ 在“顺序铣”对话框中单击“显示”按钮。

⑦ 如图 6-35 所示设置参数，以便于观察所生成刀具轨迹。

图 6－33　“创建工序”对话框

图 6－34　“避让几何体”对话框

⑧ 单击“确定”按钮，返回“顺序铣”对话框。

(3) 定义一个子操作-进刀运动

① 在“顺序铣”对话框中单击“确定”按钮，弹出“进刀运动”对话框。

② 单击“进刀方法”按钮，弹出“进刀方法”对话框，如图 6－36 所示。

图 6－35　“显示选项”对话框

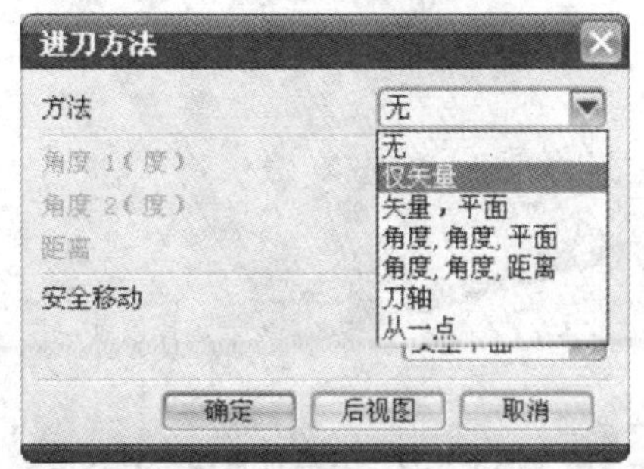

图 6－36　“进刀方法”对话框

③ 将进刀方法设为“仅矢量”，弹出“矢量”对话框。

④ 选择如图 6－37 所示边，设置矢量方向。

⑤ 单击“确定”按钮，返回“进刀方法”对话框。在“距离”文本框中输入进刀距离：10。

⑥ 单击“确定”按钮，返回“进刀运动”对话框，在“位置”下拉列表中选择“点”，如图 6－38 所示弹出“点”对话框，定义刀具位置参考点。

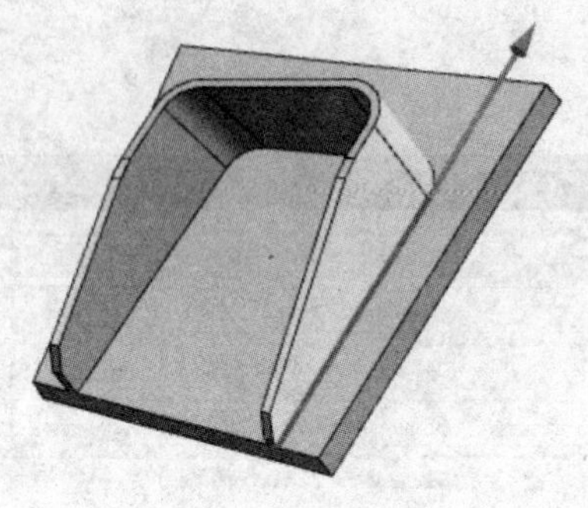

图 6－37 矢量方向

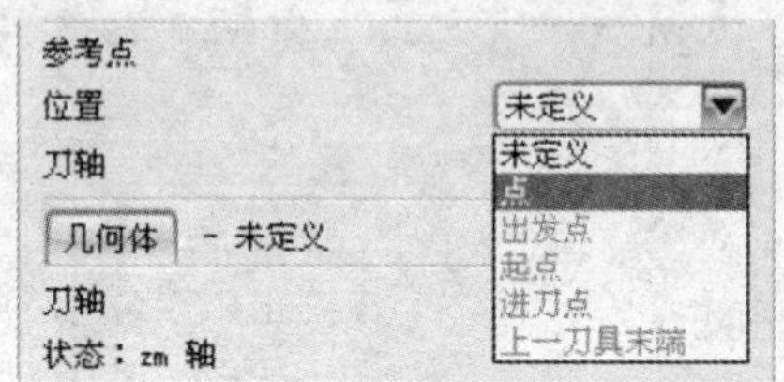

图 6－38 位置栏选择点

⑦ 在“类型”中选择“终点”，选择图 6－39 所示端点。刀具位置参考点的作用是确定刀具切削曲面（驱动面）的哪一个侧面（外侧面或内侧面）。选择该点就是位于需要加工曲面（驱动面）的外侧。

⑧ 单击“显示刀具”按钮，刀具显示在参考点位置。

⑨ 单击“几何体”按钮，弹出“进刀几何体”对话框，如图 6－40 所示。

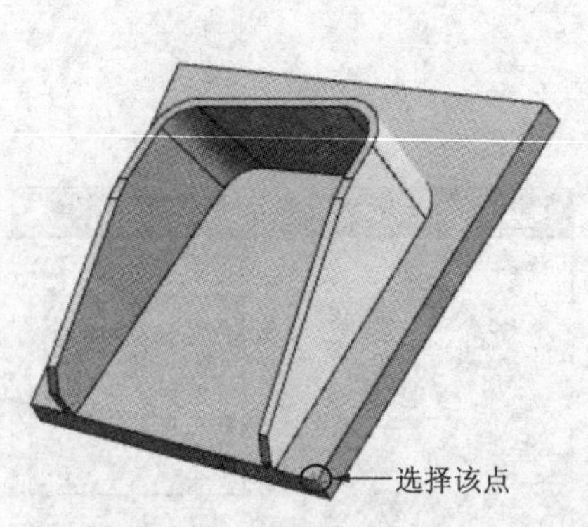

图 6－39 刀具位置参考点

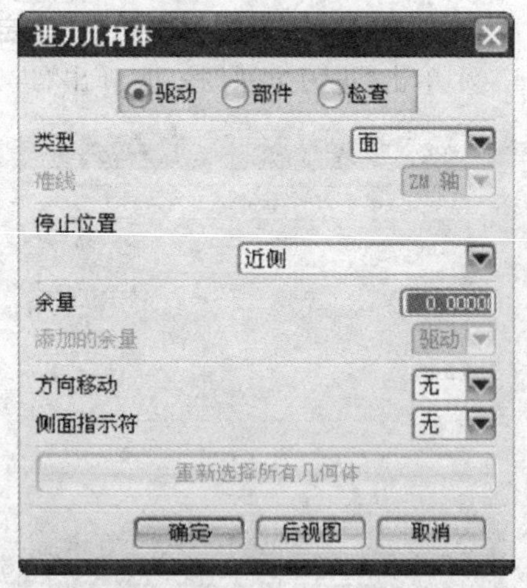

图 6－40 “进刀几何体”对话框

⑩ 对话框状态为驱动激活，选择如图 6－41 所示面。

⑪ 系统自动将状态转为部件激活状态，选择如图 6－42 所示面。

⑫ 系统自动将状态转为检查激活状态。在“余量”文本框中输入值“0.5”，将“停止位置”设为“近侧”，如图 6－43 所示。通过这些设置可使刀具在进刀时，将从被加工面（驱动面）外进刀（距驱动面 0.5 mm）。

⑬ 选择如图 6－44 所示面为检查面，完成进刀几何体定义，返回“进刀运动”对话框。

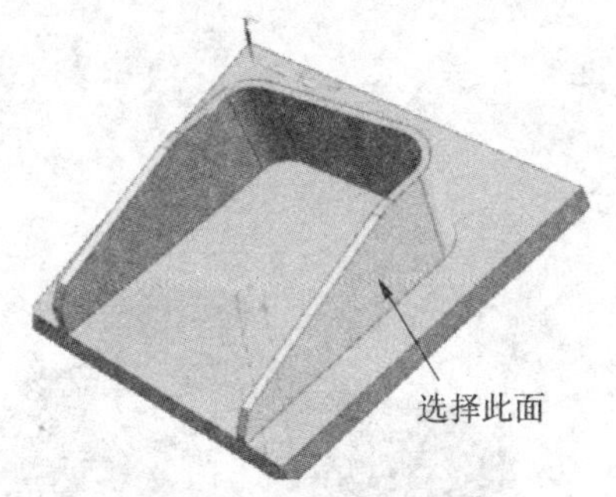

图 6－41　选择驱动面

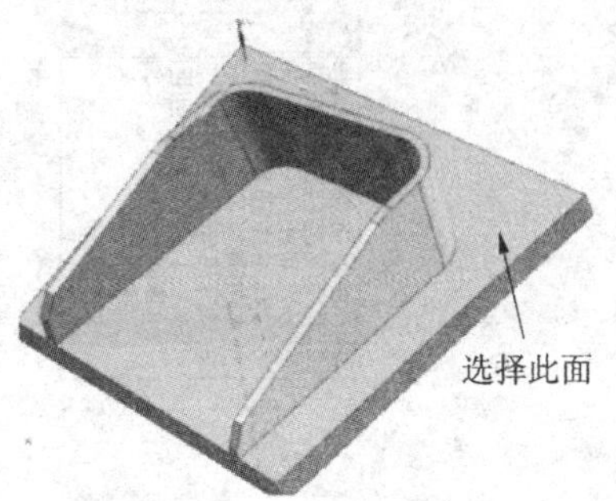

图 6－42　选择零件面

图 6－43　检查几何体参数设置

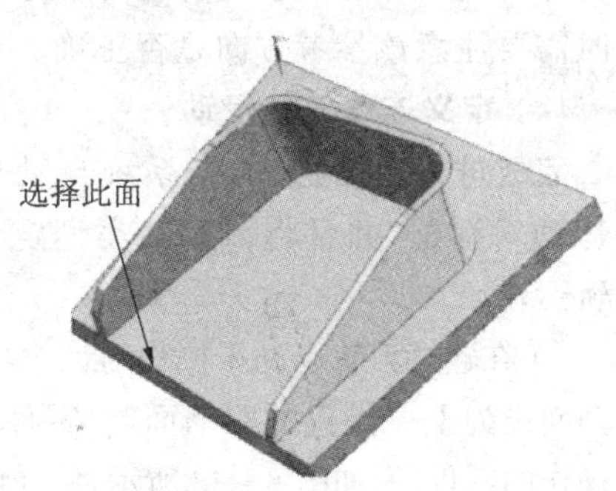

图 6－44　选择检查面

⑭ 在刀轴中将“3 轴”更改为“5 轴”，如图 6－45 所示。

⑮ 系统弹出“五轴选项”对话框，如图 6－46 所示。

⑯ 将刀轴控制方法改为“扇形”。单击“确定”按钮，返回“进刀运动”对话框。

通过以上操作，完成进刀运动的定义。

⑰ 在“进刀运动”对话框中，单击

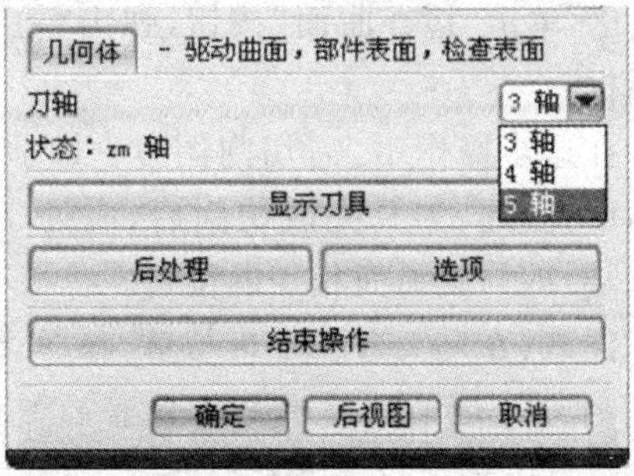

图 6－45　更改刀轴

"确定"按钮,生成进刀刀位轨迹,如图 6-47 所示。

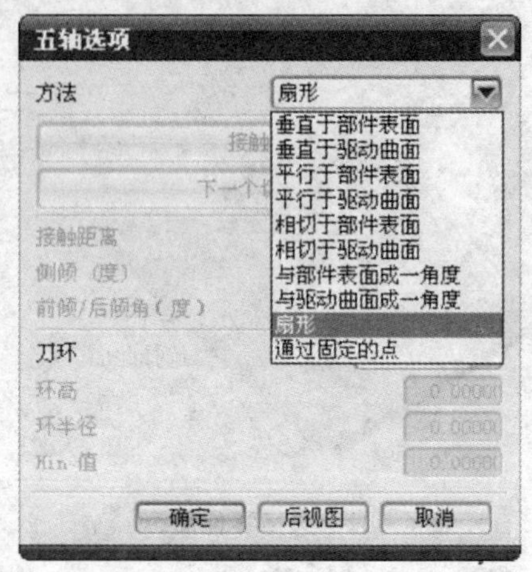

图 6-46 更改刀轴控制方法

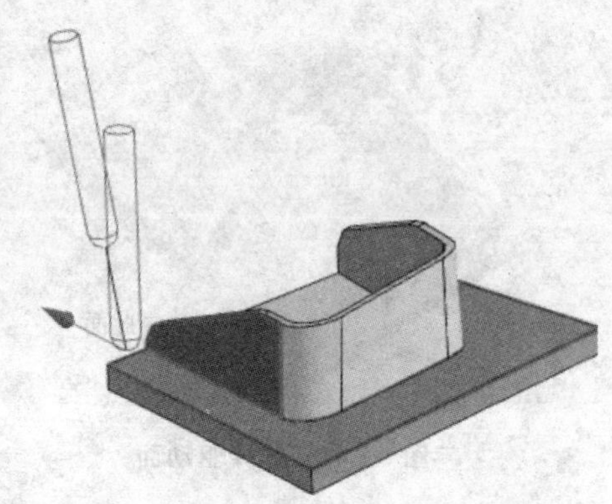

图 6-47 刀位轨迹

此时刀具先从安全平面向下运动,然后沿所指定的矢量方向运动,停止在距检查几何体 0.5 mm 的位置。箭头所指方向为下一个运动的参考方向。在定义下一个运动时需要注意该参考方向是否正确。

(4) 定义连续刀轨运动

完成进刀运动定义后,系统自动出现下一个运动对话框,并且将该运动类型定义为连续刀轨运动。

① 在连续刀轨运动子操作对话框中,系统将驱动面设为上一操作的驱动面,将零件面设为上一操作的零件面,如图 6-48 所示,接受该设置。

② 检查曲面状态为未定义状态,需要操作者指定。

③ 单击"检查曲面"按钮,弹出"检查曲面"对话框。

在这步操作中,需切削图 6-49 所示的整个曲面,因此,刀具完成切削后,应处于该曲面的末端,即与圆弧面相切的位置。

注意:在定义每一个运动前,操作者应对将生成的刀具运动轨迹有一个完整的概念,这样才可以更准确地设置参数。

④ 将刀具停止位置、余量设为如图 6-50 所示。

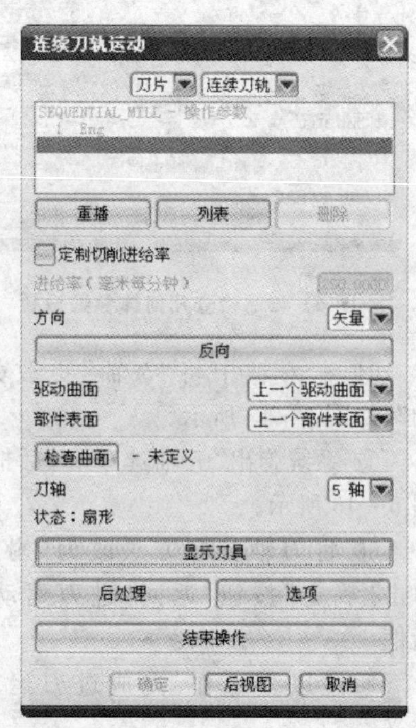

图 6-48 "连续刀轨运动"对话框

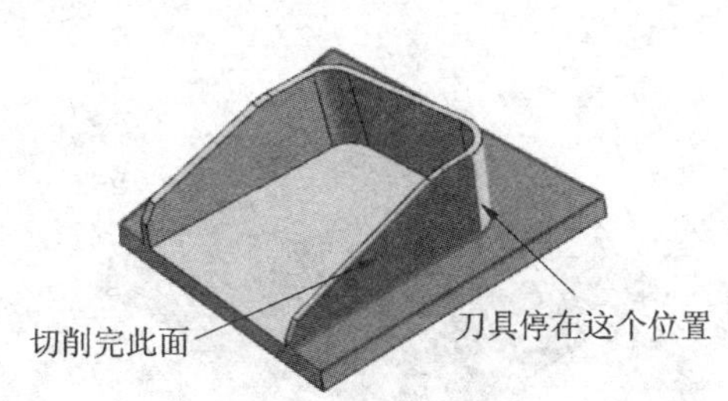

图 6-49　检查曲面

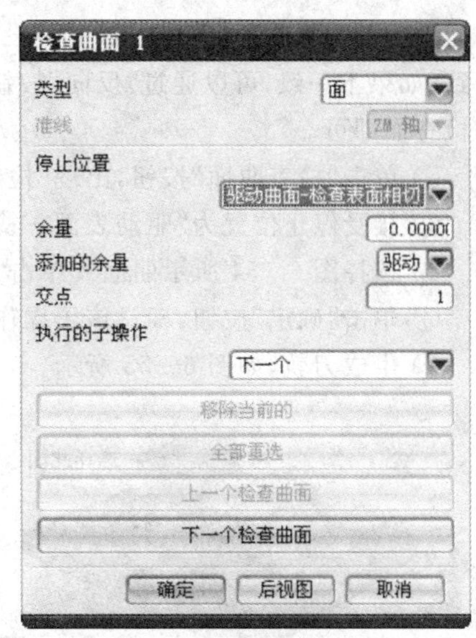

图 6-50　检查曲面参数设置

⑤ 选择图 6-51 所示的圆弧面，出现定义第二检查面对话框，单击“确定”按钮，返回“连续刀轨运动”对话框。

⑥ 单击“确定”按钮，确认该子操作，生成刀位轨迹，如图 6-52 所示。如提示刀轨方向有误，可单击“反向”按钮，重新生成轨迹即可。

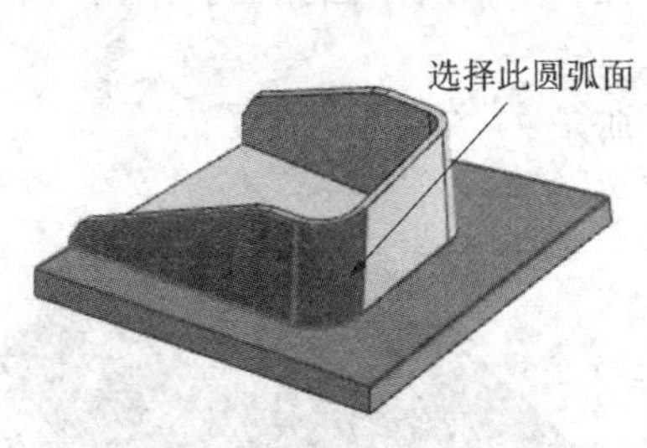

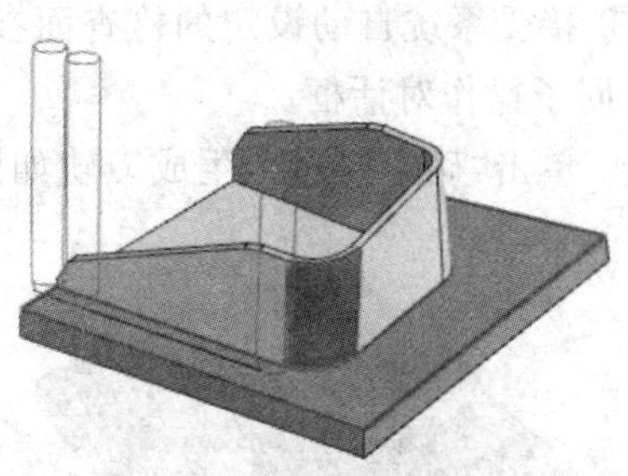

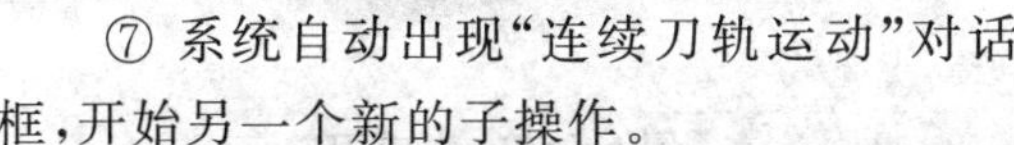

图 6-51　第二检查曲面　　　　图 6-52　生成刀位轨迹

⑦ 系统自动出现“连续刀轨运动”对话框，开始另一个新的子操作。

(5) 定义连续刀轨运动

在这个子操作中，需使刀轨沿图 6-53 所示圆弧面运动，停止在圆弧面的末端，完成圆弧面切削。

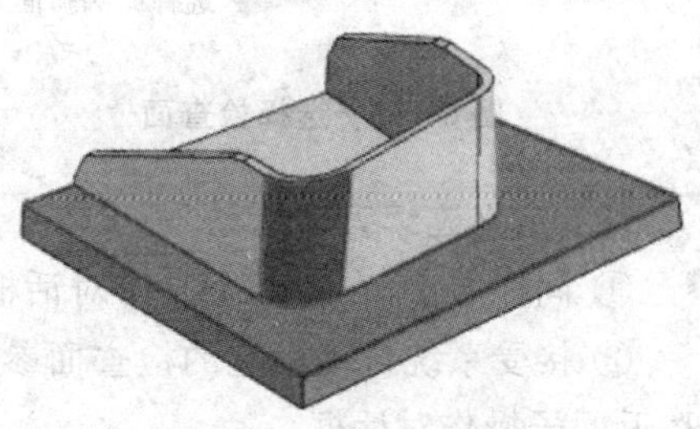

图 6-53　圆弧面切削

在新的子操作运动对话框中，系统同样自动将驱动面设为上一操作的驱动面，将零件面设为上一操作的零件面，接受该设置。同时，刀具运动方向也与用户期望的方向一致（如果不一致，可以通过“反向”按钮设置）。因此，新的子操作运动只需要定义新的检查面即可。

① 单击“检查曲面”按钮，出现“检查曲面”对话框。

② 接受停止位置为“驱动表面—检查表面相切”，余量为 0。

③ 选择图 6－54 所示曲面。单击“确定”按钮，返回“连续刀轨运动”对话框。

④ 单击“确定”按钮，确认该子操作。

⑤ 生成刀轨，如图 6－55 所示。

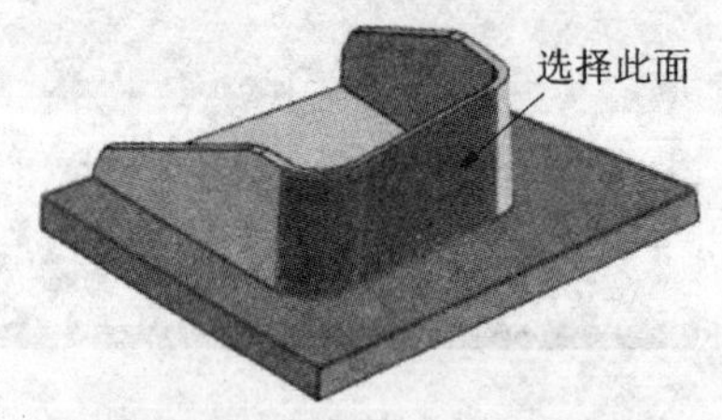

图 6－54　选择检查曲面

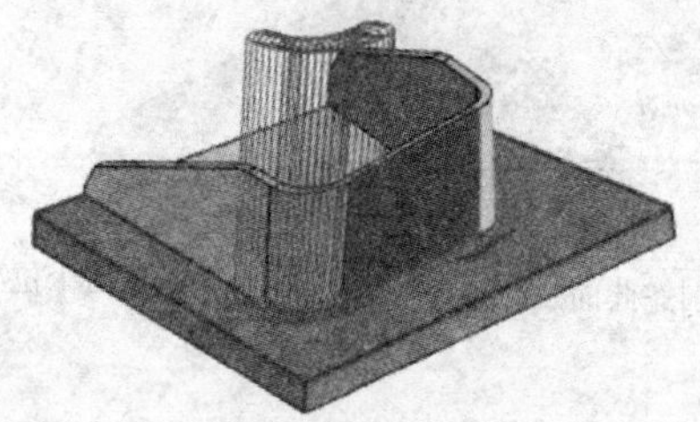

图 6－55　生成刀轨

(6) 定义连续刀轨运动

① 在新的子操作对话框中，单击“检查曲面”按钮。

② 将刀具停止位置设为“驱动表面—检查表面相切”，余量设为“0”。

③ 接受系统自动设定的检查面参数，选择图 6－56 所示圆弧面。单击“确定”按钮，返回子操作对话框。

④ 单击“确定”按钮，生成刀轨如图 6－57 所示。

图 6－56　选择检查面

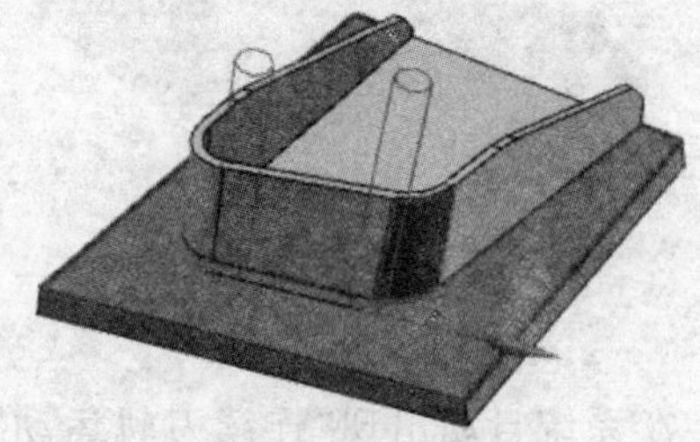

图 6－57　生成刀轨

(7) 定义连续刀轨运动

① 同样方法，在新的子操作对话框中，单击“检查曲面”按钮。

② 接受系统自动设定的检查面参数，选择图 6－58 所示圆弧面。单击“确定”按钮，返回子操作对话框。

③ 单击“确定”按钮，生成刀轨如图 6－59 所示。

现在，零件只剩最后一处曲面未被切削。需使刀具完整切削此处曲面，且刀具最后切出曲面，即刀具应停止在零件端面之外，以使刀轨连续、光顺。

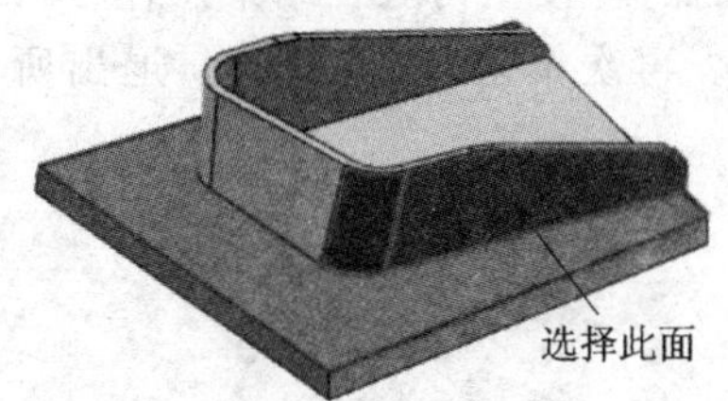

图 6-58　选择检查曲面

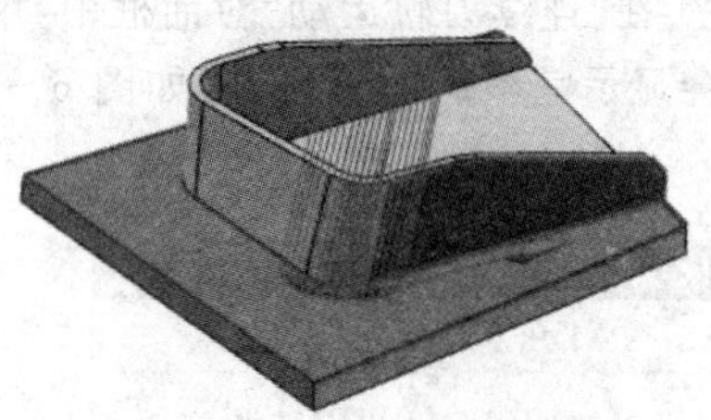

图 6-59　生成刀轨

(8) 定义连续刀轨运动

① 不必修改其他参数，单击"检查曲面"按钮。

② 将刀具停止位置设为"远端侧"，余量设为"2"，如图 6-60 所示。

③ 选择图 6-61 所示端面。单击"确定"按钮，返回子操作对话框。

④ 单击"确定"按钮，生成刀轨如图 6-62 所示。刀具完整切削曲面，且停止在曲面之外。现在，曲面已切削完成，刀具可以转为退刀。

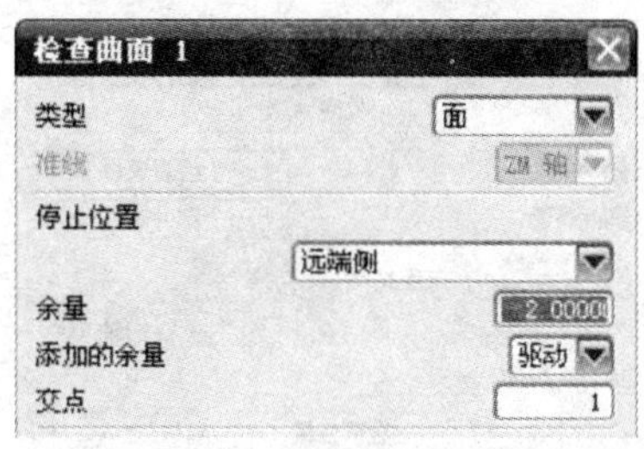

图 6-60　刀具停止位置设置

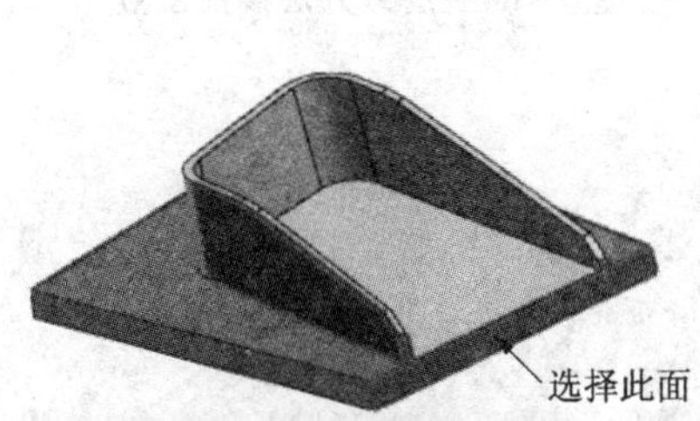

图 6-61　选择检查曲面

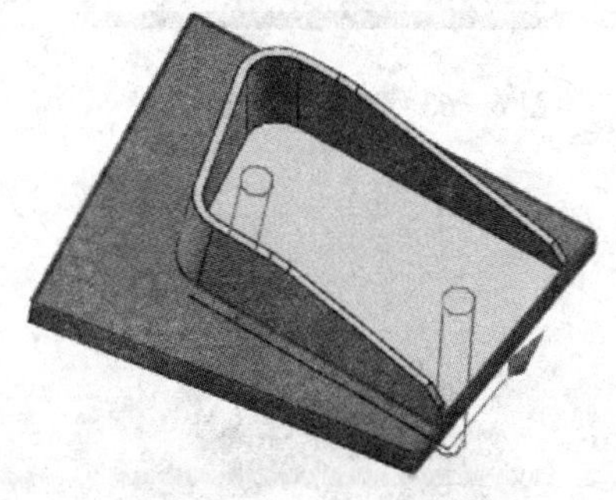

图 6-62　生成刀轨

(9) 定义退刀子操作

① 在新的子操作对话框顶部，将子操作类型改为"退刀运动"，如图 6-63 所示。

② 在子操作对话框中单击"退刀方法"按钮，出现"退刀方式"对话框。

③ 将退刀方法设为"刀轴"，如图 6-64 所示。由于刀具已经完全运动出零件，因此可以直接沿刀轴退刀。

④ 单击"确定"按钮，返回"退刀运动"对话框。

⑤ 单击“确定”按钮，确认退刀操作。

⑥ 生成刀位轨迹如图 6-65 所示。

⑦ 在“连续刀轨运动”对话框中，单击“结束操作”按钮，弹出“结束操作”对话框，并且会显示完整的加工轨迹，如图 6-66 所示。再次单击“确定”按钮，退出所有对话框。

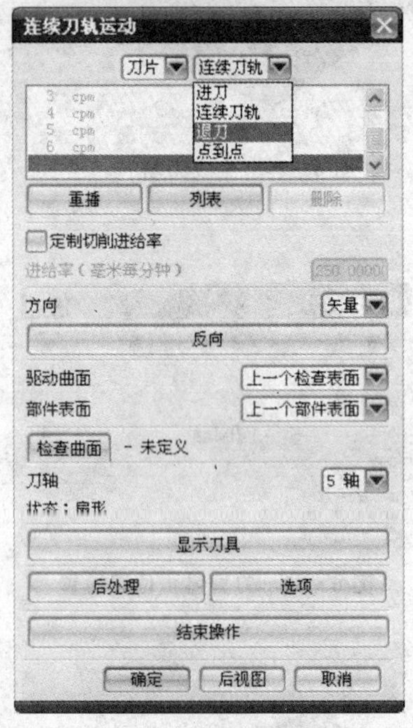

图 6-63 选择退刀运动

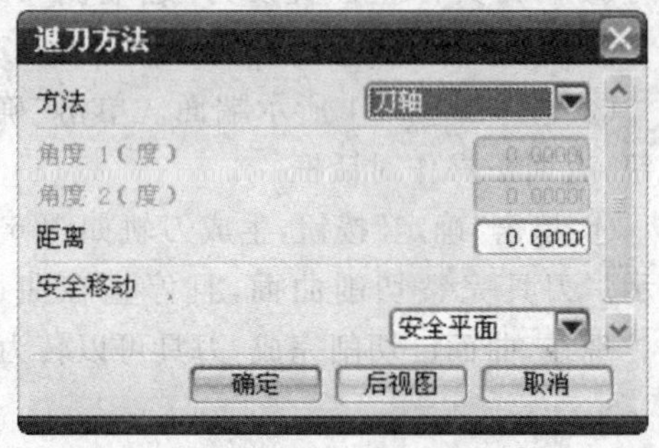

图 6-64 退刀方法参数设置

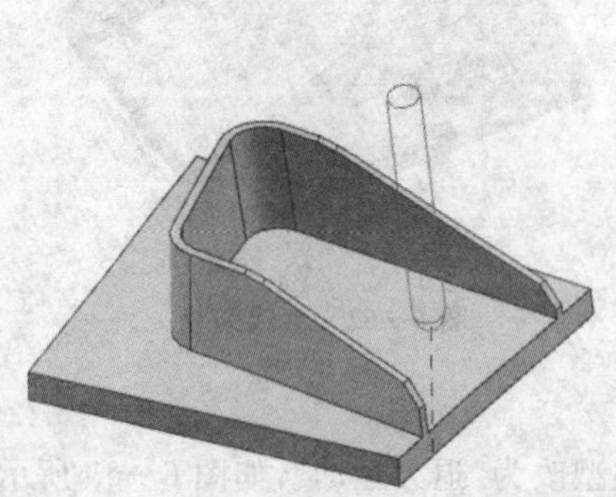

图 6-65 生成刀轨

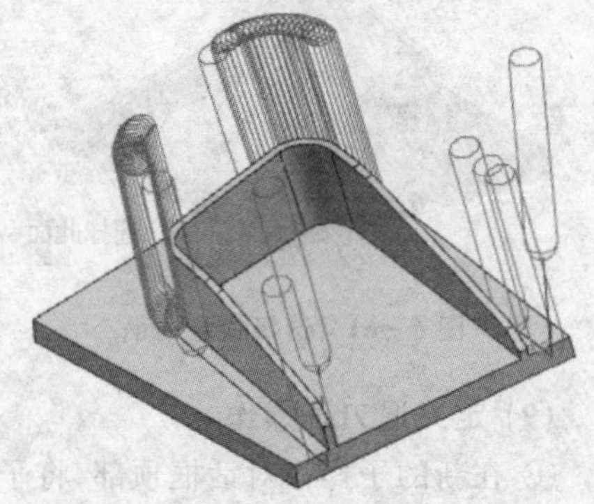

图 6-66 完整加工轨迹

(10) 切削仿真

① 在工序导航器中选择操作 SEQUENTIAL_MILL 并右击，在弹出的右键快

捷菜单中选择“刀轨”→“确认”选项，弹出“刀轨可视化”对话框。

② 在对话框中选择“2D 动态”按钮，单击“播放”按钮▶。

③ 系统自动弹出警告对话框，提示需要毛坯几何体，单击警告对话框中的“OK”按钮，会弹出“毛坯几何体”对话框，在“类型”中选择“部件的偏置”选项，激活部件的偏置选项，在“偏置”中输入 0，如图 6-67 所示。

④ 单击“确定”按钮，开始仿真切削。仿真结果如图 6-68 所示。此时发生明显的过切现象。需要对该刀位轨迹进行调整。

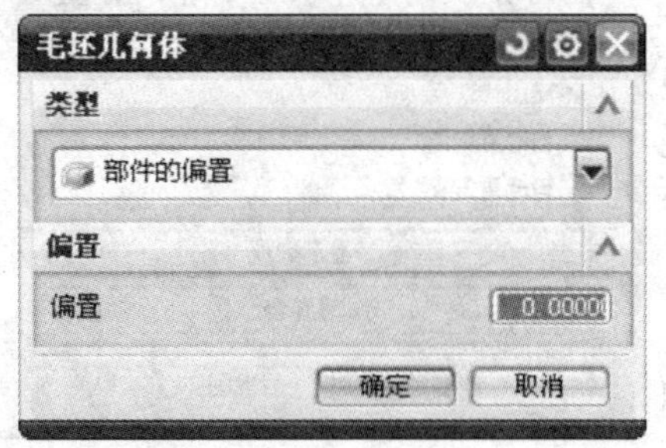

图 6-67　临时毛坯定义

图 6-68　仿真结果过切

(11) 调整刀位轨迹

① 在操作导航器中双击操作 SEQUENTIAL_MILL，弹出“顺序铣”的会话框。

② 单击“确定”按钮，弹出“连续刀轨运动”对话框。

③ 在子操作列表中双击子操作 4 cpm（按照运动先后顺序应为：进刀、切直边、切圆弧、切直边、切圆弧、切直边、退刀，观察过切位置，应发生在第二个直边位置，因此是 4 cpm），如图 6-69 所示。该子操作即为发生过切处。

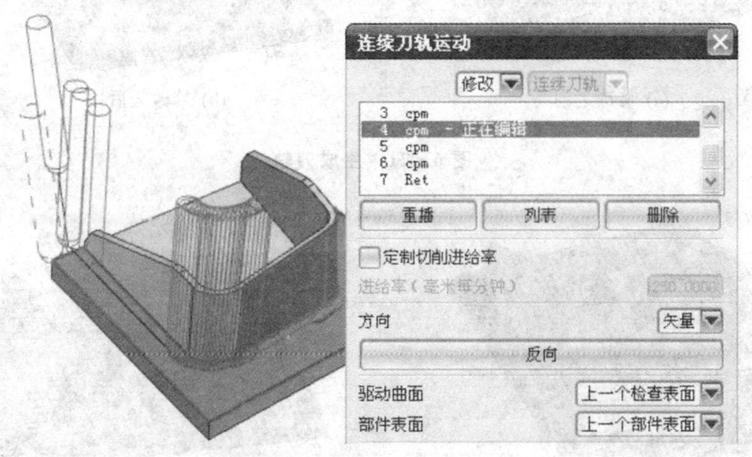

图 6-69　激活 4cpm 子操作

④ 在该对话框中单击“选项”按钮，弹出“其他选项”对话框。

⑤ 将最大步长值改为“5”，如图 6－70 所示。单击“确定”按钮返回子操作对话框。

⑥ 单击“确定”按钮，确认对子操作 4 cpm的修改。生成刀轨如图 6－71(b)所示，对比修改之前的刀具轨迹，可以发现刀轨增加了很多过渡，变得更平滑。

⑦ 系统进入子操作 5 cpm，单击“结束操作”按钮，结束操作修改。

⑧ 单击“生成刀轨”按钮，系统重新自动生成刀轨，单击“确定”按钮，退出顺序铣操作。

其他选项
定制表面公差
内公差 0.0300
外公差 0.0300
定制刀轴公差
角度(度) 0.1000
定制拐角控制
编辑参数
最大步长 5.0000
最多的点 400
输出 CL 点
自动重定位
自动重定义
显示选项
环控制
确定 后视图 取消

图 6－70 “其他选项”对话框

(12) 动态仿真

按照第(10)步操作方式重新进行仿真。仿真结果如图 6－72 所示，过切明显得到改善。

(13) 继续调整刀位轨迹

按照第(11)步操作方式，将子操作 4 cpm 的最大步长值改为“1”。生成刀位轨迹如图 6－73 所示。仿真切削如图 6－74 所示，过切基本没有发生。

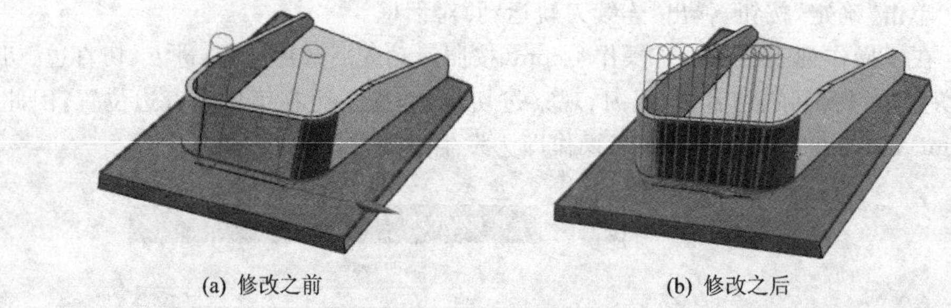

(a) 修改之前　　(b) 修改之后

图 6－71 生成刀轨

图 6－72 仿真结果

图 6－73 生成刀轨

图 6-74　仿真结果

本章小结

本章详细介绍了 UG UX 8.0 的多轴加工操作过程、多轴加工的加工特点和加工几何体的设置。通过本章的学习,可使读者基本掌握 UG 多轴加工的操作步骤和创建过程。

第7章　UG后处理

本章导读

不同机床的控制系统是不同的，所使用的NC程序代码和模式也是不同的。因此，操作中的数据必须经过后处理转换成特定机床控制系统能够接受的特定模式的NC程序。

UG NX提供了图形处理模块GPM和UGPOST两种处理方式。UGPOST学习和使用相对简单，因此主要介绍UGPOST的操作方法。

7.1　后处理器的启动与参数初始设置

7.1.1　启动后处理构造器

① 在电脑的程序菜单中找到“Siemens NX 8.0”，并在其级联菜单中选择“加工”→“后处理构造器”选项，如图7-1所示，打开后处理构造器。

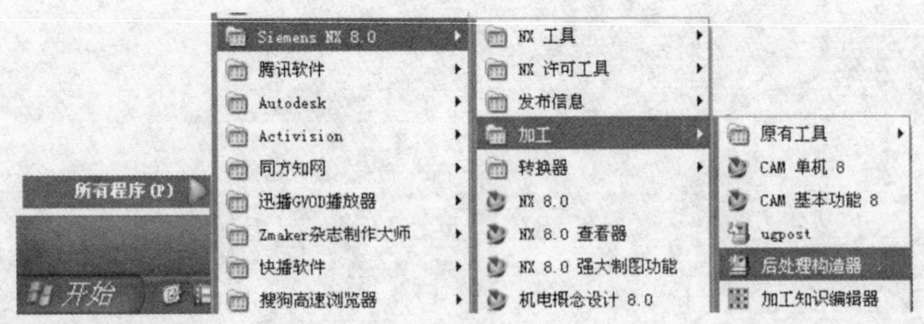

图7-1　选择“后处理构造器”

② 在打开的后处理构造器中，通过“New”按钮或“Open”按钮，可以重新创建或打开一个后处理文件(.pui)，如图7-2所示。

③ 单击“New”按钮，弹出“创建新后处理文件”对话框，如图7-3所示。该对话框中主要选项的介绍如下所述。

- Post Name：后处理名，用户可以更改，将以该名称命名后处理文件。
- Deseription：新建的后处理的说明部分，即可在其输入文本框中输入该后处

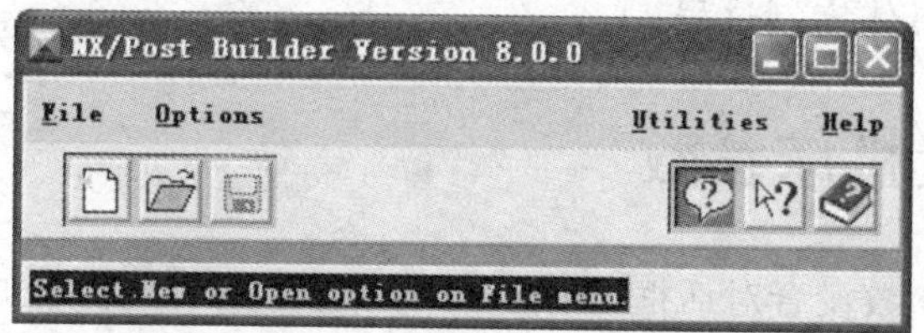

图 7-2　“新建”/“打开”按钮

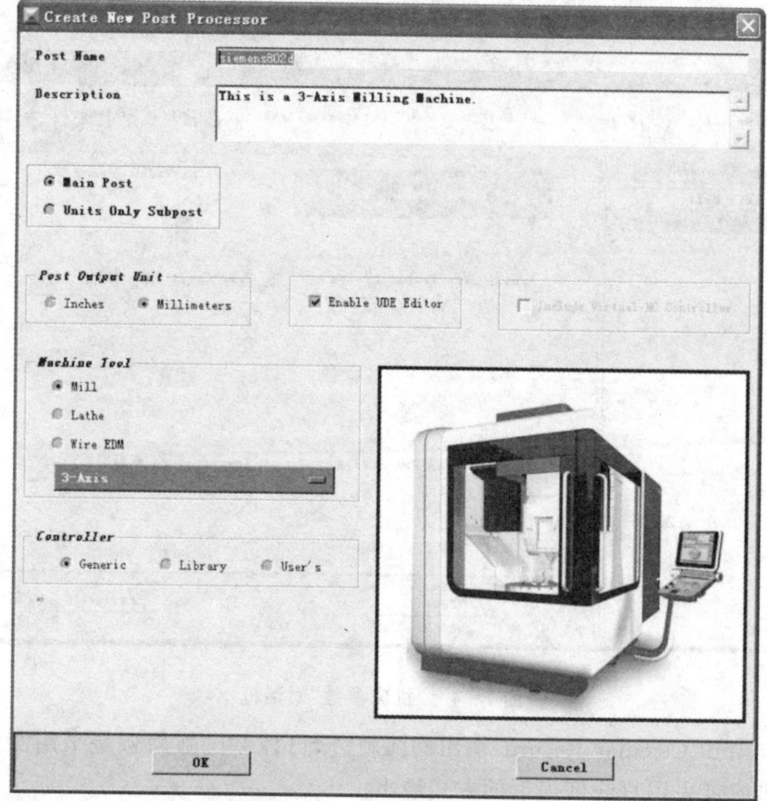

图 7-3　“新建后处理”对话框

理的一些注释说明文字，只能以英文输入。

- Post Output Unit：单位的选择（Inches：英制单位；Millimeters：米制单位）。
- Machine Tool：选择机床（Mill：铣床；Lathe：车床；Wire EDM：线切割机床）。
- Contreller：控制系统选择。

一般情况，在这个对话框中，只需要根据实际情况指定后处理名称（Post Name）、选择单位（Post Output Unit）、指定机床类型（Machine Tool）即可。设置完毕，单击“OK”按钮，进入下一对话框。

不同数控系统的程序格式不完全相同，下面以 SIEMENS802D 铣床数控系统为例，介绍后处理的具体定制过程。

7.1.2 设置机床参数

① 进入机床参数设置对话框，如图 7－4 所示。在该对话框中可以设置机床的行程、参考点坐标、机床分辨率以及最大快移速度等参数。其中只有机床最大进给速度(Traversal Feed Rate)会影响 NC 程序在机床上的使用，因此其余参数可不必设置。

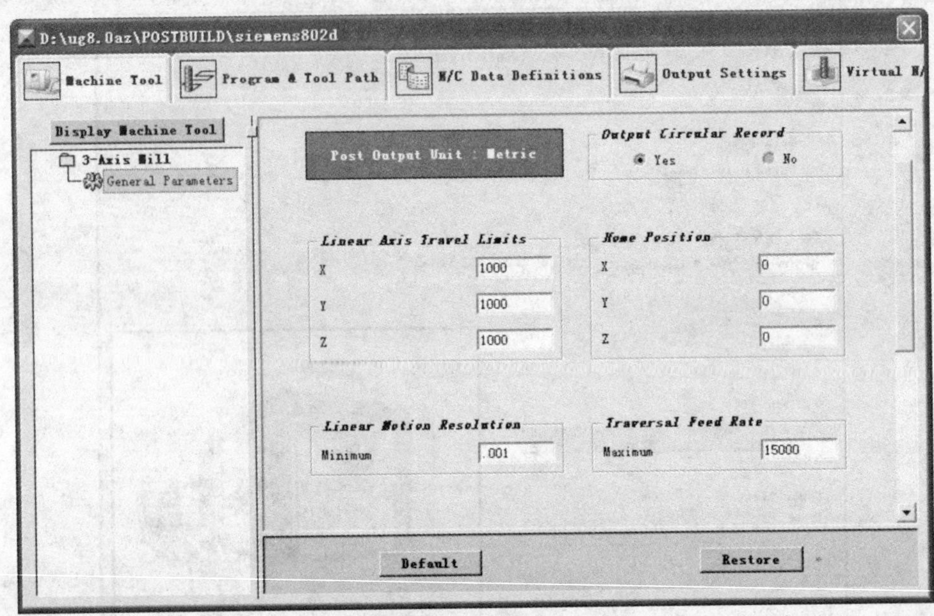

图 7－4 “机床参数”对话框

- Output Cireular Record：输出圆弧轨迹，可控制圆弧轨迹是采用圆弧指令输出或者采用直线度逼近的方式输出。
- Linear Axis Travel Limits：直线轴行程极限。
- Home Postion：机床参考点位置。
- Liner Motion Resolution：线性移动最小分辨率。
- Traversal Feed Rate：机床最大进给速度。

② 根据机床设置机床参数，该对话框中只有“机床最大进给速度”一定要设置(根据机床需要，设置的参数大于常用进给速度即可，如某机床常用加工进给速度为 2 500 mm/min，则将 Traversal Feed Rate 设置为 3000 即可)，否则生成程序中的进给速度有可能会发生错误。其他参数可以默认。

7.2　程序结构的修改

7.2.1　定义程序头和程序尾

程序头一般起程序传输的引导作用，要求输出系统指定的引导指令，才能将程序传入数控系统中。SIEMENS802D 数控系统要求的引导指令为：%_N_＊＊＊_MPF。其中"＊＊＊"为该程序的程序名。

① 删除原有的程序头，选择"Program & Tool Path"选项卡，再单击下一级的 Program 选项卡，如图 7－5 所示。用鼠标左键按住[图标]项，拖曳到[图标]图标位置，松开左键，将其扔进回收站。

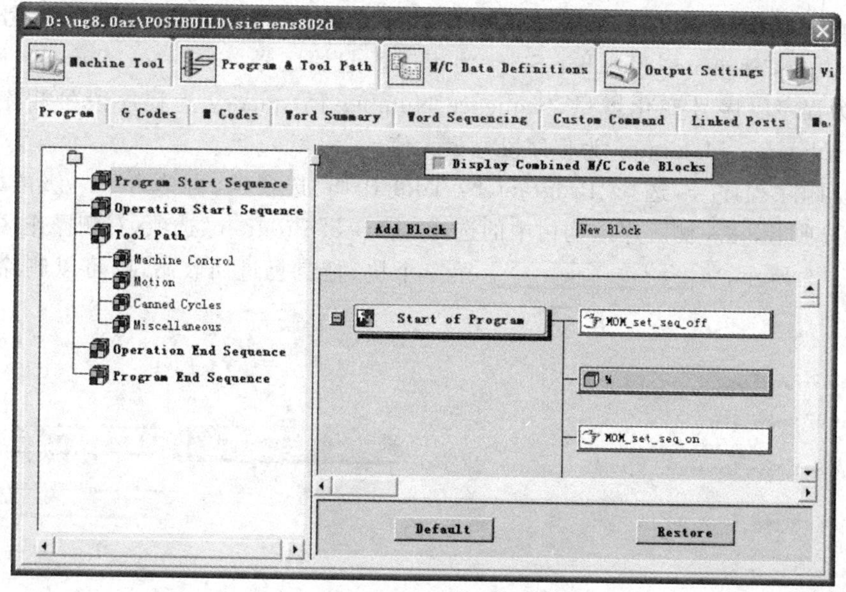

图 7－5　程序头的定制

② 添加新的程序头，单击[图标]按钮，选择下拉列表中的"Custom Command"选项，然后用鼠标左键按住 **Add Block** 按钮，拖曳到第一个与第二个块之间，如图 7－6 所示，并在弹出的文本框中输入如下程序：

```
global mom_output_file_basename
MOM_output_literal "%_N_$mom_output_file_basename\_MPF"
```

单击文本框中的"OK"按钮，程序头修改完成。

③ 删除程序尾，选择"Program"选项卡中左侧程序结构树中的"Program End

Sequence”选项，则右侧的窗口显示如图 7－7 所示。将[图标]拖曳扔进回收站，则程序尾修改完成。

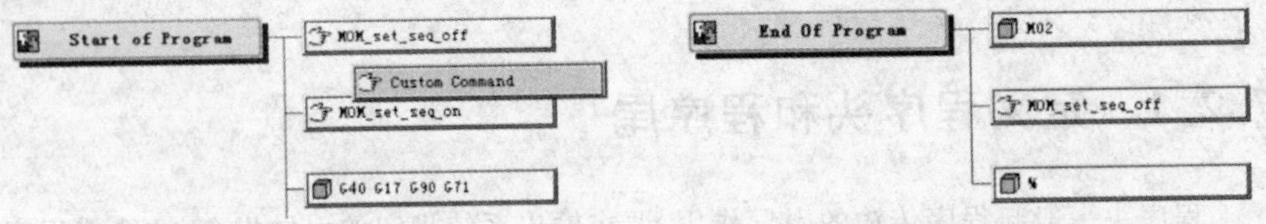

图 7－6 添加程序头　　　　图 7－7 程序结束参数

7.2.2 修改/删除程序段号

① 修改程序段号，选择“N/C Data Definitions”选项卡，在下级选项卡中选择“Other Data Elements”选项卡，如图 7－8 所示参数界面，即为修改程序段序号的参数项。其中，Sequence Number Start 为程序段起始序号，Sequence Number Increment 为程序段序号变化增量，Sequence Number Frequency 为程序段号频率，Sequence Number Maximum 为程序段号最大值。

② 删除程序号，选择“Program & Tool Path”选项卡，再单击下一级的“Program”选项卡，在左侧程序结构树中的选择“Start of Program”选项，右侧操作区显示如图 7－9 所示，将[MOM_set_seq_on](第三个块)拖曳扔进回收站，则可以删除程序段号。

图 7－8 程序段号参数　　　　图 7－9 程序段显示

7.2.3 删除程序中非法指令

程序当中如果有不适合机床数控系统的非法指令，需要删除这些指令，下面以删除“T　M06”为例说明删除过程。

选择“Program & Tool Path”选项卡，再单击下一级的“Program”选项卡，在左侧程序结构树中选择“Operation Start Sequence”选项，在右侧的操作区内找到

T M06,用鼠标左键按住 T M06 块,将其拖拽扔进回收站,则":T00 M06"程序段被删除。

删除其他指令操作与上述步骤相同。

7.2.4 在程序中增加指令

有些指令需要用户自行添加,下面以添加"G54 G64"指令为例,说明添加过程。

选择"Program & Tool Path"选项卡,再单击下一级的"Program"选项卡,在左侧程序结构树中选择"Start of Program"选项,如图7-9所示选择选项卡,单击⬇按钮,选择下拉列表中的"New Block"项,然后用鼠标左键按住 **Add Block** 按钮,并拖曳到 G40 G17 G90 G71 块下面,松开左键,弹出如图7-10所示的对话框。选择该对话框中的⬇按钮,在下拉列表中选择"Text"选项,然后将 **Add Word** 按钮用鼠标左键拖放到对话框中绿色竖线的位置,松开鼠标,弹出"Text Entry"文本框,在文本框中输入"G54 G64",依次单击"OK"按钮,完成指令添加。

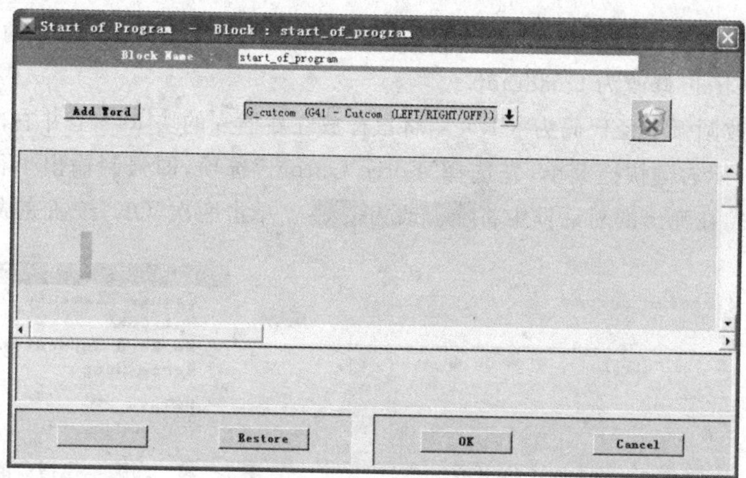

图7-10 指令输入

7.2.5 修改I、J、K为半径编程

在有些数控系统中,对于通用后处理中默认的I\J\K编程格式常会出现错误报警,通常我们可以将其修改成圆弧编程的格式。下面以SIEMENS802D系统为例,说明其修改过程。SIEMENS802D的圆弧编程半径输出代码为"CR="。

① 选择"Program & Tool Path"选项卡,再单击下一级的"Program"选项卡,在左侧程序结构树中选择"Motion"选项,右侧的操作区变成如图7-11所示。选择

Circular Move 按钮，弹出“Circular Move”对话框。

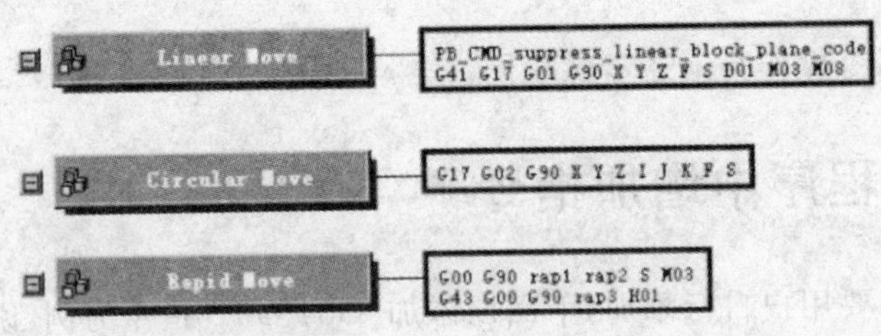

图 7-11　Motion 对应的参数

② 将对话框中的 I J K 几个代码全部扔进回收站，然后单击按钮，在下拉列表中选择“R”-“Arc Radius”，然后将 Add Word 按钮用鼠标左键拖放到原来放置 I、J、K 代码的位置，效果如图 7-12 所示。

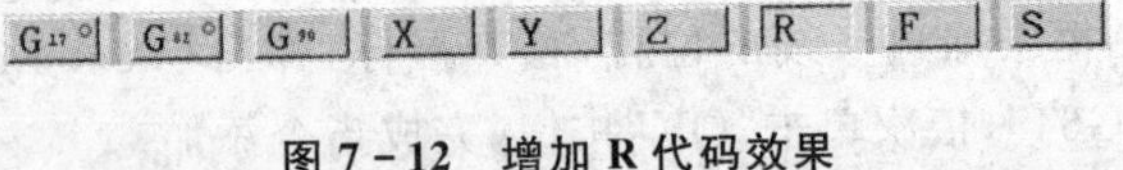

图 7-12　增加 R 代码效果

③ 将圆弧输出由整圆改为四分之一圆弧，如图 7-13 所示，将圆弧的输出由默认的 Full Circle 修改为 Quadrant。

④ 修改圆弧半径代码为“CR=”，将鼠标放在新插入的块 R 上并右击，弹出如图 7-14 所示右键快捷菜单，先选择“Force Output”选项，即强制输出半径指令；再选择“Edit”，在弹出的对话框中将 R 改为 CR= 。单击两次“OK”按钮完成设置。

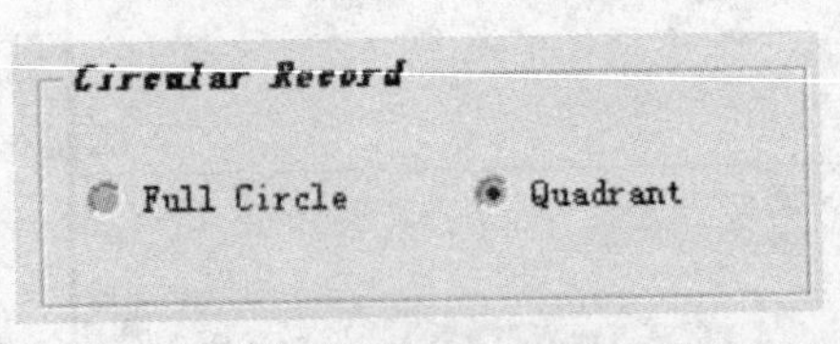

图 7-13　圆弧输出控制

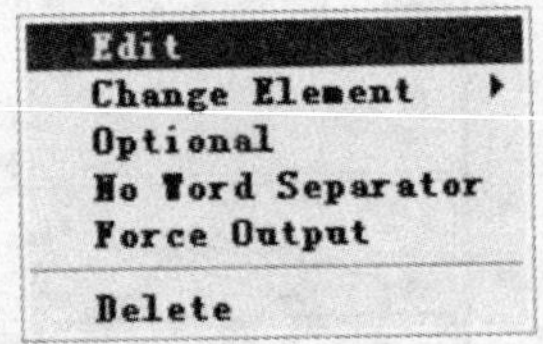

图 7-14　圆弧半径指令的修改

7.3　后处理的保存与调用

完成后处理的修改以后，需要将其保存，以便于编程时调用，保存与调用通常有两种方式。

(1) 采用系统指定路径保存

① 保存后处理文件：单击左上角的“Save”按钮，弹出“保存”对话框，在“保存在”下拉选项中找到“postprocessor”文件夹(因为用户安装的路径各不相同，因此无法明确指定该路径，用户可借助收索工具找到该文件夹)，将后处理文件保存到该路

径下。

② 修改配置文件：打开“我的电脑”找到“postprocessor”文件夹，在该文件夹中找到“template_post.dat”文件，双击将其用记事本方式打开。

③ 在第二行“＃＃＃＃＃＃＃...＃＃＃＃”下边的任意行输入以下内容：* * *,${UGII_CAM_POST_DIR} * * *.tcl, ${UGII_CAM_POST_DIR} * * *.def(其中 * * * 表示后处理名称，该名称要与后处理保存时的名称一致)。

④ 在 UG 的“操作”工具条中单击“后处理”按钮，将弹出如图 7-15 所示的“后处理”对话框，在对话框的“后处理器”列表中找到自己新建的后处理名称，单击“确定”按钮，即可生成加工代码。

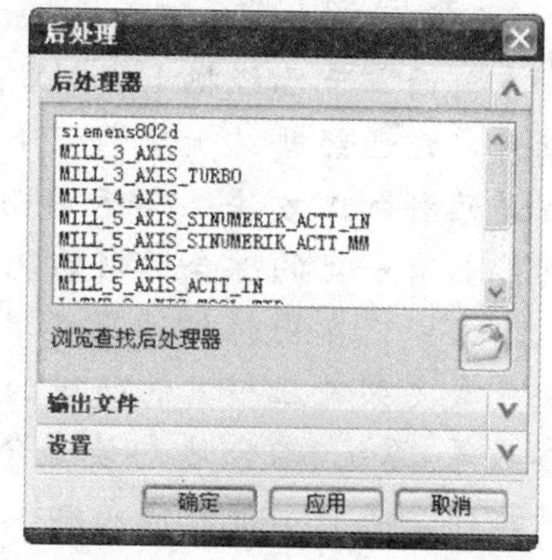

图 7-15　“后处理”对话框

(2) 采用用户自定义路径保存

① 保存后处理文件：单击左上角的“Save”按钮，弹出“保存”对话框，用户可自行指定一个保存路径。

② 在 UG 的操作工具条中单击“后处理”按钮，将弹出如图 7-15 所示的“后处理”对话框(由于没有做配置文件，因此在“后处理器”列表中无法找到新建的后处理)，在对话框中单击“浏览查找后处理器”按钮，在弹出的“打开后处理器”对话框中，找到刚刚保存的后处理文件，单击“OK”按钮，单击“确定”按钮，即可生成加工代码。

本章小结

本章详细介绍了 UG NX 8.0 后处理器的创建、修改及使用等内容，并以西门子数控系统为例，说明了一般数控机床后处理器的制定过程。通过本章的学习，可使读者基本掌握 UG 一般后处理器的创建、修改及应用。

第 8 章　UG CAM 应用案例

本章导读

在前面章节已经把 UG NX 8.0 的铣削功能分别做了系统的介绍，至此读者应该已经熟练地掌握了各种加工方法。在实际加工中，一个零件往往是几种加工方法综合运用而加工出来的，这就要求编程人员对于各种功能具有一定的综合运用的能力。

本章以汽车内饰件冲压模具的凹模、仪表盘注塑模具的凸模及汽车安全气囊支架冲压模具的凸模加工为例，结合实际生产中的工艺方案、加工参数等，系统、综合地向读者介绍各种加工功能的运用，读者在学习中要仔细体会各种功能在满足加工工艺要求前提下的灵活运用。

8.1　综合案例一：汽车内饰件冲压模具的凹模

(1) 打开文件

打开本书光盘中的文件“X:\8\8.1.prt”，确定加工方案。

该零件为汽车内饰件的压型模具的凹模，材料为 Cr12，硬度约为 HB220。零件如图 8-1 所示，其中间两条筋在铣削加工之后，要用线切割机床切下来，用来顶出料片凹槽两侧平面为非成型面，可不用进行精加工。模型中有 2 个 ϕ10D 的孔需要加工，已经用片体补好，并且需要加工刻字标记。

毛坯几何体已经建好，并在第 2 层中显示模型与毛坯几何体，如图 8-2 所示。

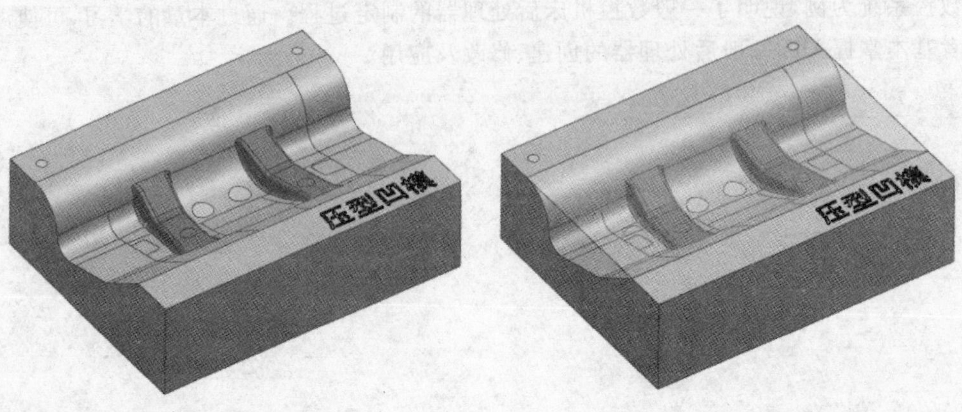

图 8-1　零件模型　　**图 8-2　零件与毛坯模型**

加工方案如下(分别如表 8－1 和表 8－2 所列)。

- 粗加工:选用较大直径镶片式 R 角铣刀,分层铣削;采用小直径圆角铣刀去除狭窄位置的大余量;型面留余量 0.5 mm。
- 半精加工:选用球头铣刀,整体去余量、半清根,型面留余量 0.2 mm。
- 精加工:选用整体式球头刀,精加工型面、清根。

表 8－1　工艺方案表一

序　号	方　法	程序名	刀具名称	刀具直径	R 角	锥　角	刃　长	刀　长	余　量
1	粗加工	ROU_1	EM32_R6	32	64	0	6	250	0.5
2	粗加工	ROU_2	EM12	12	0.8	0	25	120	0.5
3	半精加工	SEMI_F_1	BM16	16	8	0	60	160	0.2
4	半精加工	SEMI_F_2	BM6	6	3	0	25	65	0.2
5	精加工	FINISH_1	BM16	16	8	0	60	160	0
6	精加工	FINISH_2	BM6	6	3	0	20	150	0
7	钻孔加工	FINISH_3	ZT3	3	0	0	5	50	0
8	钻孔加工	FINISH_4	ZT10	10	0	0	150	200	0
9	精加工	FINISH_5	KD3	0.2	0.1	20	5	10	0

表 8－2　工艺方案表二

序　号	方　法	程序名	操作方式	说　明
1	粗加工	ROU_1	型腔铣	去除大余量
2	粗加工	ROU_2	型腔铣	去除局部余量
3	半精加工	SEMI_F_1	固定轮廓铣	曲面半精加工
4	半精加工	SEMI_F_2	清根	去除根部余量
5	精加工	FINISH_1	固定轴轮廓铣	曲面精加工
6	精加工	FINISH_2	清根	根部精加工
7	钻孔加工	FINISH 3	钻削加工	钻定心孔
8	钻孔加工	FINISH_4	钻削加工	钻孔
9	精加工	FINISH_5	固定轮廓铣	刻字

(2) 设置加工方法

① 进入加工环境,在“加工环境”对话框中选择模板“mill_contour”,单击“确定”按钮,进入加工。

② 在“导航器”工具条中单击“加工方法视图”按钮,将工序导航器设为加工方法视图。

③ 双击导航器中的“MILL_ROUGH”，弹出“铣削方法”对话框，在“部件余量”文本框中输入“0.5”，表示粗加工时侧壁留余量 0.5 mm。单击“确定”按钮退出对话框。

④ 双击导航器中的“MILL_SEMI_FINISH”，弹出“铣削方法”对话框，在“部件余量”文本框中输入“0.2”，表示半精加工时侧壁留余量 0.2 mm。单击“确定”按钮退出对话框。

⑤ 双击导航器中的 MILL_FINISH，弹出“铣削方法”对话框，在“部件余量”文本框中输入“0”。单击“确定”按钮退出对话框。

(3) 设置坐标系、安全平面

① 在导航器工具条中单击“几何视图”按钮，将工序导航器设为几何体。

② 将第 2 层设为可选。显示毛坯几何体。

③ 在“操作”导航器栏双击 MCS_MILL，弹出“MILL_ORIENT”对话框。

④ 在“MILL_ORIENT”对话框中单击“CSYS 对话框”按钮，弹出“CSYS”对话框，在该对话框的“类型”中选中 对象的 CSYS，鼠标点选毛坯的上表面，则加工坐标系建立在上表面中心。单击“确定”按钮，返回“MILL_ORIENT”对话框。

⑤ 在“安全设置”选项中选择“平面”，单击“平面对话框”按钮，弹出“平面”对话框，选择毛坯上表面，在“偏置距离”文本框中输入“5”(注意箭头方向，要保证偏置以后的平面毛坯表面以上)，单击“确定”按钮返回“MILL_ORIENT”对话框，完成安全平面设置。

⑥ 单击“确定”按钮，退出“MILL_ORIENT”对话框，完成加工坐标系与安全的设置。

(4) 建立刀具

① 在“刀片”工具条中单击“创建刀具”按钮，弹出“创建刀具”对话框。

② 在“刀具子类型”选项组中选择项，在“名称”文本框中输入铣刀名“EM32_R6”，如图 8-3 所示，单击“确定”按钮；在弹出的“铣刀-5 参数”对话框中，输入铣刀参数：D=32mm，R=6，L=250，FL=6，如图 8-4 所示。

③ 采用同样方法，按表 8-1 所列建立其余铣刀。

(5) 建立加工几何体

① 单击“创建几何体”按钮，弹出“创建几何体”对话框，如图 8-5 所示。在“类型”选项组中选择“mill_contour”，在“几何体子类型”选项组中选择“WORKPIECE”，在“几何体”选组中选择 MCS_MILL，单击“确定”按钮，弹出“工件”对话框。

② 在“工件”对话框中单击“选择或编辑部件几何体”按钮，如图 8-6 所示，弹出“部件几何体”对话框。

③ 选择零件(注意选择部件时，要把中间的 2 个筋以及 4 个补片体一并选中，可以通过选择过滤器选择帮助片体)，单击“确定”按钮，回到“工件”对话框。

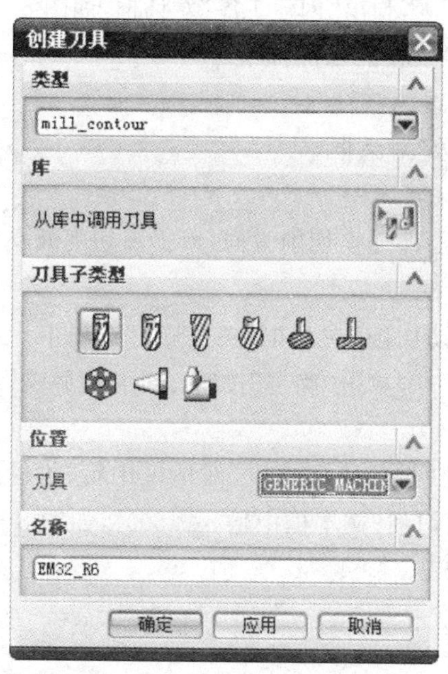

图 8-3　“创建刀具”对话框

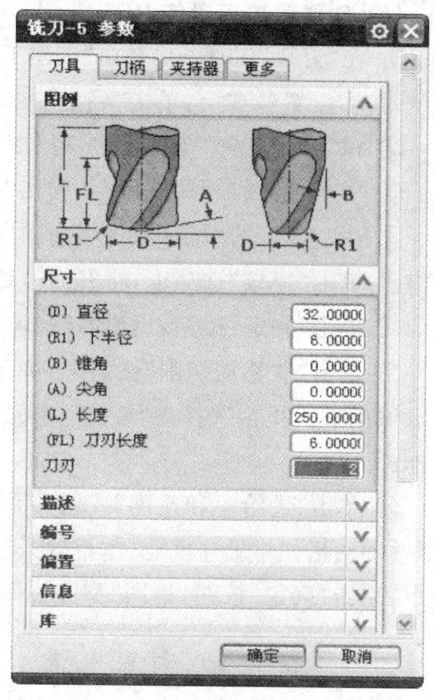

图 8-4　“铣刀-5 参数”对话框

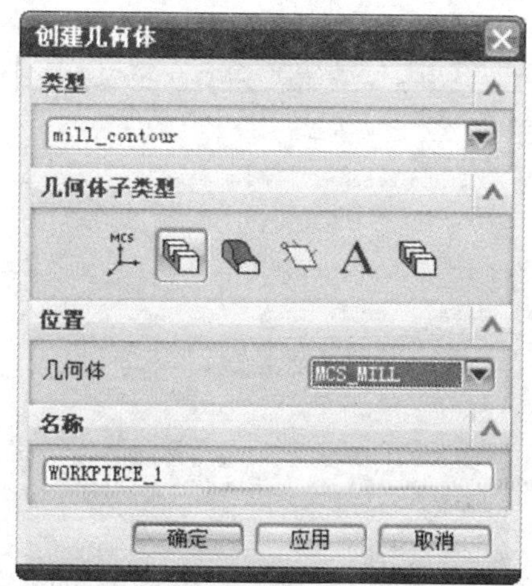

图 8-5　“创建几何体”对话框

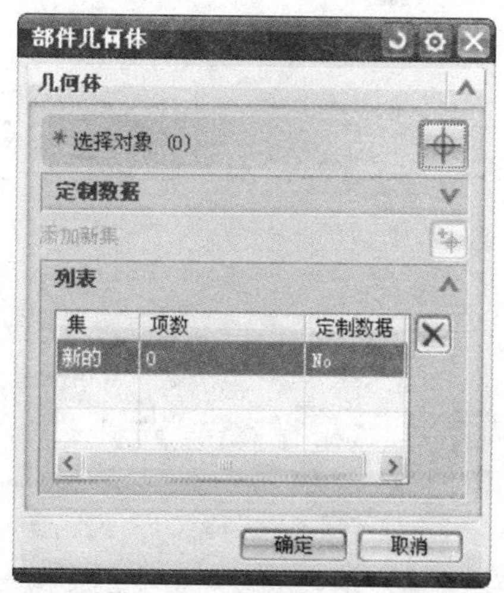

图 8-6　“部件几何体”对话框

④ 单击“选择或编辑毛坯几何体”按钮，弹出“毛坯几何体”对话框，选择毛坯，单击“确定”按钮，回到“工件”对话框。

⑤ 单击“确定”按钮，结束加工几何建立。

(6) 创建粗加工操作 ROU_1

① 在“刀片”工具条中单击“创建工序”按钮，弹出“创建工序”对话框，如图 8-7 所示；按图设置各选项，单击“确定”按钮，弹出“型腔铣”对话框。

② 在“刀轨设置”选项组中，将“最大距离”改为“0.3”。

③ 单击“切削参数”按钮，弹出“切削参数”对话框。

④ 在“策略”选项卡中，将切削顺序改为“深度优先”，

⑤ 单击“连接”选项卡，将开放刀路改为，即变换切削方向，以提高切削效率。

⑥ 单击“确定”按钮，退出“切削参数”对话框。

⑦ 单击“非移动切削”按钮，弹出“非移动切削”对话框，在“进刀”选项卡中封闭区域的进刀类型选择为“螺旋”，斜坡角改为“3”，单击“确定”按钮，返回“型腔铣”对话框。

⑧ 单击“进给率和速度”按钮，在弹出的“进给率和速度”对话框中将“主轴速度”选项激活，“主轴速度”文本框输入“1500”，“切削”文本框中输入“1500”，如图 8-8 所示，单击“确定”按钮，返回“型腔铣”对话框。

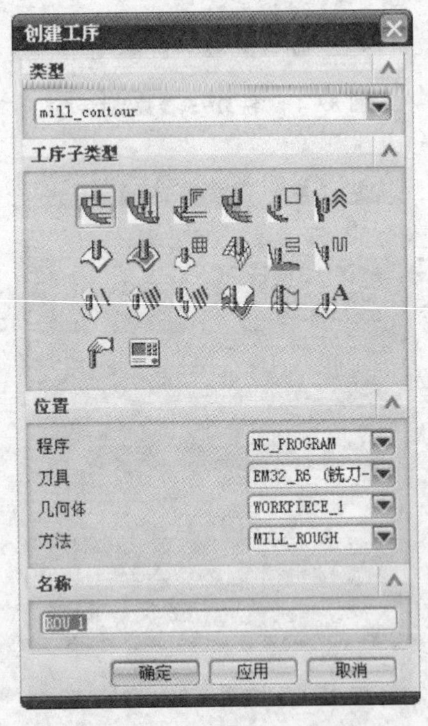

图 8-7 “创建工序”对话框

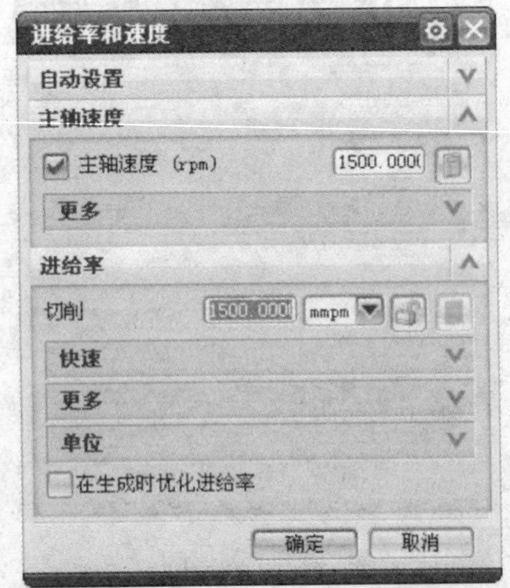

图 8-8 “进给率和速度”对话框

⑨ 在“型腔铣”对话框中单击“生成”按钮，生成刀位轨迹，如图 8-9 所示。

⑩ 动态切削仿真如图 8-10 所示。

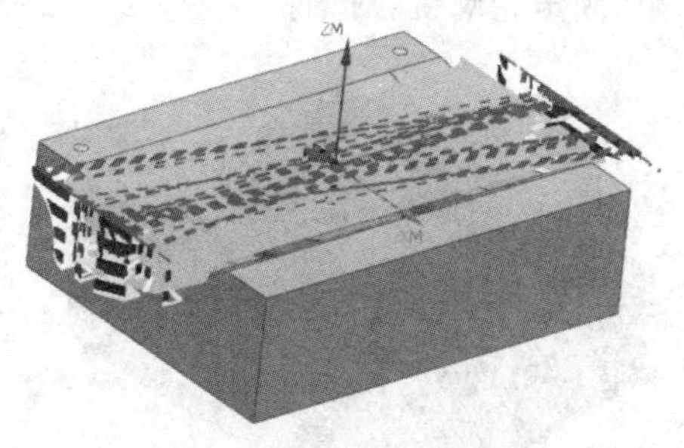

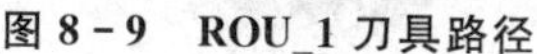

图 8-9　ROU_1 刀具路径

图 8-10　ROU_1 仿真效果

⑪ 大部分余量已经去除，但由于刀具直径原因，凹槽底部余量较大，需要再次粗加工加以去除。

(7) 创建粗加工操作 ROU_2

① 在“导航器”工具条中选择“机床视图”按钮，将“工序”导航器栏设为机床视图(显示刀具)。

② 在导航器中单击刀具“EM36_R6”前的“＋”号，将其展开。

③ 选择操作“ROU_1”并右击，在弹出的右键快捷菜单中选择“复制”选项。

④ 在工序导航器中选择刀具 EM12 并右击，在弹出的右键快捷菜单中选择“内部粘贴”选项。刀具 EM12 下出现操作“ROU_1_COPY”。

⑤ 选中操作“ROUGH_1_COPY”并右击，在弹出的右键快捷菜单中选择“重命名”选项。将操作“ROU_1_COPY”改名为“ROU_2”。

⑥ 双击操作“ROU_2”，弹出“型腔铣”对话框。

⑦ 在“刀轨设置”选项组中，将“最大距离”改为“0.2”。

⑧ 单击“切削参数”按钮，弹出“切削参数”对话框。

⑨ 单击“空间范围”选项卡，在“毛坯”选项组将处理中的工件选项改为“使用 3D”。

⑩ 单击“确定”按钮，退出“切削参数”对话框。

⑪ 单击“进给率和速度”按钮，在弹出的“进给率和速度”对话框中，将“主轴速度”选项激活，“主轴速度”文本框输入“1500”，“切削”文本框中输入“800”，单击“确定”按钮，返回“型腔铣”对话框。

⑫ 在“型腔铣”对话框中单击“生成”按钮，生成刀位轨迹，如图 8-11 所示(该操作计算量较大，计算时间较长)。

⑬ 动态切削仿真如图 8-12 所示。

⑭ 粗加工操作全部完成。

⑮ 经过两次粗加工后，绝大部分余量已经被去除，但余量的分布并不均匀，特别在沟槽底部及拐角位置，应创建半精加工操作使余量均匀化。

(8) 创建半精加工操作用零件几何体

① 在“刀片”工具条中单击“创建工序”按钮，弹出“创建工序”对话框，按照

图 8－13所示设置各选项，单击“确定”按钮，弹出“固定轮廓铣”对话框。

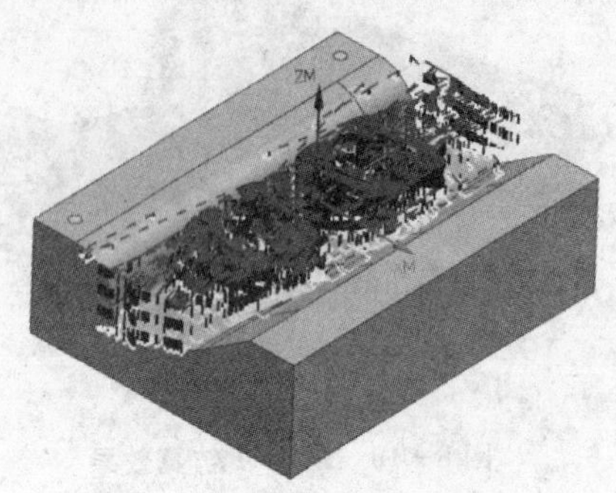

图 8－11　ROU_2 刀具路径

图 8－12　ROU_2 仿真效果

② 在“固定轮廓铣”对话框中将驱动方法设为“区域铣削”，系统会弹出一个警告信息提示操作者注意，如图 8－14 所示。单击“确定”按钮，系统弹出“区域铣削驱动方法”对话框，如图 8－15 所示设置参数。

③ 单击“确定”按钮，退出“区域铣削驱动方法”对话框。在“固定轮廓铣”对话框中单击“选择或编辑切削区域几何体”按钮，弹出“切削区域”对话框，选择零件模型上表面的所有非平面的面，单击“确定”按钮返回“固定轮廓铣”对话框。

④ 单击“进给率和速度”按钮，在弹出的“进给率和速度”对话框中，将“主轴速度”选项激活，“主轴速度”文本框输入“1200”，“切削”文本框中输入“800”，单击“确定”按钮，返回“型腔铣”对话框。

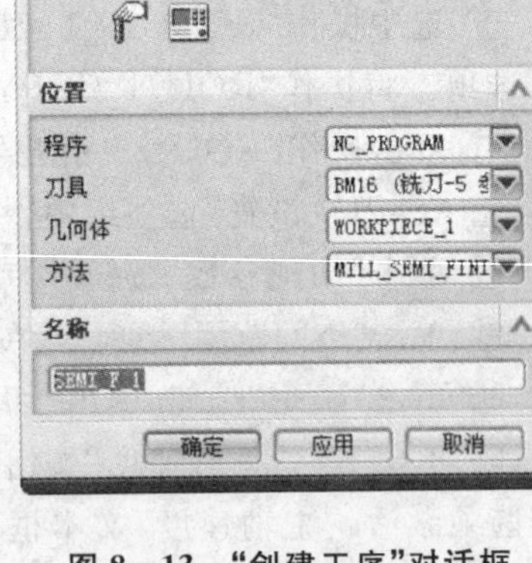

图 8－13　“创建工序”对话框

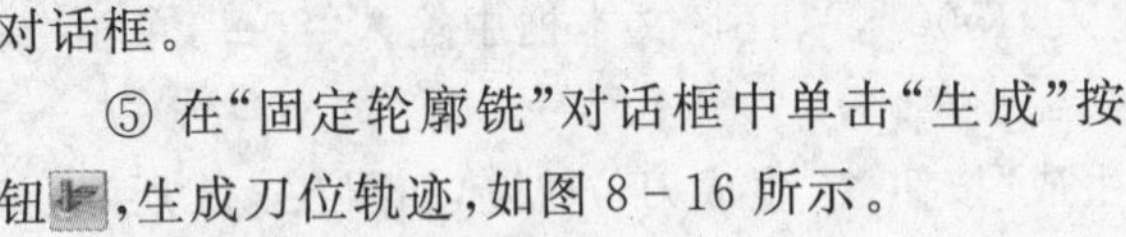

⑤ 在“固定轮廓铣”对话框中单击“生成”按钮，生成刀位轨迹，如图 8－16 所示。

⑥ 动态仿真效果如图 8－17 所示。

由于该零件凹槽内拐角尺寸较小，因此在拐角位置余量较大，为了得到均匀的余量，应对拐角位置进行进一步的清理。

(9) 创建半精加工操作 SEMI_F_2

① 在“导航器”工具条中选择“机床视图”按钮，将“工序”导航器栏设为机床视图（显示刀具）。

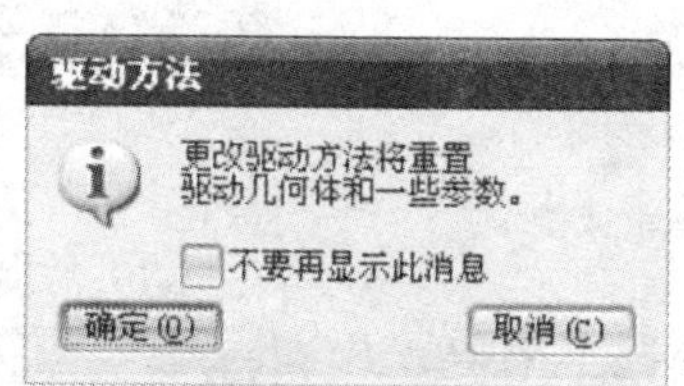

图 8-14 警告对话框

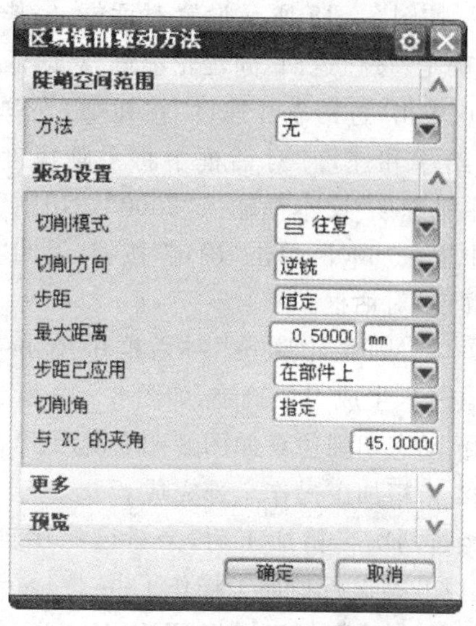

图 8-15 “区域铣削驱动方法”对话框

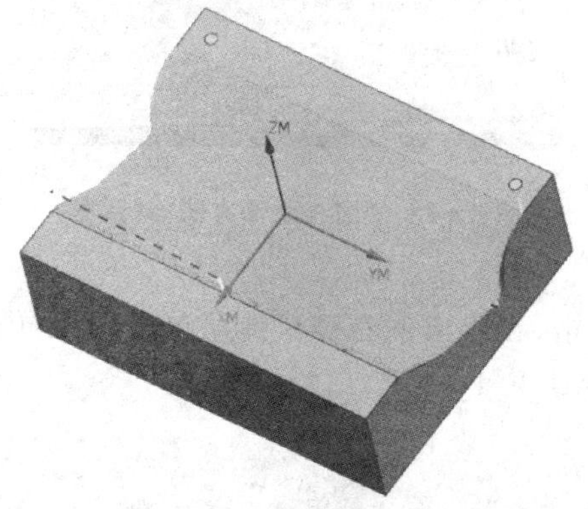

图 8-16 SEMI_F_1 刀具路径

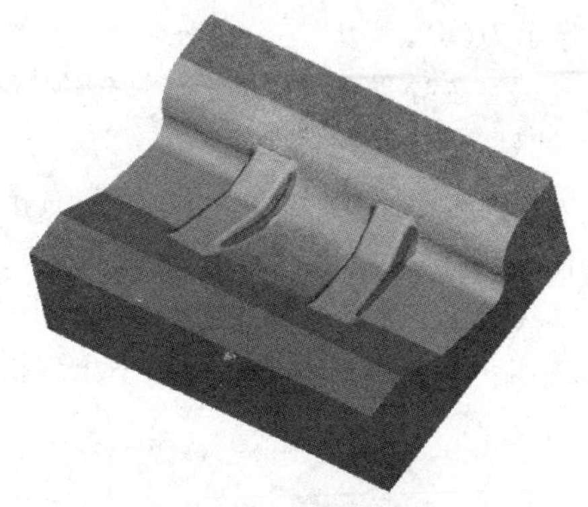

图 8-17 SEMI_F_1 仿真效果

② 在导航器中单击刀具“BM16”前的“+”号，将其展开。

③ 选择操作“SEMI_F_1”并右击，在弹出的右键快捷菜单中选择“复制”选项。

④ 在工序导航器中选择刀具 BM6 并右击，在弹出的右键快捷菜单中选择“内部粘贴”选项。则刀具 BM6 下出现操作“SEMI_F_1_COPY”。

⑤ 选中操作“SEMI_F_1_COPY”并右击，在弹出的右键快捷菜单中选择“重命名”选项。将操作“SEMI_F_1_COPY”改名为“SEMI_F_2”。

⑥ 双击操作“SEMI_F_2”，弹出“固定轮廓铣”对话框。

⑦ 在“驱动方法”选项组中，将方法改为“清根”，弹出提示对话框，单击“确定”按钮，进入“清根驱动方法”对话框。

⑧ 按图 8－18 所示设置对话框，完毕后单击“确定”按钮返回“固定轮廓铣”对话框。

⑨ 单击“进给率和速度”按钮，在弹出的“进给率和速度”对话框中将主轴速度激活，“主轴速度”文本框输入“2000”，“切削”文本框中输入“600”，单击“确定”按钮，返回“固定轮廓铣”对话框。

⑩ 在“固定轮廓铣”对话框中单击“生成”按钮，生成刀位轨迹，如图 8－19 所示。

⑪ 动态切削仿真如图 8－20 所示。

⑫ 半精加工操作全部完成。

经过两次半精加工后，余量已经比较均匀，可以开始进行精加工操作了。

(10) 创建精加工操作 FINISH_1

① 在“导航器”工具条中选择“机床视图”按钮，将“工序”导航器栏设为机床视图（显示刀具）。

② 在导航器中单击刀具“BM16”前的“＋”号，将其展开。

③ 选择操作“SEMI_F_1”并右击，在弹出的右键快捷菜单中选择“复制”选项。

图 8－18 “清根驱动方法”对话框

④ 在工序导航器中选择刀具 BM16 并右击，在弹出的右键快捷菜单中选择“内部粘贴”选项。则刀具 BM16 下出现操作“SEMI_F_1_COPY”。

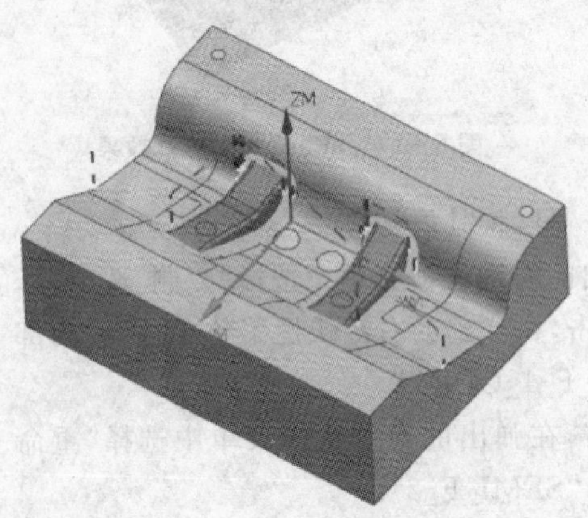

图 8－19 SEMI_F_2 刀具路径

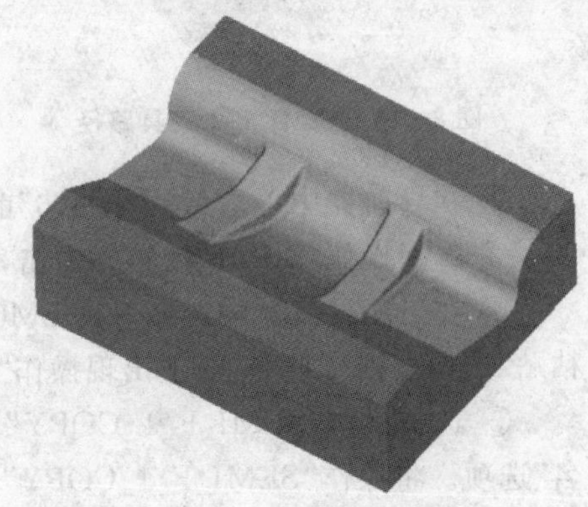

图 8－20 SEMI_F_2 仿真效果

⑤ 选中操作“SEMI_F_1_COPY”并右击，在弹出的右键快捷菜单中选择“重命

名”选项。将操作“SEMI_F_1_COPY”改名为“FINISH_1”。

⑥ 双击操作“FINISH_1”，弹出“固定轮廓铣”对话框。

⑦ 在“刀轨设置”选项组的“方法”下拉列表中选择“MILL_FINISH”，如图 8-21 所示。

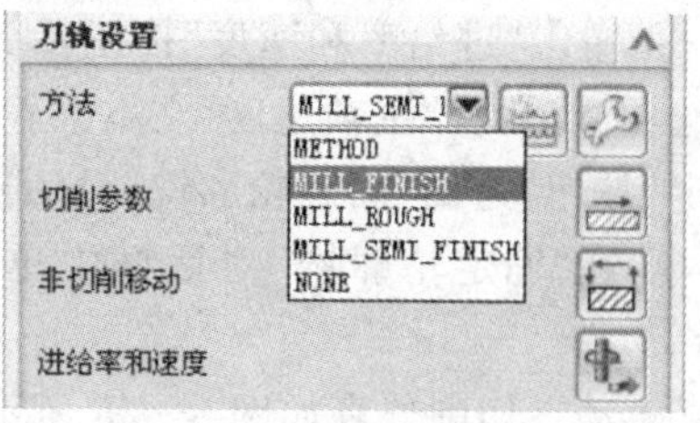

图 8-21　改变加工方法

⑧ 单击“进给率和速度”按钮，在弹出的“进给率和速度”对话框中，将主轴速度激活，在“主轴速度”文本框输入“2000”，在“切削”文本框中输入“600”，单击“确定”按钮，返回“固定轮廓铣”对话框。

⑨ 在“固定轮廓铣”对话框中单击“生成”按钮，生成刀位轨迹，如图 8-22 所示。

⑩ 动态切削仿真如图 8-23 所示。

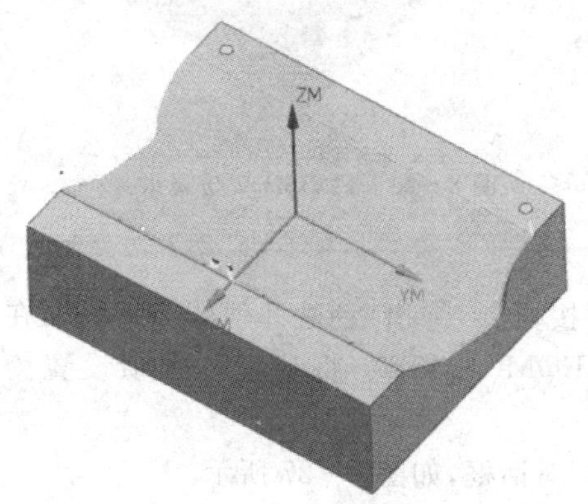

图 8-22　FINISH_1 刀具路径

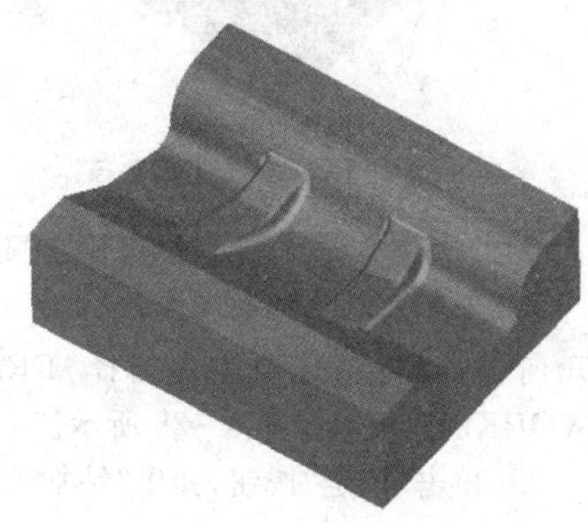

图 8-23　FINISH_1 仿真效果

(11) 创建精加工操作 FINISH_2

① 在“导航器”工具条中选择“机床视图”按钮，将“工序”导航器栏设为机床视图(显示刀具)。

② 在导航器中单击刀具“BM6”前的“+”号，将其展开。

③ 选择操作“SEMI_F_2”并右击，在弹出的右键快捷菜单中选择“复制”选项。

④ 在工序导航器中选择刀具 BM6 并右击，在弹出的右键快捷菜单中选择“内部粘贴”选项。则刀具 BM6 下出现操作“SEMI_F_2_COPY”。

⑤ 选中操作“SEMI_F_2_COPY”并右击，在弹出的右键快捷菜单中选择“重命名”选项。将操作“SEMI_F_2_COPY”改名为“FINISH_2”。

⑥ 双击操作“FINISH_2”，弹出“固定轮廓铣”对话框。

⑦ 在“刀轨设置”选项组中的“方法”下拉列表中选择“MILL_FINISH”。

⑧ 单击"进给率和速度"按钮，在弹出的"进给率和速度"对话框中，将"主轴速度"选项激活，在"主轴速度"文本框输入"2000"，在"切削"文本框中输入"500"，单击"确定"按钮，返回"固定轮廓铣"对话框。

⑨ 在"固定轮廓铣"对话框中单击"生成"按钮，生成刀位轨迹，如图 8-24 所示。

⑩ 动态切削仿真如图 8-25 所示。

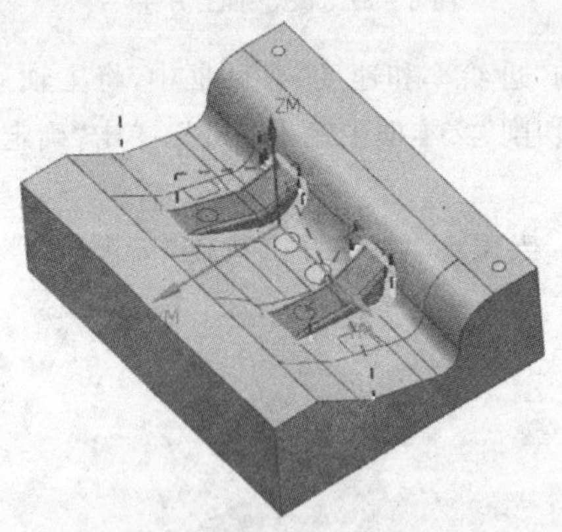

图 8-24 FINISH_2 刀具路径

图 8-25 FINISH_2 仿真效果

(12) 创建钻定心孔加工操作 FINISH_3

① 在"刀片"工具条中单击"创建几何体"按钮，弹出"创建几何体"对话框，在"几何体子类型"选项组中选择"DRILL_GEOM"按钮，将几何体选项设置为"WORKPIECE"，如图 8-26 所示。

② 单击"确定"按钮，弹出"钻加工几何体"对话框，如图 8-27 所示。

图 8-26 "创建几何体"对话框

图 8-27 "钻加工几何体"对话框

③ 在“钻加工几何体”对话框中单击“选择或编辑孔几何体”按钮，弹出“点到点几何体”对话框，如图 8－28 所示。

④ 在“点到点几何体”对话框单击“选择”按钮，弹出“孔几何体选择”对话框，如图 8－29 所示。

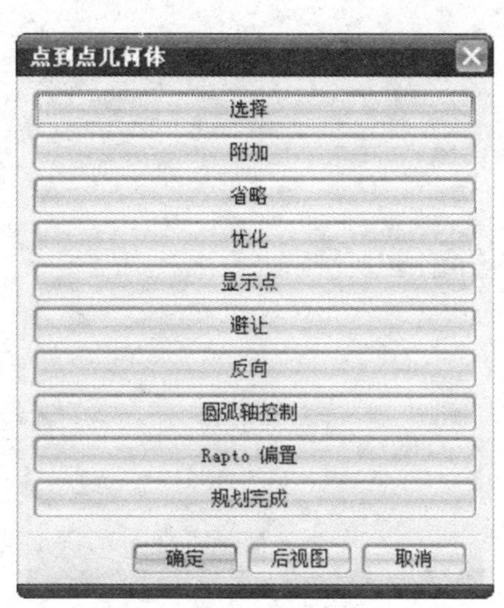

图 8－28　“点到点几何体”对话框

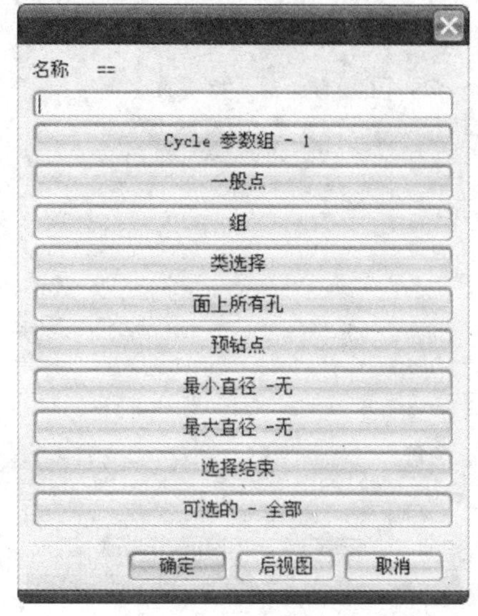

图 8－29　“孔几何体选择”对话框

⑤ 单击“面上所有孔”按钮，用鼠标点选零件上表面有两个孔的平面，单击四次“确定”按钮，完成点位几何体创建，效果如图 8－30 所示。

⑥ 在“刀片”工具条中单击“创建工序”按钮，系统弹出“创建工序”对话框，在“类型”下拉列表中选择“drill”选项。

⑦ 在“工序子类型”选项组中单击“SPOT_DRILLING”按钮。

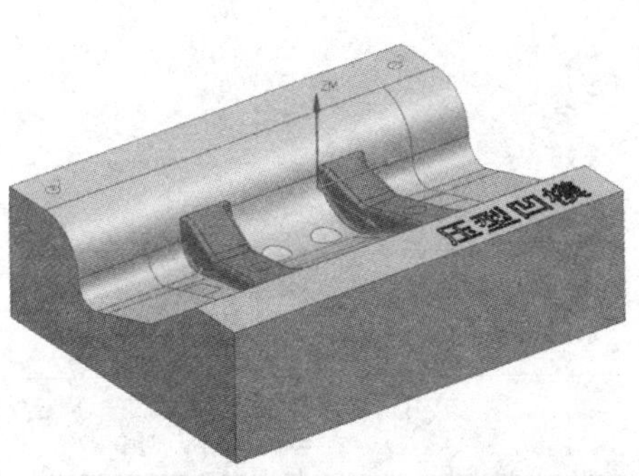

图 8－30　点位几何体创建

⑧ 在“刀具”下拉列表中选择“ZT3”。

⑨ 在“几何体”下拉列表中选择“DRILL_GEOM”选项。

⑩ 其余参数默认，如图 8－31 所示。

⑪ 单击“确定”按钮，进入“定心钻”对话框，如图 8－32 所示。

⑫ 在“定心钻”对话框中的“循环”选项中单击“编辑参数”按钮，弹出“指定参数组”对话框，如图 8－33 所示。

⑬ 在“指定参数组”对话框中直接单击“确定”按钮，进入“Cycle 参数”对话框，如

图 8－34 所示。

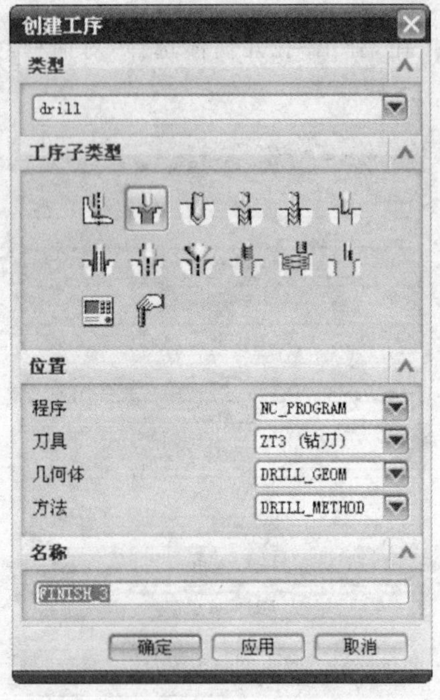

图 8－31 “创建工序”对话框

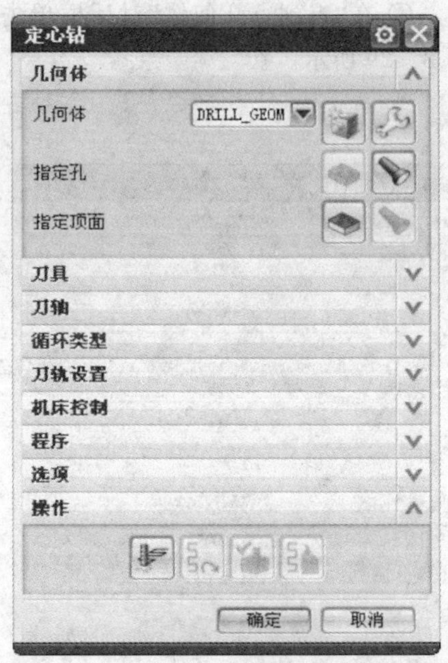

图 8－32 “定心钻”对话框

图 8－33 “指定参数组”对话框

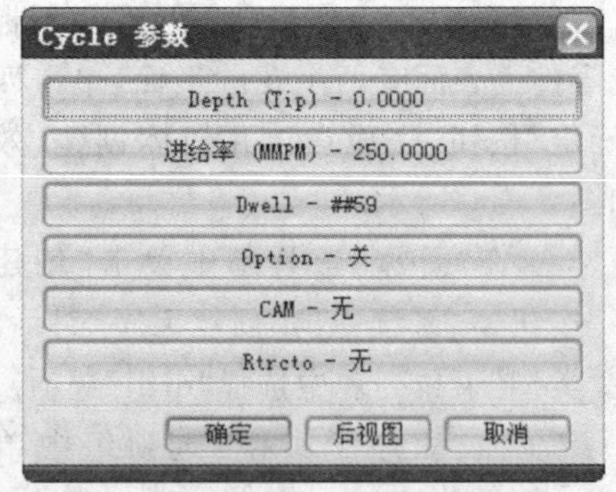

图 8－34 “Cycle 参数”对话框

⑭ 在“Cycle 参数”对话框中单击“Depth(Tip)”按钮，系统弹出“Cycle 深度”对话框，如图 8－35 所示。

⑮ 在“Cycle 深度”对话框中单击“刀尖深度”按钮，在“深度”文本框中输入“2.5”，单击“确定”按钮，返回“Cycle 参数”对话框。单击“确定”按钮，完成循环参数设置。

⑯ 在“定心钻”对话框中“刀轨设置”选项组中单击“进给率和速度”按钮，弹出

"进给率和速度"对话框。激活"主轴速度"选项，在"主轴速度"文本框中输入"200"，在"切削"文本框中输入"80"，单击"确定"按钮，完成进给率和速度的设置，如图 8-36 所示。

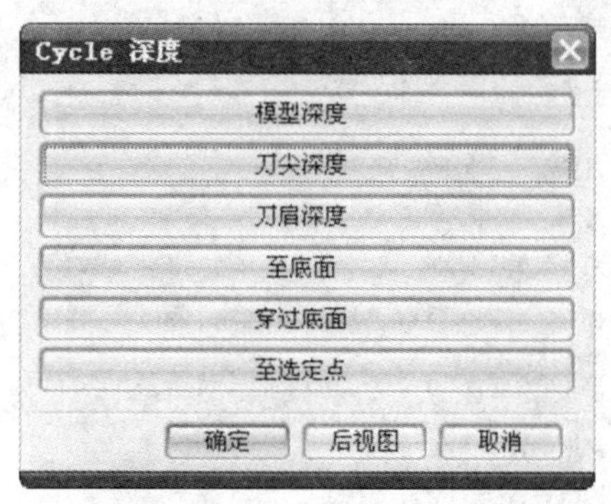

图 8-35 "Cycle 深度"对话框

图 8-36 切削参数设置

⑰ 在"定心钻"对话框中单击"生成"按钮，系统开始计算刀具路径。

⑱ 计算完成后，单击"确定"按钮，完成中心钻刀具路径操作，结果如图 8-37 所示。

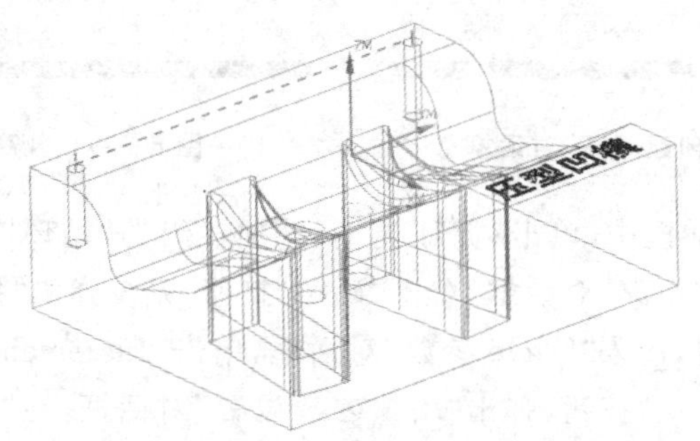

图 8-37 中心钻刀具路径

(13) 创建啄钻加工操作 FINISH_4

① 在"刀片"工具条中单击"创建工序"按钮，系统弹出"创建工序"对话框，在"类型"下拉列表菜单中选择"drill"选项。

② 在"操作子类型"选项中单击"PECK_DRILLING"按钮。

③ 在"刀具"下拉列表中选择"ZT12"。

④ 在"几何体"下拉列表中选择"DRILL_GEOM"选项。

⑤ 其余参数默认，如图 8-38 所示。

⑥ 单击"确定"按钮，进入"啄钻加工"对话框，如图 8-39 所示。

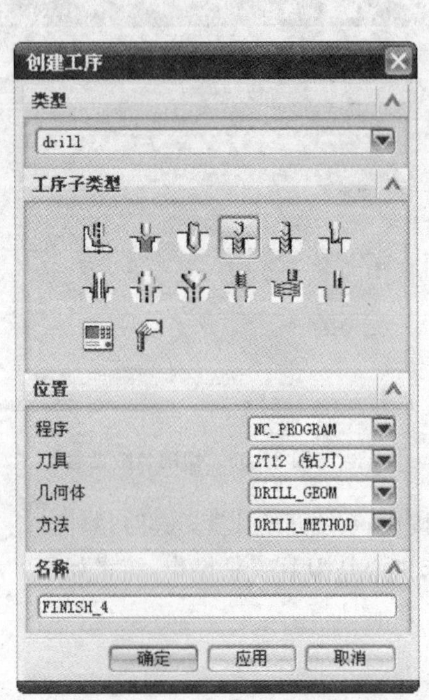

图 8-38 “创建工序”对话框

啄钻
几何体
几何体 DRILL_GEOM
指定孔
指定顶面
指定底面
刀具
刀轴
循环类型
循环 标准钻，深孔..
最小安全距离 3.0000
深度偏置
刀轨设置
机床控制
程序
选项
操作
确定 取消

图 8-39 “啄钻”对话框

⑦ 在“啄钻”对话框中，单击“循环类型”选项栏组的“循环”下拉列表，选择其中的“啄钻”选项，弹出“距离”对话框，单击“确定”按钮，系统弹出“指定参数组”对话框。再次单击“确定”按钮，进入“Cycle 参数”对话框，单击“Increment -无”按钮，弹出“增量”对话框。单击“恒定”按钮，弹出“增量参数设置”对话框，在“增量”文本框中输入“2.5”，单击两次“确定”按钮，返回“啄钻”对话框。

⑧ 在“循环类型”选项组的“最小安全距离”文本框中输入“10”，在“深度偏置”选项组的“通孔安全距离”文本框中输入“1.5”，在“盲孔余量”文本框中输入“0”，如图 8-40 所示。

⑨ 在“啄钻”对话框中的“刀轨设置”栏中单击“进给率和速度”按钮，弹出“进给率和速度”对话框。激活“主轴速度”选项，并在“主轴转速”文本框中输入“200”，在“切削”文本框中输入“80”，最后单击“确定”按钮完成进给率和速度的设置，如图 8-41 所示。

⑩ 在“啄钻”对话框中单击“生成”按钮，系统开始计算刀具路径。

⑪ 计算完成后，结果如图 8－42 所示，单击“确定”按钮，完成粗加工刀具路径操作。

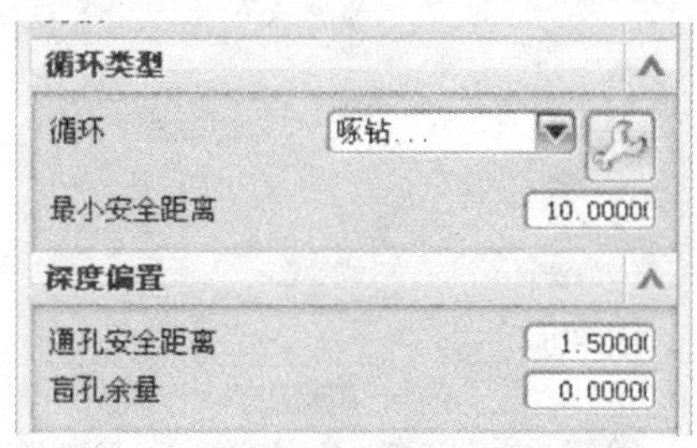

图 8－40　安全参数与深度偏置设置

图 8－41　“进给率和速度”对话框

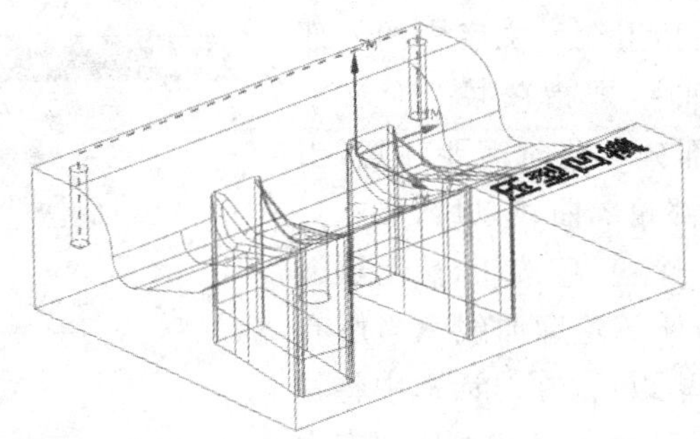

图 8－42　啄钻刀具路径

(14) 创建刻字操作 FINISH_5

① 在“刀片”工具条中单击“创建几何体”按钮，弹出“创建几何体”对话框。在“类型”下拉列表中选择“Mill_planar”，在“几何体子类型”选项组中选择“MILL_BND”，在“几何体”下拉列表中选择“MCS_MILL”选项，在“名称”文本框中输入“MILL_BND”，如图 8－43 所示。单击“确定”按钮，弹出“铣削边界”对话框，如图 8－44 所示。

② 在“铣削边界”对话框中单击“选择或编辑部件边界”按钮，弹出“部件边界”对话框。

③ 在“过滤器类型”中选择“曲线边界”选项，将材料侧选项改为“外部”，如图 8－45 所示。

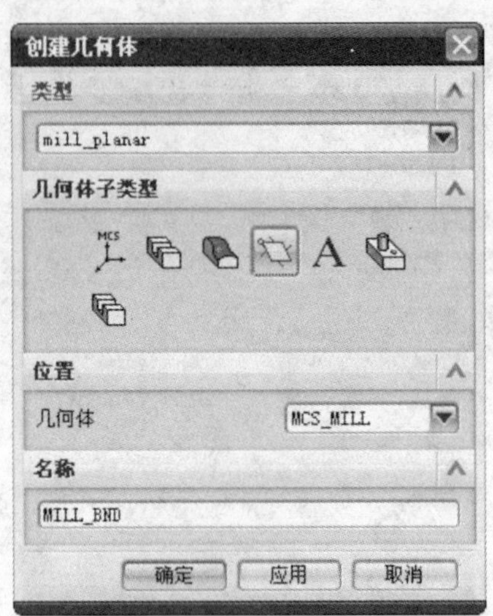

图 8-43 “创建几何体”对话框

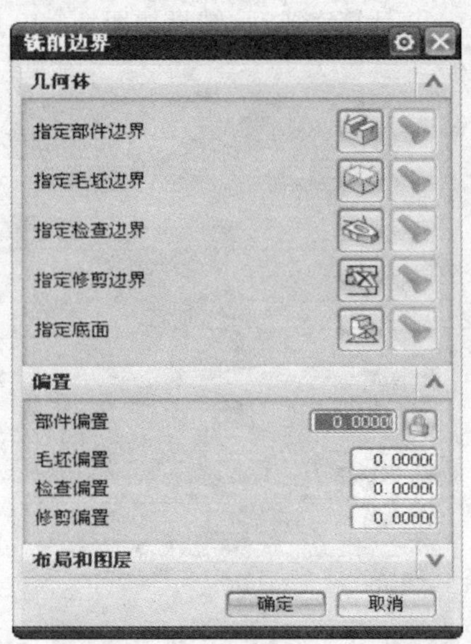

图 8-44 “铣削边界”对话框

④ 用鼠标选择模型上刻字文字中的外部轮廓曲线(外部轮廓曲线即指在某一个文字中,独立的外部曲线部分),此时需要注意,当选择完一个封闭的外部轮廓曲线以后,要在对话框中单击“创建下一个边界”按钮,然后再继续选择下一个独立的外部轮廓曲线。当所有的外轮廓曲线选择完毕以后,在对话框中将材料侧的“外部”选项激活,再用鼠标选择文字中的内部轮廓曲线,同样也是选择完一个封闭的内部轮廓曲线以后,要在对话框中单击“创建下一个边界”按钮,然后再继续选择下一个独立的内部轮廓曲线。选择完毕单击“确定”按钮,回到“部件边界”对话框,如图 8-46 所示。

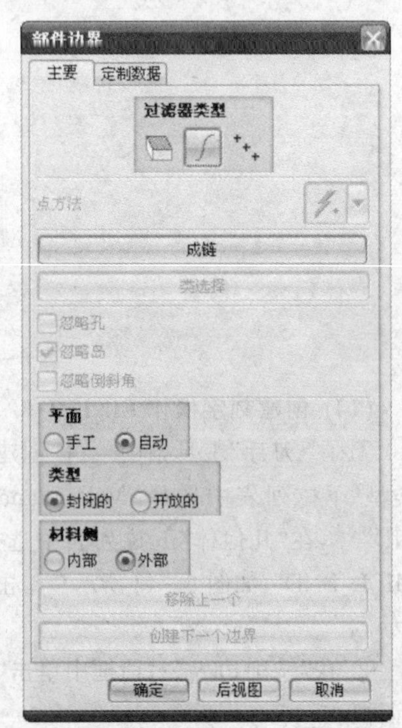

图 8-45 “部件边界”对话框

⑤ 单击“选择或编辑底平面几何体”按钮,定义底面。

⑥ 进入“平面”对话框,选择文字所在的平面,在“偏置”→“距离”中输入“-0.5”,如图 8-47 所示。

⑦ 单击“确定”按钮,结束加工几何的建立。

图 8 - 46　工件边界选择示意图

图 8 - 47　加工底面选择示意图

平面加工的父节点已经建立，接下来将创建操作。

⑧ 在“刀片”工具条中单击“创建工序”按钮，弹出“创建工序”对话框，按图 8 - 48 设置各项，单击“确定”按钮，弹出“平面铣”对话框。

图 8 - 48　“创建工序”对话框

⑨ 在对话框中单击“生成”按钮，生成刀位轨迹，如图 8 - 49 所示。

⑩ 分析该刀位轨迹发现：整个字深(0.5 mm)一次加工完成，而选用的刻字刀具刀尖强度有限，显然该刀位轨迹不合适，需要调整。

⑪ 在工序导航器中双击 FINISH_5 图标，弹出“平面铣”对话框，在“平面铣”对话框中单击“切削层”按钮，弹出“切削层”对话框。

⑫ 如图 8 - 50 所示，在“类型”选项组中选择“恒定”，在“每刀深度”选项组的“公共”文本框中输入“0.1”，定义每层切削深度不大于 0.1 mm。单击“确定”按钮，返回“平面铣”对话框。

⑬ 在“平面铣”对话框中，单击“切削参数”按钮，出现“切削参数”对话框。

⑭ 在“平面铣”对话框中单击“进给率和速度”按钮，弹出“进给率和速度”对话框。激活主轴速度，并在“主轴转速”文本框中输入“2000”，在“切削”文本框中输入“1200”，最后单击“确定”按钮完成进给和速度的设置。

⑮ 单击“生成”按钮，重新生成刀位轨迹。如图 8 - 51 所示，再分析刀位轨迹，已经变成分层切削。

至此，汽车内饰件的压型模的凹模加工完成，案例中的加工参数是根据实际加工设置的。读者在练习过程中，可根据计算机的配置适当调整放大加工参数，以提高刀具轨迹生成的速度以及仿真加工的速度。

图 8-49 生成刀轨效果

图 8-50 "切削层"对话框

图 8-51 生成刀轨效果

8.2 综合案例二:仪表盘动模加工

(1) 打开文件

打开本书光盘中的文件"X:\ 8.8.2.prt",确定加工方案。

零件为仪表盘注塑模动模,材料为 P20,硬度约为 HRC32。零件如图 8-52 所示,其中四个孔需要钻削,现已做出平面片体将孔修补,以便于铣削加工。

毛坯已经建好,在隐藏空间内,显示模型与毛坯几何体,如图 8-53 所示。毛坯几何体通过前面的加工,高度尺寸已达到要求,即 5 处凸台顶部平面不需要加工。

加工方案如下(如表 8-3 和表 8-4 所列)。

① 粗加工:选用较大直径镶片式 R 角铣刀,分层铣削;采用小直径端铣刀去除狭窄位置的大余量;型面留余量 0.5 mm。

② 半精加工:选用球头铣刀,局部去余量、半清根,型面留余量 0.2 mm。

③ 精加工:选用整体式端面铣刀与球头刀,精加工型面、清根。

④ 钻孔:选用钻头完成 4 个孔的加工。

(2) 设置加工方法

① 进入加工环境。

② 在"导航器"工具条中单击"加工方法视图"按钮,将工序导航器设为加工方法。

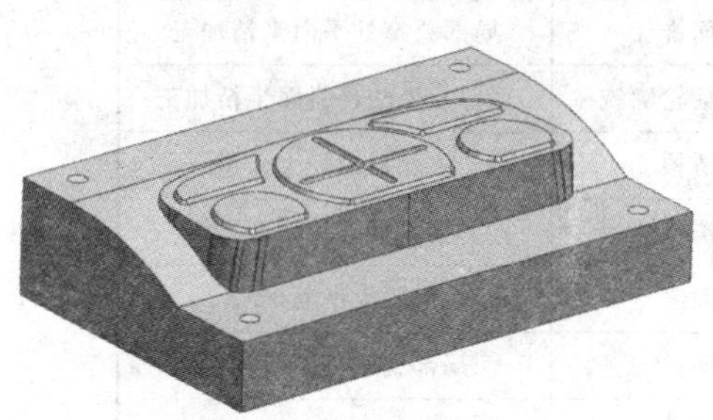

图 8-52　仪表盘凸模

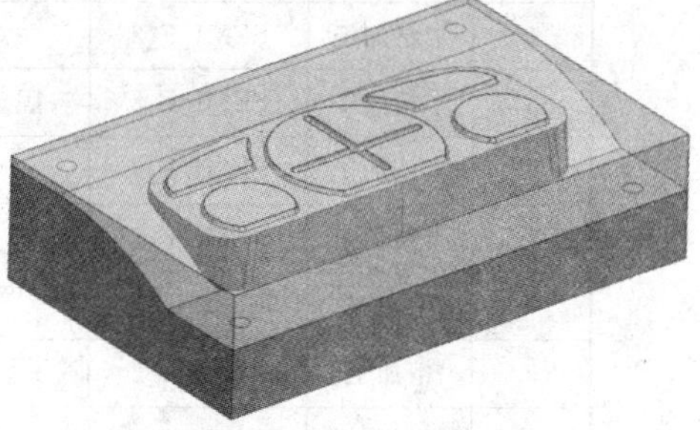

图 8-53　仪表盘凸模及毛坯

表 8-3　工艺方案表三

序　号	方　法	程序名	刀具名称	刀具直径	R 角	刃　长	刀　长	余　量
1	粗加工	ROU_1	EM25_R4	25	4	130	250	0.5
2	粗加工	ROU_2	EM6	6	0	25	65	0.5
3	半精加工	SEMI_F_1	BM16	16	8	60	160	0.2
4	半精加工	SEMI_F_2	EM6	6	0	25	65	0.2
5	半精加工	SEMI_F_3	BM8	8	4	20	150	0.2
6	半精加工	SEMI_F_4	BM12	12	6	35	150	0.2
7	半精加工	SEMI_F_5	BM6	6	3	20	150	0.2
8	精加工	FINISH_1	EM20	10	0	45	110	0
9	精加工	FINISH_2	EM6	6	0	30	160	0
10	精加工	FINISH_3	BM16	16	8	60	160	0
11	精加工	FINISH_4	BM6	6	3	20	150	0
12	精加工	FINISH_5	BM8	8	4	20	150	0
13	精加工	FINISH_6	BM12	12	6	35	150	0
14	精加工	FINISH_7	BM8	8	4	20	150	0
15	精加工	FINISH_8	BM6	6	3	20	150	0
16	钻孔加工	FINISH_9	ZT3	3	0	5	50	0
17	钻孔加工	FINISH_10	ZT12	12	0	100	150	0

表 8-4 工艺方案表四

序 号	方 法	程序名	操作方式	说 明
1	粗加工	ROU_1	型腔铣	去除大余量
2	粗加工	ROU_2	面铣	去除局部余量
3	半精加工	SEMI_F_1	固定轴轮廓铣	曲面半精加工
4	半精加工	SEMI_F_2	面铣	局部狭窄处平面半精加工
5	半精加工	SEMI_F_3	固定轴轮廓铣	顶部 5 处凸台斜面半精加工
6	半精加工	SEMI_F_4	清根	去除根部较大余量
7	半精加工	SEMI_F_5	清根	去除根部较大余量
8	精加工	FINISH_1	面铣	主要大平面加工
9	精加工	FINISH_2	面铣	局部狭窄处平面加工
10	精加工	FINISH_3	固定轴轮廓铣	顶部 5 处凸台斜面精加工
11	精加工	FINISH_4	固定轴轮廓铣	曲面精加工
12	精加工	FINISH_5	固定轴轮廓铣	加工浇道
13	精加工	FINISH_6	清根	根部精加工
14	精加工	FINISH_7	清根	根部精加工
15	精加工	FINISH_8	清根	根部精加工
16	钻孔加工	FINISH_9	钻削	钻定心孔
17	钻孔加工	FINISH_10	钻削	钻孔

③ 双击工序导航器中的 MILL_ROUGH 图标，弹出“铣削方法”对话框，在“部件余量”文本框中输入“0.5”，表示粗加工时侧壁留余量 0.5 mm，单击“确定”按钮退出对话框。

④ 双击工序导航器中的 MILL_SEMI_FINISH 图标，弹出“铣削方法”对话框，在“部件余量”文本框中输入“0.2”，单击“确定”按钮退出对话框。

⑤ 双击导航器中的 MILL_FINISH 图标，弹出“铣削方法”对话框，在“部件余量”文本框中输入“0”，单击“确定”按钮退出对话框。

(3) 设置坐标系、安全平面

① 在“导航器”工具条中单击“几何视图”按钮，将工序导航器设为几何体。

② 按组合键“Ctrl+Shift+K”，用鼠标选择毛坯实体，单击“确定”按钮，显示毛坯几何体。

③ 在工序导航器中双击 MCS_MILL 图标，弹出“Mill_Orient”对话框。

④ 在“安全设置”选项组中，将安全设置选项设置为“平面”，单击“平面对话框”按钮，弹出“平面”对话框。

⑤ 用鼠标选择毛坯上表面，在“距离”文本框中输入“3”，单击“确定”按钮，完成安全平面设置。

⑥ 再次单击“确定”按钮，退出“Mill_Orient”对话框，完成加工坐标系与安全平面的设置。

加工坐标系已经符合加工要求（位于模型上表面，且 Z 轴竖直向上），因此在此没有进行设置。

(4) 建立刀具

① 在“刀片”工具条中单击“创建刀具”按钮，弹出“创建刀具”对话框。

② 在“刀具子类型”选项组中选择选项，在“名称”文本框中输入铣刀名“EM25_R4”（如图 8-54 所示），单击“确定”按钮；在弹出的“铣刀-5 参数”对话框中输入铣刀参数D=25 mm、R=4、L=250、FL=130，如图 8-55 所示。单击“确定”按钮，完成刀具创建。

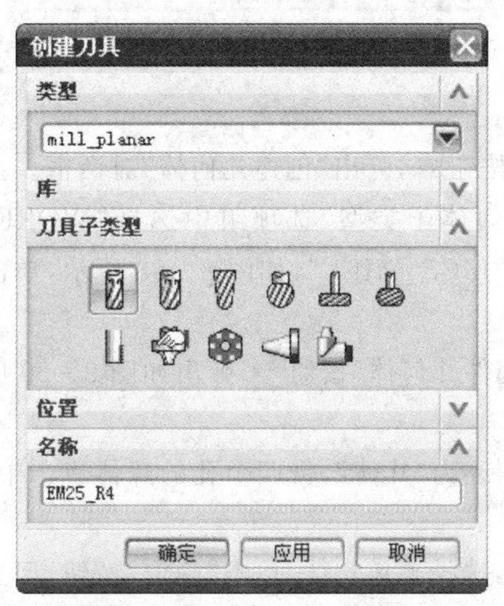

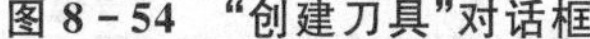
图 8-54　“创建刀具”对话框

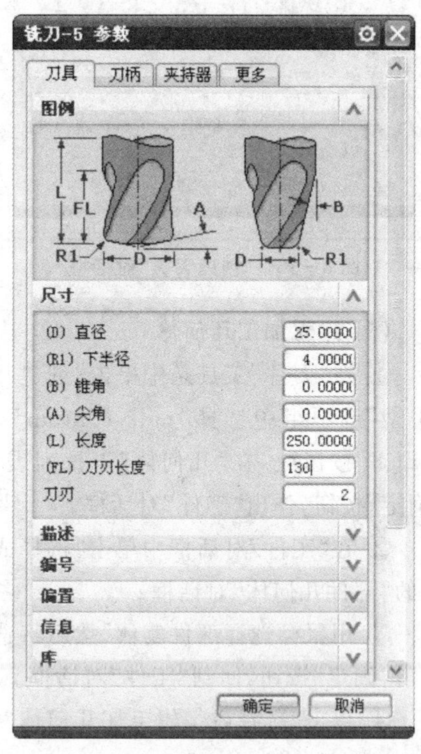

图 8-55　“铣刀-5 参数”对话框

③ 在“类型”中选择“drill”项，在“刀具子类型”选项组选择选项，在“名称”文本框输入铣刀名“ZT12”（如图 8-56 所示），单击“确定”按钮；在弹出的“钻刀”对话框中，输入铣钻刀参数 D=12 mm、L=150、FL=100，如图 8-57 所示。单击“确定”按钮，完成刀具创建。

④ 采用同样方法，按表 8-3 建立其余铣刀。

图 8-56 “创建刀具”对话框

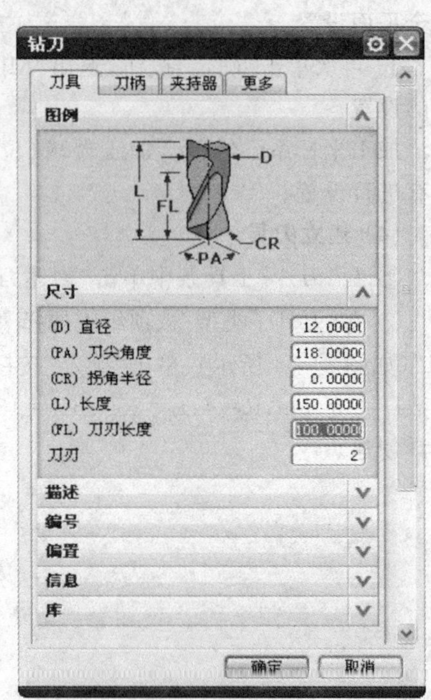

图 8-57 “钻刀”对话框

(5) 建立加工几何体

① 在“刀片”工具条中单击“创建几何体”按钮，弹出“创建几何体”对话框。在“类型”选项组中选择“mill_contour”，在“几何体子类型”选项组中选择“WORKPIECE”按钮，在“几何体”下拉列表中选择“MCS_MILL”，如图 8-58 所示，单击“确定”按钮，弹出“工件”对话框。

② 在“工件”对话框中单击“选择或编辑部件几何体”按钮，弹出如图 8-59 所示的“部件几何体”对话框。

③ 用鼠标选择部件实体，然后将选择意图改为“片体”，将四个孔的片体也选中，单击“确定”按钮，回到“工件”对话框。

④ 单击“选择或编辑毛坯几何体”按钮，选择毛坯实体，单击“确定”按钮，回到“工件”对话框。

⑤ 单击“确定”按钮，结束加工几何建立。此时可将毛坯隐藏。

(6) 创建粗加工操作 ROU_1

① 在“刀片”工具条中单击“创建工序”按钮，弹出“创建工序”对话框，按照图 8-60所示设置各选项，单击“确定”按钮，弹出“型腔铣”对话框。

② 单击“切削层”按钮，出现“切削层”对话框，在“范围定义”选项组中单击

按钮打开列表，用鼠标选择列表中的第四个切削范围。

③ 选择图 8-61 所示平面，在“切削层”对话框中最低点已变为 35.7159。

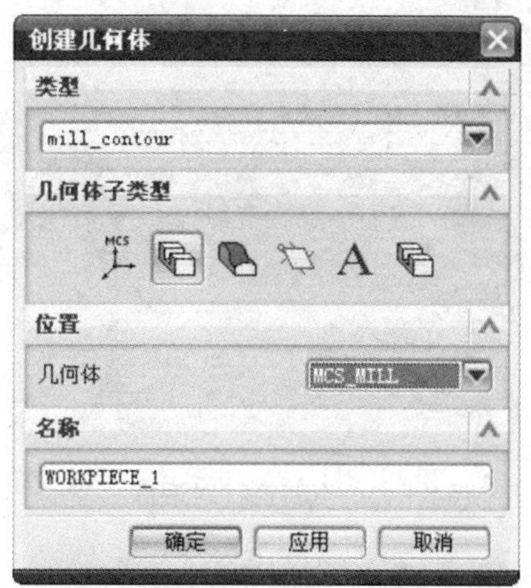

图 8-58 “创建几何”体对话框

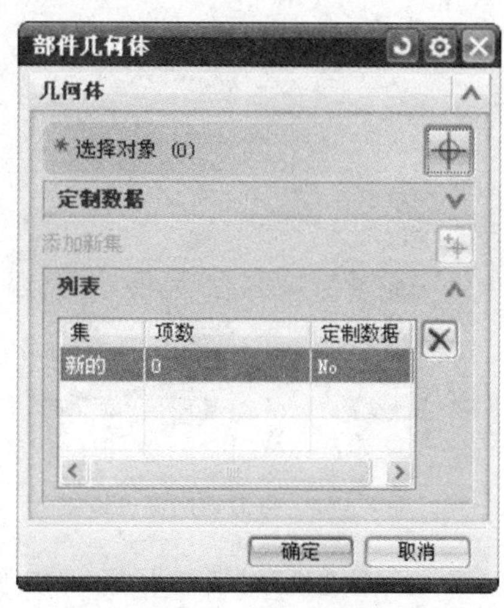

图 8-59 “部件几何体”对话框

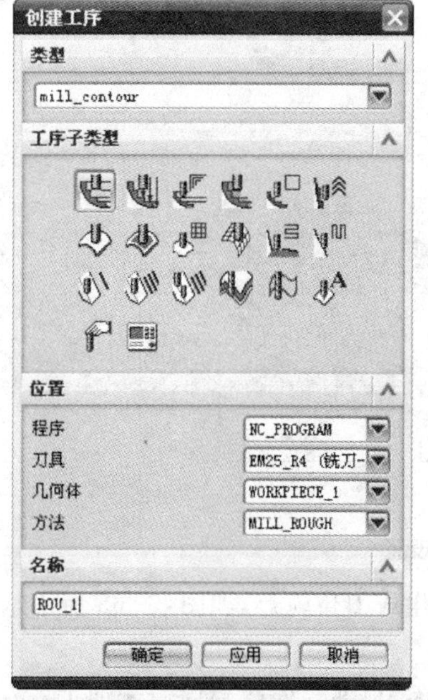

图 8-60 “创建工序”对话框

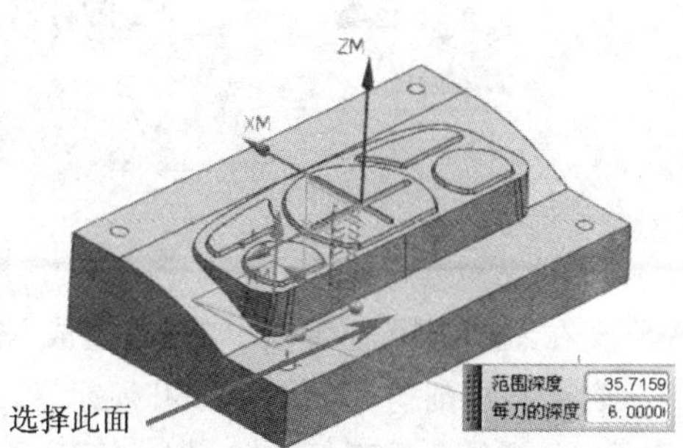

图 8-61 选择平面示意图

④ 在“最大距离”文本框中输入 35.72/15，如图 8-62 所示。单击“确定”按钮，返回“型腔铣”对话框，将平面直径百分比设为“50”，切削层的最大距离已经变为

“2.3813”，如图 8-63 所示。

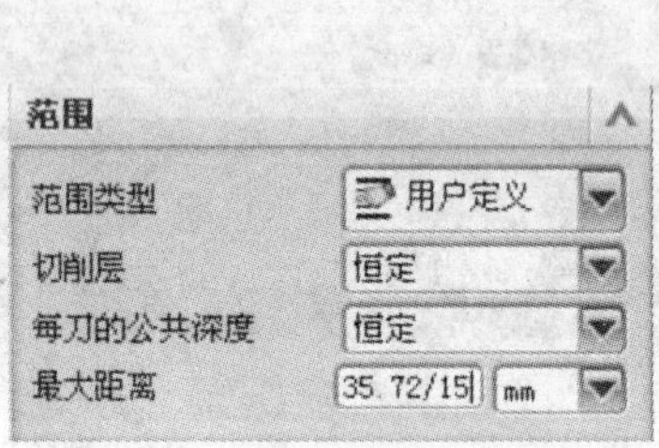

图 8-62　每刀切削深度设置

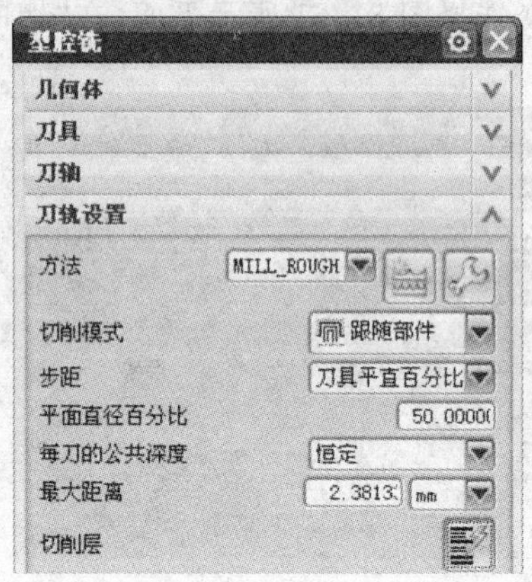

图 8-63　“型腔铣”对话框

⑤ 在“型腔铣”对话框中单击“切削参数”按钮，弹出“切削参数”对话框。

⑥ 单击“连接”选项卡，将“开放刀路”选项改为 变换切削方向，即切削方向为交替式，以提高切削效率，如图 8-64 所示。

⑦ 其余参数保持默认值。

⑧ 单击“确定”按钮，退出“切削参数”对话框。

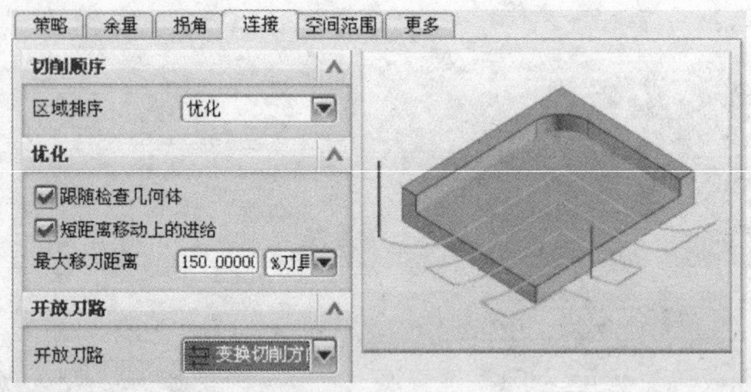

图 8-64　连接参数设置

⑨ 在“型腔铣”对话框中单击“生成”按钮，生成刀位轨迹，如图 8-65 所示。

⑩ 动态切削仿真如图 8-66 所示。

⑪ 大部分余量已经去除，但由于刀具直径原因，顶部 5 处凸台周边未加工，需要再次粗加工加以去除。

(7) 创建粗加工操作 ROU_2

① 在“导航器”工具条中选择“机床视图”按钮，将工序导航器栏设为机床。

② 在导航器中单击刀具 EM25_R4 前的“+”号，将其展开。

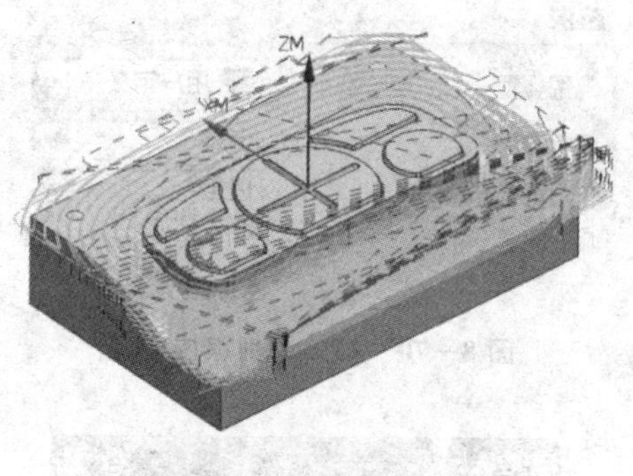

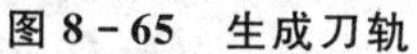
图 8-65 生成刀轨

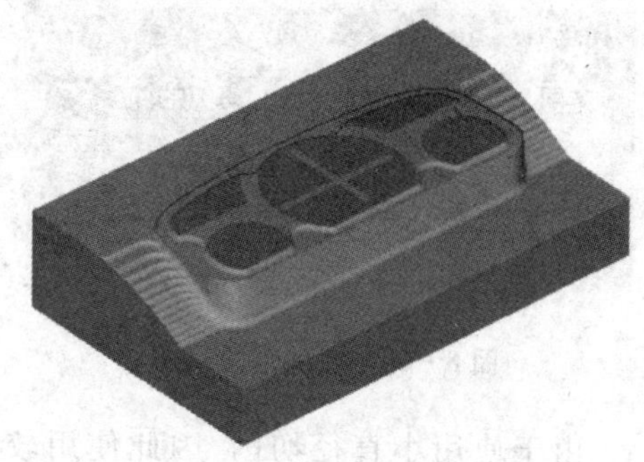

图 8-66 仿真效果

③ 选择操作 ROU_1 并右击，在弹出的右键快捷菜单中选择“复制”选项，如图 8-67 所示。

④ 在导航器中选择刀具 EM6 并右击，在弹出的右键快捷菜单中选择“内部粘贴”选项。刀具 EM6 下出现操作 ROU_1_COPY。

⑤ 选中操作 ROU_1_COPY 并右击，在弹出的右键快捷菜单中选择“重命名”选项。将操作 ROU_1_COPY 改名为 ROU_2。

⑥ 双击操作 ROU_2，弹出“型腔铣”对话框。

由于在这一步操作中，只加工上表面的 5 处凸台，因此加工区域底部平面应为图 8-68 所示平面。

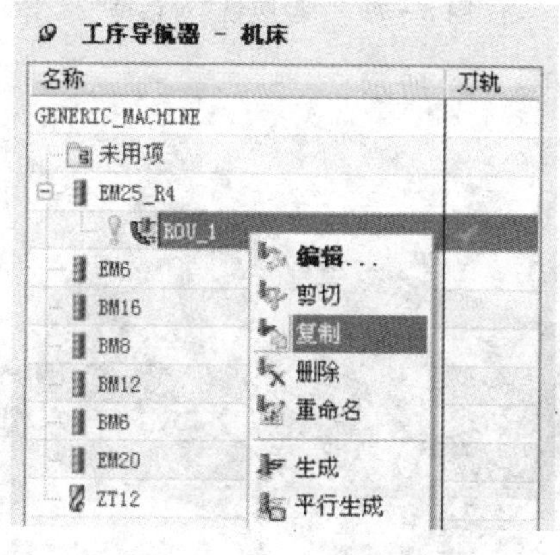

图 8-67 复制粗加工操作

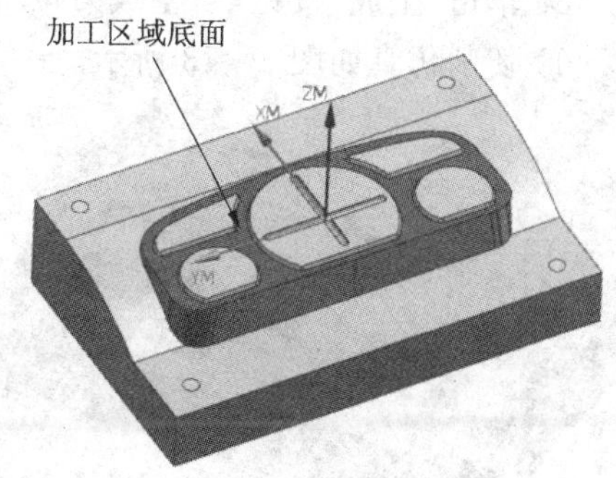

图 8-68 加工区域示意图

⑦ 如图 8-69 所示在“范围”选项组中单击按钮打开列表，用鼠标选择列表中的第三个切削范围，单击“移除”按钮，将第三个切削范围删除。同样方法，将第二个切削范围删除掉。

⑧ 此时，切削区域范围深度值变为 2.7134。

⑨ 在“最大距离”文本框中输 35.7134/3，如图 8-70 所示。

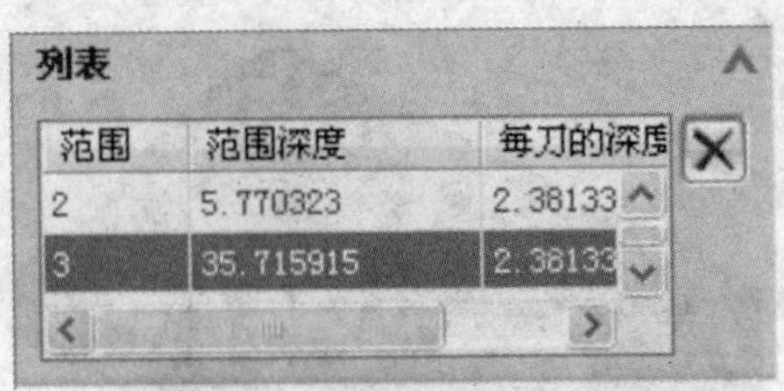

图 8-69　切削范围列表

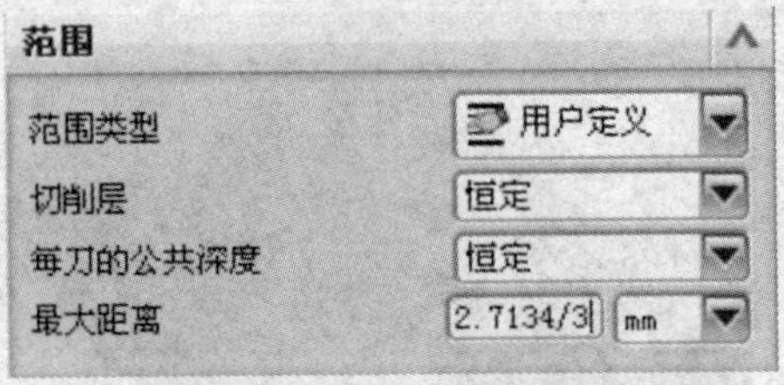

范围
范围类型　用户定义
切削层　恒定
每刀的公共深度　恒定
最大距离　2.7134/3　mm

图 8-70　每刀切削深度设置

由于使用小直径切削，因此使用较小的切深，该值可参考刀具厂商所的加工参数。

⑩ 单击“确定”按钮，返回“型腔铣”对话框。

⑪ 将平面直径百分比设为 20，同时切削深度已变为 0.9044，如图 8-71 所示。

⑫ 在“型腔铣”对话框中单击“切削参数”按钮，弹出“切削参数”对话框。

⑬ 单击“空间范围”选项卡，在“毛坯”选项组中将处理中的工件改为“使用 3D”，单击“确定”按钮，返回“型腔铣”对话框。其余各参数沿用上一操作。

图 8-71　“型腔铣”对话框

⑭ 单击“生成”按钮，生成刀位轨迹，如图 8-72 所示。

⑮ 切削仿真如图 8-73 所示。

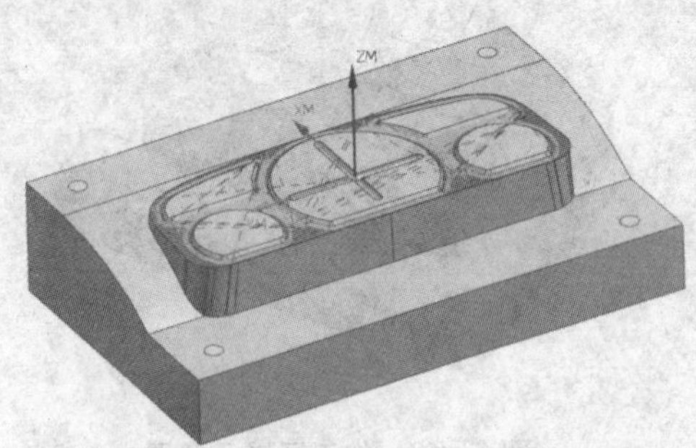

图 8-72　生成刀具轨迹

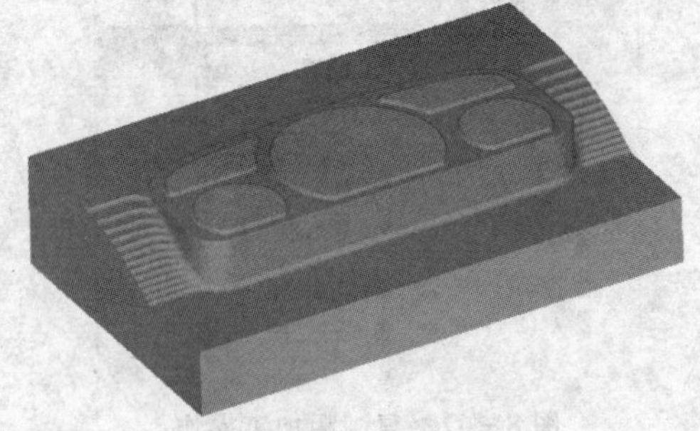

图 8-73　仿真效果

⑯ 粗加工操作全部完成。

⑰ 经过两次粗加工后，绝大部分余量已经被去除，但余量的分布并不均匀，特别在两端曲面部分台阶较为严重，所以应先对该处型面单独加工。下面将通过创建半精加工操作使余量均匀化。

(8) 创建半精加工操作用零件几何体

① 在“刀片”工具条中单击“创建几何体”按钮，在“类型”选项组中选择 mill_contour，在“几何体子类型”选项组中选择 MILL_AREA，在“几何体”下拉列表中选择 WORKPECEC_1，如图 8－74 所示。单击“确定”按钮，出现“铣削区域”对话框。

② 在“铣削区域”对话框中单击“选择或编辑区域几何体”按钮，弹出“切削区域”对话框。

③ 选择如图 8－75 所示的分型曲面当中的曲面部分。

图 8－74　“创建几何体”对话框

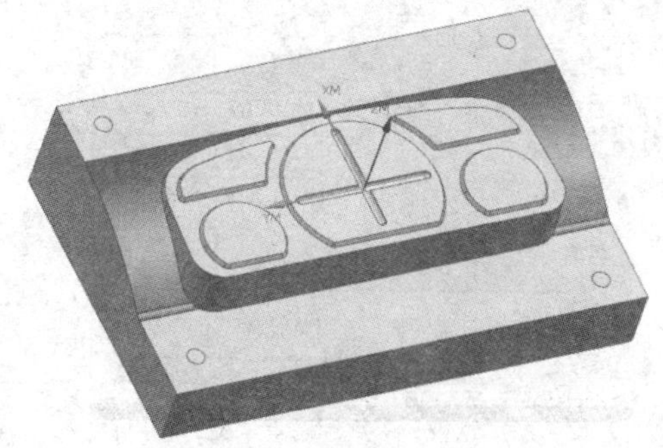

图 8－75　选择切削区域示意图

④ 单击“确定”按钮，返回“铣削区域”对话框。

⑤ 单击“确定”按钮，完成切削区域设置。

(9) 创建半精加工操作 SEMI_F_1

① 在“刀片”工具条中单击“创建工序”按钮，弹出“创建工序”对话框，按照图 8－76 所示设置各选项，单击“确定”按钮，弹出“轮廓区域”对话框。

② 单击“驱动方法”选项组中的“编辑”按钮，弹出“区域铣削驱动方法”对话框。

③ 在“步距”下拉列表中设置步距定义方式为“残余高度”。

④ 在“最大残余高度”文本框中输入残余高度值为“0.05”，如图 8－77 所示。

⑤ 将“切削模式”设为，如图 8－77 所示。

⑥ 单击“确定”按钮，返回“轮廓区域”对话框。

⑦ 单击“生成”按钮，生成刀位轨迹，如图 8－78 所示。

⑧ 切削仿真如图 8－79 所示。

⑨ 台阶状余量已被去除，整个型面变得光顺，下面将对顶部型面进行半精加工。

由于零件 5 处凸台高度已达到要求，因此将加工重点放在图 8－80 所示顶部型面。其中，型面 A 为平面，可以采用平面铣加工，型面 B 为斜面，可采用固定轮廓铣。

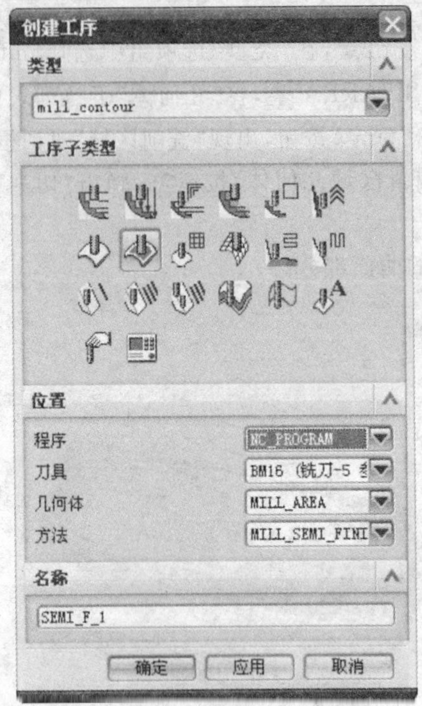

图 8-76 “创建工序”对话框

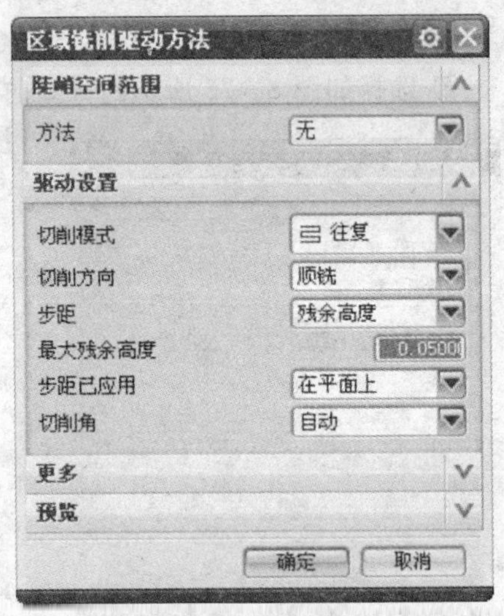

图 8-77 “区域铣削驱动方法”对话框

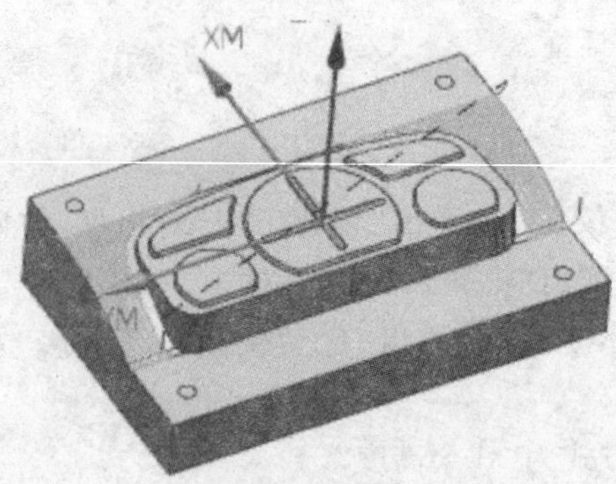

图 8-78 生成刀具轨迹

图 8-79 仿真效果

(10) 创建半精加工操作 SEMI_F_2

① 在“刀片”工具条中单击“创建工序”按钮，弹出“创建工序”对话框，按照图 8-81 所示设置各选项，单击“确定”按钮，弹出“面铣”对话框。

② 在“面铣”对话框中单击“选择或编辑面几何体”按钮，弹出“指定面几何体”对话框。

③ 选择图 8-80 所示平面 A。

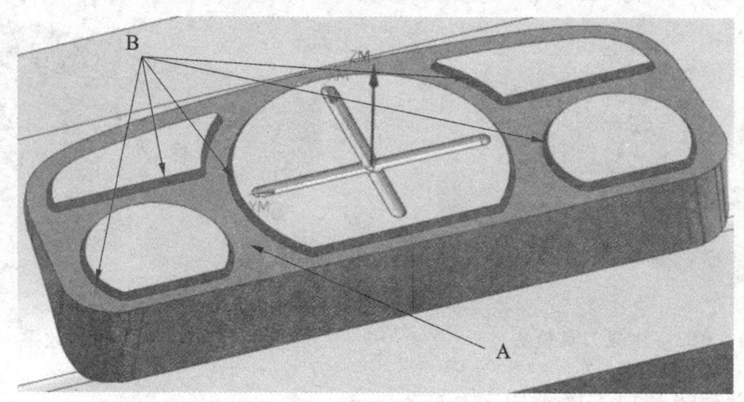

图 8－80　需加工顶部型面示意图

④ 单击“确定”按钮，返回“面铣”对话框。

⑤ 其余各选项的设置如图 8－82 所示。

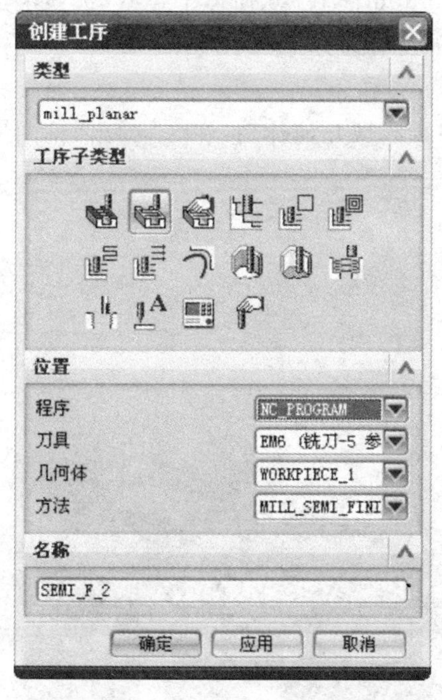

图 8－81　“创建工序”对话框

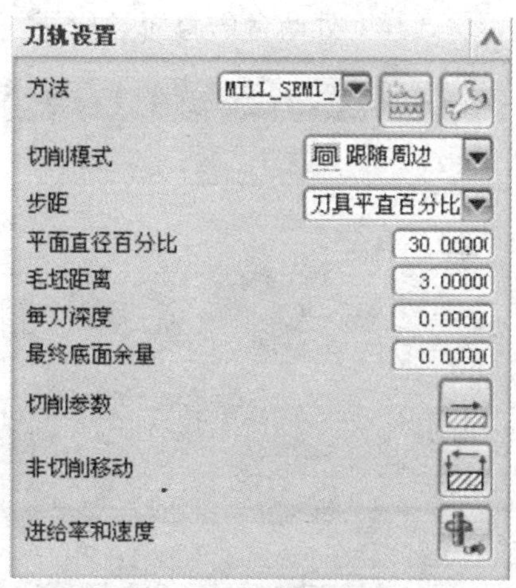

图 8－82　刀轨设置界面

⑥ 单击“生成”按钮，生成刀位轨迹，如图 8－83 所示。

⑦ 切削仿真如图 8－84 所示。

⑧ 5 处凸台已经加工完成，但由于刀具为端铣刀，因此凸台斜面还需要再加工。下面将对 5 处凸台型面加工。

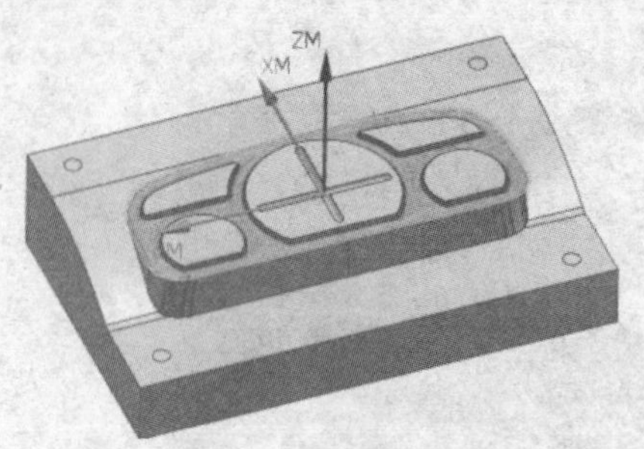

图 8-83 生成刀具轨迹

图 8-84 仿真效果

(11) 创建半精加工操作 SEMI_F_3

① 对这几处凸台斜面的加工将采用固定轴轮廓铣，驱动方式采用区域铣削。为了便于程序的管理与以后编辑修改，在创建半精加工操作前，先创建加工用零件几何体。

② 在“刀片”工具条中单击“创建几何体”按钮，弹出“创建几何体”对话框，如图 8-85 所示，在“类型”选项组中选择“mill_contour”，在“几何体子类型”选项组选择“MILL_AREA”按钮，在“几何体”下拉列表中选择“WORKPIECE_1”。单击“确定”按钮，弹出“铣削区域”对话框。

③ 在“铣削区域”对话框中单击“选择或编辑区域几何体”按钮，弹出“铣削区域”对话框。

④ 选择 5 处凸台的斜面，如图 8-86 所示。

图 8-85 “创建几何体”对话框

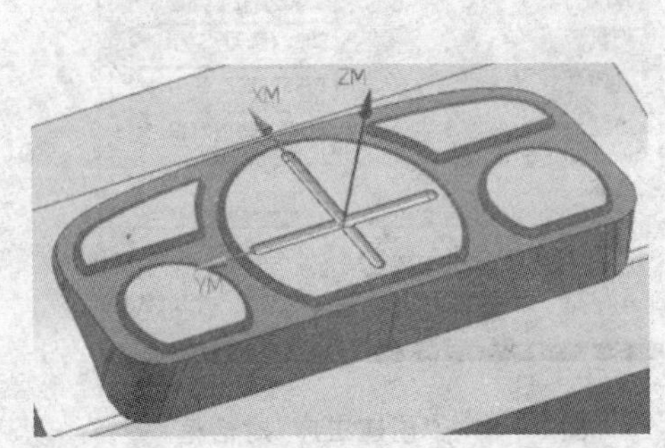

图 8-86 选处凸台的斜面示意图

⑤ 单击“确定”按钮，返回“铣削区域”对话框。

⑥ 单击“确定”按钮，完成 MILL_AREA 设置。

下面将创建半精加工操作 SEMI_F_3。

⑦ 在“刀片”工具条中单击“创建工序”按钮，弹出“创建工序”对话框，按照图 8－87 所示设置各选项，单击“确定”按钮，弹出“轮廓区域”对话框。

⑧ 单击“驱动方法”选项组中的“编辑”按钮，弹出“区域铣削驱动方法”对话框。

⑨ 在“步距”选项组中设置步距定义方式为“残余高度”。

⑩ 在“最大残余高度”文本框输入残余高度值为“0.05”，如图 8－88 所示。

⑪ 将“切削模式”设为“跟随周边”，将“步距已应用”选择为“在部件上”，如图 8－88 所示。

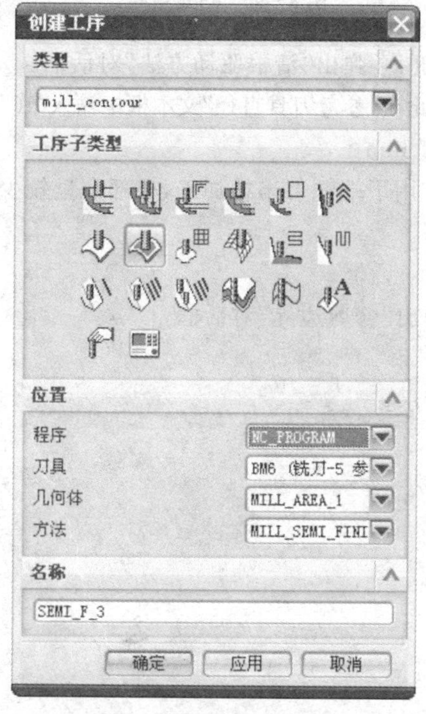

图 8－87　“创建工序”对话框

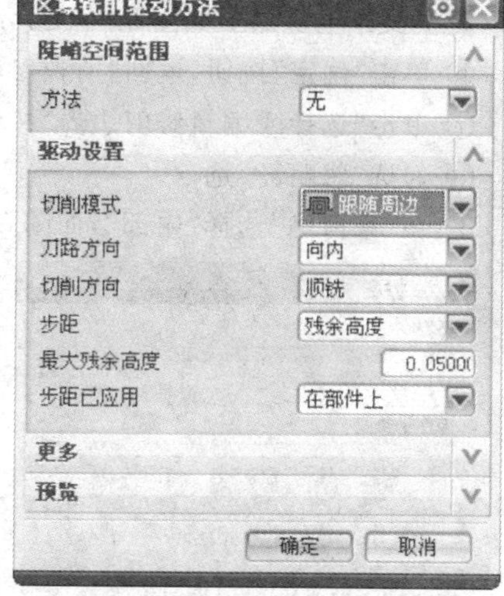

图 8－88　“区域铣削驱动方法”对话框

⑫ 单击“确定”按钮，返回“轮廓区域”对话框。

⑬ 单击“生成”按钮，生成刀位轨迹，如图 8－89 所示。

⑭ 切削仿真如图 8－90 所示。

⑮ 现在余量主要集中在根部 R 角处，如图 8－90 所示，在精加工前需要半清除，去除余量。

(12) 创建半精加工操作 SEMI_F_4

① 在“刀片”工具条中单击“创建工序”按钮，弹出“创建工序”对话框，按照图 8－91所示设置各选项。单击“确定”按钮，弹出“清根参考刀具”对话框。

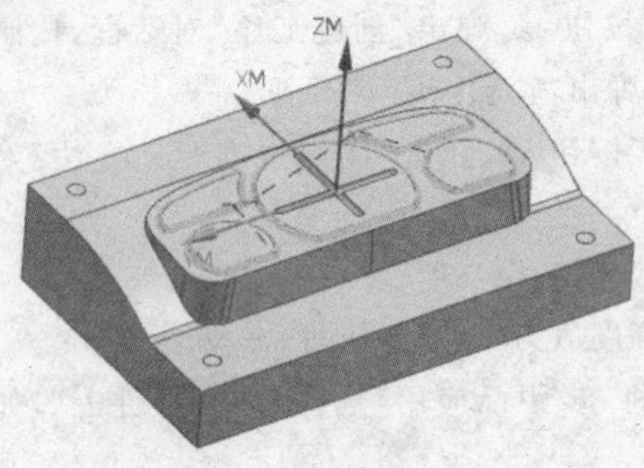

图 8-89 生成刀具轨迹

图 8-90 仿真效果

② 单击“驱动方法”选项组中的“编辑”按钮，弹出“清根驱动方法”对话框。

③ 由于上一步加工所用的刀具为 BM16，因此在“参考刀具直径”文本框中输入“16”。

④ 将陡峭切削及非陡峭切削的步距设为 1 mm。

⑤ 由于根部 R 角余量较大，而顶部平面使用了端铣刀半精加工，根部余量较少，所以清根操作主要加工如图 8-90 所示的根部。

⑥ 单击“确定”按钮，返回“清根参考刀具”对话框。

⑦ 单击“选择或编辑修剪边界”按钮，弹出“修剪边界”对话框。

⑧ 勾选“忽略岛”选项。

⑨ 在“修剪侧”选择“内部”，如图 8-92 所示。

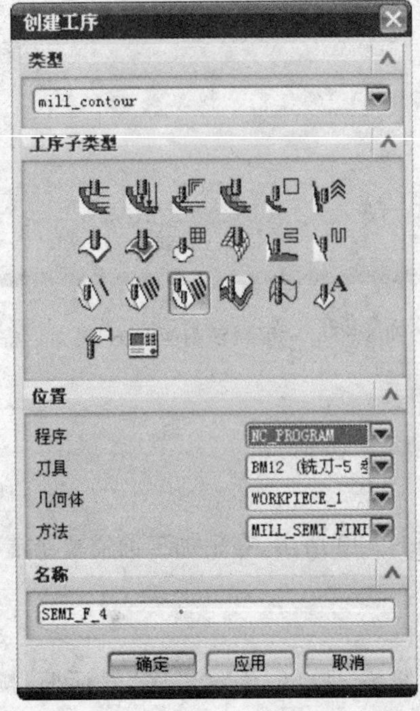

图 8-91 “创建工序”对话框

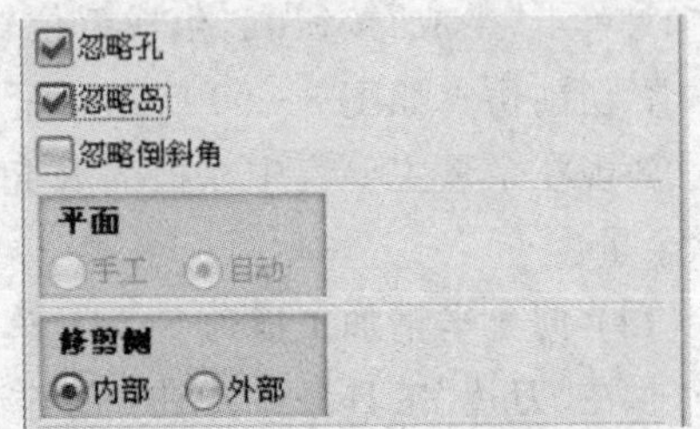

图 8-92 修剪侧设置

⑩ 选择图 8－93 所示的平面。单击“确定”按钮，返回“清根参考刀具”对话框。

⑪ 单击“生成”按钮，生成刀位轨迹，如图 8－94 所示。

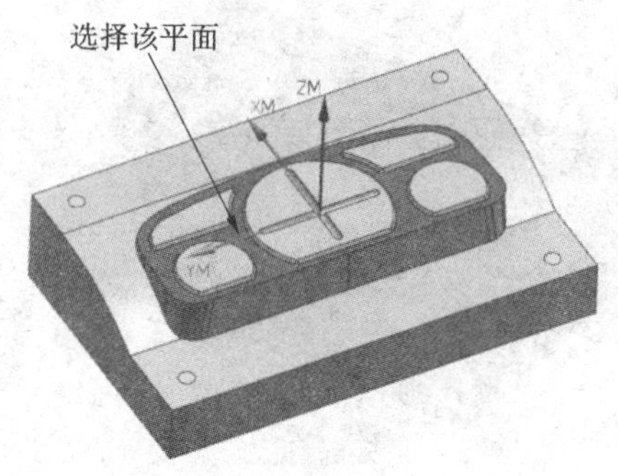

图 8－93　选择平面示意图

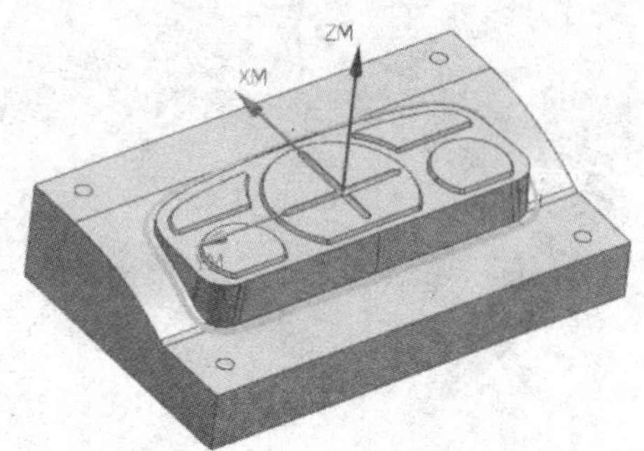

图 8－94　生成刀具路径

由于刀具直径较大，需要二次半清根。

(13) 创建半精加工操作 SEMI_F_5

① 在“导航器”工具条中选择“机床视图”按钮，将“工序导航器”选项组设为“机床视图”。

② 在导航器中单击刀具 BM12 前的“＋”号，将其展开。选择操作 SEMI_F_4 并右击，在弹出的右键快捷菜单中选择“复制”选项。

③ 在导航器中选择刀具 BM8 并右击，在弹出的右键快捷菜单中选择“内部粘贴”选项。刀具 BM8 下出现操作 SEMI_F_4_COPY。

④ 选中操作 SEMI_F_4_COPY 并右击，在弹出的右键快捷菜单中选择“重命名”选项，将操作名改为 SEMI_F_5。

⑤ 双击操作 SEM_F_5，弹出“清根参考刀具”对话框。

⑥ 单击“驱动方法”选项组中的“编辑”按钮，弹出“清根驱动方法”对话框。

⑦ 将参考刀具直径改为“12”，其余参数不变。

⑧ 单击“生成”按钮，生成刀位轨迹，如图 8－95 所示。

⑨ 切削仿真如图 8－96 所示。

经过前面的操作后，整个型面变得非常均匀，已经适合精加工操作。先加工平面部分型面。

(14) 创建精加工操作 FINISH 1

① 在“刀片”工具条中单击“创建工序”按钮，弹出“创建工序”对话框，按照图 8－97 所示设置各项，单击“确定”按钮，弹出“面铣”对话框。

② 在“面铣”对话框中单击“选择或编辑面几何体”按钮，弹出“指定面几何体”对话框。

③ 选择如图 8-98 所示的平面,单击“确定”按钮,返回“面铣”对话框。

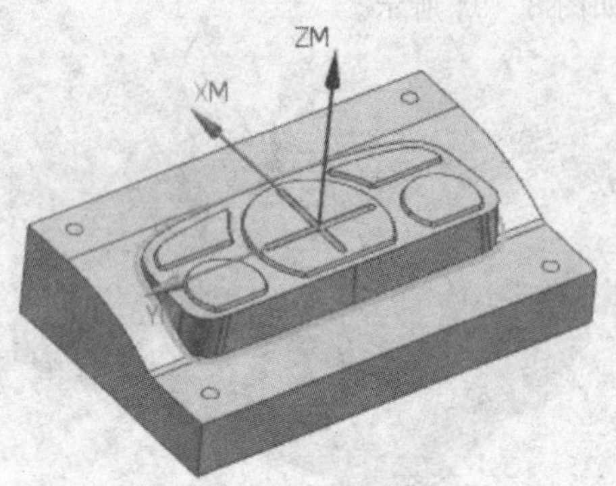

图 8-95　生成刀具路径

图 8-96　仿真效果

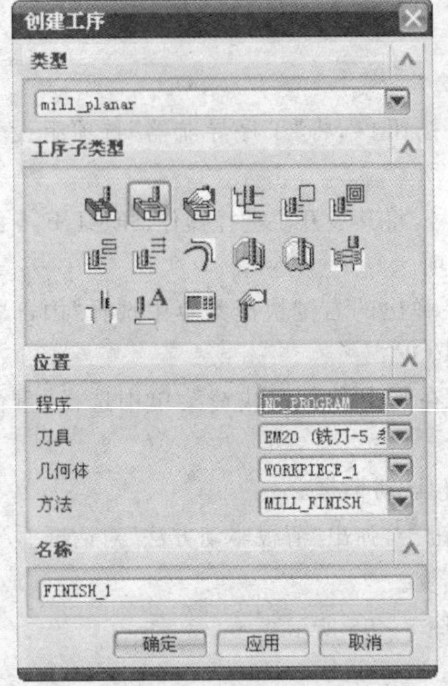

图 8-97　“创建工序”对话框

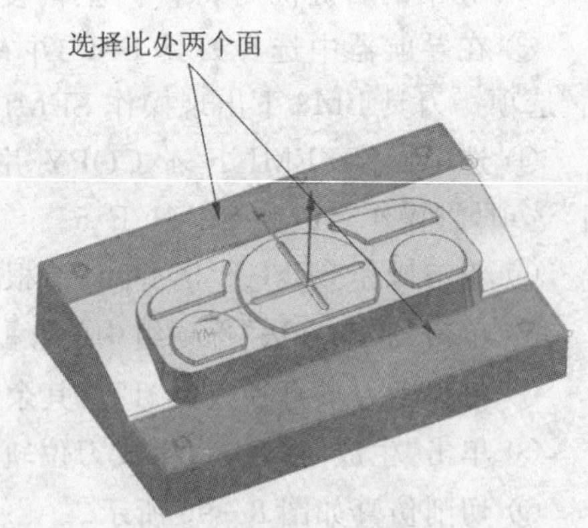

图 8-98　选择面示意图

④ 设置“切削模式”为“跟随周边”。

⑤ 其余各选项的设置如图 8-99 所示。

⑥ 单击“生成”按钮,生成刀位轨迹,如图 8-100 所示。

下面精加工顶部平面。

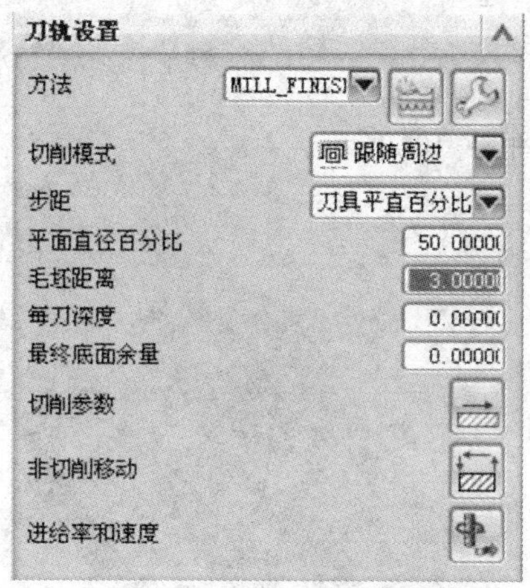

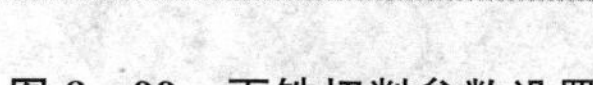
图 8－99　面铣切削参数设置

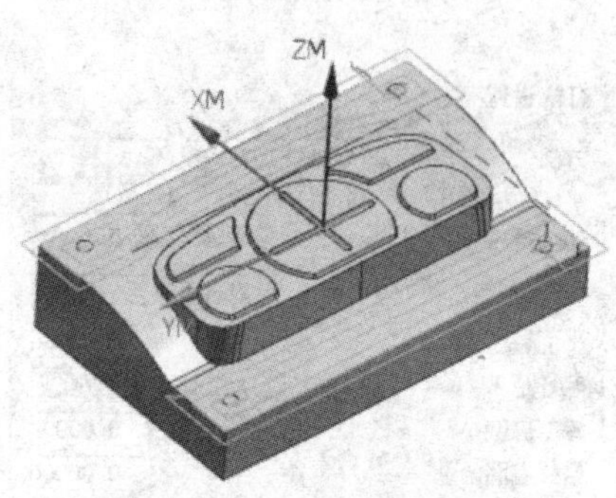

图 8－100　生成刀具路径

(15) 创建精加工操作 FINISH_2

① 在“刀片”工具条中单击“创建工序”按钮，弹出“创建工序”对话框，按照图 8－101 所示设置各选项，单击“确定”按钮，弹出“面铣”对话框。

② 在“面铣”对话框中单击“选择或编辑面几何体”按钮，弹出“指定面几何体”对话框。

③ 选择如图 8－102 所示平面，单击“确定”按钮，返回“面铣”对话框。

图 8－101　“创建工序”对话框

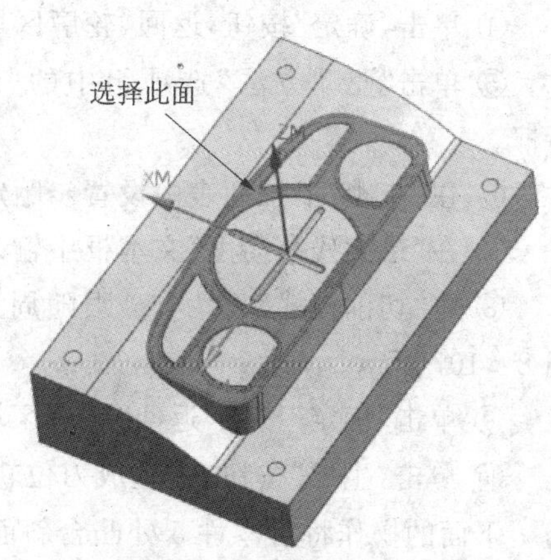

图 8－102　选择面示意图

④ 设置“切削模式”为“跟随周边”。

⑤ 其余各选项的设置如图 8-103 所示。

⑥ 单击“生成”按钮，生成刀位轨迹，如图 8-104 所示。

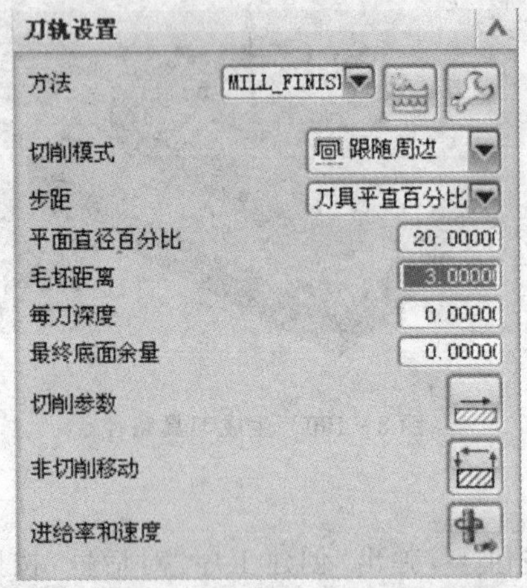

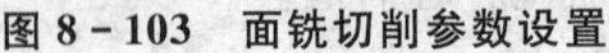
图 8-103 面铣切削参数设置

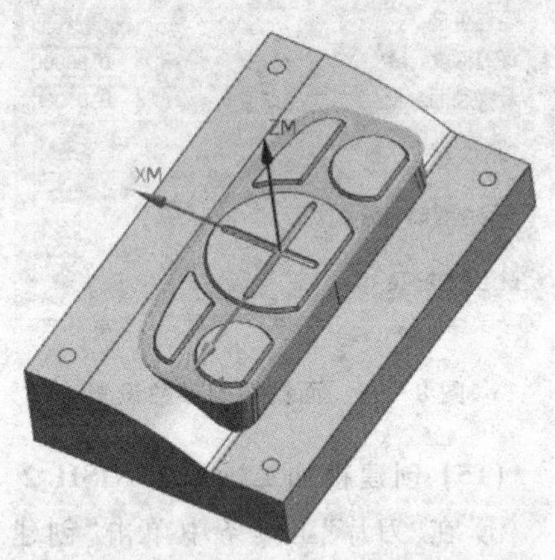

图 8-104 生成刀具路径

下面对两端型面与直壁进行精加工。

(16) 创建精加工操作 FINISH_3

① 在“刀片”工具条中单击“创建工序”按钮，弹出“创建工序”对话框，按照图 8-105 所示设置各选项，单击“确定”按钮，弹出“轮廓区域”对话框。

② 在“几何体”选项组单击“选择或编辑切削区域几何体”按钮，弹出“切削区域”对话框。

③ 选择除顶部 5 处凸台、平面、底部平面外的所有成型曲面，如图 8-106 所示。

④ 单击“确定”按钮，返回“轮廓区域”对话框。

⑤ 单击“驱动方法”选项组中的“编辑”按钮，弹出“区域铣削驱动方法”对话框。

⑥ 在“步距”下拉列表中设置步距定义方式为“残余高度”。

⑦ 在“最大残余高度”文本框中输入残余高度值为“0.01”，如图 8-107 所示。

⑧ 将“切削模式”设为“跟随周边”，将“步距已应用”选择为“在部件上”，如图 8-107 所示。

⑨ 单击“确定”按钮，返回“轮廓区域”对话框。

⑩ 单击“生成”按钮，生成刀位轨迹，如图 8-108 所示。

下面的操作将对零件 5 处凸台斜面精加工，由于是采用与半精加工相同的操作方法，因此可直接复制前面的操作，然后修改必要的参数即可。

图 8－105　“创建工序”对话框

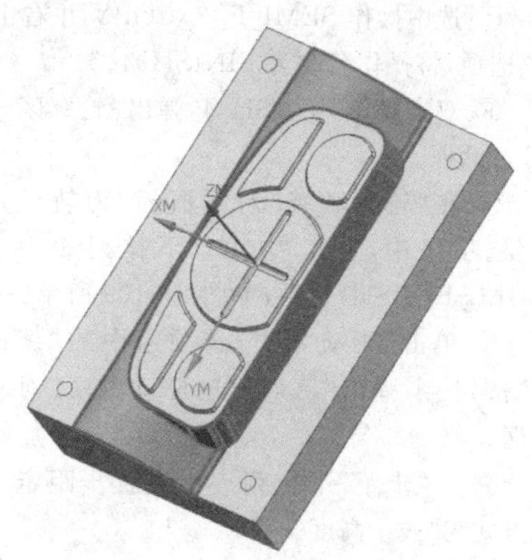

图 8－106　选择面示意图

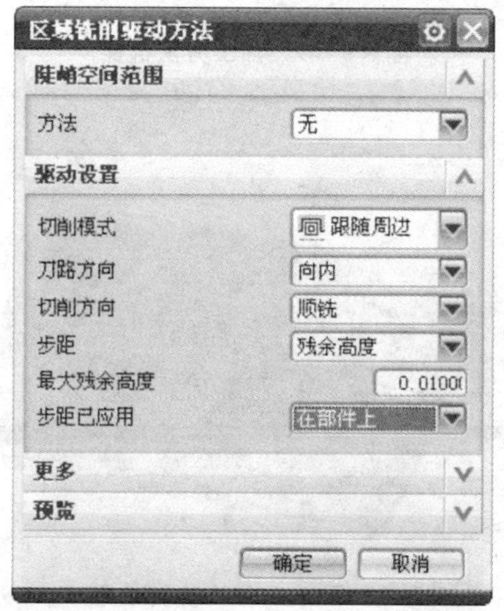

图 8－107　“区域铣削方法”参数设置

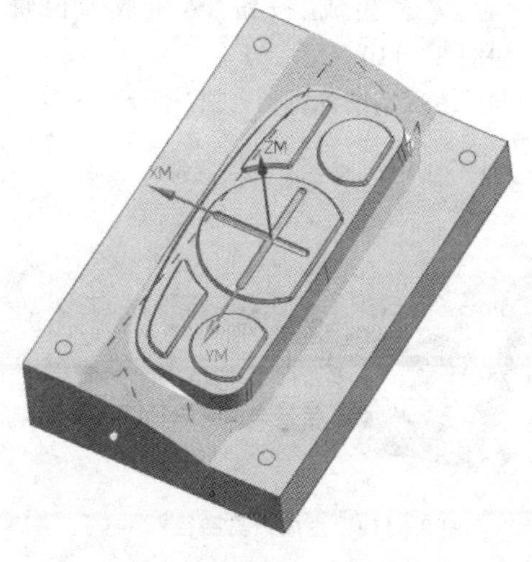

图 8－108　生成刀具路径

(17) 创建精加工操作 FINISH_4

① 在“导航器”工具条中选择“机床视图”按钮，将“工序导航器”选项组设为

“机床视图”。

② 在导航器中单击刀具 BM6 前的“+”号，将其展开。选择操作 SEMI_F_3 并右击，在弹出的右键快捷菜单中选择“复制”选项。

③ 在导航器中选择刀具 BM6 并右击，在弹出的右键快捷菜单中选择“内部粘贴”选项。刀具 BM6 下出现操作 SEMI_F_3_COPY。

④ 选中操作 SEMI_F_3_COPY 并右击，在弹出的右键快捷菜单中选择“重命名”选项，将操作名改为 FINISH_4。

⑤ 双击操作 FINISH_4，弹出“轮廓区域”对话框。

⑥ 在“轮廓区域”对话框的“刀轨设置”选项组中，单击“方法”下拉列表中“MILL_FINISH”选项，如图 8－109 所示。

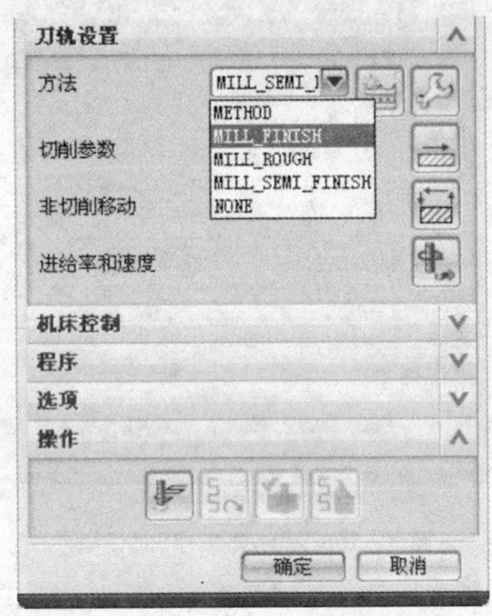

图 8－109　加工方法选择

⑦ 单击“驱动方法”选项组中的“编辑”按钮，弹出“区域铣削驱动方法”对话框。

⑧ 在“步距”下拉列表中设置步距定义方式为“残余高度”。

⑨ 在“最大残余高度”文本框中输入残余高度值为“0.01”，单击“确定”按钮，返回“轮廓区域”对话框。

⑩ 单击“生成”按钮，生成刀位轨迹，如图 8－110 所示。

⑪ 仿真切削如图 8－111 所示。

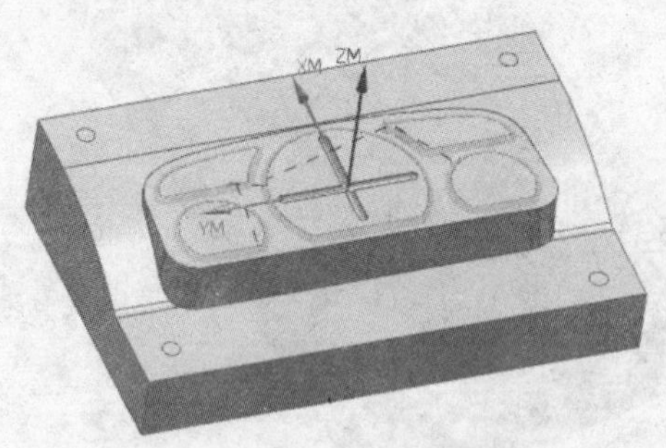

图 8－110　生成刀具路径

图 8－111　仿真效果

零件型面已基本精加工完毕，只剩下浇道加工与清根操作。

(18) 创建精加工操作 FINISH_5

① 浇道为半园型槽，圆弧半径为 R3，形状简单，可以采用 ϕ6 球头刀沿圆弧槽中

心线切削，适合用固定轴轮廓铣的曲线驱动生成刀轨。

② 该浇口道的中心线已经画好，如图 8－112 所示。

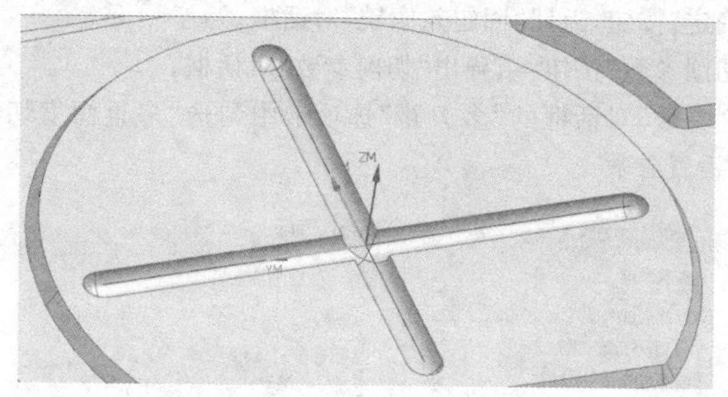

图 8－112 浇道口中心线示意图

③ 在“刀片”工具条中单击“创建工序”按钮，弹出“创建工序”对话框，按照图 8－113 所示设置各选项，单击“确定”按钮，弹出“固定轮廓铣”对话框。

④ 在“固定轮廓铣”对话框中将驱动方法设为曲线/点。系统会弹出一条警告信息，单击“确定”按钮确认，弹出“曲线/点驱动方法”对话框，如图 8－114 所示。

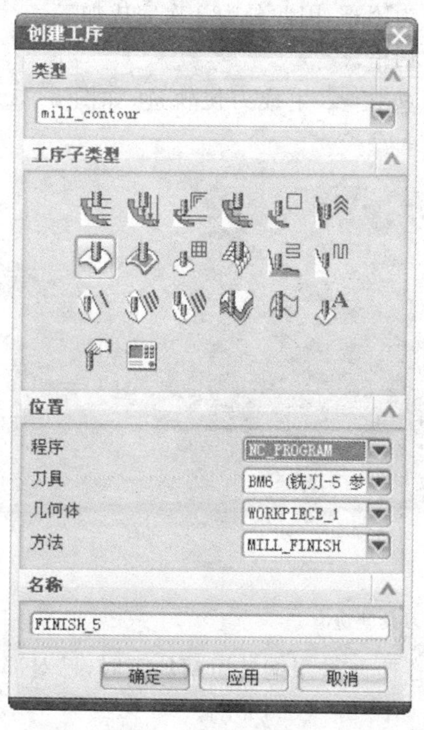

图 8－113 “创建工序”对话框

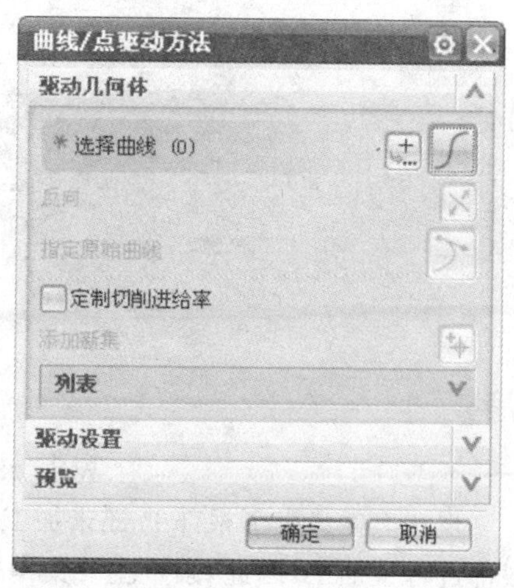

图 8－114 “曲线/点驱动方法”对话框

⑤ 用鼠标选择圆弧槽的一条中心线，在“曲线/点驱动方法”对话框中单击“添加新集”按钮，再选择另外一条圆弧槽的中心线。

⑥ 单击“确定”按钮，返回“固定轮廓铣”对话框。

⑦ 单击“切削参数”按钮，弹出“切削参数”对话框。

⑧ 在“切削参数”对话框的“多刀路”选项卡中勾选“多重深度切削”选项，按照图 8－115 所示设置参数。

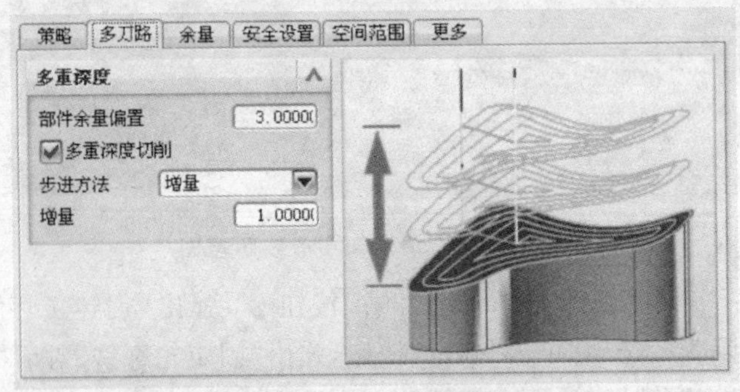

图 8－115　“切削参数”对话框

⑨ 由于圆弧槽较深，切削一次完成加工较为困难，因此分为 3 次完成加工。

⑩ 单击“确定“按钮，返回“固定轮廓铣”对话框。

⑪ 在“固定轮廓铣”对话框中单击“生成”按钮，生成刀位轨迹，如图 8－116 所示。

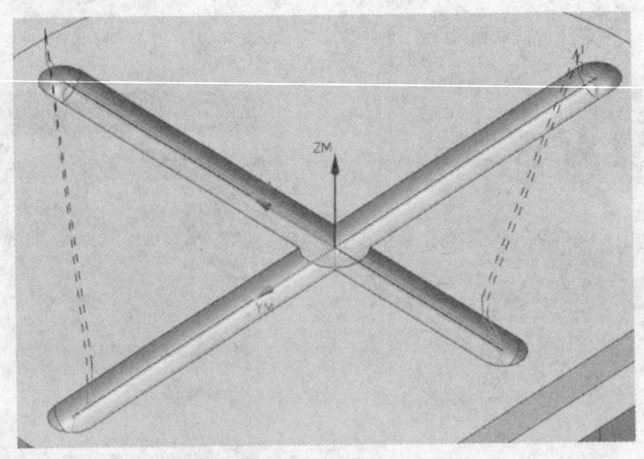

图 8－116　生成刀具轨迹

现在零件只剩下根部 R 还未加工。由于在前面采用端铣刀精加工时，已对部分根部进行了加工，因此，余量主要集中在两端，如图 8－117 所示。

(19) 创建精加工操作 FINISH_6

① 在“刀片”工具条中单击“创建工序”按钮，弹出“创建工序”对话框，按照

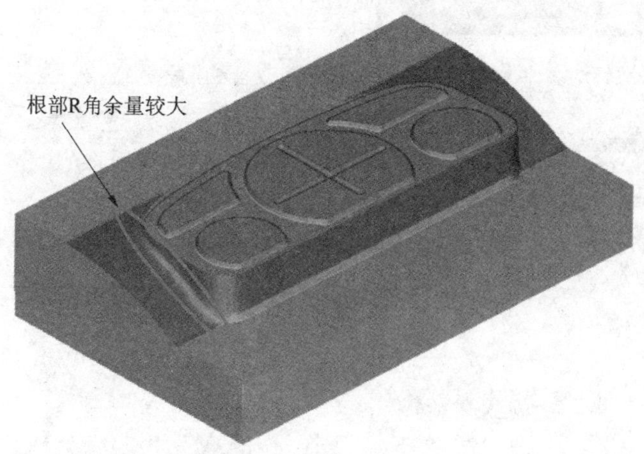

图 8-117　仿真加工效果

图 8-118 所示设置各选项，单击“确定”按钮，弹出“清根参考刀具”对话框。

② 单击“驱动方法”选项组中的“编辑”按钮，弹出“清根驱动方法”对话框。

③ 由于上一步加工所用的刀具为 BM16，因此在“参考刀具直径”文本框中输入“16”。

④ 将陡峭切削及非陡峭切削的步距设为 0.2 mm。

⑤ 单击“确定”按钮，返回“清根参考刀具”对话框。

⑥ 单击“选择或编辑修剪边界”按钮，弹出“修剪边界”对话框，如图 8-119 所示。

⑦ 勾选“忽略岛”选项。

⑧ 在修剪侧选择“内部”，如图 8-119 所示。

⑨ 选择图 8-120 所示平面。单击“确定”按钮，返回“清根参考刀具”对话框。

⑩ 单击“生成”按钮，生成刀位轨迹，如图 8-121 所示。

下面进行 2 次清根。

(20) 创建半精加工操作 FINISH_7

① 在“导航器”工具条中选择“机床视图”按钮，将“工序导航器”选项组设为“机床视图”。

② 在导航器中单击刀具 BM12 前的“+”号，将其展开。选择操作 FINISH_6 并右击，在弹出的右键快捷菜单中选择“复制”选项。

③ 在导航器中选择刀具 BM8 并右击，在弹出的右键快捷菜单中选择“内部粘贴”选项。刀具 BM8 下出现操作 FINISH_6_COPY。

④ 选中操作 FINISH_6_COPY 并右击，在弹出的右键快捷菜单中选择“重命名”选项，将操作名改为 FINISH_7。

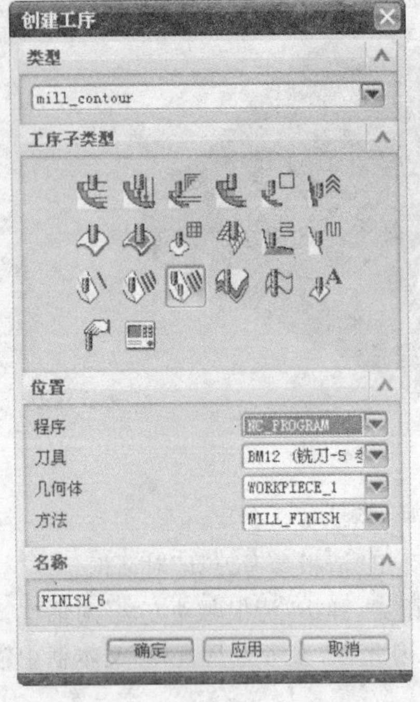

图 8-118 “创建工序”对话框

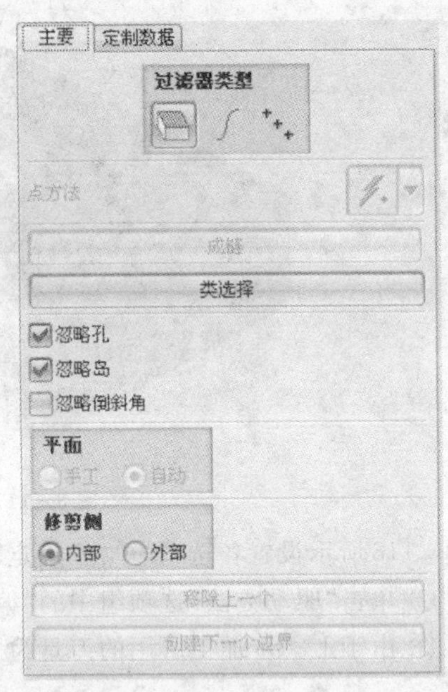

图 8-119 修剪侧设置

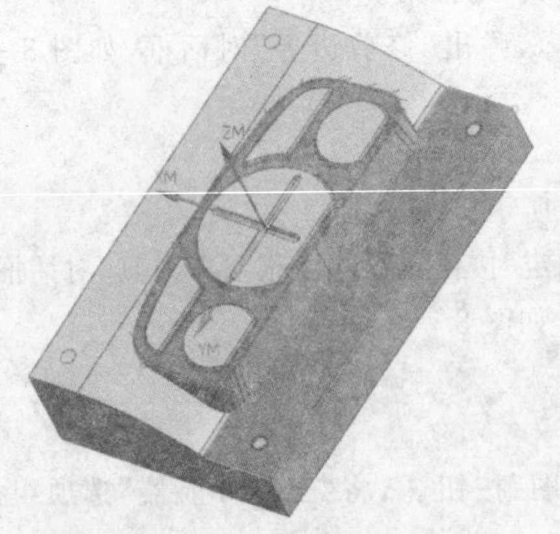

图 8-120 选择面示意图

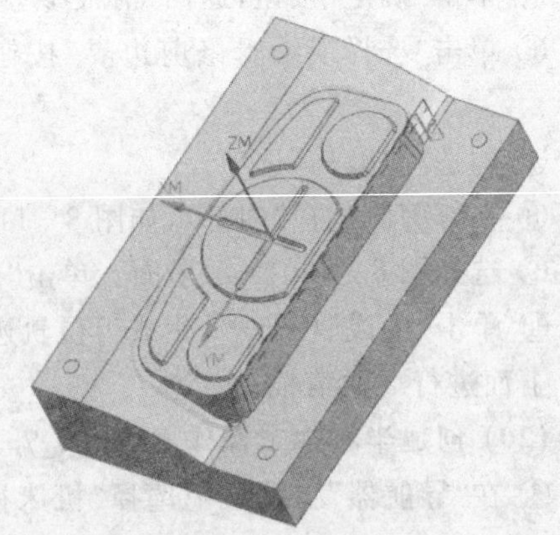

图 8-121 生成刀具路径

⑤ 双击操作 FINISH_7,弹出“清根参考刀具”对话框。

⑥ 单击“驱动方法”选项组中的“编辑”按钮,弹出“清根驱动方法”对话框。

⑦ 将参考刀具直径改为“12”,其余参数不变,单击“确定”按钮,返回“清根参考刀具”对话框。

⑧ 单击“生成”按钮,生成刀位轨迹,如图 8-122 所示。

下面进行 3 次清根。

图 8－122　生成刀具路径

(21) 创建半精加工操作 FINISH_8

① 在"导航器"工具条中选择"机床视图"按钮，将"工序导航器"选项组设为"机床视图"。

② 在导航器中单击刀具 BM8 前的"＋"号，将其展开。选择操作 FINISH_7 并右击，在弹出的右键快捷菜单中选择"复制"选项。

③ 在导航器中选择刀具 BM6 并右击，在弹出的右键快捷菜单中选择"内部粘贴"选项。刀具 BM6 下出现操作 FINISH_7_COPY。

④ 选中操作 FINISH_7_COPY 并右击，在弹出的右键快捷菜单中选择"重命名"选项，将操作名改为 FINISH_8。

⑤ 双击操作 FINISH_8，弹出"清根参考刀具"对话框。

⑥ 单击"驱动方法"选项组中的"编辑"按钮，弹出"清根驱动方法"对话框。

⑦ 将参考刀具直径改为"8"，其余参数不变，单击"确定"按钮，返回"清根参考刀具"对话框。

⑧ 单击"生成"按钮，生成刀位轨迹，如图 8－123 所示。

⑨ 仿真切削如图 8－124 所示。

下面进行钻削加工。

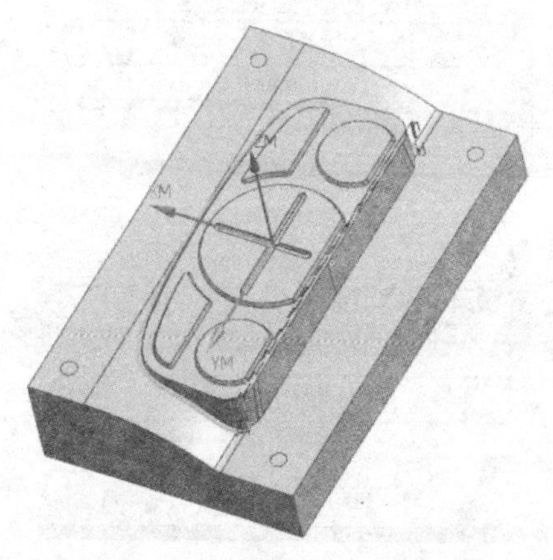

图 8－123　生成刀具路径

图 8－124　仿真效果

(22) 创建钻削加工操作 FINISH_9

① 在“刀片”工具条中单击“创建几何体”按钮，弹出“创建几何体”对话框，在“几何体子类型”选项组中选择“DRILL_GEOM”按钮，将“几何体”选项设置为“WORKPIECE”，如图 8－125 所示。

② 单击“确定”按钮，弹出“钻加工几何体”对话框，如图 8－126 所示。

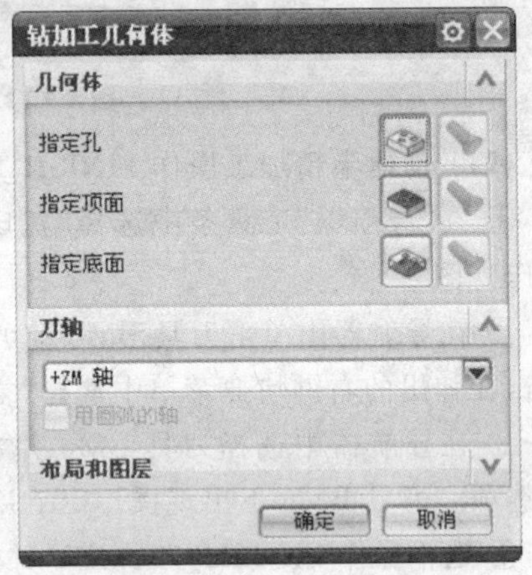

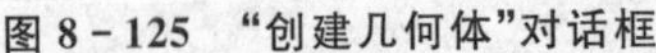

图 8－125 “创建几何体”对话框　　图 8－126 “钻加工几何体”对话框

③ 在“钻加工几何体”对话框中单击“选择或编辑孔几何体”按钮，弹出“点到点几何体”对话框，如图 8－127 所示。

④ 在“点到点几何体”对话框单击“选择”按钮，弹出“孔几何体选择”对话框，如图 8－128 所示。

图 8－127 “点到点几何体”对话框

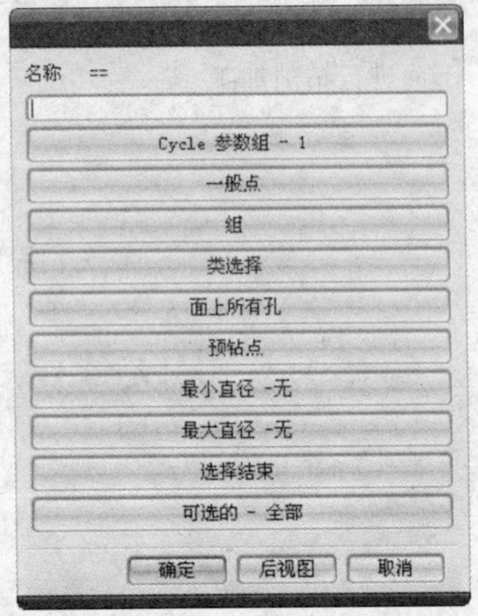

图 8－128 “孔几何体选择”对话框

⑤ 单击“面上所有孔”按钮，用鼠标点选零件上有孔的两个平面，单击四次“确定”按钮，完成点位几何体创建，效果如图 8－129 所示。

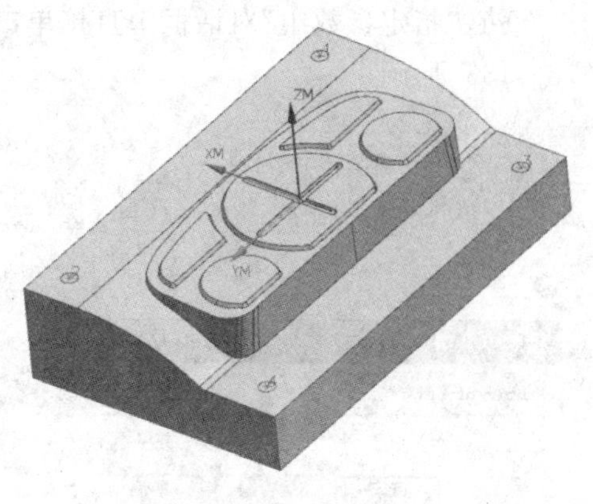

图 8－129　点位几何体创建

(23) 定心钻操作

下面首先创建一个定心钻操作。

① 在“刀片”工具条中单击“创建工序”按钮，系统弹出“创建工序”对话框，在“类型”下拉列表中选择“drill”选项。

② 在“工序子类型”选项组中单击“SPOT_DRILLING”按钮。

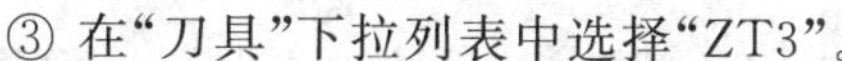

③ 在“刀具”下拉列表中选择“ZT3”。

④ 在“几何体”下拉列表中选择“DRILL_GEOM”选项。

⑤ 其余参数默认，如图 8－130 所示。

⑥ 单击“确定”按钮，弹出“定心钻”对话框，如图 8－131 所示。

图 8－130　“创建工序”对话框

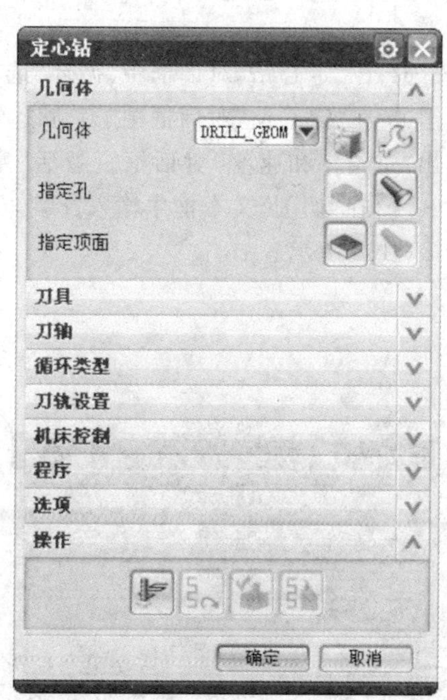

图 8－131　“定心钻”对话框

⑦ 在“定心钻”对话框中的“循环类型”选项中单击“编辑参数”按钮，系统弹出“指定参数组”对话框，如图 8－132 所示。

⑧ 在“指定参数组”对话框中直接单击“确定”按钮，进入“Cycle 参数”对话框，如图 8－133 所示。

图 8－132 “指定参数组”对话框

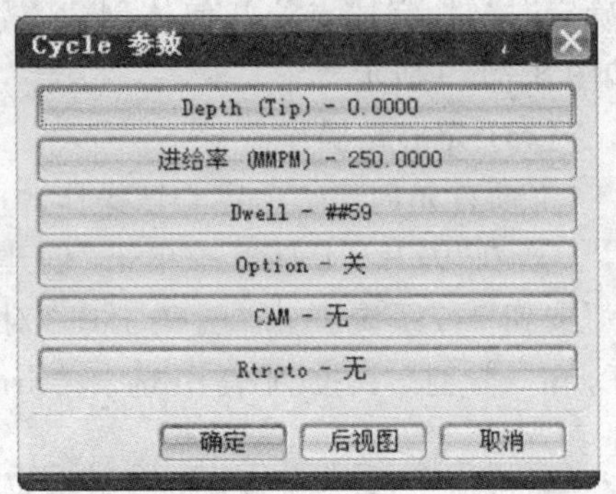

图 8－133 “Cycle 参数”对话框

⑨ 在“Cycle 参数”对话框中单击“Depth(Tip)”按钮，系统弹出“Cycle 深度”对话框，如图 8－134 所示。

⑩ 在“Cycle 深度”对话框中单击“刀尖深度”按钮，在“深度”文本框中输入“2.5”，单击“确定”按钮，返回“Cycle 参数”对话框。单击“确定”按钮，完成循环参数设置。

⑪ 在“定心钻”对话框中“循环”选项组中将“最小安全距离”设置为“20”。

⑫ 在“定心钻”对话框中“刀轨设置”选项组中单击“进给率和速度”按钮，系统弹出“进给率和速度”对话框。激活“主轴速度”选项，在“主轴速度”文本框中输入“200”。在“切削”文本框中输入“80”，单击“确定”按钮，完成进给率和速度的设置，如图 8－135 所示。

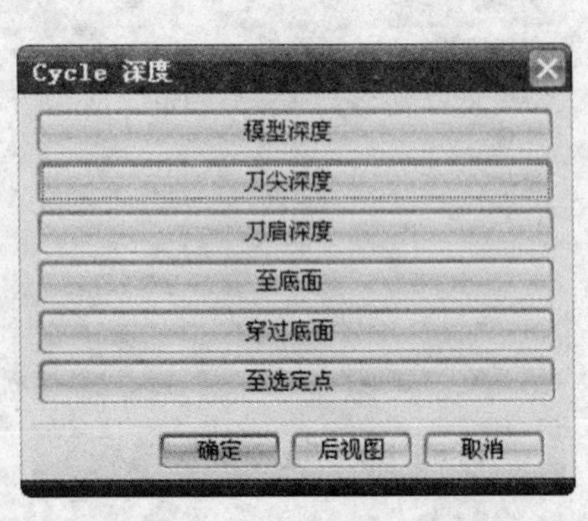

图 8－134 “Cycle 深度”对话框

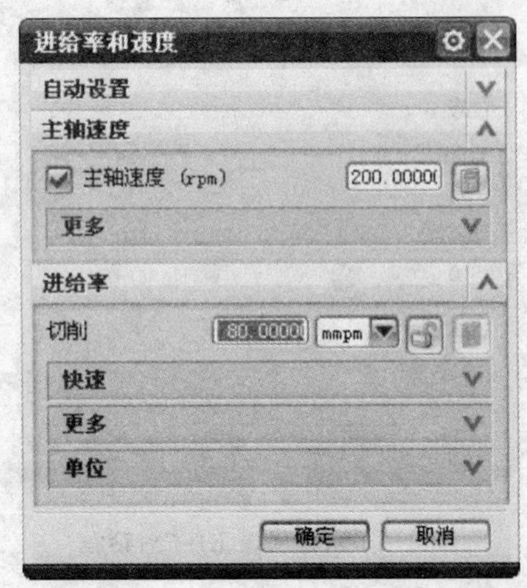

图 8－135 切削参数设置

⑬ 在“定心钻”对话框中单击“生成”按钮，系统开始计算刀具路径。

⑭ 计算完成后，单击“确定”按钮，完成中心钻刀具路径操作，结果如图 8－136 所示。

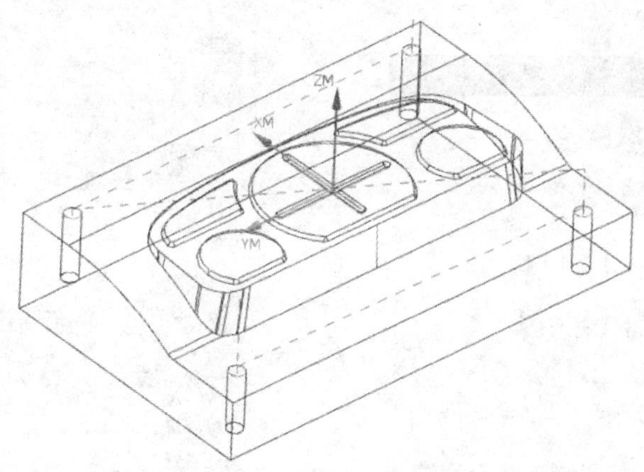

图 8－136　中心钻刀具路径

(24) 啄钻操作

接下来创建一个啄钻操作。

① 在“刀片”工具条中单击“创建工序”按钮，系统弹出“创建工序”对话框，在“类型”下拉列表菜单中选择“drill”选项。

② 在“操作子类型”选项中单击“PECK_DRILLING”按钮。

③ 在“刀具”下拉列表中选择“ZT12”。

④ 在“几何体”下拉列表中选择“DRILL_GEOM”选项。

⑤ 其余参数默认，如图 8－137 所示。

⑥ 单击“确定”按钮，进入“啄钻加工”对话框，如图 8－138 所示。

⑦ 在“啄钻”对话框的“循环类型”选项组中，选择“循环”下拉列表中的“啄钻”选项，系统弹出“距离”对话框，单击“确定”按钮，系统弹出“指定参数组”对话框。再次单击“确定”按钮，进入“Cycle 参数”对话框，单击“Increment －无”按钮，系统弹出“增量”对话框。单击“恒定”按钮，系统弹出“增量参数设置”对话框，在“增量”文本框中输入“2.5”，单击两次“确定”按钮，系统返回“啄钻”对话框。

⑧ 在“循环类型”选项组的“最小安全距离”文本框中输入“40”；在“深度偏置”选项组的“通孔安全距离”文本框中输入“1.5”，在“盲孔余量”文本框中输入“0”，如图 8－139 所示。

⑨ 在“啄钻”对话框中的“刀轨设置”选项组中单击“进给率和速度”按钮，系统弹出“进给率和速度”对话框。激活“主轴速度”选项，并在“主轴转速”文本框中输入“200”，在“切削”文本框中输入“80”，最后单击“确定”按钮完成进给率和速度的设置，如图 8－140 所示。

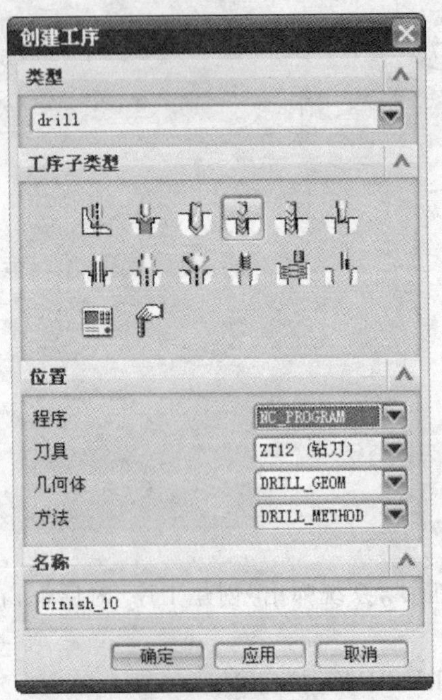

图 8-137 “创建工序”对话框

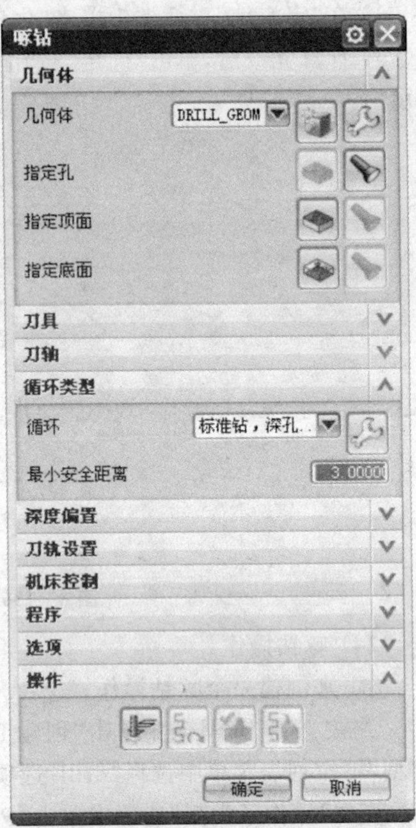

图 8-138 “啄钻”对话框

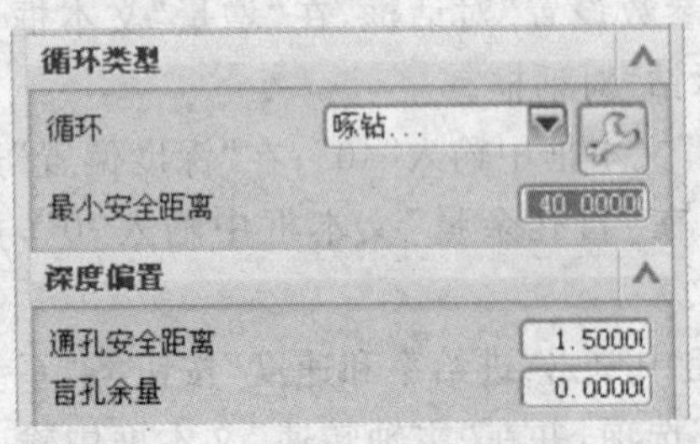

图 8-139 安全参数与深度偏置

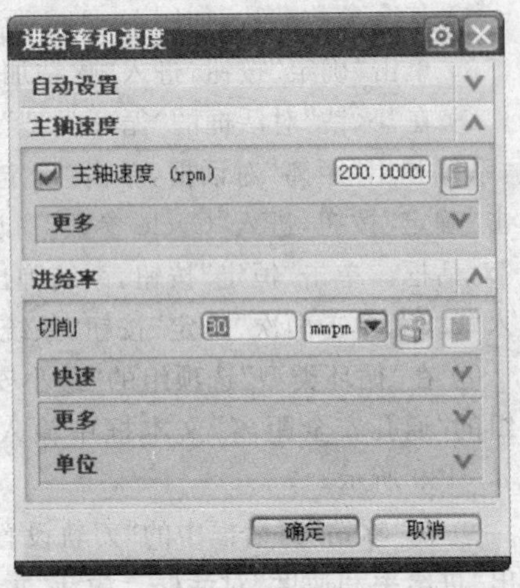

图 8-140 “进给率和速度”对话框

⑩ 在“啄钻”对话框中单击“生成”按钮，系统开始计算刀具路径。

⑪ 计算完成后，结果如图 8-141 所示，单击“确定”按钮，完成粗加工刀具路径操作。

⑫ 仿真切削如图 8-142 所示。

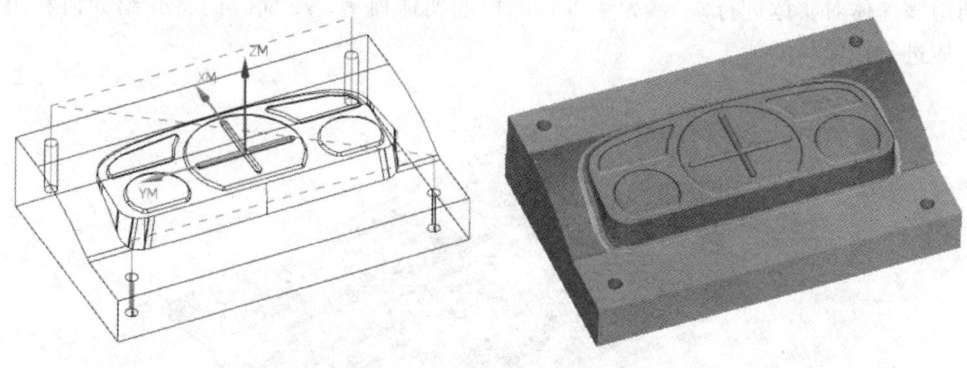

图 8-141　啄钻刀具路径　　　　**图 8-142　仿真加工效果**

至此，仪表盘凸模的加工完成，案例中的加工参数是根据实际加工设置的。读者在练习过程中，可根据计算机的配置适当调整放大加工参数，以提高刀具轨迹生成的速度以及仿真加工的速度。

8.3　综合案例三：汽车安全气囊支架冲压模具的凹模加工

该零件为汽车安全气囊的支架零件，如图 8-143 所示，零件料厚为 0.8 mm，该零件需要经过冲预孔、压型、切边、冲孔、翻边几道工序完成。本案例将重点讲述压型模凹模的加工过程。

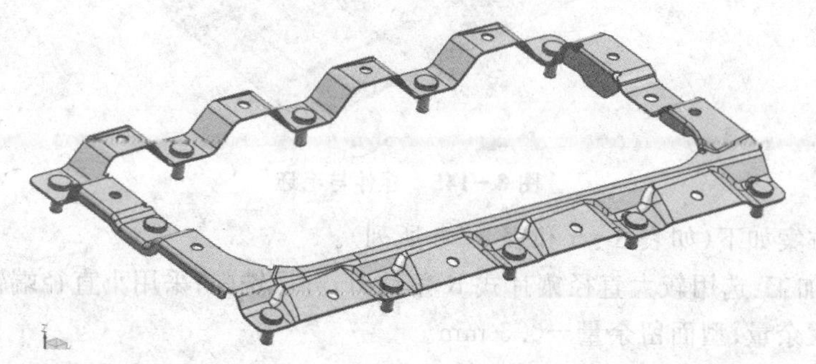

图 8-143　安全气囊支架零件图

(1) 打开文件

打开本书光盘中的文件“X:\ 8.8.3.prt”,确定加工方案。

零件如图 8-144 所示,已经根据零件图,将其进行了片体延展以及片体修补,注意该零件目前为片体零件,由于片体结构过于复杂,因此无法进行片体加厚,也无法利用该片体对实体进行修剪,无法得到凹模的实体模型。下面我们将介绍如何利用片体进行该模具的加工。

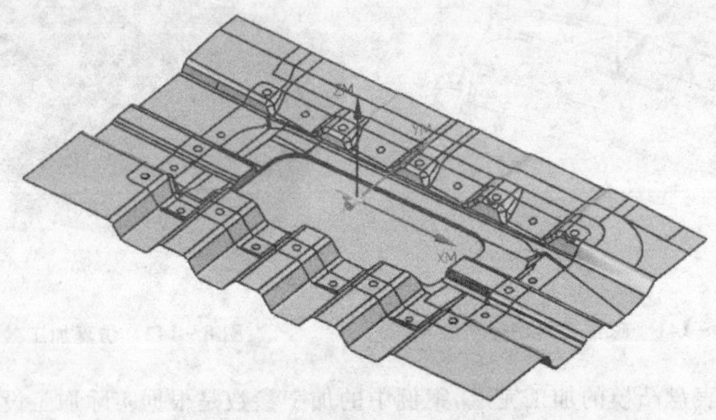

图 8-144 修改后的零件片体

毛坯已经建好,在隐藏空间内显示模型与毛坯几何体,如图 8-145 所示。

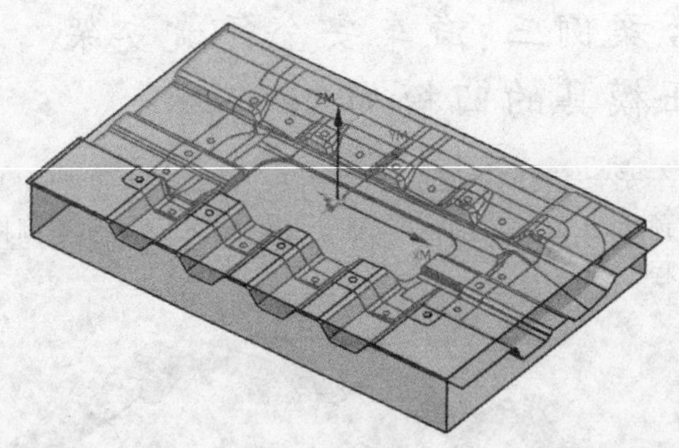

图 8-145 零件与毛坯

加工方案如下(如表 8-5 和表 8-6 所列)。

① 粗加工:选用较大直径镶片式 R 角铣刀,分层铣削;采用小直径端铣刀去除狭窄位置的大余量;型面留余量−0.5 mm。

② 半精加工:选用球头铣刀,局部去余量、半清根,型面留余量−0.7 mm。

③ 精加工:选用整体式端面铣刀与球头刀,精加工型面、清根,型面留余量−0.8 mm。

注意：由于该片体零件是按照实体模型的凸模面创建的，因此要加工出凹模面就应利用切削余量，使刀具过切 0.8 mm(料厚)。在实际加工中，很多时候由于受到片体的限制，经常会利用加工余量的控制来完成凹模、凸模的加工，请读者仔细体会其应用。

表 8-5　工艺方案表五

序　号	方　法	程序名	刀具名称	刀具直径	R 角	刃　长	刀　长	余　量
1	粗加工	ROU_1	EM63_R6	63	6	6	150	−0.5
2	粗加工	ROU_2	EM32_R6	32	6	6	200	−0.5
3	粗加工	ROU_3	EM12_R0.8	12	0.8	10	150	−0.5
4	半精加工	SEMI_F_1	BM16	16	8	60	160	−0.7
5	半精加工	SEMI_F_2	BM10	10	5	20	150	−0.7
6	半精加工	SEMI_F_3	BM6	6	3	20	150	−0.7
7	精加工	FINISH_1	EM12_R0.8	1232	0.8	10	150	−0.8
8	精加工	FINISH_2	BM10	10	5	20	150	−0.8
9	精加工	FINISH_3	BM6	6	3	20	150	−0.8

表 8-6　工艺方案表六

序　号	方　法	程序名	操作方式	说　明
1	粗加工	ROU_1	型腔铣	去除大余量
2	粗加工	ROU_2	型腔铣	去除大余量
3	粗加工	ROU_3	型腔铣	去除局部余量
4	半精加工	SEMI_F_1	固定轴轮廓铣	曲面半精加工
5	半精加工	SEMI_F_2	清根	去除根部较大余量
6	半精加工	SEMI_F_3	清根	去除根部较大余量
7	精加工	FINISH_1	面铣	主要平面精加工
8	精加工	FINISH_2	固定轴轮廓铣	曲面精加工
9	精加工	FINISH_3	清根	根部精加工

(2) 设置加工方法

① 进入加工环境。

② 在“导航器”工具条中单击“加工方法视图”按钮，将工序导航器设为加工方法。

③ 双击工序导航器中的 MILL_ROUGH 图标，弹出“铣削方法”对话框，在“部件余量”文本框中输入“−0.5”，表示粗加工时侧壁留余量 0 mm，单击“确定”按钮退出对

话框。

④ 双击工序导航器中的 MILL_SEMI_FINISH 图标，弹出“铣削方法”对话框，在“部件余量”文本框中输入“－0.7”，单击“确定”按钮退出对话框。

⑤ 双击导航器中的 MILL_FINISH 图标，弹出“铣削方法”对话框，在“部件余量”文本框中输入“－0.8”，单击“确定”按钮退出对话框。

(3) 设置坐标系、安全平面

① 在“导航器”工具条中单击“几何视图”按钮，将工序导航器设为几何体。

② 按组合键 Ctrl＋Shift＋K，用鼠标选择毛坯实体，单击“确定”按钮，显示毛坯几何体。

③ 在工序导航器中双击 MCS_MILL 图标，弹出“Mill Orient”对话框。

④ 在“安全设置”选项组中将“安全设置”选项设置为“平面”，单击“平面对话框”按钮，弹出“平面”对话框。

⑤ 用鼠标选择毛坯上表面，在“距离”文本框中输入“3”，单击“确定”按钮，完成安全平面设置。

⑥ 再次单击“确定”按钮，退出“Mill Orient”对话框，完成加工坐标系与安全的设置。

加工坐标系已经符合加工要求（位于模型上表面，且 Z 轴竖直向上），因此在此没有进行设置。

(4) 建立刀具

① 在“刀片”工具条中单击“创建刀具”按钮，弹出“创建刀具”对话框。

② 在“刀具子类型”选项组中选择选项，在“名称”文本框输入铣刀名“EM63_R6”（如图 8－146 所示），单击“确定”按钮；在弹出的“铣刀-5 参数”对话框中，输入铣刀参数 D＝63 mm、R＝6、L＝150、FL＝6，如图 8－147 所示。单击“确定”按钮，完成刀具创建。

③ 采用同样方法，按表 8－5 所列参数建立其余铣刀。

(5) 建立加工几何体

① 在“刀片”工具条中单击“创建几何体”按钮，弹出“创建几何体”对话框。在“类型”下拉列表中选择“mill_contour”，在“几何体子类型”选项组中选择“WORKPIECE”按钮，在“几何体”下拉列表中选择“MCS_MILL”，如图 8－148 所示，单击“确定”按钮。出现“工件”对话框。

② 在“工件”对话框中单击“选择或编辑部件几何体”按钮，弹出如图 8－149 所示的“部件几何体”对话框。

③ 将选择意图改为“片体”，用鼠标选择零件片体，单击“确定”按钮，回到“工件”对话框。

④ 单击“选择或编辑毛坯几何体”按钮，选择毛坯实体，单击“确定”按钮，回到

"工件"对话框。

⑤ 单击"确定"按钮,结束加工几何建立。此时可将毛坯隐藏。

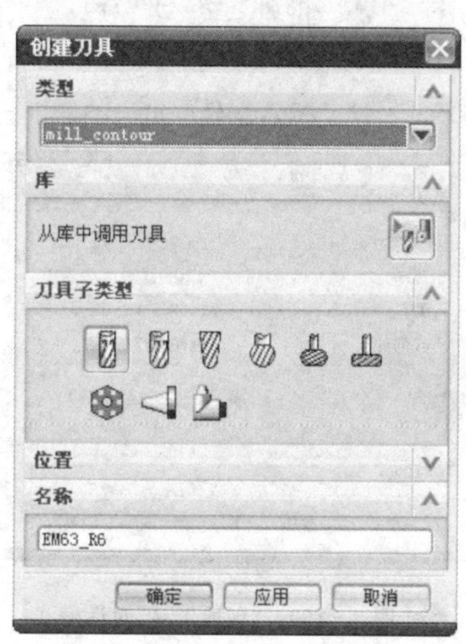

图 8-146　"创建刀具"对话框

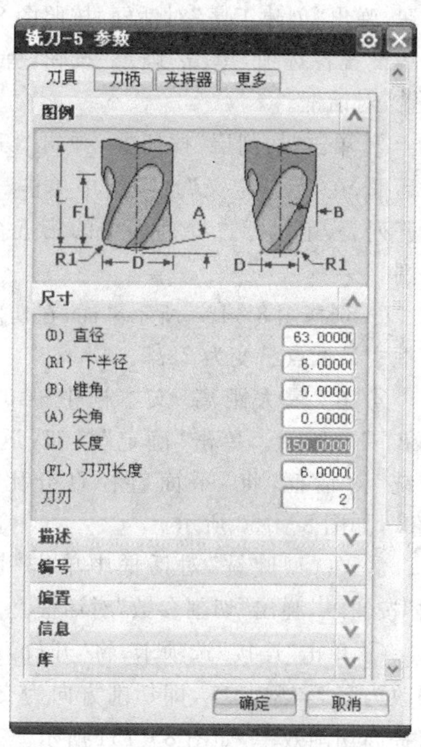

图 8-147　"铣刀-5 参数"对话框

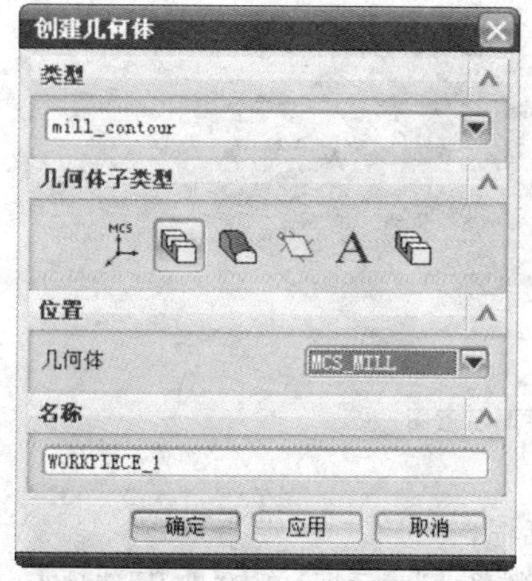

图 8-148　"创建几何体"对话框

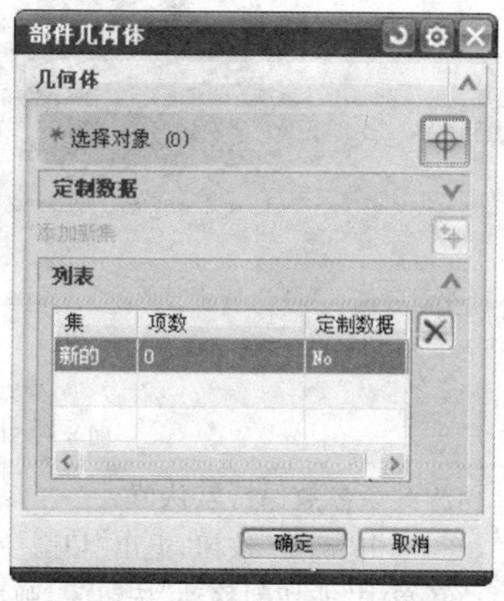

图 8-149　"部件几何体"对话框

(6) 创建粗加工操作 ROU_1

① 在“刀片”工具条中单击“创建工序”按钮，弹出“创建工序”对话框，按照图 8－150 所示设置各选项，单击“确定”按钮，弹出“型腔铣”对话框。

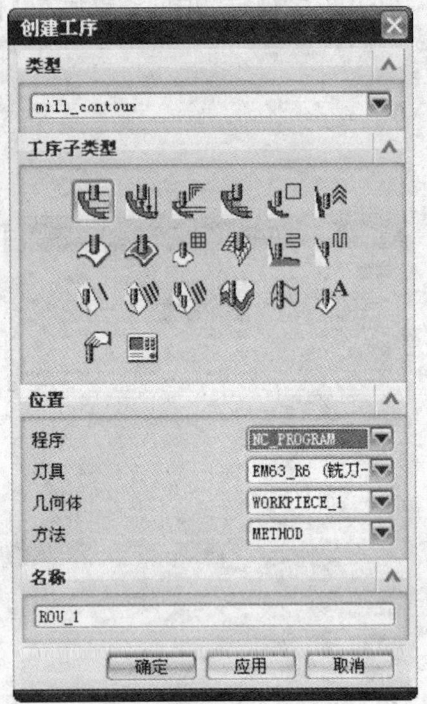

图 8－150　“创建工序”对话框

② 单击“切削层”按钮，弹出“切削层”对话框，在“范围定义”选项组中单击按钮打开列表，用鼠标选择列表中的第五个切削范围。

③ 选择图 8－151 所示平面，在切削层对话框中最低点已变为 23.5。

④ 在“最大距离”文本框中输 0.4，如图 8－152所示。单击“确定”按钮，返回“型腔铣”对话框，将“平面直径百分比”设为“70”，如图 8－153 所示。

⑤ 在“型腔铣”对话框中单击“切削参数”按钮，弹出“切削参数”对话框。

⑥ 单击“连接”选项卡，将“开放刀路”选项改为 变换切削方向，即切削方向为交替式，以提高切削效率，如图 8－154 所示。

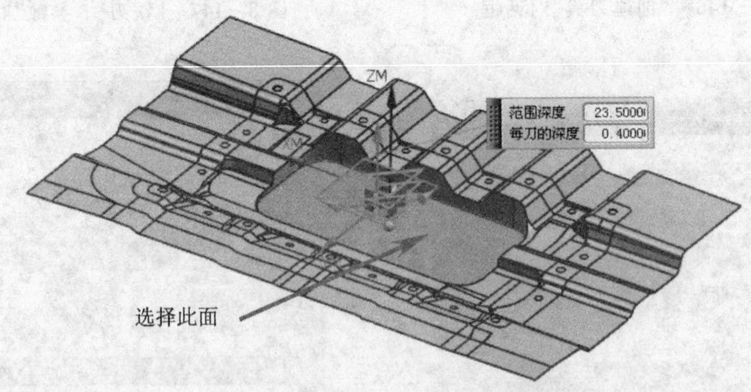

图 8－151　选择平面示意图

⑦ 其余参数保持默认值。

⑧ 单击“确定”按钮，退出“切削参数”对话框。

⑨ 单击“非切削移动”按钮，弹出“非切削移动”对话框，单击“进刀”选项卡，将封闭区域的“进刀类型”选择为螺旋，并且将斜坡角修改为“3”，如图 8－155 所示。单

击“确定”按钮，返回“型腔铣”对话框。

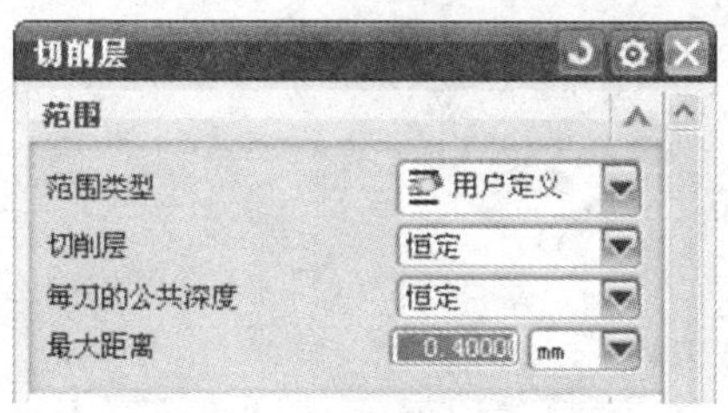

图 8-152　每刀切削深度设置

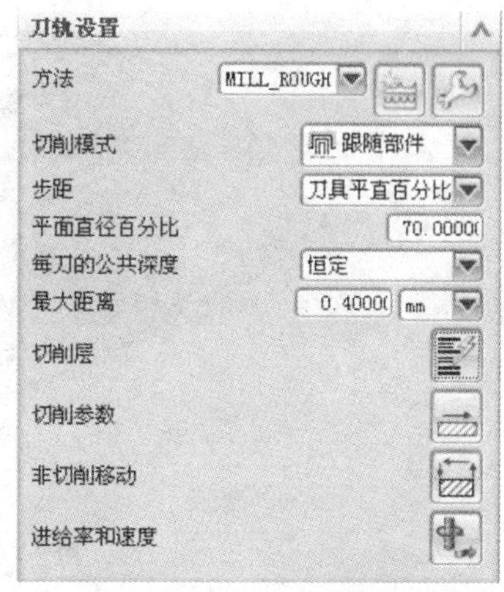

图 8-153　型腔铣对话框

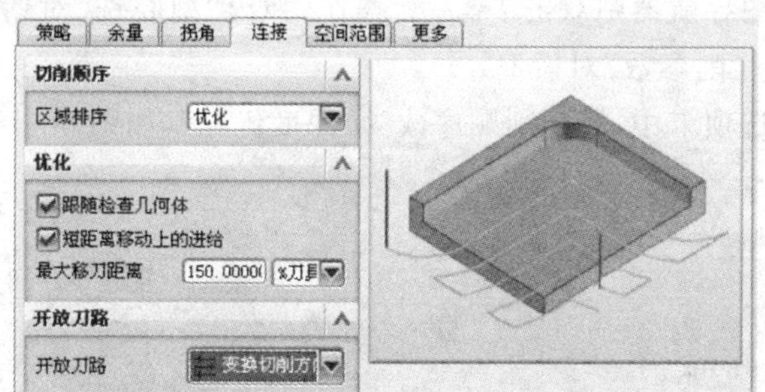

图 8-154　“连接”参数设置

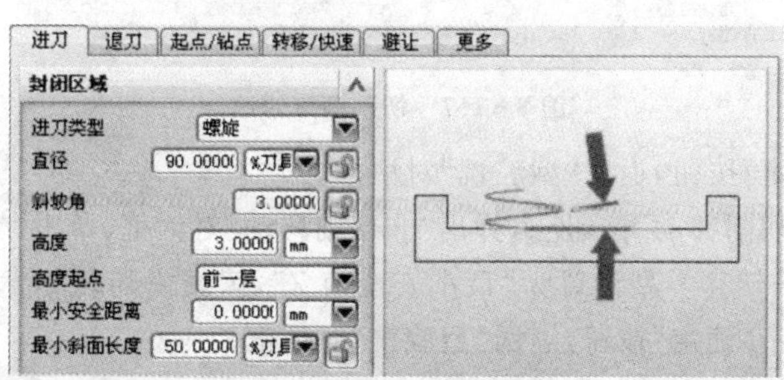

图 8-155　非切削移动设置

⑩ 单击“进给率和速度”按钮，在“主轴速度”选项组中激活“主轴速度”选项，并在“主轴速度”文本框中输入“800”，在“进给率”选项组的“切削”文本框中输入“1000”。

⑪ 单击“确定”按钮，返回“型腔铣”对话框。

⑫ 在“型腔铣”对话框中单击“生成”按钮，生成刀位轨迹，如图 8－156 所示。

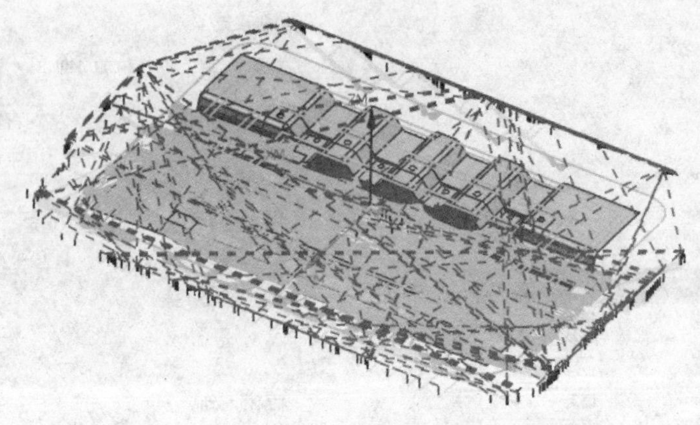

图 8－156　生成刀轨

⑬ 仔细观察刀具路径，发现红色的空刀路径太多了，这将影响切削效率，因此将对该刀轨进行优化。

⑭ 在几何视图导航器中双击 ROU_1 操作，弹出“型腔铣”对话框，单击“切削参数”按钮，弹出“切削参数”对话框。

⑮ 在“策略”选项卡中，将切削顺序改为“深度优先”，如图 8－157 所示。

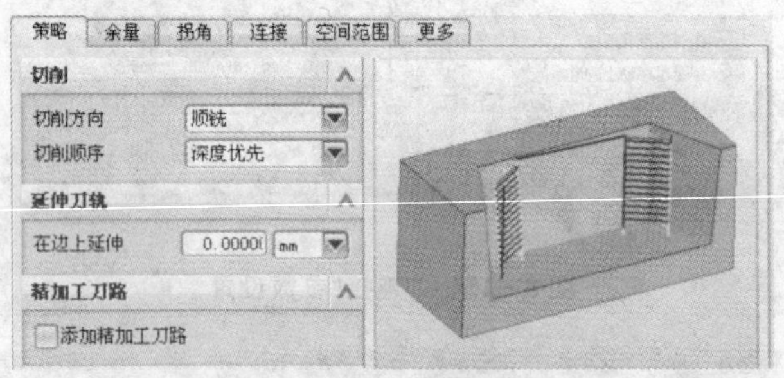

图 8－157　切削顺序修改

⑯ 单击“确定”按钮，返回“型腔铣”对话框。

⑰ 单击“非切削移动”按钮，弹出“非切削移动”对话框，单击“转移/快速”选项卡，将区域之间的转移类型设置为“最小安全值 Z”，区域内的转移类型也设置为“最小安全值 Z”，单击“确定”按钮，返回“型腔铣”对话框。

⑱ 在“型腔铣”对话框中单击“生成”按钮，生成刀位轨迹，如图 8－158 所示。可以看出，优化后的刀具路径，红色的空刀路径明显减少了，并且连接刀路也简化了。

⑲ 动态切削仿真如图 8－159 所示。

部分余量被去除，但由于刀具直径原因，部分凹槽未加工，需要再次粗加工加以去除。

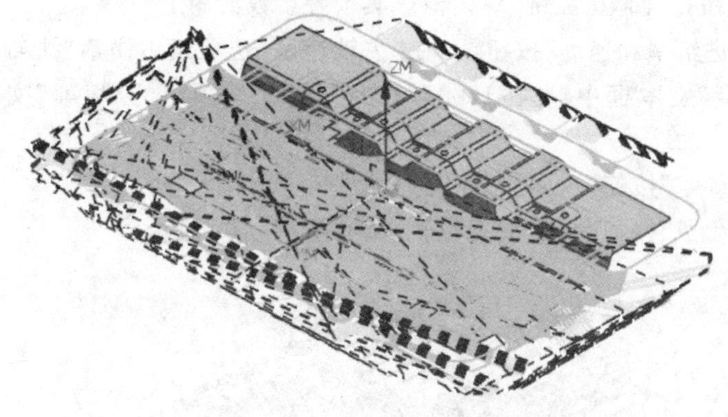

图 8－158　切削顺序修改

(7) 创建粗加工操作 ROU_2

① 在“导航器”工具条中选择“机床视图”按钮，将“工序导航器”选项组设为“机床”。

② 在导航器中单击刀具 EM63_R6 前的“＋”号，将其展开。

③ 选择操作 ROU_1 并右击，在弹出的右键快捷菜单中选择“复制”选项，如图 8－160 所示。

图 8－159　仿真效果

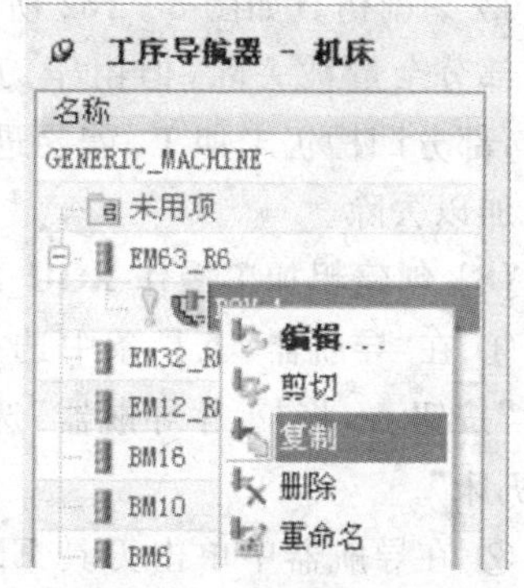

图 8－160　复制粗加工操作

④ 在导航器中选择刀具 EM32R6 并右击，在弹出的右键快捷菜单中选择“内部粘贴”选项。刀具 EM32R6 下出现操作 ROU_1_COPY。

⑤ 选中操作 ROU_1_COPY 并右击，在弹出的右键快捷菜单中选择“重命名”选项。将操作 ROU_1_COPY 改名为 ROU_2。

⑥ 双击操作 ROU_2，弹出“型腔铣”对话框。

⑦ 在“型腔铣”对话框中单击“切削参数”按钮，弹出“切削参数”对话框。

⑧ 单击“空间范围”选项卡，在“毛坯”选项组中将处理中的工件改为“使用 3D”，

单击“确定”按钮，返回“型腔铣”对话框。其余各参数沿用上一操作。

⑨ 单击“进给率和速度”按钮，在“主轴速度”选项组中激活“主轴速度”选项，并在“主轴速度”文本框中输入“1500”，在“进给率”选项组的“切削”文本框中输入“1200”。

⑩ 单击“确定”按钮，返回“型腔铣”对话框。

⑪ 单击“生成”按钮，生成刀位轨迹，如图 8－161 所示。

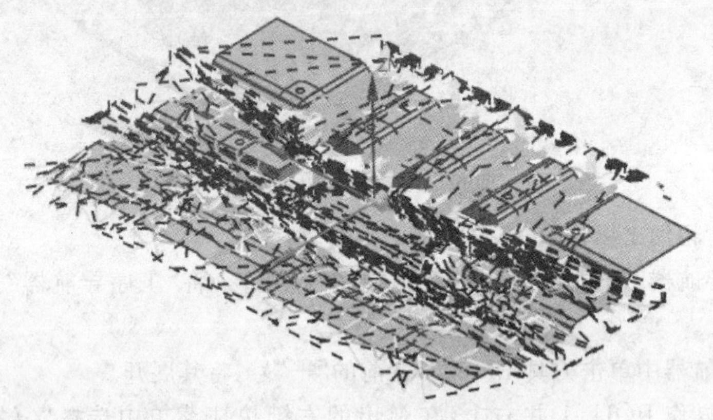

图 8－161 生成刀具轨迹

⑫ 切削仿真如图 8－162 所示。

部分余量被去除，但由于刀具直径原因，部分凹槽仍未加工，需要进一步粗加工加以去除。

图 8－162 仿真效果

(8) 创建粗加工操作 ROU_2

① 在“导航器”工具条中选择“机床视图”按钮，将“工序导航器”选项组设为“机床”。

② 在导航器中单击刀具 EM32_R6 前的“＋”号，将其展开。

③ 选择操作 ROU_2 并右击，在弹出的右键快捷菜单中选择“复制”选项，如图 8－163 所示。

④ 在导航器中选择刀具 EM12R0.8 并右击，在弹出的右键快捷菜单中选择“内部粘贴”选项。刀具 EM12R0.8 下出现操作 ROU_2_COPY。

⑤ 选中操作 ROU_2_COPY 并右击，在弹出的右键快捷菜单中选择“重命名”选项。将操作 ROU_2_COPY 改名为 ROU_3。

⑥ 双击操作 ROU_3，弹出“型腔铣”对话框。

⑦ 在“型腔铣”对话框中单击“切削参数”按钮，弹出“切削参数”对话框。

⑧ 单击“进给率和速度”按钮，在“主轴速度”选项组中激活“主轴速度”，并在“主轴速度”文本框中输入“1800”，在“进给率”选项组的“切削”文本框中输入“800”。

⑨ 单击“确定”按钮，返回“型腔铣”对话框。

⑩ 在“刀轨设置”选项组中将“最大距离”设为“0.2”，将“平面直径百分比”设为“50”，如图 8-164 所示。

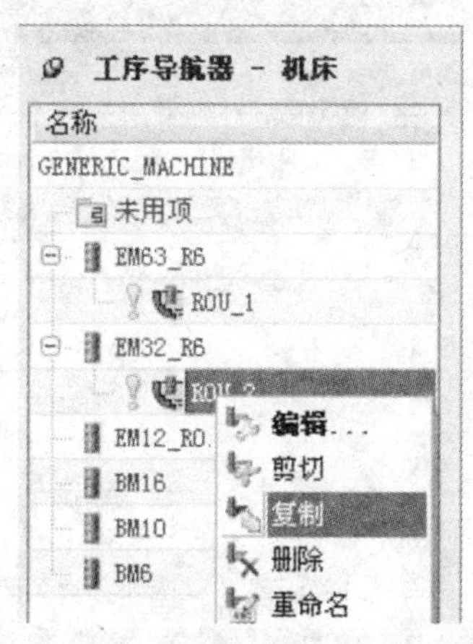

图 8-163　复制粗加工操作

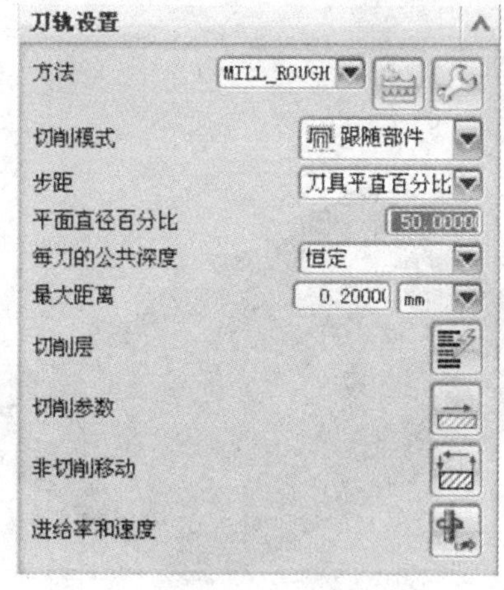

图 8-164　刀轨参数设置

⑪ 单击“生成”按钮，生成刀位轨迹，如图 8-165 所示。

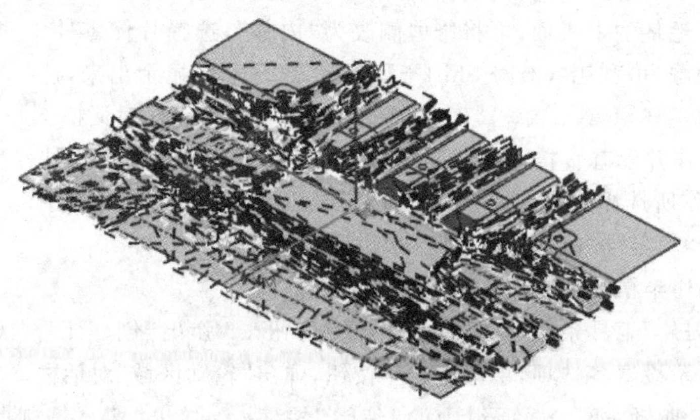

图 8-165　生成刀具轨迹

⑫ 切削仿真如图 8-166 所示。

粗加工操作全部完成。

经过三次粗加工后，绝大部分余量已经被去除，但余量的分布并不均匀，特别在两端曲面部分台阶较为严重，应先对该处型面单独加工。下面将通过创建半精加工操作使余量均匀化。

(9) 创建半精加工操作用零件几何体

① 在“刀片”工具条中单击“创建几何体”按钮，在“类型”选项组中选择 mill_contour，在“几何体子类型”选项组选择 MILL_AREA ，在“几何体”下拉列表中选择 WORKPECEC_1，如图 8-167 所示。单击“确定”按钮，出现“铣削区域”对话框。

图 8-166 仿真效果

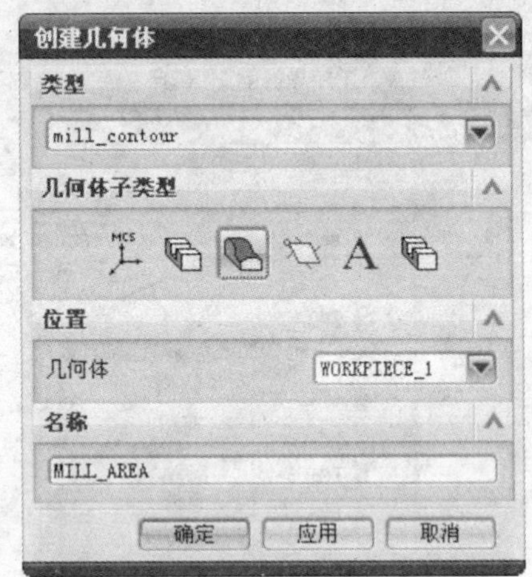

图 8-167 “创建几何体”对话框

② 单击“选择或编辑修剪边界”按钮，弹出“修剪边界”对话框，将修剪侧改为“外部”，选择毛坯的上表面；再将修剪侧改为“内部”，选择片体零件中间的矩形腔底面(如毛坯隐藏，可利用“Ctrl+Shift+B”组合键将毛坯显示出来，选择完毕，再次按该组合键，将毛坯隐藏)。单击“确定”按钮，返回“铣削区域”对话框。

③ 该操作并没有直接选择切削区域，系统将自动选择整个零件作为切削区域，利用上一操作所选择的修剪边界，将切削区域现在这两个边界之内。

④ 单击“确定”按钮，完成切削区域设置。

(10) 创建半精加工操作 SEMI_F_1

① 在“刀片”工具条中单击“创建工序”按钮，弹出“创建工序”对话框，按照图 8-168 所示设置各选项，单击“确定”按钮，弹出“轮廓区域”对话框。

② 单击“驱动方法”选项组中的“编辑”按钮，弹出“区域铣削驱动方法”对话框。

③ 在“步距”选项组中设置步距定义方式为“残余高度”。

④ 在“最大残余高度”文本框输入残余高度值为“0.05”，如图 8-169 所示。

⑤ 将“切削模式”设为，将“步距已应用”选择为“在部件上”，如图 8-169 所示。

⑥ 单击“确定”按钮，返回“轮廓区域”对话框。

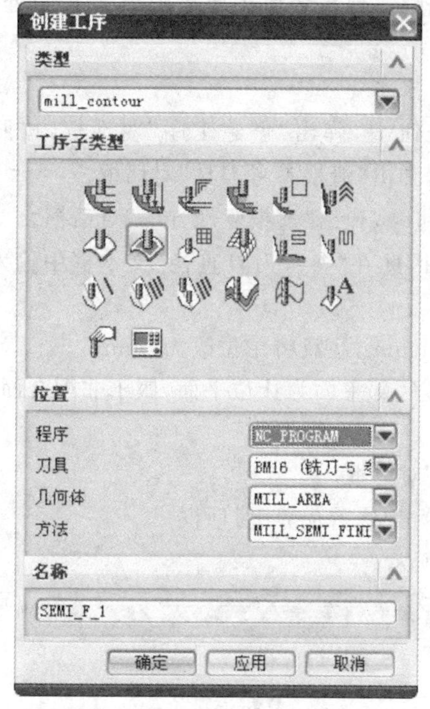

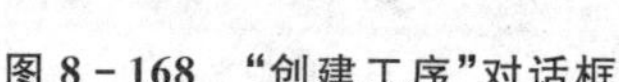
图 8-168　“创建工序”对话框

图 8-169　“区域铣削驱动方法”对话框

⑦ 单击“进给率和速度”按钮，在“主轴速度”选项组中激活“主轴速度”选项，并在“主轴速度”文本框中输入“1500”，在“进给率”选项组的“切削”文本框中输入“1200”。

⑧ 单击“确定”按钮，返回“型腔铣”对话框。

⑨ 单击“生成”按钮，生成刀位轨迹，如图 8-170 所示。

⑩ 切削仿真如图 8-171 所示。

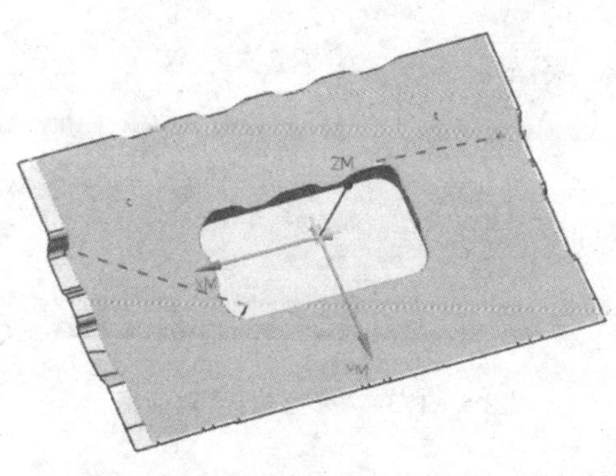

图 8-170　生成刀具轨迹

图 8-171　仿真效果

⑪ 台阶状余量已被去除，整个型面变得光顺。现在余量主要集中根部 R 角处，在精加工前需要半清根，去除余量。

(11) 创建半精加工操作 SEMI_F_2

① 在“刀片”工具条中单击“创建工序”按钮，弹出“创建工序”对话框，按照图 8-172 所示设置各选项。单击“确定”按钮，弹出“清根参考刀具”对话框。

② 单击“驱动方法”选项组中的“编辑”按钮，弹出“清根驱动方法”对话框。

③ 由于上一步加工所用的刀具为 BM16，因此在“参考刀具直径”文本框中输入“16”。

④ 将陡峭切削及非陡峭切削的步距设为 1 mm，注意将单位改为“mm”。

⑤ 由于根部 R 角余量较大，而中间矩形腔底部平面为让位平面，属于非配合面，不用考虑清根。

⑥ 单击“确定”按钮，返回“清根参考刀具”对话框。

⑦ 单击“选择或编辑修剪边界”按钮，弹出“修剪边界”对话框。

⑧ 在“修剪侧”选择“内部”，如图 8-173 所示。

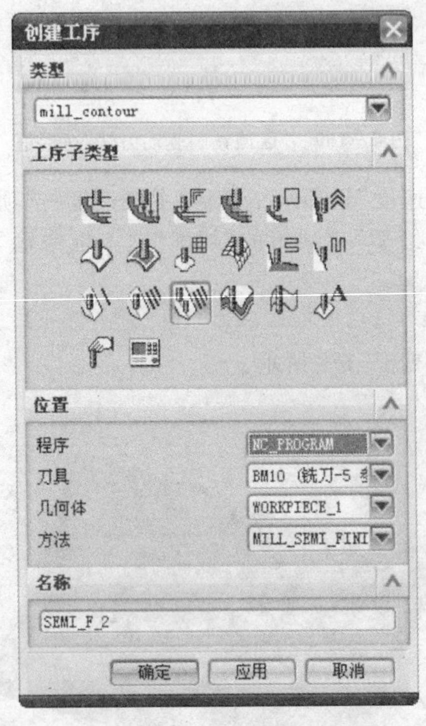

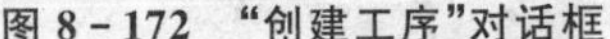
图 8-172 “创建工序”对话框

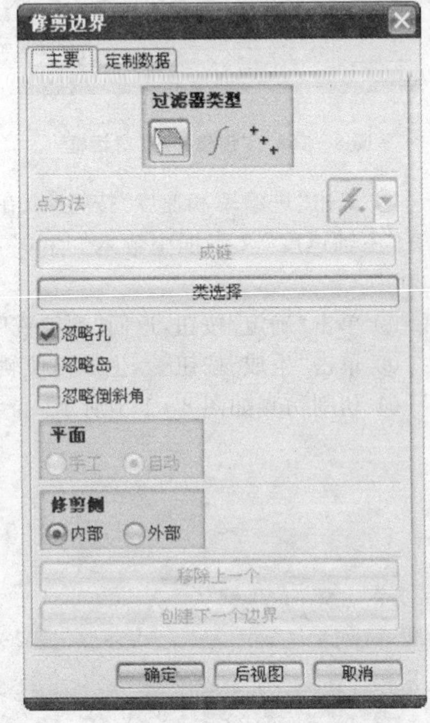

图 8-173 “修剪边界”对话框

⑨ 选择图 8-174 所示平面。单击“确定”按钮，返回“清根参考刀具”对话框。

⑩ 单击“进给率和速度”按钮，在“主轴速度”选项组中激活“主轴速度”选项，并

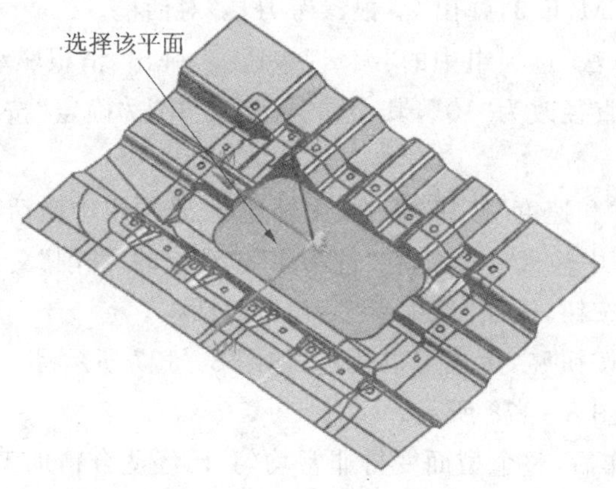

图 8-174　选择平面示意图

在“主轴速度”文本框中输入“1800”，在“进给率”选项组的“切削”文本框中输入“1000”。

⑪ 单击“确定”按钮，返回“清根参考刀具”对话框。

⑫ 单击“生成”按钮，生成刀位轨迹，如图 8-175 所示。

⑬ 切削仿真如图 8-176 所示。

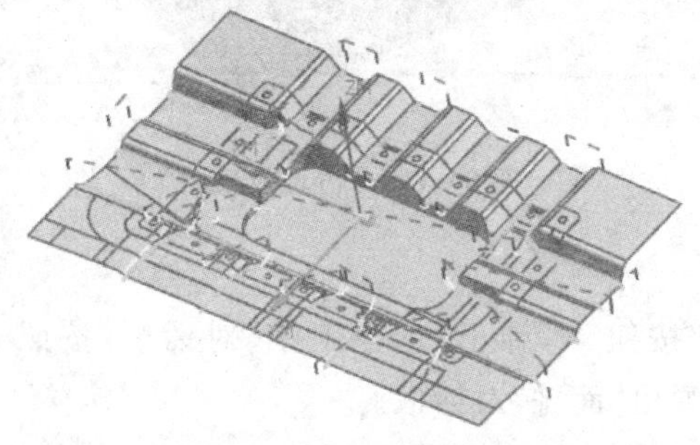

图 8-175　生成刀具路径

图 8-176　仿真效果

由于刀具直径较大，需要二次半清根。

(12) 创建半精加工操作 SEMI_F_3

① 在“导航器”工具条中选择机床视图按钮，将“工序导航器”选项组设为“机床视图”。

② 在导航器中单击刀具 BM10 前的“+”号，将其展开。选择操作 SEMI_F_2 并右击，在弹出的右键快捷菜单中选择“复制”选项。

③ 在导航器中选择刀具 BM6 并右击，在弹出的右键快捷菜单中选择“内部粘贴”选项。刀具 BM6 下出现操作 SEMI_F_2_COPY。

④ 选中操作 SEMI_F_2_COPY 并右击，在弹出的右键快捷菜单中选择“重命名”选项，将操作名改为 SEMI_F_3。

⑤ 双击操作 SEM_F_3，弹出“清根参考刀具”对话框。

⑥ 单击“驱动方法”选项组中的“编辑”按钮，弹出“清根驱动方法”对话框。

⑦ 将参考刀具直径改为“10”，其余参数不变，单击“确定”按钮，返回“清根参考刀具”对话框。

⑧ 单击“进给率和速度”按钮，在“主轴速度”选项组中激活“主轴速度”选项，并在“主轴速度”文本框中输入“2000”，在“进给率”选项组的“切削”文本框中输入“600”。

⑨ 单击“确定”按钮，返回“清根参考刀具”对话框。

⑩ 单击“生成”按钮，生成刀位轨迹，如图 8-177 所示。

⑪ 切削仿真如图 8-178 所示。

经过前面的操作后，整个型面变得非常均匀，已经适合精加工操作。先加工平面部分型面。

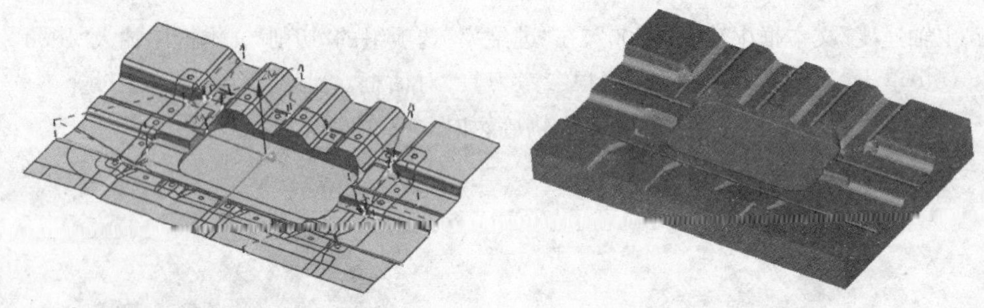

图 8-177　生成刀具路径　　图 8-178　仿真效果

(13) 创建精加工操作 FINISH_1

① 在“刀片”工具条中单击“创建工序”按钮，弹出“创建工序”对话框，按照图 8-179 所示设置各项，单击“确定”按钮，弹出“面铣”对话框。

② 在“面铣”对话框中单击“选择或编辑面几何体”按钮，弹出“指定面几何体”对话框。

③ 选择如图 8-180 所示平面，单击“确定”按钮，返回“面铣”对话框。

④ 设置“切削模式”为。

⑤ 其余各选项如图 8-181 所示。

⑥ 单击“进给率和速度”按钮，在“主轴速度”选项组中激活“主轴速度”选项，并在“主轴速度”文本框中输入“1500”，在“进给率”选项组的“切削”文本框中输入“500”。

⑦ 单击“确定”按钮，返回“面铣”对话框。

⑧ 单击“生成”按钮，生成刀位轨迹，如图 8-182 所示。

(14) 创建精加工操作 FINISH_2

① 在“刀片”工具条中单击“创建工序”按钮，弹出“创建工序”对话框，如图 8-183 所示设置各选项，单击“确定”按钮，弹出“轮廓区域”对话框。

图 8－179 “创建工序”对话框

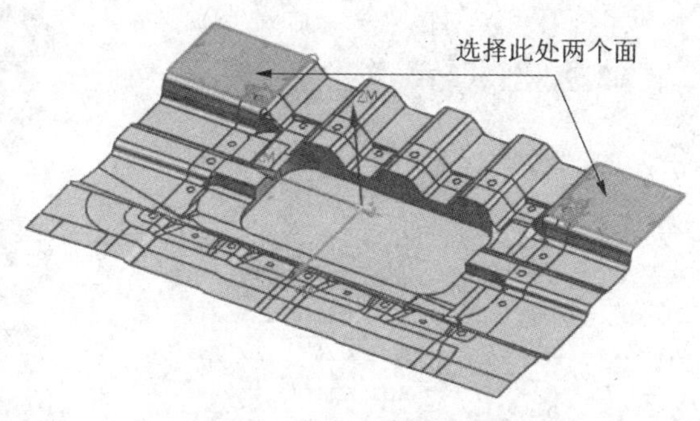

图 8－180 选择面示意图

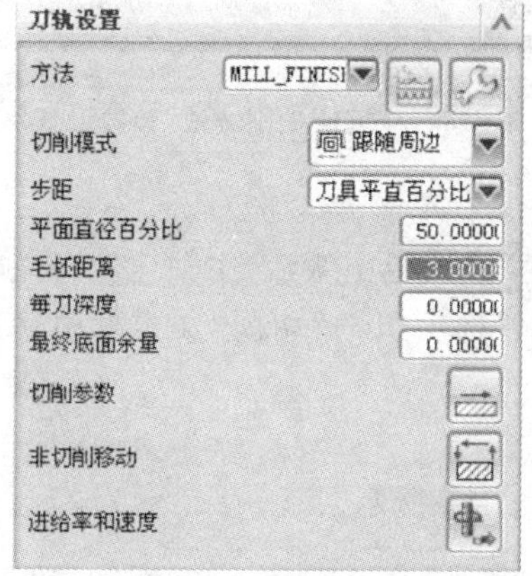

图 8－181 面铣切削参数设置

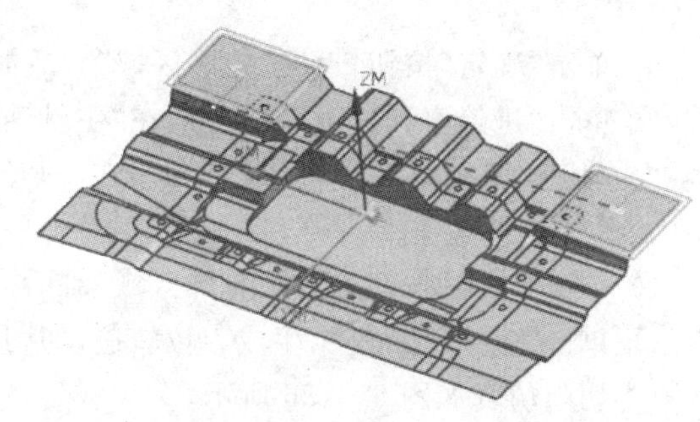

图 8－182 生成刀具路径

② 单击“确定”按钮，返回“轮廓区域”对话框。

③ 单击“驱动方法”选项组中的“编辑”按钮，弹出“区域铣削驱动方法”对话框。

④ 在“步距”选项组中设置步距定义方式为“残余高度”。

⑤ 在“最大残余高度”文本框中输入残余高度值“0.01”，如图 8－184 所示。

⑥ 将“切削模式”设为，将“步距已应用”选择为“在部件上”。

⑦ 将“切削角”改为“指定”，在“与 XC 的夹角”文本框中输入“45”如图 8－184 所示。

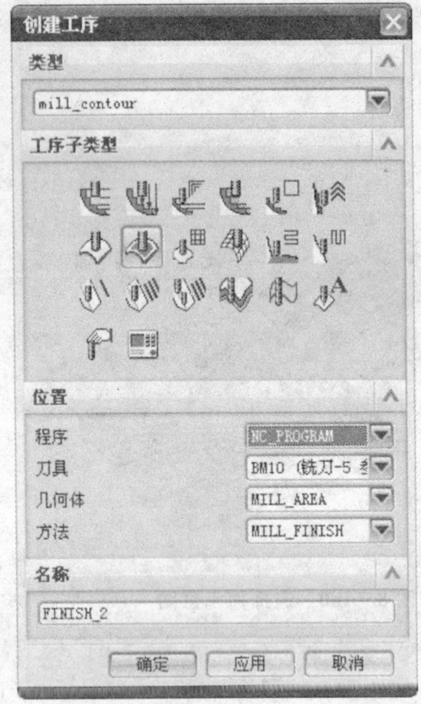

图 8-183 “创建工序”对话框

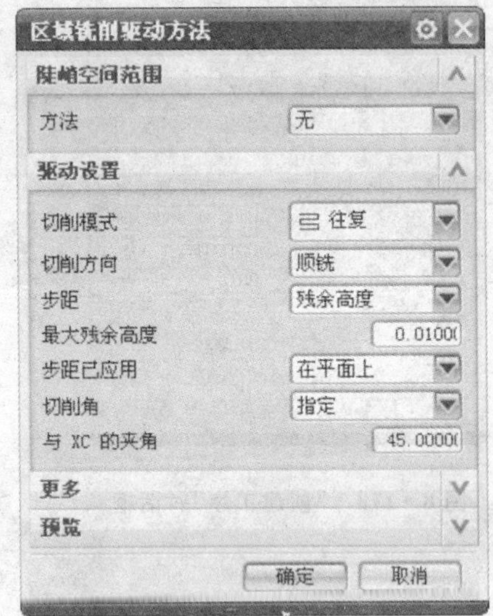

图 8-184 “区域铣削方法”参数设置

⑧ 单击“确定”按钮，返回“轮廓区域”对话框。

⑨ 单击“进给率和速度”按钮，在“主轴速度”选项组中激活“主轴速度”选项，并在“主轴速度”文本框中输入“1800”，在“进给率”选项组的“切削”文本框中输入“1200”。

⑩ 单击“确定”按钮，返回“轮廓区域”对话框。

⑪ 单击“生成”按钮，生成刀位轨迹，如图 8-185 所示。

⑫ 切削仿真如图 8-186 所示。

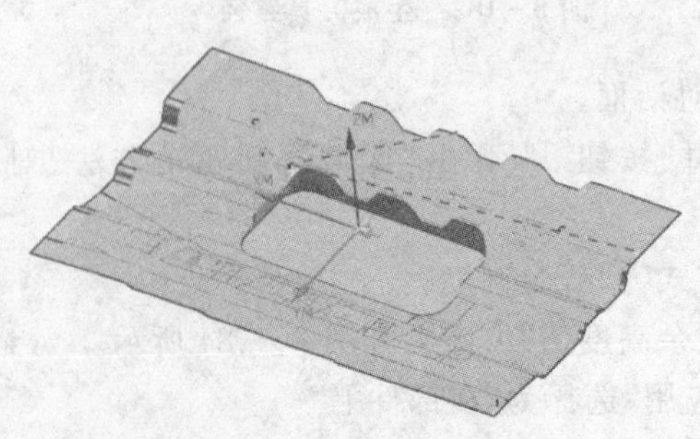

图 8-185 生成刀具路径

图 8-186 仿真效果

通过仿真结果可以看出，有几处圆角位置还留有一定余量，因此应对圆角进一步进行清根加工。

(15) 创建精加工操作 FINISH_3

① 在“刀片”工具条中单击“创建工序”按钮，弹出“创建工序”对话框，按照图 8－187所示设置各选项，单击“确定”按钮，弹出“清根参考刀具”对话框。

② 单击“驱动方法”选项组中的“编辑”按钮，弹出“清根驱动方法”对话框。

③ 由于上一步加工所用的刀具为 BM10，因此在“参考刀具直径”文本框输入“10”。

④ 将陡峭切削及非陡峭切削的步距设为 0.2 mm。

⑤ 单击“确定”按钮，返回“清根参考刀具”对话框。

⑥ 单击“选择或编辑修剪边界”按钮，弹出“修剪边界”对话框。

⑦ 在“修剪侧”选择“内部”，如图 8－188 所示。

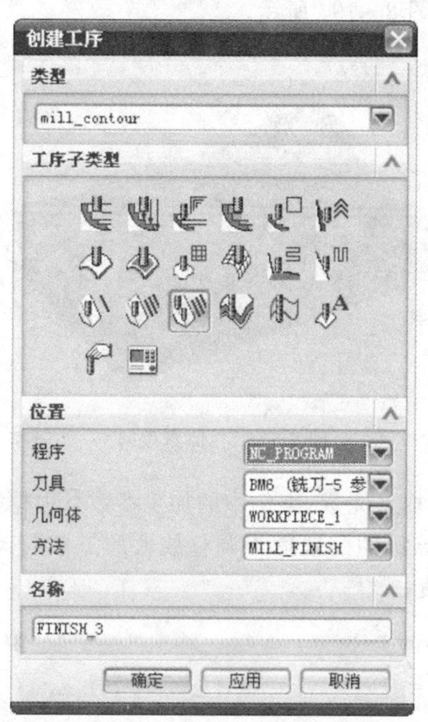

图 8－187 “创建工序”对话框

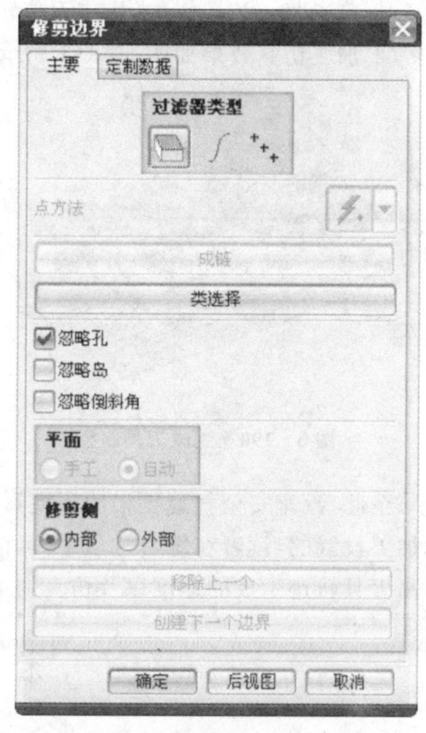

图 8－188 “修剪边界”对话框

⑧ 选择图 8－189 所示平面。单击“确定”按钮，返回“清根参考刀具”对话框，其余各选项按图进行设置。

⑨ 单击“进给率和速度”按钮，在“主轴速度”选项组中激活“主轴速度”选项，并在“主轴速度”文本框中输入“2000”，在“进给率”选项组的“切削”文本框中输入“600”。

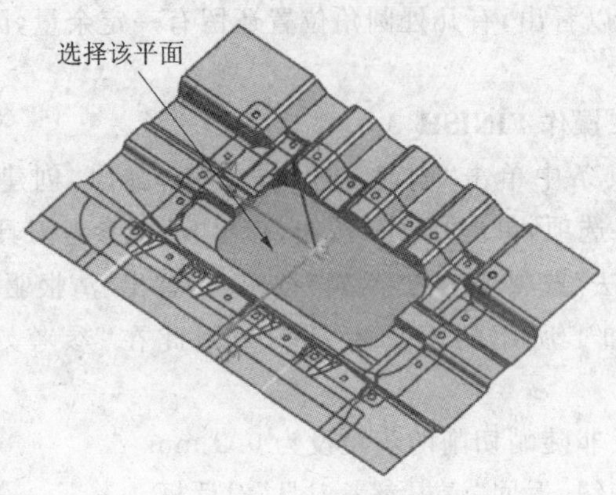

图 8-189 选择面示意图

⑩ 单击“确定”按钮，返回“清根参考刀具”对话框。

⑪ 单击“生成”按钮，生成刀位轨迹，如图 8-190 所示。

⑫ 加工仿真效果如图 8-191 所示。

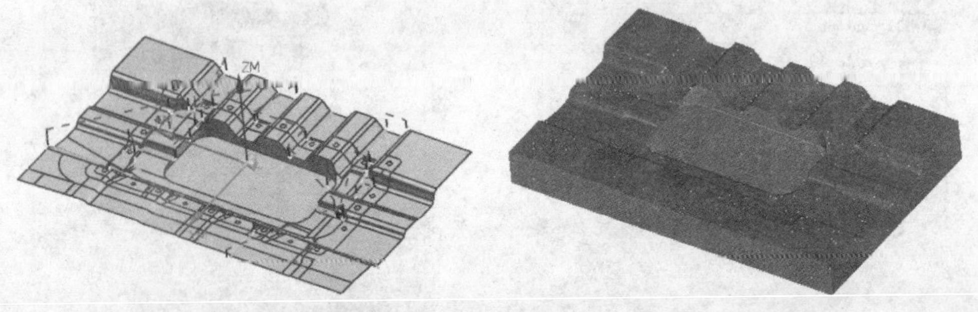

图 8-190 生成刀具路径

图 8-191 仿真效果

至此，汽车安全气囊支架冲压模具的凹模加工完成，案例中的加工参数是根据实际加工设置的，读者在练习过程中，可根据计算机的配置适当调整放大加工参数，以提高刀具轨迹生成的速度以及仿真加工的速度。

本章小结

本章通过三个案例详细介绍了汽车内饰件压型模凹模、仪表盘塑料模具凸模、汽车安全气囊支架冲压模具凹模的加工过程，综合运用了平面铣、型腔铣、清根加工、固定轮廓铣、孔加工等几种加工方式，并对工件的工艺分析做了详细的介绍。

通过本章的学习，读者基本掌握 UG 中各种加工方式的综合运用，掌握粗加工、半精加工、精加工的配合使用。